讓數學
變容易

數學雜談

張景中
▼
著

商務印書館

數學雜談

作　　者：張景中

責任編輯：張宇程

封面設計：涂　慧

出　　版：商務印書館 (香港) 有限公司
　　　　　香港筲箕灣耀興道 3 號東滙廣場 8 樓
　　　　　http://www.commercialpress.com.hk

發　　行：香港聯合書刊物流有限公司
　　　　　香港新界大埔汀麗路 36 號中華商務印刷大廈 3 字樓

印　　刷：美雅印刷製本有限公司
　　　　　九龍觀塘榮業街 6 號海濱工業大廈 4 樓 A 室

版　　次：2020 年 8 月第 1 版第 1 次印刷
　　　　　©2020 商務印書館 (香港) 有限公司
　　　　　ISBN 978 962 07 5777 8
　　　　　Printed in Hong Kong

序

　　我想人的天性是懶的，就像物體有惰性。要是沒甚麼鞭策，沒甚麼督促，很多事情就做不成。我的第一本科普書《數學傳奇》，就是在中國少年兒童出版社的文贊陽先生督促下寫成的。那是 1979 年暑假，他到成都，到我家裏找我。他說你還沒有出過書，就寫一本數學科普書吧。這麼說了幾次，盛情難卻，我就試着寫了，自己一讀又不滿意，就撕掉重新寫。那時沒有計算機或打字機，是老老實實用筆在稿紙上寫的。幾個月下來，最後寫了 6 萬字。他給我刪掉了 3 萬，書就出來了。為甚麼要刪？文先生說，他看不懂的就刪，連自己都看不懂，怎麼忍心印出來給小朋友看呢？書出來之後，他高興地告訴我，很受歡迎，並動員我再寫一本。

　　後來，其他的書都是被逼出來的。湖南教育出版社出版的《數學與哲學》，是我大學裏高等代數老師丁石孫先生主編的套書中的一本。開策劃會時我沒出席，他們就留了「數學與哲學」這個題目給我。我不懂哲學，只好找幾本書老老實實地學了兩個月，加上自己的看法，湊出來交卷。書中對一些古老的話題如「飛矢不動」、「白馬非馬」、「先有雞還是先有蛋」、「偶然與必然」，冒昧地提出自己的看法，引起了讀者的興趣。此書後來被 3 家出版社出版。又被選用改編為數學教育方向的《數學哲學》教材。其中許多材料還被收錄於一些中學的校本教材之中。

　　《數學家的眼光》是被陳效師先生逼出來的。他說，您給文先生寫了書，他退休了，我接替他的工作，您也得給我寫。我經不住他一

再勸說，就答應下來。一答應，就像是欠下一筆債似的，只好想到甚麼就寫點甚麼。5 年積累下來，寫成了 6 萬字的一本小冊子。

這是外因，另外也有內因。自己小時候接觸了科普書，感到幫助很大，印象很深。比如蘇聯伊林的《十萬個為甚麼》、《幾點鐘》、《不夜天》、《汽車怎樣會跑路》；中國顧均正的《科學趣味》和他翻譯的《烏拉·波拉故事集》，劉薰宇的《馬先生談算學》和《數學的園地》，王峻岑的《數學列車》。這些書不僅讀起來有趣，讀後還能夠帶來悠長的回味和反覆的思索。還有法布爾的《蜘蛛的故事》和《化學奇談》，很有思想，有啟發，本來看上去很普通的事情，竟有那麼多意想不到的奧妙在裏面。看了這些書，就促使自己去學習更多的科學知識，也激發了創作的慾望。那時我就想，如果有人給我出版，我也要寫這樣好看的書。

法布爾寫的書，以十大卷的《昆蟲記》為代表，不但是科普書，也可以看成是科學專著。這樣的書，小朋友看起來趣味盎然，專家看了也收穫頗豐。他的科學研究和科普創作是融為一體的，令人佩服。

寫數學科普，想學法布爾太難了。也許根本不可能做到像《昆蟲記》那樣將科研和科普融為一體。但在寫的過程中，總還是禁不住想把自己想出來的東西放到書裏，把科研和科普結合起來。

從一開始，寫《數學傳奇》時，我就努力嘗試讓讀者分享自己體驗過的思考的樂趣。書裏提到的「五猴分桃」問題，在世界上流傳已久。20 世紀 80 年代，諾貝爾獎獲得者李政道訪問中國科學技術大學，和少年班的學生們座談時提到這個問題，少年大學生們一時都沒有做出來。李政道介紹了著名數學家懷德海的一個巧妙解答，用到了高階差分方程特解的概念。基於函數相似變換的思想，我設計了「先借後還」的

情景，給出一個小學生能夠懂的簡單解法。這個小小的成功給了我很大的啟發：寫科普不僅僅是搬運和解讀知識，也要深深地思考。

在《數學家的眼光》一書中，提到了祖沖之的密率 $\dfrac{355}{113}$ 有甚麼好處的問題。數學大師華羅庚在《數論導引》一書中用丟番圖理論證明了，所有分母不超過 366 的分數中，$\dfrac{355}{113}$ 最接近圓周率 π。另一位數學家夏道行，在他的《e 和 π》一書中用連分數理論推出，分母不超過 8000 的分數中，$\dfrac{355}{113}$ 最接近圓周率 π。在學習了這些方法的基礎上我做了進一步探索，只用初中數學中的不等式知識，不多幾行的推導就能證明，分母不超過 16586 的分數中，$\dfrac{355}{113}$ 是最接近 π 的冠軍。而 $\dfrac{52163}{16604}$ 比 $\dfrac{355}{113}$ 在小數後第七位上略精確一點，但分母卻大了上百倍！

我的老師北京大學的程慶民教授在一篇書評中，特別稱讚了五猴分桃的新解法。著名數學家王元院士，則在書評中對我在密率問題的處理表示欣賞。學術前輩的鼓勵，是對自己的鞭策，也是自己能夠長期堅持科普創作的動力之一。

在科普創作時做過的數學題中，我認為最有趣的是生銹圓規作圖問題。這個問題是美國著名幾何學家佩多教授在國外刊物上提出來的，我們給圓滿地解決了。先在國內作為科普文章發表，後來寫成英文刊登在國外的學術期刊《幾何學報》上。這是數學科普與科研相融合的不多的例子之一。佩多教授就此事發表過一篇短文，盛讚中國幾何學者的工作，說這是他最愉快的數學經驗之一。

1974 年我在新疆當過中學數學教師。一些教學心得成為後來科普寫作的素材。文集中多處涉及面積方法解題，如《從數學教育到教育數學》、《新概念幾何》、《幾何的新方法和新體系》等，源於教學經驗的啟發。面積方法古今中外早已有了。我所做的，主要是提出兩個基本工具（共邊定理和共角定理），並發現了面積方法是具有普遍意義的幾何解題方法。1992 年應周咸青邀請訪美合作時，從共邊定理的一則應用中提煉出消點算法，發展出幾何定理機器證明的新思路。接着和周咸青、高小山合作，系統地建立了幾何定理可讀證明自動生成的理論和算法。楊路進一步把這個方法推廣到非歐幾何，並發現了一批非歐幾何新定理。國際著名計算機科學家保伊爾（Robert S. Boyer）將此譽為計算機處理幾何問題發展道路上的里程碑。這一工作獲 1995年中國科學院自然科學一等獎和 1997 年國家自然科學二等獎。從教學到科普又到科學研究，20 年的發展變化實在出乎自己的意料！

　　在《數學家的眼光》中，用一個例子說明，用有誤差的計算可能獲得準確的結果。基於這一想法，最近幾年開闢了「零誤差計算」的新的研究方向，初步有了不錯的結果。例如，用這個思想建立的因式分解新算法，對於兩個變元的情形，比現有方法效率有上千倍的提高。這個方向的研究還在發展之中。

　　1979 — 1985 年，我在中國科學技術大學先後為少年班和數學系講微積分。在教學中對極限概念和實數理論做了較深入的思考，提出了一種比較容易理解的極限定義方法——「非 ε 語言極限定義」，還發現了類似於數學歸納法的「連續歸納法」。這些想法，連同面積方法的部分例子，構成了 1989 年出版的《從數學教育到教育數學》的主要內容。這本書是在四川教育出版社余秉本女士督促下寫出來的。書中第

一次提出了「教育數學」的概念，認為教育數學的任務是「為了數學教育的需要，對數學的成果進行再創造。」這一理念漸漸被更多的學者和老師們認同，導致 2004 年教育數學學會（全名是「中國高等教育學會教育數學專業委員會」）的誕生。此後每年舉行一次教育數學年會，交流為教育而改進數學的心得。這本書先後由 3 家出版社出版，從此面積方法在國內被編入多種奧數培訓讀物。師範院校的教材《初等幾何研究》（左銓如、季素月編著，上海科技教育出版社，1991 年）中詳細介紹了系統面積方法的基本原理。已故的著名數學家和數學教育家、西南師大陳重穆教授在主持編寫的《高效初中數學實驗教材》中，把面積方法的兩個基本工具「共邊定理」和「共角定理」作為重要定理，教學實驗效果很好。1993 年，四川都江教育學院劉宗貴老師根據此書中的想法編寫的教材《非 ε 語言一元微積分學》在貴州教育出版社出版。在教學實踐中效果明顯，後來還發表了論文。此後，重慶師範學院陳文立先生和廣州師範學院蕭治經先生所編寫的微積分教材，也都採用了此書中提出的「非 ε 語言極限定義」。

十多年之後，受林群先生研究工作的啟發帶動，我重啟了關於微積分教學改革的思考。文集中有關不用極限的微積分的內容，是 2005 年以來的心得。這方面的見解，得到著名數學教育家張奠宙先生的首肯，使我堅定了投入教學實踐的信心。我曾經在高中嘗試過用 5 個課時講不用極限的微積分初步。又在南方科技大學試講，用 16 個課時講不用極限的一元微積分，嚴謹論證了所有的基本定理。初步實驗的效果尚可，系統的教學實踐尚待開展。

也是在 2005 年後，自己對教育數學的具體努力方向有了新的認識。長期以來，幾何教學是國際上數學教育關注的焦點之一，我也因此致

力於研究更為簡便有力的幾何解題方法。後來看到大家都在刪減傳統的初等幾何內容，促使我作戰略調整的思考，把關注的重點從幾何轉向三角。2006 年發表了有關重建三角的兩篇文章，得到張奠宙先生熱情的鼓勵支持。這方面的想法，就是《一線串通的初等數學》一書的主要內容。書裏面提出，初中一年級就可以學習正弦，然後以三角帶動幾何，串聯代數，用知識的縱橫聯繫驅動學生的思考，促進其學習興趣與數學素質的提高。初一學三角的方案可行嗎？寧波教育學院崔雪芳教授先吃螃蟹，做了一節課的反覆試驗。她得出的結論是可行！但是，學習內容和國家教材不一致，統考能過關嗎？做這樣的教學實驗有一定風險，需要極大的勇氣，也要有行政方面的保護支持。2012年，在廣州市科協開展的「千師萬苗工程」支持下，經廣州海珠區教育局立項，海珠實驗中學組織了兩個班的初中全程的實驗。兩個實驗班有 105 名學生，入學分班平均成績為 62 分和 64 分，測試中有三分之二的學生不會作三角形的鈍角邊上的高，可見數學基礎屬於一般水平。實驗班由一位青年教師張東方負責備課講課。她把《一線串通的初等數學》的內容分成 5 章 92 課時，整合到人教版初中數學教材之中。整合的結果節省了 60 個課時，5 個學期內不僅講完了按課程標準 6 個學期應學的內容，還用書中的新方法從一年級下學期講正弦和正弦定理，以後陸續講了正弦和角公式、餘弦定理這些按常規屬於高中課程的內容。教師教得順利輕鬆，學生學得積極愉快。其間經歷了區裏的 3次期末統考，張東方老師匯報的情況如下：

從成績看效果

期間經過三次全區期末統考。實驗班學生做題如果用了教材以外的知識,必須對所用的公式給出推導過程。在全區 80 個班級中,實驗班的成績突出,比區平均分高很多。滿分為 150 分,實驗一班有 4 位同學獲滿分,其中最差的個人成績 120 多分。

	實驗 1 班平均分	實驗 2 班平均分	區平均分	全區所有班級排名
七年級下期末	140	138	91	第一名和第八名
八年級上期末	136	133	87.76	第一名和第五名
八年級下期末	145	141	96.83	第一名和第三名

這樣的實驗效果是出乎我意料的。目前,廣州市教育研究院正在總結研究經驗,並組織更多的學校準備進行更大規模的教學實驗。

科普作品,以「普」為貴。科普作品中的內容若能進入基礎教育階段的教材,被社會認可為青少年普遍要學的知識,就普得不能再普了。當然,一旦成為教材,科普書也就失去了自己作為科普的意義,只是作為歷史記錄而存在。這是作者的希望,也是多年努力的目標。書中不當之處,歡迎讀者指正。

張景中

目錄

第三篇　教學探索

第四篇　課外天地

第五篇　數林一葉

第一篇
少年數學迷

方格紙上的數學

（一）

這是一張普普通通的方格紙。你可以在文具店裏買到它。要是你有耐心，也可以用削尖了的細鉛筆仔仔細細地畫一張。

利用方格紙，你能學到許多新鮮有趣的數學知識。

和方格紙交上朋友，你會更喜歡數學。

1. 方格紙上的加法

你在一年級就開始學加法。方格紙上的數學，也從加法說起吧。

方格紙的邊上標着數字。角上是 0，然後是 5, 10, 15, 20……一行數字是沿着水平方向增加，另一行是沿着垂直方向增加。

舉個例子，你想算 7 + 15，怎麼辦呢？如圖 1，在上邊找到 15，左邊找到 7。在 15 那個點有一條豎線，在 7 那個點有一條橫線。橫豎一相交，在上面用筆畫一個點。從這個點沿着小方格的對角線向右上方跑，跑到邊上一看，這裏是 22（向左下方跑，跑到邊上，還是 22），這告訴你：

$$7 + 15 = 22$$

因為小點點跑的是直線，你只要用直尺在所畫的點上沿對角線比一比，就可以找到邊上的數目 “22” 了。

如果細心，你常常能從很平常的現象中發現過去自己不知道的道理。為甚麼方格紙上能做加法呢？請你仔細看看圖 1。

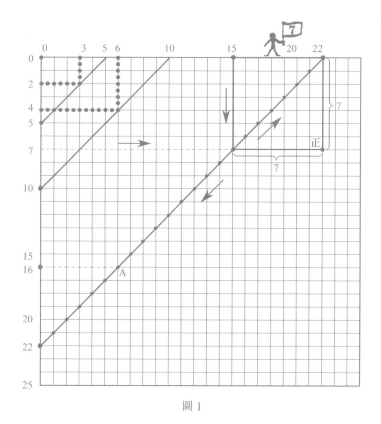

圖 1

　　圖 1 裏有個寫着「正」字的正方形。它的邊長是 7 格。所以，上邊那一段站了一個小人的黑線也是 7 格。15 格加 7 格，當然是 22 格！

　　為甚麼一定是正方形呢？請你把注意力集中到那個從 "15" 與 "7" 相交處畫的大黑點！它向右上方每跳一步，它的位置就上移一格，右移一格。橫着豎着跑得一樣遠，所以撐出了一個正方形。

　　沿着圖 1 裏的一條長長的斜線，有一串黑點。隨便舉一個點，比如說 A 點吧。朝上一直看，看見了 "6"，朝左橫看，是 "16"。把看到的兩個數一加，又是 22。你可再試幾個點，都是如此。所以，我們給這條斜線起個名字，把它叫做「和為 22 的加法線」，也叫「22 號加法線」。

你還可以很容易地畫出其他的加法線。例如把上邊的"5"與左邊的"5"這兩個點用直線連起來，便是「和為5的加法線」，兩個"10"連起來，便是「和為10的加法線」（在這條線上任取一點，向上看見一個數，向左也看見一個數。兩個數相加，準是10）。

2. 方格紙上的減法

用加法線也能算減法。例如要算 22－7，先把「和為22的加法線」畫出來，再在左邊找到"7"這個點，從"7"向右一直跑，碰到「和為22的加法線」之後，拐個彎兒一直向上跑，跑到邊上正好是15，22－7 = 15。

加法和減法，一個是另一個的逆運算。加法倒過來，就是減法。所以，你也能在方格紙上做減法。

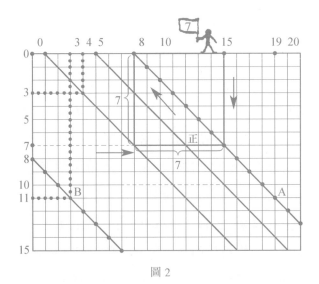

圖 2

現在，再介紹用另一個方式在方格紙上做減法。看着圖2。要是你想算 15－7，就先在上邊找到"15"的位置，在左邊找到"7"的位置，從上邊的"15"向下畫豎線，從左邊的7向右畫橫線（其實不用真的動

手畫，因為方格紙上本來有線），橫豎碰頭，交於一點。從這個點沿着小方格的對角線向左上方跑。跑到邊上，正好是 8。不錯，15 – 7 = 8。

　　道理呢？仔細看圖 2。當黑點向左上方跑時，每上升一格，同時左移一格，上升 7 格到頂，這時恰巧從 "15" 那裏左移了 7 格，所以是 15 – 7。

　　圖 2 上的一串黑點形成了一條直線。在直線上隨便取一點，比如 A 點。從 A 點一直向上看，看見 "19"，向左看，看見 11，19 – 11，又是 8。再換一個點，還是如此。我們就給這條線起個名字，叫做「差為 8 的減法線」，或者「8 號減法線」。方格紙上還有另一條 8 號減法線，即 B 點所在的斜線，這條線上的點，左邊比上邊大 8。

　　你很容易在方格紙上畫出別的減法線。例如在上邊 "1" 處開始，沿着小方格的對角線向右下方跑，跑出一條「1 號減法線」。這條線上隨便取個點，往上看見一個數「甲」，往左看見一個數「乙」，甲 – 乙 = 1。在上邊 "5" 處開始，沿着小方格的對角線向右下方跑，跑出一條「5 號減法線」。

　　利用「減法線」也能做加法。比如要算 8 + 7 吧，從左邊的 "7" 向右畫一條橫線，它和 8 號減法線相交於一點，從這點向上看，看到上邊的 15，表明 8 + 7 = 15。

3. 和差問題

　　你已經知道，從方格紙上的每個點，能看出兩個數。圖 3 上的 A 點，往上看是 6，往左看是 3，所以，A 點可以表示「上 6 左 3」，反過來，一說「上 6 左 3」，就能找到 A 點。

　　簡單一點說，A 點的代號是（6, 3）。於是，左上角的點代號是（0, 0）。上邊的那一排點，自左而右，是（1, 0），（2, 0）……。左邊那一排點，自上而下，（0, 1），（0, 2）……。

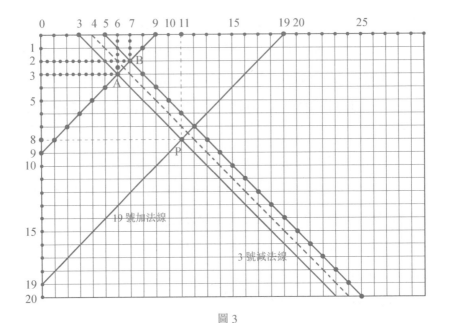

圖 3

你已經知道了方格紙上有「加法線」和「減法線」。例如，9 號加法線和 5 號減法線交於一點 B。點 B 的代號是（7, 2），點 B 在 9 號加法線上（7 + 2 = 9），又在 5 號減法線上（7 − 2 = 5）。

利用「加法線」和「減法線」的交點，可以用方格紙解決「和差問題」。

例題　小明和小紅共有 19 本連環畫，小明比小紅多 3 本。小明有幾本？小紅有幾本？

解：如圖 3，畫出 19 號加法線，3 號減法線，兩線交於一點 P，P 的代號是（11, 8）。答案就出來了：小明有 11 本，小紅有 8 本。

如果把例題裏「多 3 本」改成「多 4 本」，行不行呢？畫出 4 號減法線，它和 19 號加法線的交點不在方格紙的「格點」上！這表明此題無解，題出錯了。

（原載《小學科技》，1988.3）

（二）

同學們已經知道了利用方格紙做加法和減法。這裏介紹方格紙上的乘法與除法。

4. 方格紙上的乘法

在方格紙的上邊和左邊標明了刻度之後，在紙上任取一點，向上看有一個數，向左看也有一個數。這兩個數湊在一起，就是這個點的代號。如圖 4，點 A 的代號是（7, 4）。

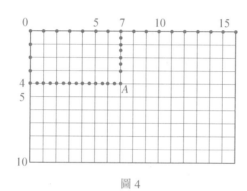

圖 4

現在，我們看一看方格紙上的乘法是怎樣做的？

例如，用 3 乘一些數：$1 \times 3 = 3$，$2 \times 3 = 6$，$3 \times 3 = 9$，$3 \times 4 = 12$，$3 \times 5 = 15$，……把每個等式左右兩頭的數湊在一起，得到一串點的代號：（1, 3），（2, 6），（3, 9），（4, 12）……將這些點畫在方格紙上，真巧，它們全在一條直線上！（圖 5）

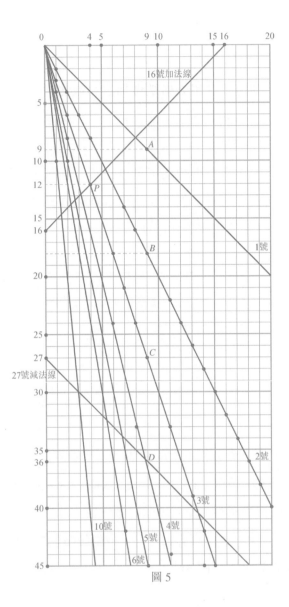

圖 5

因為是乘以 3，所以把這條直線叫 3 號乘法線。圖 5 還畫出了 1 號、2 號、4 號、5 號、6 號、10 號這些乘法線。

例如，在上邊找到 "9"，從 "9" 這裏向下畫直線。直線和 1 號乘法線交於 A，從 A 向左看是 9，表明 $9 \times 1 = 9$；和 2 號乘法線交於 B，從 B 向左看是 18，表明 $9 \times 2 = 18$；和 3 號乘法線交於 C，從 C 向左看是 27；和 4 號乘法線交於 D，從 D 向左看是 36。它們分別表明 $9 \times 2 = 18$，$9 \times 3 = 27$，$9 \times 4 = 36$，等等。

5. 方格紙上的除法

利用乘法線也能做除法。比如，算 $36 \div 4 = ?$ 只要在左邊找到 "36"，從 36 向右畫直線，與 4 號乘法線交於 D，從 D 向上看到 9，即 $36 \div 4 = 9$。

6.「和倍問題」與「差倍問題」

利用乘法線與加法線配合，可以算「和倍問題」；乘法線與減法線配合，可以算「差倍問題」。下面各舉一例：

例題 1　美術社團共有 16 位同學，其中男同學人數是女同學人數的 3 倍，問男女同學各幾個？

解：圖 5 中畫出 16 號加法線，它和 3 號乘法線交於一點 P。從 P 往上看是 4，往左看是 12，所以男同學 12 人，女同學 4 人。

例題 2　已知媽媽比小華大 27 歲，並且今年媽媽的年齡正好是小華的 4 倍，小華和他的媽媽今年各是多少歲？

解：圖 5 畫出了 27 號減法線，它和 4 號乘法線交於一點 D，從 D 往上看是 9，往左看是 36。所以小華今年 9 歲，媽媽 36 歲。

7. 方格紙上算比例

圖 6 的方格紙上，有兩條從左上角向右下方伸展的直線。

靠上的那一條，上面有 A、B、C、D 等點。

在 A 處，往上看是 9，往左看是 6。上 9 左 6，9：6 = 3：2。

在 B 處，上 12 左 8，12：8 = 3：2。

在 C 處，15：10 = 3：2。

在 D 處，18：12 = 3：2。

在這條直線上，不管哪個點，上邊的數與左邊的數之比都一樣，都是 3：2。所以，我們把這條直線叫做「3：2 的比例線」。簡單一點叫作「3：2 線」。

當然，「3：2 線」、「6：4 線」、「18：12 線」，都是同一條線。

圖 6 還畫了另一條線，是「3：4 線」。上面的點 P 是上 6 左 8，Q 是上 9 左 12，R 是上 12 左 16。不是嗎？6：8、9：12、12：16，都等於 3：4。

上面我們說過乘法線，乘法線也是比例線。3 號乘法線就是「1：3 線」。當然，「3：1 線」也可以當乘法線來用。

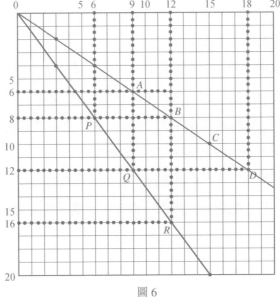

圖 6

我們用方格紙來算幾個比例應用題。

例題 1　一輛汽車半小時（30 分鐘）行 25 公里。20 公里的路程要花多少時間？

解：如圖 7，先畫出 30：25 的比例線。再在左邊找到 "20"，從 "20" 向右畫橫線，和 30：25 比例線交於 A 點，從 A 向上看，是 24，所以答案是 24 分鐘。

例題 2　一輛汽車運原料，上午運 4 次，下午運 3 次，上下午共運 28 噸。問上下午各運多少噸？

解：上下午運量的比是 4：3，運量之和是 28 噸。在圖 7 中畫出 28 號加法線和 4：3 比例線，兩線交於 B，從 B 往上看是 16，往左看是 12，所以上午運 16 噸，下午運 12 噸。

例題 3　已知飼養小組餵的白兔比黑兔多 6 隻，黑兔與白兔數目之比是 3：5，問黑白兔各有幾隻？

解：圖 7 畫出了一條 3：5 的比例線，又從左邊畫一條 6 號減法線，兩線交於點 P。從 P 向上看是 9，向左看是 15。所以黑兔有 9 隻，白兔 15 隻。

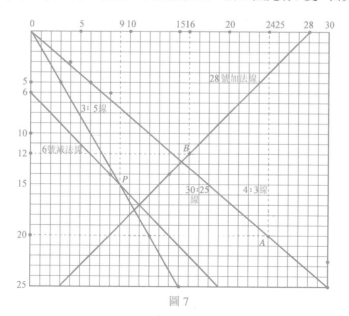

圖 7

在方格紙上解行程問題特別有趣。

用上邊的數字表示路程，左邊的數字表示時間。如果行走的速度是均勻的，時間和走過的路程成正比例。

所以，可以用比例線表示行程的規律。

例如甲每分鐘前進 100 米，乙每分鐘前進 200 米。如果方格紙上邊每格表示 100 米，左邊每格表示 1 分鐘。甲的行程規律可以用 1：1 的比例線表示，乙的行程規律可以用 2：1，的比例線表示。（圖 8）

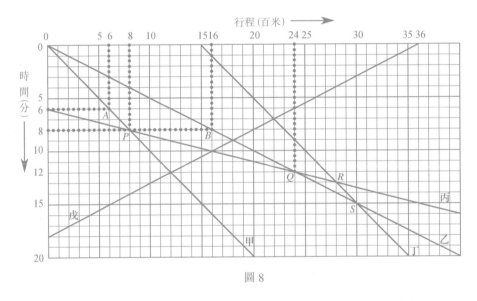

圖 8

在甲的行程規律線上取一點 A，從 A 向左看是 6，向上看也是 6。這表示：甲出發 6 分鐘後，離出發點 600 米。在乙的行程規律線上取一點 B，向上看是 16，向左看是 8。這表示，乙出發 8 分鐘後，離出發點 1600 米了。

如果丙每分鐘前進 400 米，在甲、乙出發後 6 分鐘才出發，丙的行程規律線甚麼樣呢？

因為 6 分鐘時丙的行程還是 0，所以行程線應當從左邊 "6" 處開始，又因為每分鐘走 400 米，所以這條線傾斜的程度和 4 : 1 的比例線是一樣的。

丙的行程線和甲的行程線交於一點 P，從 P 向左看是 8，向上看也是 8。這表明：在甲出發 8 分鐘後（丙出發 2 分鐘後），丙在距出發點 800 米處追上了甲。

丙的行程線又和乙的行程線交於 Q。點 Q 的位置是「上 24 左 12」。這就告訴我們，在乙出發 12 分鐘後（丙出發 6 分鐘後），在離出發點 2400 米遠的地方，丙又追上了乙。

如果又有一位丁，他一開始就在甲、乙出發點前面 1500 米處動身，以每分鐘 100 米的速度前進，他的行程線如何畫呢？

這條線應當從上邊 "15" 處開始，按 1 : 1 的比例線的傾斜程度向右下方延伸。從圖上，你能看出，丙和乙在甚麼時間、甚麼地方遇上丁嗎？

如果又有一位戊，他在距甲、乙出發點 3600 米處，和甲、乙同時出發，以每分鐘 200 米的速度向出發點趕來，他的行程線又如何畫呢？

圖 8 已經畫出了戊的行程線。請你想一想，為甚麼要這樣畫？

從圖上，你能看出戊和甲、乙、丙、丁在甚麼時間、甚麼地點碰面呢？

（原載《小學科技》，1988.4）

方格紙上的速算

同學們，你一定知道怎樣簡便地算出 1~10 的連加數；

$1+2+3+4+5+6+7+8+9+10 = 55$

辦法是：$1+9$，$2+8$，$3+7$，$4+6$，這樣有了 4 個 10，另外還有 10 和 5。加起來總和是 55。

這裏，告訴你另一個計算思路：

請看圖 1，在粗黑線右下方，最下一層是 10 個方格，然後是 9 個、8 個⋯⋯最上面是 1 個。

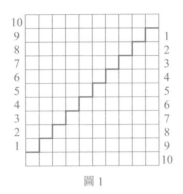

圖 1

粗黑線左上方，也是這麼多的方格。兩部分湊在一起是個 10×11 的長方形，共 110 個方格。如果取一半，即為 55 個。

再看圖 2：一個方格，在外面又湊上 3 個，即是邊長為 2 的正方形；再湊上 5 格，即是邊長為 3 的正方形；再湊上 7 格，即是邊長為 4 的正方形⋯⋯

這樣，就又有一條速算規律：

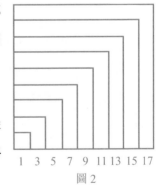

圖 2

$1 + 3 = 2 \times 2$

（2 個）

$1 + 3 + 5 = 3 \times 3$

（3 個）

$1 + 3 + 5 + 7 = 4 \times 4$

（4 個）

$1 + 3 + 5 + 7 + 9 = 5 \times 5$

（5 個）

$1 + 3 + 5 + 7 + 9 + 11 = 6 \times 6$

（6 個）

再看圖 3，它又告訴我們另一個規律，你能把它寫出來嗎？

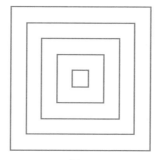

圖 3

如果要計算個位是 5 的兩位數自乘等於多少，便可以速算。例如，$35 \times 35 = 1225$，答案可以應聲而出。方法是：把 3 與（3 + 1）相乘得 12，後面再寫上 25 就可以了。類似地，$25 \times 25 = 625$，這個 6 是由 $2 \times (2 + 1)$ 而得；$45 \times 45 = 2025$，這個 20 是由 $4 \times (4 + 1)$ 而得。這裏面的道理，也可以在方格紙上表現出來。

在圖 4 中，一格長度代表 10，於是一個小方格代表 $10 \times 10 = 100$。要問 $45 \times 45 = $ ？只要看看邊長為 45（即 4.5 格）的正方形裏有多少個小方格，即把圖中帶 "×" 號的一條切下填到陰影處，湊出一個 $50 \times 40 = 2000$ 的矩形，剩下那個黑色的方格是 25。

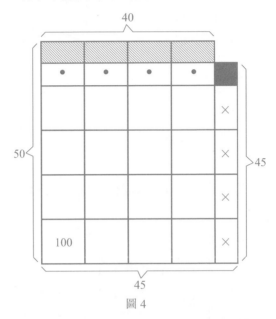

圖 4

圖 5 給我們一個啟發：要把帶 "×" 的一條和帶 "·" 的一條湊成寬為 10 的長方形，並不一定非要兩小條寬度都是 5，一個是 3、另一個是 7 也行。這麼一來，又有了一種速算法。

兩個兩位數相乘，如果兩個 10 位數相同，並且兩個個位數之和是 10，可用下列方法速算：把 10 位數加 1，與 10 位數相乘，寫在前面，兩個個位相乘，寫在後面。例如 $23 \times 27 = 621$，這個 6 是由 $2 \times (2 + 1)$ 而得，而 $3 \times 7 = 21$ 寫在後面。又如 $44 \times 46 = 2024$，這個 20 是 $4 \times (4 + 1)$，而 $4 \times 6 = 24$。$72 \times 78 = 5616$，前面的 $56 = 7 \times (7 + 1)$，後面 $16 = 2 \times 8$。

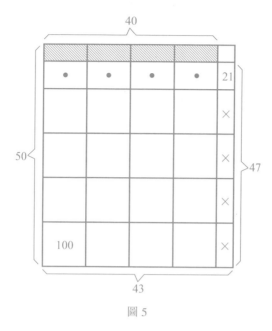

圖 5

在圖 5 中，用方格的數目作為實際計算的對象。

一個 43 × 47 的長方形，把右邊帶 "×" 的一條切下填到上邊陰影部分，湊成 40 × 50 的長方形，還剩右上角的 3 × 7 大小的一塊！

方格紙上還能說明求餘數速算的道理。比如，232 除以 9，餘數是 2 + 3 + 2 = 7。圖 6 就把運算結果的原因說清楚了。（圖中帶 "×" 的方格表示除以 9 剩餘的方格）

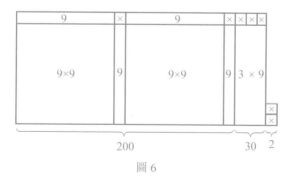

圖 6

（原載《小學科技》，1988.9）

「錯」也有用

加法比乘法容易做。

分數相乘,卻比相加簡單。分子乘分子,分母乘分母,多麼乾脆!分數相加呢,還要通分。這一通分,就要做三次乘法。

有時候,我把乘法的規則當成了加法的規則;用顛倒了。在兩個分數相加時,來一個分子加分子,分母加分母,多糟!結果當然是作業本上添了一個紅色的"×":

$$\frac{2}{3} + \frac{1}{2} = \frac{2+1}{3+2} = \frac{3}{5}$$

從此我對分數相加要通分,印象更深了。

但是,這種錯誤的算法得到的結果,和正確的結果相比,有沒有甚麼明顯的不同呢?

仔細看看,是有很明顯的不同:

按照正確的算法,正數相加,應當越加越大。$\frac{2}{3} + \frac{1}{2}$ 的答案,要比 $\frac{1}{2}$ 和 $\frac{2}{3}$ 都大才對。

可是 $\frac{3}{5}$ 在 $\frac{1}{2}$ 和 $\frac{2}{3}$ 之間,它比 $\frac{1}{2}$ 大,比 $\frac{2}{3}$ 小。

早想到這一點,就會馬上發現錯誤,不吃"×"了。

把兩個分數湊在一起,作為加法,當然是錯誤的。但用到有些別的問題上,倒也有用。例如:

自行車旅行小組,昨天 7 小時行 100 公里,今天 6 小時行 80 公里,2 天的平均速度是多少?

如果列出的算式是:

$$\frac{1}{2}\left(\frac{100}{7}+\frac{80}{6}\right),$$

那就錯了。正確的做法是

$$平均速度 = \frac{100+80}{7+6} \ (公里 / 小時)$$

這個平均速度，比第一天較快的速度慢，比第二天較慢的速度快。

這樣看，兩個分數分子加分子，分母加分母，湊成一個新分數，結果好像把原來的兩個分數做了一個「大平均」，新分數在兩個分數之間，比大的小，比小的大。

這是不是反映了一個普遍規律呢？

多用幾個數試試：

$$\frac{1}{2} < \frac{1+2}{2+3} < \frac{2}{3} \ , \ \frac{1}{4} < \frac{1+2}{4+5} < \frac{2}{5}$$

果然不錯。但最好還是用字母代替數證明一下。

設 m、n、p、q 都是正數，並且 $\frac{n}{m} < \frac{q}{p}$，也就是 $np < mq$，要證的是

$\frac{n}{m} < \frac{n+q}{m+p} < \frac{q}{p}$，也就是：

$$n(m+p) < m(n+q)$$

$$p(n+q) < q(m+p)$$

展開一看，果然不錯！

因為 $\frac{1}{1} = 1$，這樣就知道：分子分母都加 1，可以使比 1 大的分數變得小一點，比 1 小的分數變得大一點，例如：

$$\frac{7+1}{6+1} < \frac{7}{6} \ , \ \frac{5+1}{6+1} > \frac{5}{6} \ 。$$

這樣湊出來的新分數，和原來的分數相差多少呢？用剛才的

$\dfrac{3}{5} = \dfrac{2+1}{3+2}$ 試試：

$$\dfrac{2}{3} - \dfrac{3}{5} = \dfrac{1}{15}, \quad \dfrac{3}{5} - \dfrac{1}{2} = \dfrac{1}{10},$$

真巧，分子都是 1。

這是不是又是一條規律呢？

多算幾個試試：

$\dfrac{3}{5}$，$\dfrac{2}{3}$，湊成 $\dfrac{5}{8}$，

$$\dfrac{2}{3} - \dfrac{5}{8} = \dfrac{1}{24}, \quad \dfrac{5}{8} - \dfrac{3}{5} = \dfrac{1}{40},$$

倒像是普遍規律！可是：

$\dfrac{2}{7}$，$\dfrac{3}{4}$，湊成 $\dfrac{5}{11}$，

$$\dfrac{3}{4} - \dfrac{5}{11} = \dfrac{13}{44}, \quad \dfrac{5}{11} - \dfrac{2}{7} = \dfrac{13}{77},$$

這又不像是普遍規律了。

可是，計算結果有兩個 13 出現在分子上，是不是裏面還有點規律呢？再仔細檢查：

$$\dfrac{3}{4} - \dfrac{2}{7} = \dfrac{13}{28}, \quad \dfrac{2}{3} - \dfrac{1}{2} = \dfrac{1}{6},$$

這下找到一點線索了：原來兩個分數之差的分子是 1，湊出來的分數和原來兩個分數之差分子也是 1，原來兩個分數之差分子是 13，湊出來的和原來則個之差，分子也是 13！

用字母代替數算一算：

$\dfrac{q}{p}$，$\dfrac{n}{m}$ 是原來的分數，湊成新分數是 $\dfrac{q+n}{p+m}$。

$$\frac{q}{p} - \frac{n}{m} = \frac{mq-np}{pm},$$

$$\frac{q}{p} - \frac{q+n}{p+m} = \frac{mq-np}{p(p+m)},$$

$$\frac{q+n}{p+m} - \frac{n}{m} = \frac{mq-np}{m(p+m)},$$

果然不錯，分子都是 $(mq-np)$。這條規律算是被找到了。

如果一開始 $(mq-np)=1$，像 $\dfrac{2}{3} - \dfrac{1}{2} = \dfrac{1}{6}$ 那樣，差的分子是 1，湊出

來一個 $\dfrac{3}{5}$：

$$\frac{1}{2} < \frac{3}{5} < \frac{2}{3},$$

兩兩之差分子仍是 1。再湊出兩個來：

$$\frac{1+3}{2+5} = \frac{4}{7}, \quad \frac{3+2}{5+3} = \frac{5}{8},$$

得到五個分數

$$\frac{1}{2} < \frac{4}{7} < \frac{3}{5} < \frac{5}{8} < \frac{2}{3},$$

它們當中，相鄰兩個分數之差，都是分子為 1 的分數。真有趣。

剛才我們是從 $\dfrac{1}{2}$ 和 $\dfrac{2}{3}$ 開始來湊。如果從更簡單的分數開始呢？

最簡單的數當然是 0 和 1。最簡單的分數就是 $\dfrac{0}{1}$ 和 $\dfrac{1}{1}$，湊一下，出

來個 $\dfrac{0+1}{1+1} = \dfrac{1}{2}$：

$$\frac{0}{1} \qquad\qquad\qquad\qquad \frac{1}{2} \qquad\qquad\qquad\qquad \frac{1}{1}$$

繼續進行：

$$\frac{0}{1} \qquad \frac{1}{3} \qquad \frac{1}{2} \qquad \frac{2}{3} \qquad \frac{1}{1}$$

$$\frac{0}{1} \quad \frac{1}{4} \quad \frac{1}{3} \quad \frac{2}{5} \quad \frac{1}{2} \quad \frac{3}{5} \quad \frac{2}{3} \quad \frac{3}{4} \quad \frac{1}{1}$$

$$\frac{0}{1} \ \frac{1}{5} \ \frac{1}{4} \ \frac{2}{7} \ \frac{1}{3} \ \frac{3}{8} \ \frac{2}{5} \ \frac{3}{7} \ \frac{1}{2} \ \frac{4}{7} \ \frac{3}{5} \ \frac{5}{8} \ \frac{2}{3} \ \frac{5}{7} \ \frac{3}{4} \ \frac{4}{5} \ \frac{1}{1}$$

這樣做下去，都能得到些甚麼分數呢？

讓我們來試一試。

以 2 為分母的，有 $\frac{1}{2}$；

以 3 為分母的，有 $\frac{1}{3}$，$\frac{2}{3}$；

以 4 為分母的，有 $\frac{1}{4}$，$\frac{3}{4}$；

以 5 為分母的，有 $\frac{1}{5}$，$\frac{2}{5}$，$\frac{3}{5}$，$\frac{4}{5}$；

再做下去，馬上就要出現 $\frac{1}{6}$ 和 $\frac{5}{6}$，但是決不會出現 $\frac{2}{6}$、$\frac{3}{6}$、$\frac{4}{6}$。因

為這些分數自左向右是一個比一個大，一個數只有一個位置，而 $\frac{2}{6}$、$\frac{3}{6}$、

$\frac{4}{6}$（即 $\frac{1}{3}$、$\frac{1}{2}$、$\frac{2}{3}$）它們的位置，早已被 $\frac{1}{3}$、$\frac{1}{2}$、$\frac{2}{3}$ 佔了。

再做下去，會有 $\frac{1}{7}$、$\frac{6}{7}$ 出現。這樣，以 7 為分母的真分數也都到齊了。

你很容易猜出來：

一、這樣做下去，只會產生最簡真分數（即分子分母除1外沒有其他公因數的分數，並且分子小於分母）。

二、所有的最簡真分數，都會一個一個地出現，既不會重複，也不會遺漏。

這兩個猜想對不對呢？

這樣的猜想又有甚麼意義？

這兩個猜想，確實都對，並且已經得到了證明。這樣從 $\frac{0}{1}$、$\frac{1}{1}$ 出發造出來的一串分數，叫作「法里分數」，在數學的研究中還很有用處呢。

（原載《我們愛科技》，1984.8）

花園分塊

三角形是最簡單的多邊形。

簡單的東西，往往用處很大。蓋大樓要用許多材料，形狀簡單的磚、石頭、沙用得最多。

各種各樣的圖形裏，總有三角形，或者有暗藏的三角形，所以三角形用處大。

你早就知道，「三角形的面積等於底和高的乘積的一半。」有關三角形的知識，這一條最簡單。簡單的東西用處大，這條知識用處大得很，只要你重視它，會用它，它能幫你解決成千成百各式各樣的幾何問題呢。

有一個正方形的花園，周界總長 400 米，周界上每隔 20 米種一棵樹，一共 20 棵。現在要把花園分成面積相等的 4 塊，還要求每塊都有 5 棵樹。你怎樣來分呢？

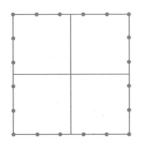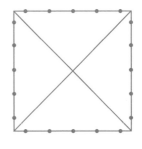

圖 1

你很容易想到圖 1 的兩種分法。花園角上有樹的時候，用左法，角上沒樹，用右法。

如果把題目裏的 20 棵樹改成 40 棵，沿周界每 10 米一棵，而且角上有樹，要分得每塊面積相等，而且邊界上都有 10 棵樹，圖 1 中的兩

種方法都不靈了。

我們可以在邊界上隨便哪兩棵樹之間取一點 A，沿着邊界向一個方向量 100 米得到 B，再量 100 米得到 C，再量 100 米得到 D，當然 D 到 A 也是 100 米。把 A、B、C、D 和正方形的中心 O 連起來，便把花園分成了四塊。這四塊的面積是不是一樣大呢？只要計算一塊就知道了。把圖 2 中四邊形 APBO 分成兩個三角形來計算，根據三角形面積公式得到：

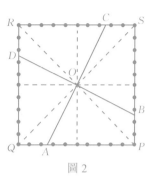

圖 2

$$\Delta APO \text{ 的面積} = \frac{1}{2} \times 50 \times AP$$

$$\Delta BPO \text{ 的面積} = \frac{1}{2} \times 50 \times BP$$

∴ 四邊形 APBO 的面積 $= \frac{1}{2} \times 50 \times (AP + BP) = 2500$（米^2）

在這裏，中心 O 到各邊的距離是 50，AP + BP = 100 這都是知道的。

如果問題再變一變，不要求把花園分成四塊，而要分成五塊，而且要面積相等，每塊都是 8 棵樹，又該怎麼辦呢？

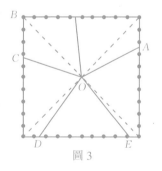

圖 3

很多人會覺得分五塊難。照搬剛才的方法把花園分成五塊，從圖 3 可以看，這五塊的形狀不一樣。用三角形面積公式，可以算出每一塊都是 2000 平方米。

那麼，為甚麼知道中心 O 到各邊的距離是 50 呢？這又可以用三角形面積公式來説明：圖 4 中，中心 O 是正方形對角線的交點，對角

線把正方形分成四個面積一樣大的三角形：ΔOAB、ΔOBC、ΔOCD、ΔODA，它們的面積都是 $\frac{1}{4} \times 10000 = 2500$（米^2）。以 ΔOAB 為例，把 AB 看成底，高 OH 就是 O 到 AB 邊的距離，反過來用面積公式

$$\frac{1}{2} \times AB \times OH = 2500 \text{（米}^2\text{）}$$

已知 $AB = 100$ 米，就可以求出 $OH = 50$ 米。同理，O 到各邊距離都是 50 米。

我們已經看到，同一個面積公式在這裏有兩種不同的用法：

一、正用：計算面積；（分成三角形來算）

二、反用：求線段長度；（圖 4 中，用 ΔOAB 的面積和底求高。）

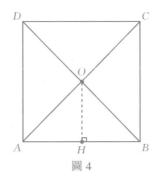

圖4

我們又看到，同一個問題，有不同的解法，有的方法，問題一變就不能用了，有的方法，卻能跟着問題變，這種方法，值得你特別注意！

（原載《我們愛科學》，1985.8）

巧分生日蛋糕

一塊正方形的生日蛋糕（嚴格地說，是正四棱柱形的，由於這柱體的高相對較小，通常人們把它叫作方形蛋糕），表面上塗有一薄層美味的忌廉，要均勻地分給五個孩子，應當怎麼切呢？

困難在於，不但要把它的體積分成五等份，而且同時要把表面積也分成五等份！

要是四個人分、八個人分就好了。不然，要是圓形的蛋糕，也就好了。偏偏是方形蛋糕五個人來分！

且慢抱怨！冷靜地想一下，你會意外地發現，「方形」和「五人來分」這兩個條件，並沒有給你增加甚麼困難，解答是令人驚奇的平凡而簡單：只要找出正方形的中心 O，再把正方形的周界任意五等分，設分點為 A、B、C、D、E，作線段 OA、OB、OC、OD、OE，沿這些線段向着柱體的底垂直下刀，把它分成五個柱體便可以了。如圖 1，便是一種分法。

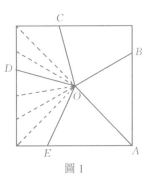

圖 1

（我們在圖中用黑圓點標出了方形各邊的五等分點，這就易於看出 A、B、C、D、E 是周界的五等分點了。）

要證明這種分法的正確性，只要用一下三角形面積公式和柱體體積公式就夠了。由於 O 到四邊距離相等，所以圖中用虛線劃分的小三角形都是等底等高的！剩下的，就是用人人皆知的公式，通過具體計算驗證各塊的體積相等，並且所附帶的忌廉面積也相等罷了。

這件事提醒我們：面對貌似困難的題目不要緊張，冷靜下來，運

用你學過的基本知識去分析它，往往會發現，它其實並不難。

讓我們進一步想：如果蛋糕是正三角形、正六邊形、正 n 邊形，而且 m 個人來分呢？你一定會毫不猶豫地回答：分法是一樣的！

如果蛋糕是任意三角形呢？也許你不那麼有把握了吧？想一想：剛才能成功的關鍵是甚麼？是「方形中心到各邊等距」。那麼，三角形內有沒有到各邊等距的點呢？有，內切圓心就是！分法找到了：把三角形的周界分成五等分，把分點 A、B、C、D、E 分別和內心 O 連起來，沿這五條線段下刀就是。

但是，你會把任意三角形的周界五等分嗎？這時，圖 1 中先把各邊五等分的辦法顯然不太適用了。你可以先把三邊「拉」成一條線段，分好之後再搬回來，用規尺完成這個作圖是容易的，如圖 2 所示，這裏不再用文字解釋了。

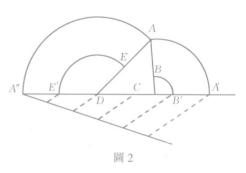

圖 2

剛才我們用到了三角形的內心，這會使我們想到：任意的圓外切多邊形也有「內心」，即它的內切圓心 O，而 O 到外切多邊形的各邊也是等距的，這樣一來，所有的圓外切多邊形的蛋糕，都可以按照要求均分成 m 塊了。方法仍然相同。比如，菱形蛋糕便可以這樣來分。

通常吃的蛋糕形狀大致都是柱體。如果一家食品公司獨出心裁，做了一種金字塔形蛋糕，我們能夠把它（連同它的表面積）均分成五塊嗎？

金字塔形，就是正四棱錐形。它的分法仍然和前面的分法類同。

只要找出錐形的底的周界的五等分點 A、B、C、D、E，把它們和錐頂點 O 連接起來，設 O 在錐底的正投影為 O′，我們以 ΔOO′A、ΔOO′B、ΔOO′C、ΔOO′D、ΔO′OE 為剖面下刀，便可以滿足要求了。（圖 3）

進一步思考，你會想到：如果棱錐的底面是圓外切多邊形，而且棱錐頂點和底的內切圓圓心連線垂直於底面的話，仍可以依樣畫葫蘆地均分成若干塊。因為，利用勾股定理和立體幾何裏的「三垂線定理」容易驗證：棱錐各側面三角形高（即棱錐之斜高）相等。另外，底面內心仍和底的各邊等距。

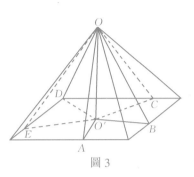

圖 3

回顧一下，我們從開始到現在，一步一步已走得不近了。但每一步並不太費力。這樣一小步一小步地向前挪動，可以使你從簡單情況出發，而解決相當困難的問題。不信，你可以試試問一位愛好數學的朋友：

「怎樣把正四面體形的蛋糕均勻地分成五塊，同時使表面上的忌廉也分得均勻？」

十之八九，他會覺得這是個難題。甚至他很難一下子相信你告訴他的解答（如上述）是正確的！但對於你，這個問題已瞭若指掌了。

但是，這樣的分法並非無往而不勝！如果是一塊長和寬不相等的矩形蛋糕，就會讓我們碰釘子。但對於矩形蛋糕，也不是沒有辦法；設矩形的長為 a，寬為 b。下面提供的方法可以把它均分成五塊。（注意：別忘了表面積也要分均勻）（圖 4）

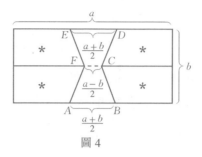

圖 4

説明如下：四塊帶 * 的部分是全等形，因而只要計算一下中間的
六邊形 *ABCDEF* 有關的蛋糕的量。設蛋糕高為 h，則這一塊的

$$體積 = h \times \frac{b}{2} \times \left(\frac{a+b}{5} + \frac{a-b}{5} \right) = \frac{abh}{5},$$

$$忌廉面積 = 2 \times h \times \frac{a+b}{5} + 2 \times \frac{1}{2} \times \frac{b}{2} \times \left(\frac{a+b}{5} + \frac{a-b}{5} \right)$$

$$= \frac{1}{5} \left[2h(a+b) + ab \right]$$

$$= \frac{1}{5} (2ah + 2bh + ab)$$

恰好合於要求。

最後，試問一問：怎樣把矩形蛋糕均分為七塊？九塊？十塊？m塊？
（請參考圖 4，也有別的方法）

（原載《數學愛好者》，1982.3）

"$1 + 1 \neq 2$" 的形形色色

這個標題也許使你驚奇。$1 + 1$ 當然等於 2，這在算術裏早已知道了！為甚麼這裏卻說 $1 + 1 \neq 2$ 呢？其實，只要打破常規，大膽想像，確能找出幾條能自圓其說的 "$1 + 1 \neq 2$"！

例 1　一隻虎加一隻羊，虎吃了羊，豈不是 $1 + 1 = 1$ 嗎？

例 2　一堆沙子和另一堆沙子，是一大堆沙子，又是 $1 + 1 = 1$！

例 3　一支筷子加一支筷子，是一雙筷子，也可說是 $1 + 1 = 1$！

你一定會覺得這幾個例子不嚴肅，缺乏科學性。特別是例 2 和例 3，把兩堆叫「一大堆」，把兩支叫「一雙」，不過是文字遊戲罷了。

好，讓我們繼續找些 $1 + 1 \neq 2$ 的例子。

例 4　如圖 1，小明向東走 1 公里，接着向北走 1 公里，結果他離出發點不是 2 公里，按勾股定理算出來，是 $\sqrt{2}$ 公里，即大約 1.41 公里，這是 $1 + 1 < 2$！

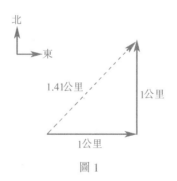

圖 1

最後這個例子，數學味道比前幾個濃得多。它告訴我們位置的移動——在數學中叫「位移」，光說距離的大小，不提方向是不夠的。向東走 1 公里，再向東走 1 公里，離出發點 2 公里。向東走 1 公里，再向西走 1 公里，卻回到出發點了。像這樣既有大小、又有方向的量，

叫作向量。位移、力、速度、加速度等都是向量。可見向量有很大的用處。

向量怎麼相加呢？在圖上看是很簡單的，用帶箭頭的線段表示向量，線段的長度就表示向量的大小，甲乙兩個向量首尾銜接，從甲的尾巴到乙的箭頭便可以畫個帶箭頭的線段，這個線段便表示甲、乙兩向量之和。

當甲、乙兩向量大小都等於 1 時，兩向量的和的大小通常小於 2，只有甲、乙方向相同時，它們的和的長度才是 2！

例 5　把所有整數分成兩類，偶數和奇數。用 0 代表偶數，1 代表奇數。這時：

$$1 + 1 = 0 \qquad (奇 + 奇 = 偶)$$
$$1 + 0 = 1 \qquad (奇 + 偶 = 奇)$$
$$0 + 0 = 0 \qquad (偶 + 偶 = 偶)$$
$$1 \times 1 = 1 \qquad (奇 \times 奇 = 奇)$$
$$1 \times 0 = 0 \qquad (奇 \times 偶 = 偶)$$
$$0 \times 0 = 0 \qquad (偶 \times 偶 = 偶)$$

這種 0 與 1 之間的運算，叫「模 2」算術。「模 2」算術可以用在編碼上。編碼的用處可大了。信息的記錄、保存、傳遞都離不開它。特別是軍用密碼的編製和破譯，各國都在緊張地研究它。

例 6　如圖 2，甲、乙兩個開關並聯起來，組成一個電路丙。用 1 表示通電，0 表示斷電。"＋"表示並聯，很容易看出來：

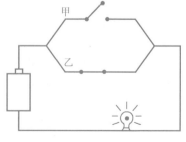

圖 2

若甲斷電、乙也斷電，則丙也斷電。燈泡不亮。這就是 $0 + 0 = 0$。

若甲通電、乙斷電，則丙通電。燈泡亮了。造就是 $1 + 0 = 1$。

若甲通電、乙也通電，則丙通電。燈泡亮了。這是 $1 + 1 = 1$！

如果甲、乙電路不是並聯而是串聯（圖 3），可以用乘法表示。

這時甲、乙有一個斷開，丙就斷開。這就是：$0 \times 0 = 0$，$0 \times 1 = 0$；$1 \times 0 = 0$。當甲、乙都接通時，燈就亮了，這就是：$1 \times 1 = 1$。

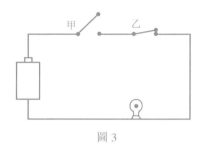

圖 3

按照這種規律，建立了又一種算術，叫布爾算術。布爾算術裏只有兩個數：0 和 1。它和「模 2」算術不同之處在於 $1 + 1 = 1$。在「模 2」算術裏 $1 + 1 = 0$！

在布爾算術基礎上，又發展起一種布爾代數，這種代數在電子線路的設計上大有用處，電腦的研製、使用都離不開它。

你看，"$1 + 1 \neq 2$" 這個看來荒謬的式子，把我們引到了多麼廣闊的領域啊！

（原載《我們愛科學》，1986.11）

用圓規巧畫梅花

在正五邊形的每條邊上，向外畫半圓，便成了一朵梅花，你能畫嗎？

這有甚麼稀奇呢？人人都會畫。

可是有個要求：在畫花瓣的時候，圓規的針腳不許離開正五邊形的中心點。你會畫嗎？

也許你會提出疑問，這怎麼可能呢？

能！這裏告訴你兩個方法。提到這種方法，我還想起了一段往事。

當我第一次拿到圓規的時候，心裏感到特別好奇，總想束畫一個圓，西畫一個圓。

一次，我在一個破硬紙盒子裏畫圓，可是圓心定偏了，畫着畫着，紙盒的側面擋住了圓規上鉛筆的去路。於是，我把圓規稍微向後傾斜了一下，針腳依然插在原處，硬是從紙盒的側面畫了過去（圖1）。畫完之後，我把紙盒的四個側面攤平一看，奇怪的事發生了！我畫的竟不是一個圓。而是比圓多凸出了一塊（圖2），真像個不倒翁。凸出的部分恰好是一個半圓。

說到這裏，你一定會想到圓規針腳不動，畫出五瓣梅花的方法了吧。

一個方法是在一個正五邊形的盒子裏畫，畫完之後把盒子的側面全部破開攤平。但是，這樣的盒子是不大容易找到的。

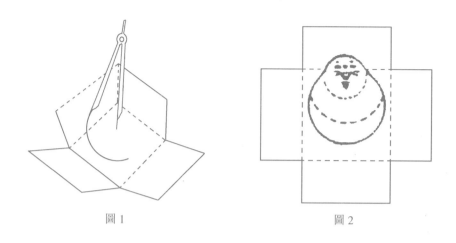

圖1　　　　　　　　　　　　　　　　圖2

　　另一個可行的方法是這樣的。先在紙上畫一個正五邊形。在桌上放一個木匣或硬紙匣，匣的側面要平，還要和桌面成直角。沿着正五邊形的邊把紙折成直角，讓折縫緊貼匣子側面的底邊；再把圓規針腳釘在正五邊形中心，取半徑等於五邊形中心到頂點的距離，使圓規上的鉛筆從靠匣子側面畫過去（圖3），於是，一瓣梅花就畫成了。畫完一瓣，針腳不動，把紙和匣子旋轉到另一邊，再畫第二瓣梅花，直到畫成五瓣為止。

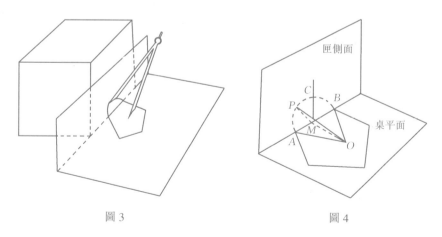

圖3　　　　　　　　　　　　　　　　圖4

這是甚麼道理呢？我們不妨來證明一下：

設正五邊形的一邊為 AB（圖 4），AB 恰好在桌平面與匣側面的交線上。取 AB 的中點 M，連接 OM 成一直線，因為 $AO = BO$，$\triangle OAB$ 是等腰三角形，所以，$\triangle OAM$ 是直角三角形，也就是說，$OM \perp AB$，OA 是 $\triangle OAM$ 的斜邊。

因為兩個平面互相垂直，所以匣平面上任取一點 P，$\angle PMO$ 就是直角。這裏稍稍涉及一點立體幾何的知識，你還沒有學。但是，你可以用一個三角板，把直角的頂點放在 M 處，一個直角邊沿 OM 固定，讓另一直角邊在匣側面上轉動，就可以證實 $\angle PMO$ 的確是直角。

設圓規的鉛筆畫到了匣側面的 P 點，由於 $\angle PMO = 90°$，所以 $\triangle PMO$ 是直角三角形。又由於 $OP = OA$（即圓規兩腳的距離不變），可利用勾股定理算出：

$$PM = \sqrt{OP^2 - OM^2} = \sqrt{OA^2 - OM^2} = AM$$

這一點可以說明 P 點運動時，畫出一個以 M 為圓心，以 AM 為半徑的半圓。

如果匣的側面和桌平面的夾角不是直角，圓規的針腳還是不動，圓規在側面上畫出來的又是甚麼呢？你不妨猜一猜、試一試、證一證。

你會發現：兩個平面成鈍角時，畫出來的是不到半圓的圓弧；兩個平面成銳角時，畫出來的是超過半圓的圓弧。總之，畫出來的都是圓弧。

要證明畫出來的是圓弧並不難。也可以更直截了當地「看」出來：不管 P 點怎麼在空中轉動，由於 O 是固定的，OP 距離不變（圖 5），

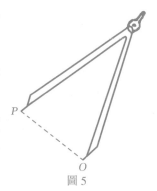

圖 5

P 在空中運動的軌跡總是以 O 為球心、以 OP 為半徑的球面。用平面去截取球面,截取出來的總是一個圓。

怎樣知道有時是半圓,有時又不是半圓呢?

不妨設想 OP 是一根繩子,O 端釘在天花板上,一人緊拉着 P 端在地板上跑,他所跑的路線就是一個圓周 (圖6) 。

如果 O 點不釘在天花板上,而釘在牆壁上,他的活動範圍就只剩下一半了,顯然是一個半圓了 (圖7) 。

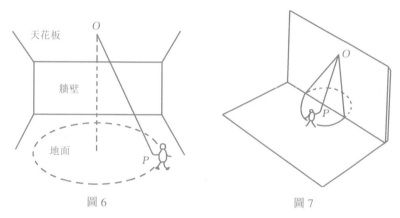

圖6　　　　　　　　　　圖7

這樣想問題的時候,我們已經把匣子的側面當成地板,把桌面立起來,當成牆壁了。牆壁傾斜了,下面的圓弧仍是圓板,但不是半個圓。

設想釘子不動,牆身向外傾斜,拉繩子的人活動範圍就不到半圓了。這時候兩平面構成鈍角 (圖8) 。相反,牆身向裏傾斜,拉繩子的人活動範圍就超過了半圓了 (圖9) 。

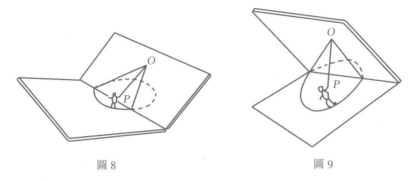

圖 8   圖 9

說穿了，就這麼簡單。

在學數學的時候，常常需要這樣來想問題，把抽象的問題化成具體問題來考慮。腦子裏不妨先離開那些公式、符號和定理，看看它大體上是怎麼回事。這樣做，好比到一個陌生的城市去找一棟樓房之前，先站到山上看看這個城市裏的街道，看得大體清楚了，進城去找就容易多了。

數學家把這種做法叫作「從直觀上弄清楚」。直觀上清楚了，並不能代替嚴密的論證，但能幫我們找出正確的結論，啟發我們如何去證明它。

最後，留給你一個問題：能夠用圓規在紙上畫出一段直線嗎？

答　案

　　把紙貼在圓筒形的盒子內側，圓規的針腳固定在盒子底部中心，這樣就可以畫出一條直線了。

（原載《我們愛科學》，1984.7）

從朱建華跳過 2.38 米說起

1983 年 6 月，朱建華跳過 2.37 米，打破了男子跳高世界紀錄。

9 月 22 日，他又飛過 2.38 米的新高度！

世界跳高紀錄在 1 厘米 1 厘米地增長。既然跳過了 2.38 米，那誰又能説 2.39 米、2.40 米不會被征服呢？

1 厘米，只有那麼一點。在已經達到的高度上增加那麼一點，似乎總是可能的。

但是，如果真的 1 厘米 1 厘米地不斷加下去，你會發現人需要跳過的高度將是 3 米、5 米、10 米，直至比月亮還高！

也許 1 厘米太多了一點。1 毫米 1 毫米，1 微米 1 微米地增長是不是可能呢？

也不行，你可以算出來：即使每次只增長一微米，只要一次又一次不斷刷新紀錄，人還是會跳得比月亮還高。

不管多麼小的正數 a，哪怕是萬分之一，億億分之一，把它重複相加：$a + a = 2a$，$2a + a = 3a$，$3a + a = 4a$，加的次數多了，便能夠要多大、有多大。數的這條性質，叫作阿基米德性質，或阿基米德公理。這個阿基米德，就是那位發現浮力定律的古代希臘科學家。

照這麼説，是不是一個正數加上一個正數，再加一個正數，再加、再加……不斷加下去，就一定會越來越大，要多大有多大呢？

這可不見得。越來越大是對的。可是要多大有多大，就不一定了。

為甚麼呢？剛才不是説，不管多麼小的數，只要反覆地加，可以要多大，有多大嗎？

阿基米德公理説的是同一個正數反覆地加上去，要多大有多大，

如果每次加上去的不是同一個數，是越來越小的正數，情形就變了。

從 0.3 開始，加上 0.03，再加 0.003, 0.0003，無窮地加，確實越來越大，和 1 / 3 的差越來越小；但這樣無限加下去，無論如何也達不到 1 / 3（為甚麼，請想一想）。所以規定：

$$1 / 3 = 0.\dot{3} = 0.3 + 0.03 + 0.003 + 0.0003 + \cdots\cdots$$

另一個例子是

$$1 = \frac{1}{2} + \frac{1}{4} + \frac{1}{8} + \frac{1}{16} + \cdots\cdots$$

它的意思，從右圖上可以看個明白。一個正方形中無窮多個長方形的面積之和只能越來越接近於這個正方形的面積，卻根本不可能比這個正方形更大。

根據上面的例子，是不是又可以說：一串越來越小，要多麼小就能多麼小的正數，一個個加起來，就不會變得很大很大，要多大有多大了呢？

你要是這樣看，那就又錯了。

比方，從 1 開始加上兩次 1 / 2，再加三次 1 / 3，四次 1 / 4……不是照樣可以要多大，有多大嗎？

也許你不服氣。因為加上去的數重複的很多。那就再看這個例子：

$$1 = \frac{1}{2} + \frac{1}{3} + \frac{1}{4} + \frac{1}{5} + \frac{1}{6} + \frac{1}{7} + \frac{1}{8} + \cdots\cdots$$

它這樣加下去，也會要多大，有多大。你明白其中的道理嗎？

道理也很簡單：

$\dfrac{1}{3} + \dfrac{1}{4}$，比 2 個 $\dfrac{1}{4}$ 大，大於 $\dfrac{1}{2}$；

$\dfrac{1}{5} + \dfrac{1}{6} + \dfrac{1}{7} + \dfrac{1}{8}$，比 4 個 $\dfrac{1}{8}$ 大，也大於 $\dfrac{1}{2}$；

$\dfrac{1}{9} + \dfrac{1}{10} + \cdots\cdots + \dfrac{1}{15} + \dfrac{1}{16}$，比 8 個 $\dfrac{1}{16}$ 大，也大於 $\dfrac{1}{2}$；

…………

可見，其中要多少個 1／2，有多少個 1／2，加起來，不就是要多大有多大了嗎！

在這篇文章裏，從朱建華破跳高世界紀錄開始，我們討論的都是加法，都是無窮多個數相加的問題。在數學中，無窮多個數「相加」，叫做無窮級數。無窮級數屬於高深的數學知識，要在高等數學中才學到，可以用來解決許多科學上的難題。但是在我們講的這些當中，你卻可以看到，高深數學的基本思想，就寓於平凡的事物中。

（原載《我們愛科學》，1984.2）

逃不掉的老鼠

　　一條長線上有 5 隻貓，各管一段線。一條短線上有 5 隻老鼠，各有一段活動範圍（圖 1）。貓和老鼠都編了號碼，1 號貓負責捉 1 號老鼠，2 號貓負責捉 2 號老鼠，這樣繼續下去，直到 5 號貓負責捉 5 號老鼠。如果把短線和長線放在一起，但短線的兩端不能伸到長線之外（圖 2）。這時候，是不是總有一隻（也許有更多）倒霉的老鼠，它的活動範圍恰好和專門捉它的那隻貓的防區相接觸呢？

圖 1

　　觀察圖 2，你會發現，不管如何劃分線段，也不管短線在長線兩端之內如何移動，至少有一隻老鼠要倒霉。圖 2 中我們用箭頭指出了這些逃不掉的老鼠的號碼，最下面的 (c) 中，2 號貓的防區剛剛和 2 號老鼠的活動範圍邊界相連（3 號也一樣），也算是相接觸了。如果不是邊界和邊界正好對準，就像圖 2(a)，(b) 中所畫的那樣，防區和同號碼的活動範圍總有更多的接觸。

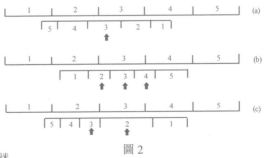

圖 2

是不是因為貓和老鼠都太少，才碰巧發生這種情形呢？你不妨自己再畫些類似的圖，把大小線段都分成 10 段、20 段、100 段來看看！你會驚奇地發現，總會有兩個相同的號碼湊在一起。

這裏面有沒有甚麼道理呢？

說穿了也很簡單：請看圖 3，小線段左端的號碼 1，對應於比它大的 7；右端的 100，對應於比它小的 94，從左往右看，一開始是上面的號碼大，到後來變成上面比下面的小了，不難想像，中間一定有某個地方，上下的號碼正好相等。事情就是這樣平凡，這好比兩人賽跑，一開始甲在乙的後面，後來甲又超過了乙，是不是一定有那麼一瞬間，甲和乙並肩前進呢？這是很顯然的。

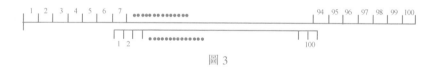

圖 3

如果圖中短線段的號碼是從右邊開始，道理也一樣，就像兩人在一條路上互相迎面走來，總要見面一樣。

同樣的道理，如果長線段上的每個點代表一隻貓，它的號碼用 0 到 1 之間的實數 x 表示，x 就是它到端點 0 的距離。短線段上每個點代表一隻老鼠，號碼也連續地從 0 變到 1。儘管這時候貓和老鼠都有無窮多隻，防區和活動範圍都縮小到一個點，可是，總有一隻老鼠倒霉，它正好碰上和它號碼相同的貓！如圖 4，用一條和兩根線段垂直的虛線來截它們，把虛線從左向右慢慢移動。在 a 和 b 兩個截點上，你會發現，一開始上面的數字大 ($a > 0$)，到後來下面的數字大 ($b < 1$)。也就是說，在虛線慢慢地右

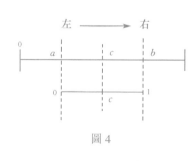

圖 4

移時，下面截點的數，從「落後」慢慢變成了「超前」，這中間一定有個地方，下面正好趕上了上面，也就是 $c = c$。不過，c 點究竟在甚麼位置，可就不知道了。

要是用矩形代替線段，就更有趣兒了。把大矩形劃分為 9 個防區，小矩形按相似的順序編號，劃為 9 個活動範圍。把小矩形畫在透明紙上，疊放在大矩形裏，不管怎麼放，總有一隻老鼠，它的活動範圍和號碼相同的貓的防區相接觸！如圖 5 中用箭頭指出了這些號碼。

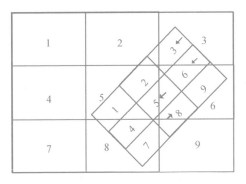

圖 5

如果把大小矩形都分成 100 格、1000 格，同樣的情況仍然會發生，即使小矩形畫得不那麼規矩，畫成了平行四邊形、梯形，甚至彎彎曲曲，歪歪扭扭，都沒關係。你就是把小矩形折疊幾次，或揉成一團（不要撕破），壓放在大矩形裏，還是至少會有一隻逃不掉的老鼠（如圖 6）。

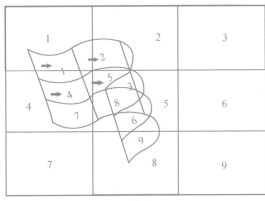

圖 6

如果把矩形換成長方體，把小長方體放到大長方體內，情形仍是一樣！這裏面包含了一條高深的數學定理，叫作不動點定理。它有很多的變化、推廣和應用。許多科學問題的求解，可以用不動點定理來幫忙哩！

　　不動點定理還可以用一個簡單的例子說明：把一張小的中國地圖放在大的中國地圖內，一般地說，大地圖上的北京、上海、杭州是不會和小地圖上的北京、上海、杭州正好落在一起的，它們都動了位置。但可以肯定，一定有一個地方沒有動，它在兩個地圖上的標記落到一塊了。如果大小地圖相似，這個定理可以用下列幾何題來表達。你能做出來嗎？

　　正方形 A′B′C′D′ 在正方形 ABCD 之內，請在 A′B′C′D′ 內找一點 P，使 ΔPA′B′ ~ ΔPAB（P 就是不動點）。

答　　案

　　假設 P 點已找到，由 ΔPA′B′ ~ ΔPAB，故 ∠PB′A′ = ∠PBA。延長 B′A′，交直線 AB 於 E，由 ∠1 = ∠2 知 ∠3 = ∠4，故 P 在 ΔB′EB 的外接圓上。同理，P 也應當在 ΔA′FA 的外接圓上（F 是 A′D′ 和 AD 交點），作出這兩個圓，便把 P 找出來了。如果 AB // A′B′，上述方法失效。這時 P 點應當是直線 AA′ 與 BB′ 交點。

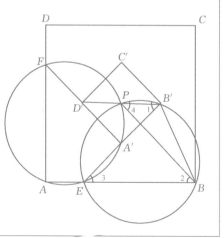

（原載《我們愛科學》，1984.10）

石子遊戲與同餘式

（一）

讓我們來玩拿石子的遊戲吧！

一堆石子，你抓一把，我抓一把，總會抓光的。誰抓到最後的一把，就算輸。

光這樣規定行嗎？先抓的人一下子抓得多，只剩下 1 顆，不就輕而易舉地取勝了嗎？

那就規定，每次最多不能超過多少。比方說，每次至多取 8 顆石子，再多了就不行。至少呢，總得拿 1 顆吧，如果允許不拿，那最後 1 顆誰也不肯拿了。

兩個人都想勝，就要琢磨取勝的方法。石子多了頭緒太多，先想想最簡單的情形。

1 顆石子，很簡單，誰先拿誰輸。

2 顆石子，先拿的人就穩操勝券了。拿 1 顆，留 1 顆就是。再多幾顆，只要不超過 9 顆，總是先下手為強，他總可以一下拿得只剩下 1 顆石子。

9 顆再多 1 顆，情況又不同了。我先拿，無法拿得只剩 1 顆。你接着拿，倒可以讓石子只剩 1 顆。具體方法是：我拿 1 你能拿 8，我拿 2 你就拿 7，我拿 3 你就拿 6……總之要湊夠 9 顆。結果，先拿的反而輸了。

　　石子數目只要是 9 的倍數加 1，後拿的人總可以「後發制人」，用「湊 9 法」來對付先拿的人。9 顆 9 顆地把石子拿掉，剩下 1 顆時，正輪到先拿的人。

　　要是石子數用 9 除不是餘 1，主動權就在先拿的人手裏了。比如石子數目是 58，用 9 除 58 餘 4。你先拿，拿走 3 顆，石子數變成 55，用 9 除餘 1 了。以後不論我怎麼辦，你都可以用湊 9 法取勝。

　　遊戲的全部奧秘都已揭露無餘了。知道奧秘的兩個人來玩，當然便索然無味。

　　把規矩改一改呢？比如，每次至多可以拿 7 顆，或 4 顆，又該如何呢？這樣變不出多少花樣來。每次拿 7 顆，當石子數用 8 除餘 1 時，先拿的輸；其他情況，先拿的勝。至於奧秘，不過是把湊 9 變成湊 8 而已。

　　當然，在拿的過程中不能失誤。失誤一次，被對方發現，立刻由主動變為被動了。

不論是規定拿最後 1 顆的為勝還是為負，掌握了取勝奧秘者，必須先算一算石子數目被 9 除餘幾（要是每次不超過 7 顆，要算算被 8 除餘幾，不超過 6 顆，要算算被 7 除餘幾）。在這類遊戲中，取勝的關鍵在於很快地算出一個整數被另一個整數除時的餘數。可是你能不能做到這一點呢？有沒有一種簡便的計算餘數的方法呢？

<h2>（二）</h2>

上文我們介紹了一種有趣的石子遊戲，這個遊戲牽涉到餘數的問題。如何用簡單的方法算出餘數呢？我們不妨來逐個研究一下。

用 9 除一個數的餘數，很容易算。只要把被除數各位數字加起來代替原來的數就可以了。在加的過程中 9 可以換成 0。例如，要問 358472 用 9 除餘幾，可計算

$$3 + 5 + 8 + 4 + 7 + 2 = 29$$

用 9 除 29 餘 2，所以 358472 用 9 除餘 2。

實際上，還可以更簡單一些：$7 + 2 = 9$，$5 + 4 = 9$，所以只要計算 $3 + 8 = 11$ 用 9 除時的餘數。

道理何在呢？也很簡單：

$$358472 = 300000 + 50000 + 8000 + 400 + 70 + 2$$
$$= 3 \times (99999 + 1) + 5 \times (9999 + 1) + 8 \times (999 + 1)$$
$$+ 4 \times (99 + 1) + 7 \times (9 + 1) + 2$$
$$= 9 \times (33333 + 5555 + 888 + 44 + 7)$$
$$+ (3 + 5 + 8 + 4 + 7 + 2)$$

可見 358472 與 (3 + 5 + 8 + 4 + 7 + 2) 相差的是 9 的倍數，用 9 來除，餘數當然一樣。

求餘數的實質，是從被除數裏去掉除數的倍數。抓住這一點，你就能發現另外一些求餘數的方法：

除數是 3 時，求餘數的方法和除數是 9 時完全一樣。如 425 除以 3 可換成 4 + 2 + 5 除以 3。

除數是 4 時，可以用被除數的最右邊的兩位數代替原數，並且可以去掉個位數裏含的 4 和 10 位數裏含的 2。例如，369257 除以 4，餘數和 57 除以 4 一樣。5 裏面有兩個 2，去掉後是 1，7 裏面有一個 4，去掉後是 3，用 4 除 13 餘 1，故 369257 用 4 除餘 1。

如果用符號代替語言，能把求餘數的方法表達得更簡單：

兩個數用 9 除時餘數一樣，就說這兩個數「模 9 同餘」。「模」，就是個標準。若 a 和 b 是模 9 同餘的話，就可記成

$$a \equiv b \,(\mathrm{mod}\ 9)$$

或更簡單地記成 $a \overset{(\mathrm{m}9)}{=\!=\!=} b$。例如 $28 \overset{(\mathrm{m}9)}{=\!=\!=} 10$。類似地，還有模 8 同餘、模 7 同餘、模 10 同餘、模 236 同餘，都可以。這種式子叫同餘式。例如 $10 \overset{(\mathrm{m}8)}{=\!=\!=} 2$、$34 \overset{(\mathrm{m}7)}{=\!=\!=} -1$、$25 \overset{(\mathrm{m}5)}{=\!=\!=} 0$，等等。

模相等的同餘式兩端可以相加、相減、相乘。這種性質就像等式一樣。

用一下同餘式的寫法和運算規律，能把用 9 作除數時的餘數計算方法說得又簡單又明白，因為

$$10 \overset{(\mathrm{m}9)}{=\!=\!=} 1 \tag{1}$$

兩端自乘得

$$100 \overset{(\mathrm{m}9)}{=\!=\!=} 1 \tag{2}$$

再用 (1) × (2) 得 $1000\overset{(m9)}{=\!=\!=}1$……等。因而

$$358472\overset{(m9)}{=\!=\!=}3+5+8+4+7+2\overset{(m9)}{=\!=\!=}3+8\overset{(m9)}{=\!=\!=}2。$$

下面介紹一下用 6、7、8、11、13 幾個數作除數時餘數的簡便求法，請你自己用同餘式的運算規律來說明，或者不用同餘式，直接用普通的算術式子說明。

除數是 6 時，把被除數的個位數字與其餘各位數字之和的 4 倍相加，得數可以代替原來的被除數。在運算當中，大於 6 的數字可以減去 6。例如，問 897635 用 6 除餘幾？可以用

$$4\times(8+9+7+6+3)+5\overset{(m6)}{=\!=\!=}4\times(2+3+1+0+3)+5\overset{(m6)}{=\!=\!=}4\times(2+1)+5$$

來代替 897635，即用 17 代替原數，所以餘數是 5。

除數是 7 時，可以把除數這樣變小：

個位數字 + (3 × 十位數字 + 2 × 百位數字 - 千位數字)

　　- (3 × 萬位數字 + 2 × 十萬位數字 - 百萬位數字)

　　+ (3 × 千萬位數字 + 2 × 億位數字 - 十億位數字)

　　- (3 × 百億位數字 + ……)

如要問 3986452 用 7 除餘幾，可計算：

$$2 + (3 \times 5 + 2 \times 4 - 6) - (3 \times 8 + 2 \times 9 - 3)$$

在計算過程中，比 7 大的數可減去 7，比 7 小的數也可加上 7，便得：

$$2 + (1 + 2) - (3 + 1) = 1$$

所以這個數用 7 除餘 1。

除數是 8 時，只要看個位、十位和百位，計算一下：

個位數字 + 2 × 十位數字 + 4 × 百位數字，用計算結果代替原來的被除數。例如，要問一個數 6705493 用 8 除餘幾，只要看 493，對 493 處理的方法是：

$$3 + 2 \times 9 + 4 \times 4$$

記住有 8 就去掉，計算結果可以是 $3 + 2 + 0 = 5$。即餘數為 5。

除數為 11，求餘數的方法特別簡單，只要計算：

個位數字 − 十位數字 + 百位數字 − 千位數字 + ……

算出來如果是負數，可以加上 11 的倍數使它變成正的。例如 34357 用 11 除餘幾？只要求

$$7 - 5 + 3 - 4 + 3 = 4$$

就知道它用 11 除餘 4。

　　除數為 13，求餘數的方法和除數為 7 時類似，計算方法是：

個位數字 − 3 × 十位數字 − 4 × 百位數字 − 千位數字

　　+ 3 × 萬位數字 + 4 × 十萬位數字 + 百萬位數字

　　− 3 × 千萬位數字 − 4 × 億位數字 − 十億位數字

　　− ……

計算過程中，可以把 13 去掉，也可以加上 13。

　　例如要問 893142 用 13 除餘幾，算法是：

$$2 - 3 \times 4 - 4 \times 1 - 3 + 3 \times 9 + 4 \times 8$$

結果是 42，42 除以 13 餘 3，就知道 893142 用 13 除餘 3。

　　求用 14、15、16 作除數時的餘數的簡便算法，你知道嗎？把上面介紹的方法中的道理弄通，你就能自己找出另一些方法了。

（原載《少年科學》，1988.1, 2）

石子遊戲與黃金數

（一）

前文談到的石子遊戲，也許你覺得稍嫌簡單了一點。不過，由它引出的餘數問題，卻是數學花園裏一片引人入勝的所在。

現在試試另一種遊戲。兩堆石子。還是我們兩個人輪流拿。誰拿到最後一個誰是勝利者。

一次允許拿幾顆呢？至少一顆，至多不限，你把一堆一下子拿光都行。也可以在兩堆裏拿，但在兩堆裏要拿得一樣多。這些規定是有道理的。如果允許在兩堆裏隨便取，先下手的一下子拿光就勝了。

規則並不複雜。想要掌握取勝之道，可不是那麼容易。

仍然從最簡單的情形出發來思考：

如果一堆是空的，或兩堆一樣多，當然先拿的人勝。

兩堆不一樣，一堆至少是1顆，另一堆至少是2顆，先拿的必然輸。不論他怎麼拿，對方總能拿到最後一顆。

你馬上就會想到：如果兩堆之差為1，而且較小的一堆不止1顆，先拿的必然能勝利！他可在兩堆裏取相同的數，使石子剩下的是1顆和2顆。對方再也沒有辦法了。

這給了我們一個啟示：如果兩堆之差分別為2、3、4，又該怎麼拿呢？

如果兩堆之差為2，不妨設較少的一堆至少是3顆。否則，先拿的人在大堆裏拿，總能讓剩下的是1顆和2顆，便可穩操勝券。

較少的是3顆，另一堆便是5顆。這種情形，輪到誰拿誰輸。

不信你拿一下試試。你從 3 顆中取 1，我就從 5 顆中取 4。你從 3 顆中取 2，我從 5 顆中取 3。你從 5 顆中取 1，我就從兩堆中各取 2 顆。你從 5 顆中取 2 顆呢，我就一下子拿光！總之，你拿過之後，我總可以把石子拿成 1 和 2，或者拿光！

如果較少的一堆多於 3 顆，兩堆之差為 2，先拿的人又能取勝了。辦法很簡單：在兩堆裏同時拿，使剩下的數目是 3 和 5。

兩堆之差為 3，又怎麼分析呢？

不妨設較少的一堆至少是 4 顆。否則，我先拿，就把石子拿成 3 與 5，或 1 與 2。

這樣，較大的一堆便是 7 顆。又是誰先拿誰輸了。不過，剛才那麼分析，石子越多越麻煩。我們得抓點本質上的東西。

石子的數目是 4 與 7，請你拿。你在不在較小的一堆裏拿呢？當然不敢。把 4 拿成 3、2 或 1，我就把另一堆拿成 5、1 或 2。

好，你只有在大堆裏拿，而且不敢把大堆拿成 2 或 1，你拿過之後，兩堆之差便小於 3，我總可以把它拿成 3 與 5，或 1 與 2，或拿光！

我只要把石子拿成 4 與 7，便能勝了。因此，兩堆石子之差為 3 時，只要較少的一堆不是 4 顆，先拿的人必能取勝。

耐心分析下去，可以找到一張表：

兩堆之差	1	2	3	4	5	6	7	8	9	10	11	12
小堆	1	3	4	6	8	9	11	12	14	16	17	19
大堆	2	5	7	10	13	15	18	20	23	26	28	31

表上有一對一對的石子數：(1, 2)、(3, 5)、(4, 7)……，等等。如果你能把石子數目拿得和表上的某一對數相同，就能得到勝利。因為，不管我怎樣拿，你總可以把石子拿得和表上另一對數字相符合。這樣越拿越少，最後你把石子數拿成 2。我只有認輸。

這個表又是怎麼造出來的呢？說出來簡單：

(1)　差為 1 時，小堆 1 顆，大堆當然是 2 顆。

(2)　差為 2 時，小堆 3 顆，因為 1 與 2 都用過了，大堆當然是 5 顆。

(3)　差為 3 時，小堆 4 顆，因為 1、2、3 都用過了。大堆當然是 4 + 3 = 7 顆。

(4)　差為 4 時，小堆是 6 顆，因為 1 至 5 都用過。

以此類推，一句話：小堆裏石子的數目，必須是前而沒用過的數目中的最小的一個。這種辦法就保證了一個特點：表上的石子數，拿過一次之後一定不在表上，但適當地再拿一次，又能回到表上！

取勝的奧秘你知道了。道理，多想想也不難想通。但你也許不知道，許多有趣而又有用的數學知識，和這張表有密切的聯繫！

（原載《少年科學》，1988.3）

（二）

石子遊戲不僅有趣，還聯繫着一些有用的數學知識呢。如果我們把以上石子遊戲中的那張表往後造下去，把小堆石子數與大堆石子數比一下，這個比值將會十分接近一個大名鼎鼎的數：

$$\frac{\sqrt{5}-1}{2} = 0.61803398\cdots\cdots$$

我們通常簡稱它為 0.618。就是這個 0.618，它跟隨我國傑出的數學家華羅庚教授奔走大江南北，在推廣優選法中立下了汗馬功勞。

早在古希臘，這個 0.618 已經被人們稱為「黃金之數」。它和繪畫、雕刻、建築，都結下了不解之緣。

蓋房子要開窗口。長方形的窗口，長與寬之比是多少才順眼呢？大量的調查研究表明：長與寬之比是 1 : 0.618 時，最為美觀。

一根琴弦 AB，在甚麼位置彈奏，聲音較為和諧、悅耳呢？如取 C

點使 $AC:CB = 1:0.618$，就能達到這個目的。

舞台上的報幕員，站在中間嫌呆板，太靠邊了又似乎失去了平衡。如果把位置選在 $1:0.618$ 的分點處，多數人會感到很得體。

這個 0.618，最初是怎麼算出來的呢？如果你有二次方程的知識，便不難明白。

人們覺得，如果一個長方形的窗口，去掉一個正方形後，剩下的小長方形和原來的長方形相似，才叫美。

為了達到這個目的，要算一算。如圖，設矩形長為 y，寬為 x。去掉一個邊長為 x 的正方形後，剩下的小矩形長為 x，寬為 $y-x$。想要一大一小兩個矩形相似，應當要求

$$\frac{x}{y} = \frac{y-x}{x} = \frac{y}{x} - 1$$

設 $\dfrac{x}{y} = a$ ，得到一個方程 $a^2 + a - 1 = 0$ ，解出來 $a = \dfrac{-1 \pm \sqrt{5}}{2}$ 。取正根，

就得 $\dfrac{x}{y} = \dfrac{\sqrt{5} - 1}{2} = 0.618\cdots\cdots$ ，也就是黃金數。

黃金數的故事是說不完的，它在許多地方出現。比如，五角星也和它有關。如圖， $\dfrac{AB}{BC}$ 、 $\dfrac{BD}{DC}$ 、 $\dfrac{DE}{AD}$ ，都是 $0.618\cdots\cdots$

叫人驚奇的是，某些植物生長的規律，也和 0.618 有關係。這裏就不細說了。為甚麼石子遊戲的取勝，又和 0.618 有關係呢？

原來，前面講的數表，竟可以用公式表示：用 n 表示差數， A_n 表示小堆數， B_n 表示大堆數，就有：

$$A_n = \left(n \times \dfrac{1 + \sqrt{5}}{2} \right) \text{ 的整數部分}$$

$$B_n = \left(n \times \frac{3 + \sqrt{5}}{2} \right) \text{的整數部分}$$

例如，兩堆之差為 5 時：

$$5 \times \frac{1 + \sqrt{5}}{2} = 8.09016\cdots\cdots，整數部分是 8；$$

$$5 \times \frac{3 + \sqrt{5}}{2} = 13.09016\cdots\cdots，整數部分是 13。$$

當不考慮由小數部分引起的誤差時，便有：

$$\frac{A_n}{B_n} \approx \frac{n \times \dfrac{1 + \sqrt{5}}{2}}{n \times \dfrac{3 + \sqrt{5}}{2}} = \frac{1 + \sqrt{5}}{3 + \sqrt{5}} = \frac{\sqrt{5} - 1}{2}$$

至於為甚麼會有這麼巧合的公式，不是三言兩語能說清楚的了。

小小的遊戲，竟聯繫着如此深奧的數學原理！從這裏，我們可以稍微領略一下數學規律的樸素的美。

（原載《少年科學》，1988.4）

石子遊戲與遞歸序列

現在來玩一種新鮮的石子遊戲。

石子只有一堆，限定石子的顆數是奇數。

拿法也很簡單：甲乙兩人輪流拿，每人每次只許拿 1 顆或 2 顆，不許多拿，也不許不拿。

這麼簡單的遊戲，有甚麼奧妙呢？

奧妙就在勝負的規則上。這規則是：當石子拿完之後，誰拿到手的石子總數是奇數，誰就是勝利者。

這樣，當你考慮該拿多少石子時，不但要看剩下多少石子，還要看手裏有多少石子。比方說，只剩下 2 顆石子時，恰好該你拿，你怎麼做，才能摘取這近在眼前的勝利之果呢？數一數手裏的石子吧。手裏是奇數，你就拿 2 顆，手裏是偶數，當然拿 1 顆啦！

怎麼找致勝的訣竅呢？

我們已經有經驗了。從最簡單的情形入手研究，是掌握石子遊戲規律的好辦法，也是解數學題的一條基本法則。

只剩下一顆石子，先拿者勝。這說法對嗎？粗想似乎不錯。可是別忘了，勝負和手中的石子數還有關聯呢！如果你手中有偶數顆石子（沒有石子也算偶數顆石子），輪到你拿時，只有 1 顆石子，你當然勝了。如果不巧，你手中已有奇數顆石子，再拿 1 顆就成了偶數。而石子總數卻是奇數。你拿到偶數，對方當然拿到奇數而獲勝。

因此，不能把「只剩 1 顆石子」的局勢簡單地定性為「先拿者勝」，而應當具體地說成是「偶勝奇敗」——先拿者手中有偶數顆石子則勝，有奇數顆則敗。

如果是 2 顆石子，先拿者便能控制全域，穩操勝券。道理剛才已說過了：手中有偶拿 1 顆，手中有奇拿 2 顆嘛！

這樣，「只剩 2 顆石子」的情形，可以定性為「奇偶皆勝」。

進一步考慮剩 3 顆石子的局勢。如果輪到你拿，你千萬不要只拿 1 顆，只拿 1 顆，對方便面臨「奇偶皆勝」的幸運場面了。如果你拿 2 顆呢？對方面臨的是「偶勝奇敗」的境地。在剩 3 顆石子的情形下，兩人手中石子數之和為偶數，你手中的奇偶性和對方相同，所以對於你，便是「奇勝偶敗」了。因此，只有 3 顆石子的局勢，叫做「奇勝偶敗」。

4 顆石子的局面，你當然不能拿 2 顆，以免對方佔據「奇偶皆勝」的制高點。拿 1 顆，對方是「奇勝偶敗」。對於你，是不是又可以說是「偶勝奇敗」呢？這回不行了。因為你已經拿了 1 顆石子，改變了自己手中的奇偶性。所以對於你也是「奇勝偶敗」。

剩下 5 顆石子時，你手裏的奇偶性和對方是一致的。如果你是偶數，對方也是偶數。不管你拿 1 顆或 2 顆，對方總會陷入「奇勝偶敗」的絕境。反之，如果你手中的是奇數，對方也是奇數，不管你拿 1 顆

或 2 顆，都無可奈何地把「奇勝偶敗」的有利局面拱手讓人。

因此剩 5 顆石子的定性結論是「偶勝奇敗」。和剩 1 顆石子的局面相同。

剩 6 顆的局勢會不會又和剩 2 顆局面一致呢？

果然不錯。剩 6 顆時，兩人奇偶相反。你手中是偶數時，取 1 顆，對方陷入「偶勝奇敗」的境地。你拿到奇數時，取 2 顆，對方陷入「奇勝偶敗」的境地！所以剩 6 顆和剩 2 顆一樣，是「奇偶皆勝」！

是不是要繼續分析還剩 7 顆、8 顆、9 顆各種局面呢？看來不必了。剩 5 顆等於剩 1 顆，剩 6 顆等於剩 2 顆，剩 7 顆豈不是等於剩 3 顆了嗎？如此循環，規律不就找到了嗎？

是不是真的循環呢？

為了討論起來簡便，我們用字母代替語言。字母 B 代表「奇偶皆勝」（B 是 both 的第一個字母），O 代表「奇勝偶敗」（O，即 odd，奇數），E 代表「偶勝奇敗」（E，即 even，偶數）。

我們已經弄清了，剩下石子為 1、2、3、4、5、6 顆時，順次出現的局勢是 EBOOEB，所以猜想：接下去會繼續循環，成為一組很有規律的排列，EBOOEBOOEBOO……

怎樣從開始的 EBOOEB，推斷出後面的一串呢？只要證明下列幾條規律就夠了。

(1) 若 EB 前面字母個數為偶數，EB 之後必為 O，且 BO 前面有奇數個字母。

(2) 若 BO 前面字母個數為奇數，BO 之後必為 O，且 OO 前面有偶數個字母。

EBOOEB

勝券在握！

適用 4 條規律

(3) 若 OO 前面字母個數為偶數，OO 之後必為 E，且 OE 前面有奇數個字母。

(4) 若 OE 前面字母個數為奇數，OE 之後必為 B，且 EB 前面字母個數為偶數。

一條接一條地應用這 4 條規律，周而復始，就能證實我們的猜想。

這 4 條規律證起來並不難。同學們不妨試着分析一下。這是很好的邏輯思維訓練呢！

這樣一列符號，後面的每項由前面相鄰的幾項所確定，在數學裏叫作遞歸序列。這裏每項僅僅由前兩項確定，叫二階遞歸序列。由有限個符號組成的遞歸序列，最後一定會出現循環。

牢牢記住 EBOO 這 4 個字母的順序，只要你手中的石子的奇偶性符合面臨局勢的代表字母，便勝券在握了。

甚麼叫符合？比方説，現在輪到你拿石子了。剩下石子的數目是 9，把 9 用 4 除餘 1，4 個字母中第一個是 E，你面臨的局勢為 E，E 代表偶數。如果你手中石子恰是偶數，你便能勝利。

類似地，剩下的數目被 4 除餘 2 時，你面臨局勢 B，奇偶皆勝！被 4 除餘 3 或除盡時，你手中為奇數時才有取勝把握。

會正確地分析形勢了，還要會選擇正確的策略。否則，一個回合之後，有利的局面便會被對方奪去。

如何牢牢控制勝利的局面呢？記住下面的幾個要訣：

剩下石子是 4 的倍數時，取 1 顆；

剩下石子用 4 除餘 3 時，取 2 顆；

剩下石子用 4 除餘 1 時，取 1 顆、2 顆均可；

剩下石子用 4 除餘 2 時，手中為奇數時取 2 顆，手中為偶數時取 1 顆，總之讓自己手中的石子數湊成奇數。

按這幾條取石子，如果有了勝利局勢，決不會喪失。如果最後輸了，那說明你本來就沒有得到有利形勢。而且對方策略一直正確，所以你敗而無憾。

還有兩種最簡單的情形，一開始可以決勝。

如果石子總數是 $m = 4k + 1$，先拿的必可取勝。取勝之道是：先拿 2 顆，以後對方拿幾顆，你也拿幾顆。最後自然勝利。

如果石子總數是 $m = 4k + 3$，後拿的必可取勝。取勝之道是：對方拿幾顆，你也拿幾顆。

要是一開始你無法利用這兩種機會，那就只有按前面的 4 條要訣行動，靜觀其變，等待對方犯錯誤了。

最後這兩條簡單的取勝方法，道理何在呢？作為習題，請你動動腦筋。

如果石子總數是 $4k+3$ 顆（3、7、11……）對方先拿。你的拿法是：他拿多少，你拿多少，這樣每一個回合，剩下的石子減少 4 顆或 2 顆，最後可能剩下 3 顆或 1 顆。如果剩 3 顆，說明兩人一共拿了 $4k$ 顆，每人都有 $2k$ 顆。你手中是偶數，該他拿，無論如何，你總能拿到 3 顆中的 1 顆。如果剩 1 顆，說明每人手中已有 $2k+1$ 顆石子，最後一顆是他的，他當然輸了。

如果石子總數是 $4k+1$ 顆（5、9、13……），你先拿。拿掉 2 顆之後，石子數變成 $4(k-1)+3$ 顆，就回到剛才研究過的情形了。

（原載《少年科學》，1988.5）

鏡子裏的幾何問題

用一面鏡子照照自己。如果鏡子太小，你就看不見自己的整張面孔。換一面大點的鏡子，可以看見整個頭部了，還能看見自己的上半身了。如果想看到全身，鏡子還得再大點。

這時，一位同學從你背後走來。你在鏡子裏看到了他。看到的居然不是半身，而是全身！這有點怪。為甚麼看不到自己的全身呢？

也許，是因為離鏡面近了些吧，所以看不見全身。現在你離遠一點。結果還是不行。不管你離鏡子多遠，你所看到的鏡子裏的你，仍然是那麼一部分。

要想看到自己的全身，鏡子要再大一些。要多大才行呢？

是不是要和你一樣高呢？不要那麼大。鏡子的高度有你身長的一半就行了。

道理很簡單。看看圖 1。AB 是你，鏡子裏的你是 $A'B'$，鏡面是 PQ。你離鏡面多遠，鏡子裏的你離鏡面也是那麼遠。你站直了，鏡子裏的你也站直了。鏡子直立着，所以 PQ 和 $A'B'$ 是平行的。你的眼睛是 E。P 是線段 EA' 的中點，Q 是 EB' 的中點。平面幾何裏有一條十分有用的定理：「三角形兩邊中點連成的線段，長度是第三邊的一半」，所以 PQ 應當是 $A'B'$ 的一半，也就是你身高的一半。再小，你的視線就過不去了。

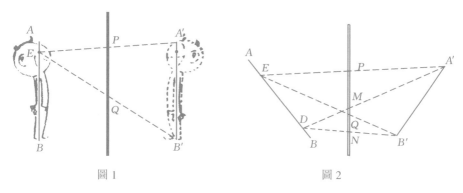

圖 1

圖 2

要是你斜靠在一塊板上，如圖 2，情況就不同了。*E* 點仍是眼睛，這時 *PQ* 就比 *A'B'* 的一半還大。你要是倒過來，頭朝下斜靠着，*D* 是眼睛，鏡子的長 *MN* 可以比 *A'B'* 的一半小。不過，你肯定不喜歡這麼照鏡子。

為甚麼你能看見鏡子裏的同學呢？看圖 3 就明白了。這一次 *AB* 和 *A'B'* 表示你的同學和他的鏡中像。*E* 還是你的眼睛。你看，*PQ* 比 *A'B'* 的一半要小多了。你的同學離鏡子越遠，你的眼睛離鏡面越近，所需的鏡

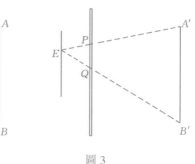

圖 3

子長度 *PQ* 越小。利用相似三角形的幾何知識，只要知道了你的同學到鏡面的距離和你自己到鏡面的距離，就很容易求出 *PQ* 與 *AB* 的比。事實上：

$$\frac{E \text{到鏡面距離}}{E \text{到鏡面距離} + AB \text{到鏡面距離}} = \frac{PQ}{AB}$$

如果你的房間牆上有一面大鏡子。你走動時，鏡中的你也在走動。你朝他走去，他就向你走來。你沿着牆走，他跟着你走。當你走到牆角，如果牆角是由兩面大鏡子構成，就會發生一個有趣的現象：在鏡

子裏，恰在牆角的地方，有你的影像。不管你怎麼走動，鏡角裏的你總在鏡角處。把角縫比作一株樹的樹幹，那鏡裏的你現在不但不跟你走，反而在和你捉迷藏。你向左動一動，他向右動一動；你向右，他又向左。他總躲在「樹」後，使你、他和樹保持在一條直線上！（圖4）

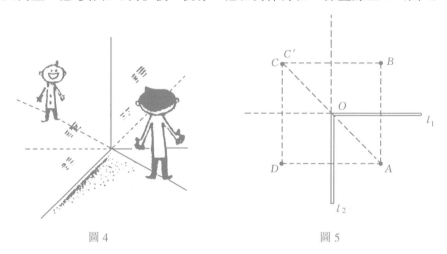

圖4　　　　　　　　　　　　　　　　圖5

原來，在角上的影像，是兩次鏡面反射的結果。如圖5，物體 A 在鏡子 l_1 裏成像為 B，B 又在鏡子 l_2 裏二次成像為 C。另一方面，A 在鏡子 l_2 裏成像為 D，D 在鏡子 l_1 裏又二次成像為 C'，C' 的位置恰與 C 重合。不管 A 的位置如何變動，$ABCD$ 始終是一個長方形，而長方形的中心就是鏡子所成的角棱所在之處。物體 A 與鏡中鏡的像連成的直線一定要通過角棱 O，怪不得你的鏡中像一直躲在角棱的後面！

通常照鏡子，你的右手在鏡中是你的左手。但在鏡角處，卻不是這樣。你的右手在鏡中仍是你的右手。這是兩次反射的結果。

在圖5中，圖形 A 和鏡中像 B 一起組成軸對稱圖形，直線 l_1 是對稱軸。而 A 和 C 則組成中心對稱圖形，O 是對稱中心。

從圖形 A 變成圖形 B，這種變換叫做反射。確切地説，叫做關於直

線 l 的反射。如果考慮的不是平面情形，而是空間情形，l 實際上不是直線，它代表平面——鏡面，便說圖形 A 經過關於平面 l 的反射而變成圖形 B。

有不少幾何問題，能用反射的技巧解決。圖 6 是一個簡單的例子：從 A 點出發到河邊取水後回到 B 點（設河邊是直線 l），怎樣走使總路程最短？

解法很簡單：以 l 為軸把 B 反射過去成為 B'。連直線 AB' 和 l 交於 P，P 點就是最短路程的取水處。要不，換一點 Q 比一比就知道了。

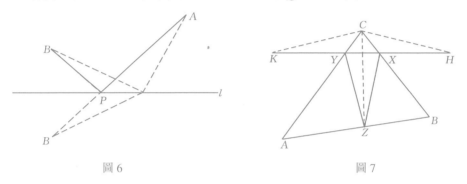

圖 6　　　　　　　　　　　　　　圖 7

用反射的方法也能解決相當難的幾何問題。有名的法格乃諾問題，就可以用反射法解決。

法格乃諾是 18 世紀意大利數學家。他提出的問題是：

設 $\triangle ABC$ 是銳角三角形。在三邊上各取一點 X、Y、Z，怎樣使 $\triangle XYZ$ 周長最小呢？設 Z 是 AB 邊上任一點。以 BC 為軸線把 Z 反射過去成為 H，以 AC 為軸線把 Z 反射過去成為 K（圖 7）。直線 HK 和 BC、AC 分別交於 X、Y，因此

$$ZX + XY + YZ = HX + XY + YK = HK$$

所以，以 Z 為一個頂點的內接三角形中，$\triangle XYZ$ 周長最短（只要再找任兩點 X_1、Y_1 比一下就知道了）。

剛才是固定了 Z 來思考的。如果 Z 在變化時，怎樣使 ΔXYZ 周長最短呢？這個問題請您思考一下。

　　從這個問題我們可以證得一個有名的定理：銳角三角形周長最短的內接三角形是它的垂足三角形。

（原載《少年科學》，1990.8）

在「代」字上做文章

代數比算術高明，高明在一個「代」字上。用字母來代替數，我們便會大開眼界。

用字母表示未知數，我們就有了解應用題的有力武器——方程。

用字母表示任意數，我們就有了各種各樣的公式、恆等式、不等式。

在解題的時候，如果你對「代」字深有體會，適當代一下，往往可以收到意想不到的效果。

有這樣一道題：

例 1　已知方程 $ax^2 + bx + c = 0$（a、$c \neq 0$）的兩根為 x_1、x_2，試寫出以 $\dfrac{1}{x_1}$、$\dfrac{1}{x_2}$ 為兩根的二次方程。

這道題有多種解法。有的同學老老實實用公式求出 x_1、x_2，再算出 $\dfrac{1}{x_1}$、$\dfrac{1}{x_2}$，並利用 $\left(x - \dfrac{1}{x_1} \right)\left(x - \dfrac{1}{x_2} \right)$ 展開找到所要的方程。有的同學不用解方程的方法，而用韋達定理求出：$\dfrac{1}{x_1} + \dfrac{1}{x_2} = \dfrac{x_1 + x_2}{x_1 x_2} = -\dfrac{b}{a} \div \dfrac{c}{a} = \dfrac{-b}{c}$；

$\dfrac{1}{x_1} \cdot \dfrac{1}{x_2} = \dfrac{1}{x_1 x_2} = \dfrac{a}{c}$。然後用根與係數的關係寫出要求的方程：

$x^2 + \dfrac{bx}{c} + \dfrac{a}{c} = 0$。有的同學則更妙，用「代」的方法，設所要求的方程中的未知數為 y，則 y 與原方程中的 x 互為倒數，即 $x = \dfrac{1}{y}$。把它代

入原方程，得到 $a\left(\dfrac{1}{y}\right)^2 + b\left(\dfrac{1}{y}\right) + c = 0$，去分母得到 $cy^2 + by + a = 0$，這就是 y 應當滿足的二次方程！（注意，因為 $a \cdot c \neq 0$，故 $x \cdot y$ 都不會是 0。）

用代的方法，我們還能解不少類似的題目。比如：要作一個一元二次方程，使它的根是方程 $x^2 + 3x - 2 = 0$ 的根的三倍，怎麼辦？好辦，設 $y = 3x$，則 $x = \dfrac{y}{3}$，代進去一整理，便得到 $\dfrac{y^2}{9} + y - 2 = 0$，也就是 $y^2 + 9y - 18 = 0$。這就是所求的方程。

要作一個二次方程，使它的兩根分別是方程 $x^2 + px + q = 0$ 兩根的平方，怎麼辦呢？只要設 $y = x^2$，則 $x = \pm\sqrt{y}$，同樣可以代進去。但是，這樣要用到根式，麻煩。可以變通一下，把原方程移項變成 $x^2 + q = -px$，兩邊平方得 $(x^2)^2 + 2qx^2 + q^2 = p^2x^2$，再用 $x^2 = y$ 代進去，得到方程 $y^2 + (2q - p^2)y + q^2 = 0$。

要是所求方程的兩根分別是方程 $x^2 + px + q = 0$ 兩根的立方，又該怎麼辦呢？

第一步：由原方程得，$x^2 = -px - q$ \hfill (1)

兩端乘 x，$x^3 = -px^2 - qx$ \hfill (2)

第二步：把 (1) 式代入 (2) 式右邊的第一項裏：

$$x^3 = -p(-px - q) - qx = (p^2 - q)\,x + pq，$$

也就是 $y = (p^2 - q)x + pq$，故 $x = \dfrac{y - pq}{p^2 - q}$，代到原方程裏，就得到 y 應當滿足的方程。要留心的是，用 $p^2 - q$ 做分母是不是合理？$p^2 - q$ 甚麼時候是 0？

代，對解方程也有幫助。有一位學物理的大學生，碰到一個方程，

可以化成四次方程，但是很麻煩，可把他給難住了。我們來看看這個方程：

例 2　證明方程 $\dfrac{1}{x^2} + \dfrac{1}{(x-a)^2} = \dfrac{1}{b^2}$ 的根，任何條件下全是實的。

要是直接進行有理化，就成了一個四次方程。如果仔細觀察一下，把分母變得樣子對稱一些，便會給解題帶來方便。

設 $x = y + \dfrac{a}{2}$，代進原方程之後，就是：

$$\dfrac{1}{\left(y + \dfrac{a}{2}\right)^2} + \dfrac{1}{\left(y - \dfrac{a}{2}\right)^2} = \dfrac{1}{b^2} ,$$

這樣的方程去分母後變成：

$$2y^2 + \dfrac{a^2}{2} = \dfrac{1}{b^2}\left(y^2 - \dfrac{a^2}{4}\right)^2 。$$

這是一個特殊形式的四次方程，用代換 $y^2 = z$ 可以化成二次方程。下一步怎麼做，你一定會做了。最後的解答是：$\Delta = a^2 + b^2 \geq 0$，即甚麼條件下，方程的根都是實的。

像這樣用代換的方法使式子裏出現對稱形的想法，用處可不小。例如，要證明當 $0 \leq x \leq 1$ 時，有不等式 $x(1-x) \leq \dfrac{1}{4}$，就可以設 $x = \dfrac{1}{2} + y$，因為 $0 \leq x \leq 1$，故 $-\dfrac{1}{2} \leq y \leq \dfrac{1}{2}$，把 $x = \dfrac{1}{2} + y$ 代入：

$$x(1-x) = \left(\dfrac{1}{2} + y\right)\left(\dfrac{1}{2} - y\right) = \dfrac{1}{4} - y^2 < \dfrac{1}{4}$$

一下子便出來了。

用代的方法還可以從一個平平常常的事實出發，推出一些有用的、

不那麼明顯的式子。例如，若 A 是實數，總有 $A^2 \geq 0$，用 $A = x - y$ 代入，得 $(x - y)^2 \geq 0$，展開之後便是 $x^2 - 2xy + y^2 \geq 0$，也就是 $x^2 + y^2 \geq 2xy$。當 $xy > 0$ 時，把 xy 除過來便是

$$\frac{x}{y} + \frac{y}{x} \geq 2$$

這就不很明顯了。如果在不等式 $x^2 + y^2 \geq 2xy$ 中，用 $x^2 = a$，$y^2 = b$，代入，便得 $\frac{a + b}{2} \geq \sqrt{ab}$，這就是用處很多的「平均不等式」！

剛才說的都是用字母代替字母，有時在一個公式裏用數代替字母也有用處。一位同學在用因子分解公式時，把公式

$$x^3 + y^3 = (x + y)(x^2 - xy + y^2)，$$

錯記成

$$x^3 + y^3 = (x + y)(x^2 + xy - y^2)。$$

他覺得不對，但是又不能肯定，便設 $x = 0$，$y = 1$，代進去試，發現左邊是 1，右邊是 -1，馬上肯定是錯了。

但是，要注意，這樣驗證公式，如果兩端相等，並不能斷定公式沒記錯。比如，如果他設 $x = 1$，$y = 0$ 代進去，兩邊都是 1，也就發現不了錯誤。比較可靠的方法是，用字母代替記不準的地方，比方寫成：

$$x^3 + y^3 = (x + y)(x^2 + axy + by^2)$$

設 $x = 0$，$y = 1$ 代入，可求得 $b = 1$，又設 $x = 1$，$y = 1$ 代入，得

$$2 = 2 \times (1 + a + 1)$$

$$\therefore a = -1。$$

這樣就把公式找回來了。

這個辦法對記公式、恆等式很有用。

總之，「代」的方法，用處很廣。它可以把已知與未知聯繫起來，把普遍與特殊聯繫起來，把複雜的式子變得簡單而易於觀察，把平凡的事實弄得花樣翻新便於應用。在學代數，解代數題時，不要忘了在「代」字上多做文章。

（原載《中學生》，1984.8）

第二篇
面積方法隨筆

神通廣大的小菱形

（一）

誰都知道，長方形面積等於長與闊的乘積。這個公式怎麼來的呢？是從圖形上看出來的。見圖 1：

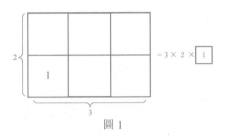

圖 1

如果長方形的長和闊不是整數，是分數，就先把長和闊兩個分數通分，再把通分後的分數單位當成長度單位就成了。在中學幾何課本裏，把這個公式當成公理。公理也得有點理，叫人口服心服。這個公理的理，就是上面那個圖形（圖 1）。看了這個圖，就會覺得長方形面積是應當等於長乘闊。所以，這個公理是叫人信服的。

想像一下，要是上面那個圖形裏的線段都是細木條，整個圖形是用釘子釘成的框架。一不小心，框架斜了，圖形就變了（圖 2）：

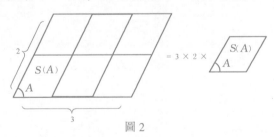

圖 2

圖形變了，但木條的長度不變。長方形變成了平行四邊形，正方形變成了邊長為 1 的小菱形。長方形的面積公式，也就變成了平行四邊形的面積公式：平行四邊形的面積，等於相鄰兩邊的乘積，再乘以一個邊長為 1 的菱形面積。

　　這個公式有點不妙。求長方形面積時，把長方形分成邊長為 1 的正方形，我們已經知道正方形面積為 1，問題解決了。現在，邊長為 1 的菱形，面積是多少呢？

　　光知道菱形邊長為 1，這菱形是畫不出來的。要畫出來，還得知道一個角。角定下來了，菱形形狀定下來了，菱形面積也就定下來了。設平行四邊形有一個角為 A，劃分之後得到的這些小菱形也有一個角為 A。那麼，邊長為 1 的、有一個角為 A 的菱形，面積是多少呢？不知道。我們只知道它與角度 A 有關。不過難不倒我們，我們可以用字母代替不知道的東西。好，就用字母 S 表示這個菱形的面積吧。光用 S 也有問題，這塊面積與角 A 有關，A 變 S 也變。$A = 30°$ 時是 S，$A = 60°$ 時也是 S，豈不混淆？怎麼辦，在 S 後面加個注解，寫成 $S(A)$。這好比運動員背心上的標誌，光寫「公牛」還不行，還得有個號碼。

　　現在好了。我們立下一條規定：邊長為 1、有一個角為 A 的菱形，面積記作 $S(A)$。這樣，平行四邊形的面積公式為：若平行四邊形相鄰兩邊的長分別為 b、c，兩邊夾角為 A，則面積為 $bcS(A)$。這個公式，是從圖 2 看出來的，正如從圖 1 看出長方形面積公式一樣。

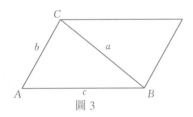

圖 3

　　把平行四邊形沿對角線切開，分成兩個全等三角形，每個三角形的面積是平行四邊形的一半（圖 3）。這一來，從平行四邊形面積公式可以得到三角形面積公式：

$$\Delta ABC = \frac{1}{2}bcS(A)^*\qquad(1)$$

三角形有三個角，上面這個公式也就有三種寫法：

$$\Delta ABC = \frac{1}{2}bcS(A) = \frac{1}{2}acS(B) = \frac{1}{2}abS(C)\qquad(2)$$

把這個式子同時用 $\frac{1}{2}abc$ 除一下，得到：

$$\frac{2\Delta ABC}{abc} = \frac{S(A)}{a} = \frac{S(B)}{b} = \frac{S(C)}{c}\qquad(3)$$

這個公式十分重要。不信，馬上可以從它推出兩條定理看看：

　　例 1　ΔABC 中，若 $\angle A = \angle B$，則 $AC = BC$。

　　證明　從 (3) 出發，有等式

$$\frac{S(A)}{a} = \frac{S(B)}{b}$$

由 $\angle A = \angle B$，得 $S(A) = S(B)$，所以 $a = b$，即 $AC = BC$。證畢。

　　例 2　若 ΔABC 與 $\Delta A'B'C'$ 中，$\angle A = \angle A'$，$\angle B = \angle B'$，則

---

　　*　為了省事，用 ΔABC 同時記三角形 ABC 的面積，這正如 AB 表示線段，又表示線段的長度一樣。

$$\frac{a}{a'} = \frac{b}{b'} = \frac{c}{c'}$$

證明　對 $\Delta A'B'C'$ 應用 (3) 式，得

$$\frac{2\Delta A'B'C'}{a'b'c'} = \frac{S(A')}{a'} = \frac{S(B')}{b'} = \frac{S(C')}{c'} \qquad (4)$$

從 $\angle A = \angle A'$，$\angle B = \angle B'$，可知 $\angle C = \angle C'$，於是 $S(A') = S(A)$，$S(B') = S(B)$，$S(C') = S(C)$。把 (3) 與 (4) 相比，就得到所要的等式。證畢。

這兩條定理的證明，不但沒有用輔助線，連圖也沒有畫。

這個小菱形面積 $S(A)$，既可以用來計算平行四邊形和三角形面積，又可以用來證明幾何定理，用處確實不小。它究竟是甚麼呢？它又有甚麼性質呢？請你自己想想，下面再作交代。

（二）

以上我們規定了一個記號：邊長為 1，有一個角為 A 的菱形面積記作 $S(A)$。從這個規定，得到 ΔABC 的面積公式：

$$\Delta ABC = \frac{1}{2}bcS(A) = \frac{1}{2}acS(B) = \frac{1}{2}abS(C)$$

把這個等式用 $\frac{1}{2}abc$ 除一下，又得到：

$$\frac{2\Delta ABC}{abc} = \frac{S(A)}{a} = \frac{S(B)}{b} = \frac{S(C)}{c}$$

現在，讓我們來研究一下 $S(A)$ 的性質。$S(A)$ 是個數，這個數有多大呢？

如果 $\angle A = 0°$，菱形成了線段，面積為 0。如果 $\angle A = 180°$，菱形也成了線段，面積也是 0。所以就得到

性質 1　　$S(0°) = S(180°) = 0$

當 $\angle A = 90°$ 時，小菱形是邊長為 1 的正方形，它的面積等於 1，所以

性質 2　　$S(90°) = 1$

在 $\angle A \neq 0°$、$180°$ 時，具體説，$0° < \angle A < 180°$ 時，小菱形有正的面積，因而

性質 3　　當 $0° < \angle A < 180°$ 時，$S(A) > 0$

因為 $\angle A$ 和它的補角 $180° - \angle A$ 是同一個菱形的兩個角，這表明 $S(A)$ 和 $S(180° - A)$ 是同一塊面積，自然就有

性質 4　　$S(A) = S(180° - A)$

圖 4 直觀地表明了 $S(A)$ 的這 4 條性質。

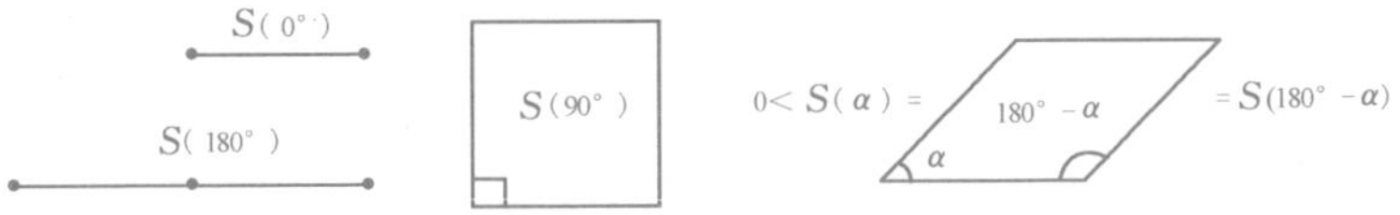

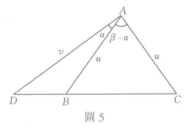

圖 4

當角 A 從 $0°$ 開始增大時，$S(A)$ 是不是也變大呢？圖 5 用具體模型說明了這個問題：設 $0° \leq \alpha < \beta$，而且 $\alpha + \beta < 180°$。作等腰 $\triangle ABC$ 使頂角為 $\beta - \alpha$，兩腰為 u。延長底邊 CB 至 D，使得 $\angle DAB = \alpha$，則 $\angle DAC = \alpha + \beta - \alpha = \beta$，根據三角形面積公式（設 $AD = v$），便有

圖 5

$$\frac{1}{2}uvS(\beta)$$

$$= \triangle DAC > \triangle DAB = \frac{1}{2}uvS(\alpha)$$

兩端約去 $\frac{1}{2}uv$，得到不等式 $S(\beta) > S(\alpha)$，所以：

性質 5　當 $0° \leq \alpha < \beta$，而且 $\alpha + \beta < 180°$ 時，$S(\beta) > S(\alpha)$。特別地，當 $0° \leq \alpha < \beta \leq 90°$ 時，$S(\beta) > S(\alpha)$。

注意，條件 $\alpha + \beta < 180°$ 不可少。如果 $\alpha + \beta = 180°$，我們已經知道一定有 $S(\alpha) = S(\beta)$，而不會有 $S(\beta) > S(\alpha)$。在圖 2 中，條件 $\alpha + \beta < 180°$ 才保證了有那麼個點 D 使 $\angle DAB = \alpha$。（這時 $\alpha < \frac{1}{2}(180° - \beta + \alpha) = \angle ABC$，$AD$ 不可能與 BC 平行！）

性質 5 與性質 4 聯繫起來，便可得知：當 $\angle A$ 由 $0°$ 增加到 $90°$ 時，$S(A)$ 由 0 增加到 1；當 $\angle A$ 由 $90°$ 增加到 $180°$ 時，$S(A)$ 又由 1 減少到 0。所以有

性質 6　當 $0° \leq A \leq 180°$ 時，$0 \leq S(A) \leq 1$，而且僅當 $A = 90°$ 時 $S(A) = 1$。如果 $\angle A$、$\angle B$ 都是 $0°$ 到 $180°$ 間的角，則由 $S(A) = S(B)$ 可知 $\angle A$ 與 $\angle B$ 相等或互補。

別看這些性質平常無奇，得來不費工夫，它們能告訴你不少幾何事實呢。

（三）

以上介紹了 $S(A)$ 的一些性質。下面的推論是小菱形面積 $S(A)$ 的初顯身手：

推論 1　在 $\triangle ABC$ 中，大角對大邊，大邊對大角。等角對等邊，等邊對等角。

證明　考慮 $\triangle ABC$ 的兩角之 $\angle A$、$\angle B$ 和它們的對邊 a、b，根據面積公式：

$$\frac{1}{2}acS(B) = \triangle ABC = \frac{1}{2}bcS(A)$$

兩端約去 $\dfrac{1}{2}c$，得

$$\dfrac{a}{b} = \dfrac{S(A)}{S(B)} \text{。}$$

由於 $A + B < 180°$，當 $a > b$ 時 $S(A) > S(B)$，即知 $A > B$。反過來，$A > B$ 時 $S(A) > S(B)$，故 $a > b$。同理可知，$a = b$ 的充分必要條件是 $S(A) = S(B)$，即 $A = B$。

這個推論包含了很多內容。它告訴我們，等腰三角形底角相等，有兩角相等的三角形是等腰三角形，直角三角形中斜邊最大，從直線外一點向直線上所引線段中垂線線段最短，等等。

三角形中大邊與大角相對，是基本的幾何不等式，從它可以推出：

推論 2　三角形中，兩邊之和大於第三邊。

證明　如圖 6，設 a 是三邊 a、b、c 中之最大者，要證 $b + c > a$。

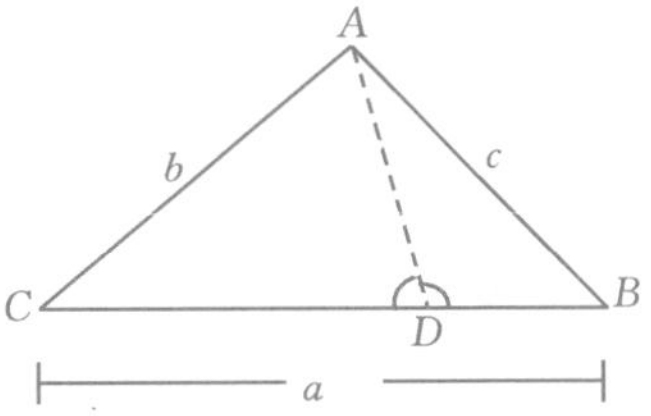

在 BC 上取點 D，使 $CD = b$，則 $\angle CAD = \angle CDA$，於是 $\angle ADB$ 為鈍角，故 $\angle ADB > \angle DAB$。根據「大角對大邊」，在 $\triangle BAD$ 中有 $c > BD$，故得

$$b + c > CD + BD = a \text{。}$$

圖 6

推論 3　若兩個三角形有兩邊對應相等，則兩邊之夾角較大者第三邊較大。

證明　如圖 7，把兩個三角形併在一起觀察，已知 $\triangle ABD$ 與 $\triangle ABC$ 中，$AD = AC$，$\angle DAB < \angle CAB$，要證的是 $BC > BD$。

作 $\angle CAD$ 的角平分線與 BC 交於 P。則在

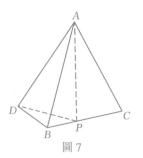

圖 7

ΔPBD 中，有 $BD < BP + PD = BP + PC = BC$。

想一想，為甚麼 $\angle CAD$ 的平分線與 BC 邊相交而不與 BD 邊相交？為甚麼 $PD = PC$？

上面我們研究了 $S(A)$ 的數量增減性質，下面再看看它的幾何性質：

性質 7　在 ΔABC 中，若 $\angle C = 90°$，分別記
三邊 BC、AC、AB 之長為 a、b、c（圖 8），則

$$S(A) = \frac{a}{c} \qquad S(B) = \frac{b}{c}$$

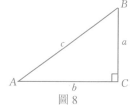

圖 8

證明　根據面積公式

$$\frac{1}{2}bcS(A) = \Delta ABC = \frac{1}{2}abS(C) = \frac{1}{2}acS(B)，$$

約去 $\frac{1}{2}b$，得

$$S(A) = \frac{a}{c}，$$

約去 $\frac{1}{2}a$，得

$$S(B) = \frac{b}{c}。$$

學過一點三角知識的同學就知道，原來 $S(A)$ 是早就熟悉的老朋友「正弦」，就是 $\sin A$。為了沒學過三角的同學的方便，下面仍叫做 $S(A)$，中文名稱：$S(A)$ 就叫做角 A 的正弦。上次引進的等式

$$\frac{2\Delta ABC}{abc} = \frac{S(A)}{a} = \frac{S(B)}{b} = \frac{S(C)}{c}$$

就是十分有用的正弦定理。上述推論 1 和性質 7 都可以從這個等式更直接地推出。

作為這一節的結束，舉一個不平凡的例題，看看 $S(A)$ 如何幫我們

解題。

例　如圖 9，$\triangle ABC$ 中 $\angle BAC = 90°$，$AC = 6$，$AB = 7$，E 是 AC 中點。自 A 引 BE 的垂線交 BC 於 D，求比值 $\dfrac{DC}{BD} = ?$

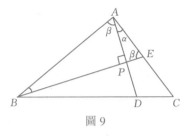

圖 9

解　注意到 $\angle CAD = \angle ABE$，$\angle BAD = \angle AEB$，用面積公式及性質 7，可得：

$$\frac{DC}{BD} = \frac{\triangle ADC}{\triangle ABD} = \frac{AD \cdot AC \cdot \sin\alpha}{AD \cdot AB \cdot \sin\beta}$$

$$= \frac{AC}{AB} \cdot \frac{\dfrac{AE}{BE}}{\dfrac{AB}{BE}}$$

$$= \frac{AC \cdot AE}{AB \cdot AB} = \frac{18}{49}$$

如果 $AB = AC$，恰好有 $BD = 2CD$，就是一個常見的、有一定難度的題目了。它曾被選作聯考考題。

（四）

我們已經知道了，邊長為 1，有一個角為 A 的菱形，它的面積就是我們所熟悉的 $\sin A$。

怎樣計算 $\sin A$，可是個重要問題，面積公式能幫助我們解決這個問題。現在，我們只知道 $\sin 90° = 1$，$\sin 0° = \sin 180° = 0$。應用面積公式可以找出一些關係式，用這些關係式可以計算出很多角度的正弦。

如圖 10，$\triangle ABC$ 的高 AD 把 $\angle BAC$
分成兩個角 α 和 β。由面積關係
$\triangle ABC = \triangle I + \triangle II$，用一下面積公式，
便得

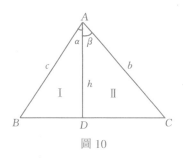

圖 10

$$\frac{1}{2}bc\sin(\alpha + \beta)$$
$$= \frac{1}{2}ch\sin\alpha + \frac{1}{2}bh\sin\beta，$$

這裏的 b、c、h，分別是 AC、AB、AD 的長。

把上式兩端同用 $\frac{1}{2}bc$ 除，便得

$$\sin(\alpha + \beta) = \frac{h}{b}\sin\alpha + \frac{h}{c}\sin\beta = \sin C \cdot \sin\alpha + \sin B \cdot \sin\beta$$

注意到 $\angle C = 90° - \angle\beta$、$\angle B = 90° - \alpha$，我們便推出了一個十分有用的

正弦加法定理　若 $0° < \alpha < 90°$，$0° < \beta < 90°$，則
$$\sin(\alpha + \beta) = \sin\alpha \cdot \sin(90° - \beta) + \sin\beta \cdot \sin(90° - \alpha)$$

這個公式裏的 α、β 是任意兩個銳角。讓它們取不同的值，就得到
各式各樣的結論。例如：

取 $\alpha = \beta = 30°$，得

$$\sin 60° = \sin 30° \cdot \sin 60° + \sin 30° \cdot \sin 60°$$

$$\therefore \quad 2\sin 30° = 1，\sin 30° = \frac{1}{2}。$$

取 $\alpha = \beta = 45°$，得

$$\sin 90° = \sin 45° \cdot \sin 45° + \sin 45° \cdot \sin 45°$$

$$\therefore \quad 2\sin^2 45° = 1，\sin 45° = \frac{\sqrt{2}}{2}。$$

取 $\alpha = 30°$、$\beta = 60°$，得

$$\sin 90° = \sin 30° \cdot \sin 30° + \sin 60° \cdot \sin 60°$$

$$\therefore \quad \sin^2 60° = 1 - \sin^2 30° = 1 - \frac{1}{4} = \frac{3}{4}$$

$$\therefore \quad \sin 60° = \frac{\sqrt{3}}{2} \text{。}$$

於是，我們不費力地得到一些幾何推論：

推論 1　在直角三角形中，30° 的銳角的對邊是斜邊的一半。反過來，若一直角邊長度是斜邊的一半，則它所對的角為 30°。

理由是明顯的：因 $\sin A = \dfrac{a}{c}$，當 $A = 30°$ 時，$\dfrac{a}{c} = \sin 30° = \dfrac{1}{2}$。即 $c = 2a$，即 $\angle A$ 對邊 a 是斜邊 c 的一半。

推論 2　正方形的對角線長是邊長的 $\sqrt{2}$ 倍。

這是因為 $\sin 45° = \dfrac{\sqrt{2}}{2}$ 之故。

推論 3　邊長為 a 的正三角形，其面積為 $\dfrac{\sqrt{3}}{4} a^2$。

這可用面積公式直接推出：

$$\Delta = \frac{1}{2} a \cdot a \cdot \sin 60° = \frac{\sqrt{3}}{4} a^2, \text{ 因為 } \sin 60° = \frac{\sqrt{3}}{2} \text{。}$$

推論 4　有一個角為 30° 的菱形，其面積是邊長相同的正方形的一半。

如果在正弦加法定理中取 $\alpha + \beta = 90°$，得

$$\sin 90° = \sin\alpha \cdot \sin(90° - \beta) + \sin\beta \cdot \sin(90° - \alpha)$$

$$= \sin^2\alpha + \sin^2\beta$$

$$\therefore \quad \sin^2\alpha + \sin^2\beta = 1 \quad (\text{當 } \alpha + \beta = 90° \text{ 時}) \text{。}$$

把 α、β 看成直角三角形的兩個銳角 A 與 B，則 $\sin\alpha = \dfrac{a}{c}$，$\sin\beta = \dfrac{b}{c}$，於是上式可寫成

$$\frac{a^2}{c^2} + \frac{b^2}{c^2} = 1$$

因而得到：

推論 5（勾股定理） 在 Rt$\triangle ABC$ 中，若 $\angle C = 90°$，a、b、c 分別為 A、B、C 的對邊，則

$$a^2 + b^2 = c^2。$$

五花八門的推論，源出於一個平凡的事實：$\triangle ABC = \triangle\mathrm{I} + \triangle\mathrm{II}$。這告訴我們：不要小看平凡的現象。在平凡現象的背後，往往有無窮的奧秘。一個三角形可以分成兩個，兩個面積加起來等於原來那一個。這事實是平面幾何裏一處取之不盡的寶藏。

（原載《中學生》，1991.7, 8, 9, 10）

三角園地的側門
——談正弦函數的另兩種定義

人們常把數學比作萬紫千紅的花園。那麼，也許可以說，「定義」就是花園的人口或門戶吧。在學習「三角函數」這一部分時，定義所起的重要作用尤其明顯。平平淡淡的一個直角三角形，似乎沒有多少文章可做。但是，平地起波瀾，幾個三角函數——正弦、餘弦、正切、餘切——的定義一旦建立，立刻導出了一連串的公式、定理。利用它們解一些幾何題，真是勢如破竹，得心應手。

同學們學到這部分，常常會提出：這些定義是從何而來呢？為甚麼這樣定義就有用呢？能不能把定義改一改呢？

對此，教師常常無法給出滿意的回答，只有強調讓學生牢記定義，在應用中體會定義之妙。

其實，三角學作為數學大花園中的一個小花園，並不是只有一個入口。它有正門，也有側門。常用的定義是正門，另外，還有許多不同的定義方法，好比側門。有時，從側門而入，還能更方便地觀賞那些奇花異草呢！目前教科書所選取的正門，往往是數學發展的歷史和數學教育發展歷史留下的習慣之路，不一定是最方便之門。

下面，我們介紹三角函數的另外兩種引入方法。這些方法，作為學生課外學習研究內容，可以開闊眼界，啟迪思路，增加趣味。使他們知道，在數學的花園裏，有許多幽雅的小徑，多走走，多探探，可以看到更為引人入勝的景色。

往下看時，請暫時忘卻通常的三角函數定義。

（一）用圓的弦長定義正弦

有人想知道正弦的「弦」字是甚麼意思。下面的定義，也許可以算是一個解答吧。

定義 1　在直徑為 1 的圓中，圓周角 α 所對的弦長，叫作角 α 的正弦。記作 $\sin\alpha$。（圖 1）

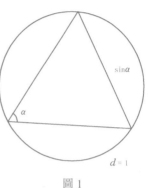

圖 1

由於在同圓內，相等的圓周角對等弦，所以定義是合理的。由定義 1 立刻推出正弦的一系列性質：

1.1　$\sin\alpha$ 對 0° 到 180° 之間的一切 α 有定義。$\sin 0° = \sin 180° = 0$，而對 $0° < \alpha < 180°$，有 $\sin\alpha > 0$。

1.2　因為 90° 的圓周角所對的弦為直徑，故得 $\sin 90° = 1$。

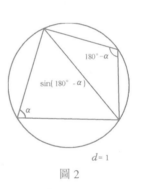

圖 2

1.3　因為圓內接四邊形對角互補，可知 α 和 $(180° - \alpha)$ 的正弦相等（圖 2）：

$$\sin(180° - \alpha) = \sin\alpha。$$

1.4　把圓的直徑和弦按比例放大成為原來的 d 倍，可知在直徑為 d 的圓中，圓周角 α 所對的弦長 $a = d\sin\alpha$。亦即：在任意圓中，若長為 a 的弦所對之圓周角為 α，則：

$$\frac{a}{\sin\alpha} = 圓的直徑 d。$$

1.5　作為 1.4 的直接推論，有「正弦定理」：在任意 ΔABC 中，以 a、b、c 記角 A、B、C 之對邊之長，d 記 ΔABC 外接圓直徑，則有

$$\frac{a}{\sin A} = \frac{b}{\sin B} = \frac{c}{\sin C} = d \ 。$$

1.6　若 ΔABC 中，C 為直角；由上述正弦定理可知

$$\sin A = \frac{a}{c} \ , \ \sin B = \frac{b}{c} \ 。$$

可見，當 α 為銳角時，定義 1 引入的正弦和通常定義是一致的。（α 為鈍角時，由誘導公式可知兩種定義仍然一致）

現在，我們還只引進了正弦。還可以利用正弦引入餘弦，進而引入正切和餘切。

定義 2　若 $0° \le \alpha \le 90°$，我們把 α 的餘角的正弦簡稱為 α 的餘弦，記作 $\cos \alpha$。即：

$$\cos \alpha = \sin(90° - \alpha) \ ;$$

若 $90° < \alpha \le 180°$，則定義 α 的餘弦為：

$$\cos \alpha = -\sin(\alpha - 90°) \ 。$$

（如果我們定義負角的正弦 $\sin(-\alpha) = -\sin\alpha$ 的話（$0° \le \alpha \le 180°$），

$\cos\alpha$ 的定義可統一為：

$$\cos\alpha = \sin(90° - \alpha))$$

定義 3　若 $\alpha \ne 90°$，且 $0° \le \alpha \le 180°$，約定

$$\tan\alpha = \frac{\sin\alpha}{\cos\alpha} \ ,$$

叫做 α 的正切。若 $0° < \alpha° < 180°$，約定

$$\cot\alpha = \frac{\cos\alpha}{\sin\alpha} \ ,$$

叫做 α 的餘切。

根據定義，不難驗證熟知的公式 $\tan\alpha\cot\alpha = 1$ 以及 $\tan(90° - \alpha)$ $= \cot\alpha$，$\tan\alpha = \cot(90° - \alpha)$ 以及在 C 為直角時，$\triangle ABC$ 中 $\cos A = \dfrac{b}{c}$，$\cos B = \dfrac{a}{c}$ 以及 $\tan A = \dfrac{a}{b}$，……等等。

按照我們這裏的定義系統，導出重要的正弦和角公式是相當方便的：

1.7 正弦和角公式：（α，β 為銳角時）

$$\sin(\alpha + \beta) = \sin\alpha\cos\beta + \cos\alpha\sin\beta$$

證明：如圖 3，設 $\angle A = \alpha + \beta$，作過 A 之直徑為 1 的圓，交 A 的兩邊及 α、β 之分界線於 B、D、C，則由定義及圓周角定理以及餘弦性質有：

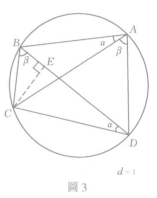

圖 3

$$\sin(\alpha + \beta)$$
$$= BD = BE + ED \ (CE \perp BD)$$
$$= BC\cos\beta + DC\cos\alpha$$
$$= \sin\alpha\cos\beta + \cos\alpha\sin\beta$$

值得注意的是，這裏我們不像通常教科書上的證明那樣要求 $(\alpha + \beta)$ 為銳角。事實上，稍做一些討論，讀者不難看到，上述論證可推廣到 $(\alpha + \beta)$ 在 $0°$ 到 $180°$ 之間的一般情形。差角公式完全可以類似地導出（圖 4），只要注意到

$$\sin(\alpha - \beta) = CD = DE - CE$$

即可。然後，可利用和差角公式定義任意角的正弦，進而定義任意角的其他三角函數，並導出普遍的和差角公式、和差化積等等。

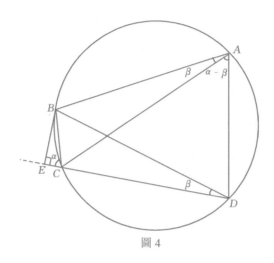

圖 4

在正弦和角公式中取 $\alpha + \beta = 90°$ 的特例，立刻得到 $\sin^2\alpha + \cos^2\alpha = 1$。但我們這裏沒有利用勾股定理。而是給勾股定理一個新的證法。

（二）用菱形面積定義正弦

下面的定義，看來似乎頗為奇特。但它卻是極為方便和易於掌握的。

定義 4　邊長為 1，夾角為 α 的菱形的面積，定義為 α 的正弦。記作 $\sin\alpha$。（圖 5）

立刻推出：

2.1　$\sin\alpha$ 對 $0°$ 到 $180°$ 間 的 一切 α 有定義。 $\sin 0° = \sin 180° = 0$，對 $0° < \alpha < 180°$，有 $\sin\alpha > 0$。

2.2　$\alpha = 90°$ 時，按定義 $\sin 90°$ 是單位正方形面積，故 $\sin 90° = 1$。

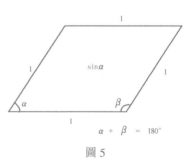

圖 5

2.3 因菱形中兩個不相對的角是互補的，故知當 $\alpha + \beta = 180°$ 時，有 $\sin\alpha = \sin\beta$。亦即：

$$\sin(180° - \alpha) = \sin\alpha \text{。}$$

2.4 利用我們熟知的從正方形面積計算導出矩形面積公式的同樣方法，可以把平行四邊形面積和菱形面積聯繫起來（圖 6）。若平行四邊形有一角為 α，其夾邊為 a、b，則平行四邊形之面積為：

$$S_\square = ab\sin\alpha \text{。}$$

這裏，我們略去了 a、b 為一般實數時的證明。若 a、b 都是有理數，這個公式的正確性很容易從 a、b 為整數的情況導出。（和矩形面積公式推導一樣。）

2.5 把 $\triangle ABC$ 看成半個平行四邊形，便導出了已知一角及兩夾邊求三角形面積的公式：

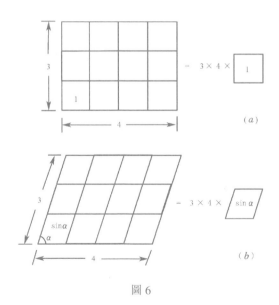

圖 6

$$\Delta = \frac{1}{2}bc\sin A = \frac{1}{2}ac\sin B = \frac{1}{2}ab\sin C$$

把此式同用 $\frac{1}{2}abc$ 除，得到：

$$\frac{2\Delta}{abc} = \frac{\sin A}{a} = \frac{\sin B}{b} = \frac{\sin C}{c} ,$$

也就是正弦定理。

2.6　在正弦定理中，取 $C = 90°$ 的特例，即得 $\sin A = \dfrac{a}{c}$ ， $\sin B = \dfrac{b}{c}$ ；說明定義 2 在 α 為銳角的情形下與通常定義一致。

　　至此，我們可以依照定義 2、定義 3 引入餘弦、正切、餘切的定義，茲不贅述。

　　2.7　正弦和角公式證明也很簡單。如圖 7，設 α、β 為銳角，作 $A = \alpha + \beta$，作 α、β 之公共邊的垂線交 A 的兩邊於 B、C，則

$$\Delta_{ABC} = \Delta\mathrm{I} + \Delta\mathrm{II} ,$$

即

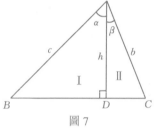

圖 7

$$\frac{1}{2}bc\sin(\alpha + \beta) = \frac{1}{2}ch\sin\alpha + \frac{1}{2}bh\sin\beta ,$$

兩端用 $\frac{1}{2}bc$ 除，得

$$\sin(\alpha + \beta) = \frac{h}{b}\sin\alpha + \frac{h}{c}\sin\beta$$
$$= \sin\alpha\cos\beta + \cos\alpha\sin\beta 。$$

差角公式也可以類似地證明。

2.8 有趣的是，和差化積公式也可直接地從面積關係看出來。如圖 8，在等腰 $\triangle ABC$ 中，頂角 $A = \alpha + \beta$，AD 是高，設 $AB = AC = b$，$AE = l$，$AD = h$，則

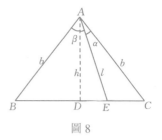

圖 8

$$\triangle ABC = \triangle ABE + \triangle ACE$$

$$= \frac{1}{2}bl(\sin\alpha + \sin\beta)$$

另一方面，

$$\triangle ABC = \frac{1}{2}h \cdot BC$$

$$= \frac{1}{2}l\cos\angle DAE \cdot 2b\sin\frac{1}{2}\angle BAC$$

$$= \frac{1}{2} \cdot 2bl\cos\frac{1}{2}(\beta - \alpha)\sin\frac{1}{2}(\alpha + \beta) \text{，}$$

$$\therefore \quad \sin\alpha + \sin\beta = 2\sin\frac{\alpha + \beta}{2}\cos\frac{\alpha - \beta}{2} \text{。}$$

這個證明，由於非常直觀而便於記憶。

最後，我們指出，利用正弦定理和餘弦與正弦的和差角公式，很容易導出餘弦定理。這是我們前面一直沒有給出餘弦定理的原因。（餘弦的和差角公式，則可以根據我們的定義 2 及正弦的和差角公式改寫而成。）

事實上，由三角形內角和定理：在 $\triangle ABC$ 中，

$$\sin C = \sin(A + B) = \sin A\cos B + \cos A\sin B \text{，}$$

兩端平方，

$$\sin^2 C = \sin^2 A\cos^2 B + \cos^2 A\sin^2 B + 2\sin A\sin B\cos A\cos B$$

$$= \sin^2 A + \sin^2 B - 2\sin^2 A\sin^2 B + 2\sin A\sin B\cos A\cos B$$

$$= \sin^2 A + \sin^2 B + 2\sin A\sin B\,(\cos A\cos B - \sin A\sin B)$$

$$= \sin^2 A + \sin^2 B + 2\sin A\,\sin B\cos(A + B)\text{。}$$

再用正弦定理及 $\cos(A + B) = -\cos C$，即得餘弦定理。

　　除了以上兩種定義方法外，還可以從 $\sin x$ 與 $\cos x$ 所滿足的和差公式出發，用公理化方法引入正餘弦函數，或用冪級數定義正弦餘弦；也可以用複變元指數函數定義正弦餘弦。由於這些定義方法涉及較多的高等數學知識，這裏就不多談了。有興趣的讀者可參看有關的微積分學講義。

（原載《教學通訊》，1982.12）

正弦函數增減性的直觀證明

貴刊 1983 年第四期〈關於正弦函數增減性的討論〉一文，提供了教科書上所沒有的證法，證明了 $\sin x$ 當 x 從 $-\dfrac{\pi}{2}$ 變到 $+\dfrac{\pi}{2}$ 時是遞增的。這對培養學生的邏輯思維能力和發展學生的智力是有好處的。

這裏利用面積包含關係，對 $\sin x$ 在 $[-\dfrac{\pi}{2}, \dfrac{\pi}{2}]$ 上的遞增性，給出一個更直觀、更簡單的證法。

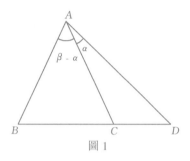

圖 1

定理。若 $\alpha \geq 0$，$\beta > \alpha$，$\beta + \alpha < \pi$，則 $\sin\alpha < \sin\beta$。

證明：作一個頂角為 $\beta - \alpha$ 的等腰 $\triangle ABC$，延長底邊 BC 至 D 使 $\angle CAD = a$，顯然有：$\triangle ABD > \triangle ACD$，利用已知兩邊及一夾角求三角形面積之公式，即得：

$$\frac{1}{2} AB \cdot AD \sin\beta > \frac{1}{2} AC \cdot AD \sin\alpha，但 AB = AC，故得 \sin\beta > \sin\alpha。證畢。$$

當 $0 \leq \alpha \leq \beta \leq \dfrac{\pi}{2}$ 時，當然有 $\beta + \alpha < \pi$，從而 $\sin x$ 在 $[0, \dfrac{\pi}{2}]$ 上遞增。由此及 $\sin(-x) = -\sin x$，易知 $\sin x$ 在 $[-\dfrac{\pi}{2}, 0]$ 上也遞增。

上述定理，也可以利用正弦定理及「三角形中大角對大邊」來證。但用面積證法更為直截了當，不引用更多的命題，容易給學生留下牢固的記憶。

細心的讀者會發現：圖 1 實際上還告訴我們如何導出正弦函數的和差化積公式。因為：

$$\Delta ABD - \Delta ACD = \Delta ABC$$

也就是：

$$\frac{1}{2}AB \cdot AD\sin\beta - \frac{1}{2}AC \cdot AD\sin\alpha = \frac{1}{2}AB \cdot BC \cdot \sin B，$$

但顯然可見：

$$BC = 2AB\cos B = 2AB\sin\frac{\beta - \alpha}{2},$$

$$AB\sin B = AD\sin D$$

$$= AD\sin\left[\frac{\pi}{2} - \left(\alpha + \frac{\beta - \alpha}{2}\right)\right]$$

$$= AD\cos\frac{\alpha + \beta}{2}$$

代入，化簡，即得。

這種證法會給學生以深刻的印象。他只要畫出圖 1，便不難寫出整個推導的細節。比用和角公式來推更為直接。

（原載《教學通訊》，1983.7）

用面積關係解幾個數學競賽題

數學競賽試題，通常是有一定難度的。有趣的是，其中有些幾何題，運用面積關係來解，竟顯得平淡無奇了。說來也巧：1982 年國際數學奧林匹克競賽、我國 1983 年省市自治區聯合數學競賽、1983 年全俄數學競賽中，連續出現了這類可用面積關係來解的題目。這幾個題目表面各不相同，但技巧卻十分相似。放在一起分析一下，頗得教益。

我們按題目的難易，由簡到繁來分析。

例題 1（1983 年全俄數學競賽第三輪十年級第四題） 凸五邊形 $ABCDE$（圖 1）的對角線 CE 交對角線 BD、AD 於 F、G，已知 $BF : FD = 5 : 4$，$AG : GD = 1 : 1$，$CF : FG : GE = 2 : 2 : 3$。試求 $\triangle CFD$ 與 $\triangle ABE$ 的面積之比。

解：設 $\triangle CFD = 4S$，

由 $BF : FD = 5 : 4$ 得 $\triangle CFB = 5S$。

又由 $CF : FG = 2 : 2$ 得

$$\triangle BGD = \triangle BCD = \triangle CFD + \triangle CFB = 9S$$

由 $CF : GE = 2 : 3$ 得

$$\triangle EGD = \frac{3}{2}\triangle CFD = 6S。$$

由 $CF : FE = CF : (FG + GE) = 2 : 5$ 得

$$\triangle BDE = \frac{5}{2}\triangle BCD = \frac{45}{2}S \tag{1}$$

由 $AG : GD = 1 : 1$ 得

$$\triangle ABD + \triangle ADE = 2\triangle BGD + 2\triangle EGD = 30S \tag{2}$$

$(2) - (1)$ 得

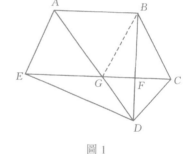

圖 1

$$\triangle ABE = \triangle ABD + \triangle ADE - \triangle BDE = \frac{15}{2}S \qquad (3)$$

所以

$$\triangle CFD : \triangle ABE = 8 : 15 \,。$$

　　整個解題過程，沒有任何深奧之處。只是反覆使用小學生也知道的事實：共高三角形面積之比，等於底之比。這個事實雖然簡單，但許多中學生在解題時卻常常不注意它。特別是在類似於此題中推出 (1) 時，用到

$$\triangle BDE / \triangle BCD = FE / FC$$

時，往往看不出來。其實，這不過是由

$$\frac{\triangle DEF}{\triangle DCF} = \frac{FE}{FC}, \ \frac{\triangle BEF}{\triangle BCF} = \frac{FE}{FC}$$

簡單地合併而得到的。這種化面積比為線段比的手法用處很大，可以總結為：

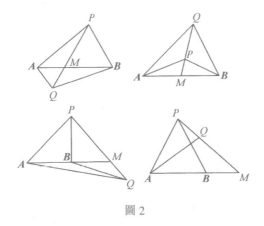

圖 2

　　共邊定理　　若直線 PQ 交直線 AB 於 M，則 $\triangle PAB : \triangle QAB = PM : QM$。

　　這裏 P、Q、A、B 有種種不同的位置關係（圖 2）：右邊兩圖所示情形，最易被忽略。

以上解題過程中，如果說還有一點技巧的話，那就是推出 (3) 時把 $\triangle ABE$ 面積表成另外幾個三角形面積的代數和。這種把一塊面積表成兩塊或幾塊的和差的手段，是用面積關係解題時最基本的方法。應當反覆體會、運用。

例題 2 （1983 年我國省市自治區聯合數學競賽試題第二試第三題）如圖 3，在四邊形 $ABCD$ 中，$\triangle ABD$、$\triangle BCD$、$\triangle ABC$ 的面積比是 $3:4:1$，點 M，N 分別在 AC，CD 上，滿足 $AM:AC = CN:CD$，並且 B、M、N 三點共線。求證：M 與 N 分別是 AC 與 CD 的中點。

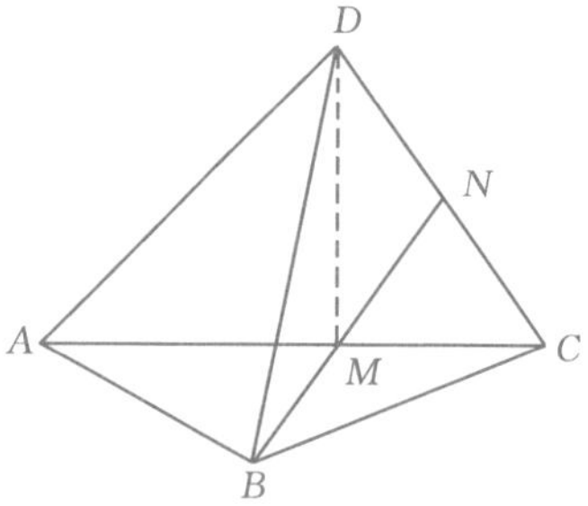

證：設 $\triangle ABC = S$，

由 $\triangle ABD : \triangle BCD : \triangle ABC = 3 : 4 : 1$

可得

$$\triangle ABD = 3S, \quad \triangle BCD = 4S,$$

因而得

$$\triangle ACD = \triangle ABD + \triangle BCD - \triangle ABC = 6S \circ$$

圖 3

記 $\dfrac{AM}{AC} = \dfrac{CN}{CD} = K$ ，則有

$$\triangle BCN : \triangle BCD = CN : CD = K,$$

即

$$\triangle BCN = K\triangle BCD = 4KS \circ \tag{1}$$

同理，由

$$\triangle BCM : \triangle BCA = CM : AC = (AC - AM) : AC = 1 - K$$

得

$$\triangle BCM = (1 - K)\,\triangle BCA = (1 - K)S \circ \tag{2}$$

103

類似地

$$\Delta NCM = K\Delta MCD = K(1 - K)\,\Delta ACD = K(1 - K)6S。 \tag{3}$$

由 B、M、N 共線：

$$\Delta BCN = \Delta BCM + \Delta NCM。 \tag{4}$$

將 (1)、(2)、(3) 代入 (4) 得關於 K 的方程：

$$4K = (1 - K) + 6K(1 - K)$$

$$= 1 + 5K - 6K^2，$$

$$化簡得 6K^2 - K - 1 = 0 \tag{5}$$

解方程 (5) 求得 $K = \dfrac{1}{2}$ 或 $K = -\dfrac{1}{3}$，由於題設 M、N 分別在 AC、CD 上，故 $K = -\dfrac{1}{3}$ 不合題意。即 $K = \dfrac{1}{2}$，即 M、N 分別是 AC、CD 之中點。

　　這個題比例 1 多了一個技巧：利用面積關係 (4) 列出方程 (5) 以確定未知數 K。如果認準了這個方向，其他各個步驟都是自然而然的。仍然是反覆使用「共高三角形面積之比等於底之比」這個平凡的事實以及面積的分塊計算法。許多參加比賽的同學在這個題上丟了分，這說明他們對用面積解題是很不熟悉的。今後，在教學中和課外小組活動中，有必要更多地講講用面積解題的方法，使它成為同學們解題時的一個慣用的基本技巧。

　　下一個題本質上和例 2 是一樣的，只是沒有事先給出答案。有關的數據也沒有明顯給出來，要解題人自己去找。

　　例 3（1982 年國際數學奧林匹克競賽第五題）　如圖 4 正六邊形 $ABCDEF$ 的對角線 AC 和 CE 分別被內點 M、N 分成比例為 $AM : AC =$

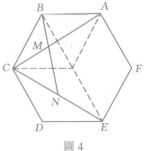

圖 4

$CN : CE = r$ 的兩段。如果 B、M、N 三點共線，求 r。

解：根據題設 B、M、N 三點共線，可以列出「面積方程」：

$$\Delta BCN = \Delta BCM + \Delta MCN。 \tag{1}$$

然後，就要把 (1) 化成關於未知數 r 的方程來求 r。容易看出：

$\Delta BCM : \Delta BCA = CM : CA$

$= (CA - MA) : CA$

$= 1 - AM / AC = 1 - r$，

即 $\qquad\qquad \Delta BCM = (1 - r)\Delta ABC。 \tag{2}$

根據正六邊形的性質，易知：

$$\Delta ACE = 3\Delta ABC，\ \Delta BCE = 2\ \Delta ABC， \tag{3}$$

從而 $\qquad \Delta BCN = \Delta BCE \cdot CN / CE = r \cdot \Delta BCE = 2r\Delta ABC \tag{4}$

同理 $\qquad \Delta NCM = r\Delta ECM = r(1 - r)\Delta ACE = 3r(1 - r)\Delta ABC \tag{5}$

把 (2)、(4)、(5) 代入 (1) 得

$$2r = 3r(1 - r) + (1 - r)$$

化簡後得

$$3r^2 - 1 = 0 \tag{6}$$

解得 $r = \pm \dfrac{1}{\sqrt{3}}$，捨去負根，得 $r = \dfrac{1}{\sqrt{3}}$。

在例 2、例 3 中解方程所得的負根，也都是有幾何意義的。例 3 中如果設 M、N 外分線段 AC、CE，則當 B、M、N 共線時，對應的外分比就是 $r = -\dfrac{1}{\sqrt{3}}$。例 2 中對應的外分比則為 $K = -\dfrac{1}{3}$。

例 2 和例 3 中，還有一點值得注意，那就是「B、M、N 三點共線」這個條件用面積關係

$$\Delta BCN = \Delta BCM + \Delta MCN \qquad\qquad (7)$$

來表示。這也是用面積法證明三點共線時常用的表示方法。例如,例 3 中如先設 $K = \dfrac{1}{\sqrt{3}}$,則可以把「B、M、N 三點共線」改為要證的結論。證明的方法,就是驗證一下等式 (7) 成立。

　　這樣看,三個例子,已涉及了面積解題法的好幾個基本手法。最後,順便提一個小題目。

　　例 4(第 34 屆美國中學數學競賽試題 28 題)　如圖 5 所示的 ΔABC 的面積為 10。與 A、B、C 不重合的三點 D、E、F 分別落在邊 AB、BC、CA 上,且 $AD = 2$,$BD = 3$,若 ΔABE 和四邊形 $DBEF$ 有相同的面積,求這個面積。

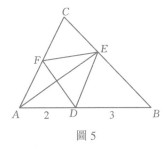

圖 5

　　解:由於 ΔABE 和四邊形 $DBEF$ 面積相等,故

$\Delta AEF = S_{ABEF} - \Delta ABE = S_{ABEF} - S_{DBEF} = \Delta ADF$,從而 $AF \mathbin{/\mkern-5mu/} DE$,

故 $BE : EC = 3 : 2$,即得

$$\Delta ABE = \frac{BE}{BC} \cdot \Delta ABC = \frac{30}{5} = 6。$$

　　這個小題目,補充了一點面積解題法的技巧:要證 $AF \mathbin{/\mkern-5mu/} DE$,只要證明 $\Delta AEF = \Delta ADF$ 就可以了。

(原載《中學數學雜誌》,1984.2)

一箭三鵰

——射影幾何基本定理的簡單證明

知道了與已知直線 l 平行的一條線段，只用直尺怎樣找出線段的中點？這是著名數學家蘇步青教授寫信給 1978 年全國中學數學競賽命題小組建議採用的題目。也許考慮到這個題目難了點，實際上出了這樣一道題：

四邊形兩組對邊延長後分別相交，且交點的連線與四邊形的一條對角線平行，證明：另一條對角線的延長線平分對邊交點連成的線段。

已知：$ABCD$ 為四邊形，兩組對邊延長後得交點 K、L。對角線 $AC \mathbin{/\!/} KL$，DB 的延長線交 KL 於 F（圖 1）。

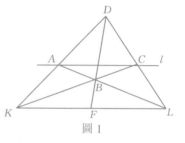

圖 1

求證：$KF = FL$。

用面積關係可給此題一個簡單的證法如下：

證明：$\dfrac{KF}{FL} = \dfrac{\Delta KBD}{\Delta LBD}$

$$= \frac{\Delta KBD}{\Delta KBL} \cdot \frac{\Delta KBL}{\Delta LBD} = \frac{DC}{CL} \cdot \frac{KA}{AD} = 1 \text{。}$$

上述證明的最後一步用到了條件 $AC \mathbin{/\!/} KL$，因而 $\dfrac{AD}{KA} = \dfrac{DC}{CL}$。

如果利用面積關係，則可用

$$\frac{DC}{CL} \cdot \frac{KA}{AD} = \frac{\Delta ADC}{\Delta ACL} \cdot \frac{\Delta ACK}{\Delta ADC} = \frac{\Delta ACK}{\Delta ACL} = 1 \text{，}$$

這裏用到 $AC \mathbin{/\!/} KL$，因而 $\Delta ACK = \Delta ACL$。

根據此題，若已知線段 *KL* 平行於直線 *l*，可在 *l* 外任取點 *D*，連 *DK*、*DL* 分別交 *l* 於 *A*、*C*，連 *AL*、*CK* 交於 *B*。再連 *DB* 並延長交 *KL* 於 *F*，則 *F* 是 *KL* 中點。作圖過程只用直尺，這正是蘇步青教授所提的題目的解答。

　　已故著名數學家華羅庚在《全國中學數學競賽題解（1978）》一書的前言中指出，這個題目包含了仿射幾何的基本原理。並進而指出，射影幾何是仿射幾何進一步的發展。在圖 1 中去掉 *AC // KL* 這個條件，就得到另一圖形（圖 2），在圖 2 中求證

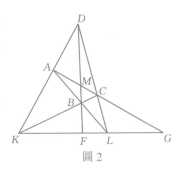

圖 2

$$\frac{KF}{LF} = \frac{KG}{LG},$$

這裏就包含了射影幾何的基本原理。讓 *G* 點趨於無窮，圖 2 就變成圖 1。

　　圖 2 除了共點直線與共直線的點外，沒有別的條件，從其中要證明一個比例式，似乎無從下手。其實，圖 2 中至少有三組比例線段，它們分別是

(1) $\dfrac{KF}{LF} = \dfrac{KG}{LG}$ ；

(2) $\dfrac{AM}{CM} = \dfrac{AG}{CG}$ ；

(3) $\dfrac{DM}{BM} = \dfrac{DF}{BF}$ 。

這確實是一眼難以看穿的有趣現象！

　　華羅庚先生在前面提到的題解的前言中，對比例式 (1) 給出了只用初中數學知識的證明。下面是該證明全文：

　　「設 $\triangle KFD$ 中 *KF* 邊上的高為 *h*，利用 $2\triangle KFD$ 面積 $= KF \cdot h = KD \cdot DF \cdot$

$\sin\angle KDF$，得到 $KF = \dfrac{1}{h} \cdot KD \cdot DF \cdot \sin\angle KDF$，

同理，再求出 LF、LG 與 KG 的類似運算式。因而

$$\frac{KF}{LF} \cdot \frac{LG}{KG} = \frac{KD \cdot DF \cdot \sin\angle KDF}{LD \cdot DF \cdot \sin\angle LDF} \cdot \frac{LD \cdot DG\sin\angle LDG}{KD \cdot DG\sin\angle KDG}$$

$$= \frac{\sin\angle KDF}{\sin\angle LDF} \cdot \frac{\sin\angle LDG}{\sin\angle KDG}$$

同樣可得到

$$\frac{AM}{CM} \cdot \frac{CG}{AG} = \frac{\sin\angle ADM}{\sin\angle CDM} \cdot \frac{\sin\angle CDG}{\sin\angle ADG} ,$$

所以

$$\frac{KF}{LF} \cdot \frac{LG}{KG} = \frac{AM}{CM} \cdot \frac{CG}{AG} 。$$

類似地可以證明

$$\frac{LF}{KF} \cdot \frac{KG}{LG} = \frac{\sin\angle LBF}{\sin\angle KBF} \cdot \frac{\sin\angle KBG}{\sin\angle LBG}$$

$$= \frac{\sin\angle ABM}{\sin\angle CBM} \cdot \frac{\sin\angle CBG}{\sin\angle ABG}$$

$$= \frac{AM}{CM} \cdot \frac{CG}{AG}$$

由此可見

$$\left(\frac{KF}{LF} \cdot \frac{LG}{KG} \right)^2 = 1$$

即證得結論。」

華羅庚先生接着指出：圖 2 告訴我們，在已知 K、F、L 三點時，可以只用直尺不用圓規作圖找到第四點 G，使 F 內分 KL 的比例等於 G 外分 KL 的比例。

華羅庚先生的上述證法，構思頗巧。但由於所用工具限於初等，敍述起來似較長，不易為中學生掌握。其中用了「同理」、「同樣可以得到」、「類似地可以證明」等略述語，否則，證明就更長了。

若利用三角形面積的共邊比例定理：

「若直線 PQ 和直線 AB 交於 M，則

$$\frac{\triangle PAB}{\triangle QAB} = \frac{PM}{QM}$$」

可給出一個簡單得多的證法：

$$\frac{KF}{LF} = \frac{\triangle KBD}{\triangle LBD} = \frac{\triangle KBD}{\triangle KBL} \cdot \frac{\triangle KBL}{\triangle LBD}$$

$$= \frac{CD}{CL} \cdot \frac{AK}{AD} = \frac{\triangle ACD}{\triangle ACL} \cdot \frac{\triangle ACK}{\triangle ACD}$$

$$= \frac{\triangle ACK}{\triangle ACL} = \frac{KG}{LG} 。$$

這一證法不但簡捷，更有趣的是，它一舉給出了前述 (1)、(2)、(3) 三個比例式的證明，有一箭三鵰之妙！

何以見得它給出了 $\frac{AM}{CM} = \frac{AG}{CG}$ 和 $\frac{DM}{BM} = \frac{DF}{BF}$ 的證明呢？只要把圖 2 中的字母位置變一變：四邊形 $ABCD$ 改為凹四邊形，如圖 3。這時直線 AD、BC 的交點仍記作 K，直線 AB、CD 的交點仍記作 L，直線 KL、BD 的交點仍記作 F，直線 KL、AC 的交點仍記作 G。

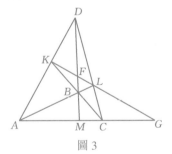

圖 3

於是，在圖 3 中證明 $\frac{KF}{LF} = \frac{KG}{LG}$，就相當於在圖 2 中證明 $\frac{AM}{CM} = \frac{AG}{CG}$。

核查一下便知，對圖 2 給出的 $\dfrac{KF}{LF} = \dfrac{KG}{LG}$ 的簡單證法，完全適用於圖 3。

如果把四邊形 *ABCD* 畫成有兩邊相交的「星形四邊形」，如圖 4，仍把直線 *AD* 與 *BC*、*AB* 與 *CD* 的交點分別記作 *K*、*L*，直線 *KL* 與 *BD*、*KL* 與 *AC* 的交點分別記作 *F*、*G*。這時，前述在圖 2 中證明的簡單方法，一字不改地適用於圖 4。在圖 4 中證明了 $\dfrac{KF}{LF} = \dfrac{KG}{LG}$，

正好相當於在圖 2 中證明 $\dfrac{DM}{BM} = \dfrac{DF}{BF}$。

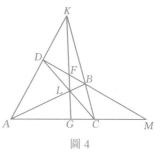

圖 4

我們看到，簡簡單單的兩行證明，包含了豐富的內容。為甚麼會這樣呢？這是因為，證明中所用的基本工具——共邊比例定理，適用於多種情形。不管 *A*、*B*、*P*、*Q*、*M* 之間的位置關係如何，只要 *A*、*B*、*M* 共線，並且 *P*、*Q*、*M* 共線，就有

等式 $\dfrac{\triangle PAB}{\triangle QAB} = \dfrac{PM}{QM}$。從這一例題，可見共邊比例定理貌似平凡，實則是強而有力的工具。

下面補充一例，它又是共邊比例定理一箭三鵰式的應用。

設四邊形 *ABCD* 中，兩邊 *AD* = *BC*，*M*、*N* 分別是 *AB*、*CD* 兩邊的中點，*AD*、*BC* 的延長線分別與直線 *MN* 交於 *P*、*Q*。求證：*DP* = *CQ*。

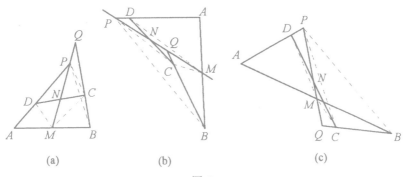

(a)　　　　　　　(b)　　　　　　　(c)

圖 5

按照 $ABCD$ 為凸四邊形、凹四邊形和星形四邊形三種情形，可畫三種圖，如圖 5 的 (a)、(b)、(c)。

下面的證明，適用於三種情形：

$$\frac{AD}{DP} + 1 = \frac{AP}{DP} = \frac{\triangle AMP}{\triangle DMP} = \frac{\triangle BMP}{\triangle CMP}$$

$$= \frac{BQ}{CQ} = \frac{BC}{CQ} + 1 ，$$

$$\therefore \ \frac{AD}{DP} = \frac{BC}{CQ} ，$$

由　$AD = BC$，得 $DP = CQ$。

這樣，又是一箭三鵰。其實，這個證明還有更豐富的內容。如圖 6，凸四邊形 $ACBD$ 兩邊 $AD = BC$，對角線 AB、CD 的中點分別為 M、N，直線 MN 交 BC 邊於 Q，交 AD 邊於 P。則 $DP = CQ$。證明如下：

$$\frac{AD}{DP} - 1 = \frac{AP}{DP} = \frac{\triangle AMP}{\triangle DMP} = \frac{\triangle BMP}{\triangle CMP}$$

$$= \frac{BQ}{CQ} = \frac{BC}{CQ} - 1 ，$$

$$\therefore \ \frac{AD}{DP} = \frac{BC}{CQ} ，$$

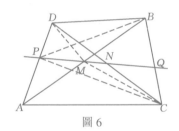

圖 6

由　$AD = BC$，得 $DP = CQ$。

再分析一下圖 5 及圖 6 和證明過程，可以發現：條件「M、N 分別是 AB、CD 中點」可以推廣為

$$\frac{AM}{MB} = \frac{DN}{NC} 。$$

如果條件不變，在圖 $5(a)$ 中結論還可增加上一條「$\angle DPN = \angle CQN$」；在圖 $5(b)$、(c) 及圖 6 中則有 $\angle DPN + \angle CQN = 180°$。

這些性質，便請讀者自己仔細玩味了。

（原載《數學教師》，1992.1）

用面積法證明三角形相似的判定條件

兩三角形相似的判定條件，是初中幾何重要內容。如能提供不同的證法，作為學生課外興趣小組的活動材料，則可提高學習興趣，加深對所學內容的理解。

從學生早已知道的「三角形面積等於底乘高之半」出發，可以得到三角形相似判定條件的十分簡捷的證法。

先提出一個平凡而又有用的命題：

命題 1　若 $\triangle ABC$ 和 $\triangle A'B'C'$ 中，$\angle A = \angle A'$，則

$$\frac{\triangle ABC\,面積}{\triangle A'B'C'\,面積} = \frac{AC \times AB}{A'C' \times A'B'}$$

證明　不妨設 $\angle A$ 與 $\angle A'$ 重合如圖 1。由三角形面積公式可知「共高三角形面積之比等於其底之比」，因而

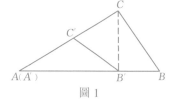

圖 1

$$
\begin{aligned}
&\frac{\triangle ABC\,面積}{\triangle A'B'C'\,面積}\\
&= \frac{\triangle ABC\,面積}{\triangle A'B'C\,面積} \cdot \frac{\triangle A'B'C\,面積}{\triangle A'B'C'\,面積}\\
&= \frac{AB}{A'B'} \cdot \frac{AC}{A'C'},
\end{aligned}
$$

證畢。

由命題 1，立刻得到三角形相似判定條件之一：若在 $\triangle ABC$、$\triangle A'B'C'$ 中，$\angle A = \angle A'$，$\angle B = \angle B'$，則 $\triangle ABC \sim \triangle A'B'C'$

證明　由已知條件，根據命題 1 可知（注意 $\angle C = \angle C'$）：

$$\frac{\triangle ABC \text{ 面積}}{\triangle A'B'C' \text{面積}} = \frac{AB \times AC}{A'B' \times A'C'}$$

$$= \frac{AB \times BC}{A'B' \times B'C'} = \frac{AC \times BC}{A'C' \times B'C'}$$

$$\therefore \frac{AC}{A'C'} = \frac{BC}{B'C'} = \frac{AB}{A'B'}$$

證畢。

　　三角形相似判定條件之二：若 $\triangle ABC$、$\triangle A'B'C'$ 中，$\angle A = \angle A'$，且

有 $\dfrac{AC}{A'C'} = \dfrac{AB}{A'B'}$，則 $\triangle ABC \sim \triangle A'B'C'$。

　　證明　如圖 2，設 $\angle A$ 與 $\angle A'$ 重合，記

$$\frac{AC}{A'C'} = \frac{AB}{A'B'} = k$$

則由命題 1（或直接由三角形面積公式）可得

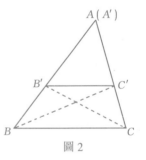

圖 2

$$\frac{\triangle ABC' \text{面積}}{\triangle ABC \text{ 面積}}$$

$$= \frac{A'C'}{AC} = \frac{1}{k} = \frac{A'B'}{BA} = \frac{\triangle ACB' \text{面積}}{\triangle ABC \text{ 面積}}$$

$$\therefore \triangle ABC' \text{ 面積} = \triangle ACB' \text{ 面積}$$

$$\therefore \triangle BCB' \text{ 面積} = \triangle BCC' \text{ 面積}$$

$$\therefore BC /\!/ B'C'$$

$$\therefore \angle B = \angle B'，\angle C = \angle C'$$

證畢。（用條件之一）

　　判定條件之三，容易從前兩個條件推出來，和通常證法是一樣的：

　　三角形相似判定條件之三：在 $\triangle ABC$ 和 $\triangle A'B'C'$ 中，若

$$\frac{BC}{B'C'} = \frac{AC}{A'C'} = \frac{AB}{A'B'}$$

則 $\triangle ABC \sim \triangle A'B'C'$

證明 不妨設 $\dfrac{AB}{A'B'} = k > 1$

如圖 3，在 AB 上取 D，在 AC 上取

點 E，使 $AD = A'B'$，$AE = A'C'$

由三角形相似判定條件之二可知

$$\triangle ABC \sim \triangle ADE$$

因而

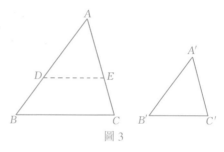

圖 3

$$\frac{BC}{DE} = \frac{AB}{AD} = \frac{AB}{A'B'} = k = \frac{BC}{B'C'}$$

$$\therefore \quad DE = B'C'$$

$$\therefore \quad \triangle A'B'C' \cong \triangle ADE$$

$$\therefore \quad \angle A = \angle A'$$

再用判定條件之二，即知 $\triangle ABC \sim \triangle A'B'C'$。證畢。

（原載《安徽教育》，1985.1）

再生的證明

　　一根磁鐵棒，截為兩段，在截斷的地方，會產生兩個新的極，變成了兩根磁鐵棒（圖1）。

　　一條蚯蚓，截為兩段，在截斷的地方，會長成兩個肛門，變成了兩條蚯蚓（圖2）。[①]

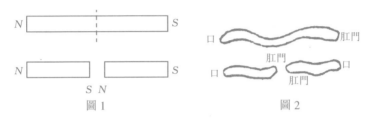

圖1　　　　　　　　　　　　圖2

　　有人把這種現象叫做「再生」。

　　一個幾何定理的證明，把圖形砍掉一半，從剩下的半個圖形裏，還能找出這個定理的證明嗎？如果可以，我們不妨把它叫做「再生的證明」。

　　勾股定理，是幾何學的一塊重要的基石。它的證法多達300餘種，最古老的證法，出自我國古代無名數學家之手。如圖3，巧妙地利用一大一小的兩個正方形的面積之差，一舉奏效。這種證法變種極多，影響甚廣。按圖3而作的證法，眾所周知，不贅言。

　　為科普小品津津樂道的是，在多達300餘種的勾股定理的證法之中，居然有一個出自美國第20屆總統之手。這位總統叫加菲爾德，在1876年發表了一個勾股定理證法，1881年當選為美國總統。他的證法如圖4所示：

[①]　此事引自恩格斯《自然辯證法》，作者以為，蚯蚓似應為水蛭。存疑以待指正。

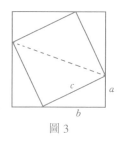

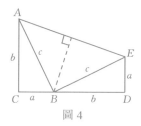

圖 3   圖 4

「在直角 $\triangle ABC$ 的斜邊上作等腰直角三角形 BAE，其中 BA 和 BE 為兩腰；過 E 作直線 CB 的垂線，交線段 CB 的延長線於 D。

容易證明 $\triangle ABC \cong \triangle BED$，故 $BC = ED$，$AC = BD$。用 a、b、c 表示 $\triangle ABC$ 中 A、B、C 各角對邊之長，則

$$梯形\ AEDC\ 之面積 = \frac{1}{2}(a + b)^2 \,,$$

$$\triangle ABC\ 面積 = \triangle BED\ 面積 = \frac{1}{2}ab \,,$$

$$\triangle BAE\ 面積 = \frac{1}{2}c^2 \,。$$

於是得 $\frac{1}{2}(a + b)^2 = \frac{1}{2}ab + \frac{1}{2}c^2 + \frac{1}{2}ab$

整理一下，便得到 $a^2 + b^2 = c^2$。證畢。」

不少資料上提到過這位總統先生的證法。但卻未見有人指出：這是一個「再生的證明」。讀者不難發現：把圖 3 沿虛線剪掉上方的一半，剩下的便是圖 4。不但此也，就連證明的過程，每一步都是古老的中國證法所用等式的「一半」——等式兩端同乘 $\frac{1}{2}$ 所得的等式！你看，梯形面積是圖 3 中大正方形之半，等腰直角 $\triangle BAE$ 是圖 3 小正方形之半，兩個全等的三角形，是圖 3 中 4 個三角形之半！

圖 4 再剪掉一半，是不是還能成為又一個「再生的證明」的圖呢？

有趣的是：果然不錯。

在圖 4 中過 *B* 作一條垂直於 *AE* 的虛線，沿虛線把右邊的一半剪掉，便得到圖 5。以圖 5 為基礎，可得勾股定理的下列證明：

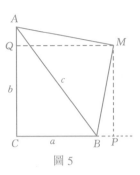

圖 5

我們在直角 $\triangle ABC$ 的斜邊 *AB* 上作等腰直角 $\triangle MAB$，其中 *MA* = *MB*；自 *M* 向直線 *AC* 和 *BC* 引垂線，垂足分別為 *Q* 和 *P*。不妨設 $a \leq b$。

注意到：因 $AC \perp BC$，可得 $PM \perp QM$，從而 $\angle AMQ = \angle BMP$；再由 *MA* = *MB*，得知 $\triangle AMQ \cong \triangle BMP$，由此可證 *PMQC* 是正方形。由 *AQ* = *BP*，可求得此正方形邊長

$$PC = CB + BP = AC - AQ = \frac{1}{2}(a + b)$$

於是顯然有

ACBM 面積 = 正方形 *PMQC* 面積 = $\frac{1}{4}(a + b)^2$，

$\triangle MAB$ 面積 = $\frac{1}{4} \times$ (邊長為 *c* 的正方形面積) = $\frac{1}{4}c^2$，

$\triangle ABC$ 面積 = $\frac{1}{2}ab$。

$$\therefore \quad \frac{1}{4}(a + b)^2 = \frac{1}{2}ab + \frac{1}{4}c^2，$$

整理化簡，得到 $a^2 + b^2 = c^2$。這又是一個證明。

證明雖然再生了，但並不理想。這個證明不如總統的證明簡潔，總統的證明不如中國古老的證明明快，可說是「一代不如一代」，再生之後，質量退化了！

退化的原因，大概是近親繁殖，缺乏新鮮血液吧！兩次再生過程，都不過是面積折半，如法炮製，沒有新的思想注入。

能不能使再生的證明質量超過老一代呢？

再生，不一定非得把圖形砍掉一半不可。壁虎尾巴可以脫落後再長一條出來，海星的部分肢體可以長成又一個小海星，也是再生。證明中所用的圖形，取其部分，以構成新的證明，也不妨稱之為再生的證明。

圖 6 大家很熟悉。它表明了古希臘數學家畢達哥拉斯的一種證法，也是歐幾里得《幾何原本》中所載的勾股定理的證法。現行教材中，也普遍介紹了這個證法：$\triangle ABM$ 面積是正方形 $AMNC$ 之半，$\triangle AFC$ 面積是矩形 $ADEF$ 之半，但 $\triangle ABM \cong \triangle AFC$，可見正方形 $AMNC$ 面積 = 矩形 $ADEF$ 面積。同理，正方形 $BCKP$ 面積等於矩形 $BGED$ 面積，證明就完成了！

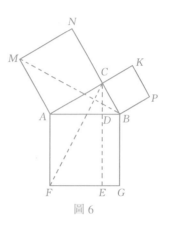

圖 6

這個證明的出發點，是在 $\triangle ABC$ 三邊上各作正方形，證明斜邊上的正方形是兩腰上正方形面積之和。但在證明過程中，又是把每個正方形各取其半來比較的。既然各取其半可以，各取三分之一也可以，各取 k 分之一可以，各取其 α 倍也可以！最方便的是取怎樣的一部分呢？

在以 AB 為邊的正方形上，附貼了一個三角形 ABC，在 BC 為邊的正方形上，附貼了 $\triangle CBD$，AC 為邊的正方形上，附貼了 $\triangle ACD$。形成了三個彼此相似的三角形。由相似性，每個正方形面積和它邊上附貼的三角形面積之比都一樣。想證明兩個小正方形面積之和等於大正方形，只要證明兩個小三角形（$\triangle CBD$ 和 $\triangle ACD$）面積之和等於 $\triangle ABC$ 面積不就可以了嗎？

這樣，乾脆把三個正方形剪掉，留下 A、B、C、D 這四個點構成的圖形，便可以此為基礎，再生出一個漂亮的證法：

如圖 7，自 $\triangle ABC$ 的直角頂點 C 向斜邊 AB 上作高 CD。易證 $\triangle ABC$、$\triangle CBD$ 和 $\triangle ACD$ 相似，根據「相似三角形面積與對應邊之平方成正比」，可得

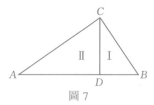

圖 7

$\triangle \text{I}$ 面積 $= kBC^2$，$\triangle \text{II}$ 面積 $= kAC^2$。

$\triangle ABC$ 面積 $= kAB^2$，$(k > 0)$，

再由

$\triangle \text{I}$ 面積 $+ \triangle \text{II}$ 面積 $= \triangle ABC$ 面積，

即得 $BC^2 + AC^2 = AB^2$。

以圖 6 為根據，還可以得到一個不用面積關係的證法。通常教科書上也有介紹。不贅言。

在畢達哥拉斯的證明中，是用 $\triangle ABM$ 來代表正方形 $AMNC$ 的一半。如果乾脆用對角線把這個正方形剖開，取其一半作代表豈不更好？好，連 AN，把 AC 邊上的正方形分開了。為了把 BC 邊上正方形的一半湊過來，我們不用對角線來分它，而是翻一下：在 AC 上取點 I 使 $CI = CB$。這樣，$\triangle BIC$ 面積是 BC 邊上正方形的一半，$\triangle ANC$ 是 AC 邊上正方形之半，它們兩個三角形湊在一起是凹四邊形 $ANBI$，它的面積是不是 AB 邊上的大正方形之半呢？

果然不錯，如圖 8，$\triangle ABC \cong \triangle NIC$，因此 $NI = AB = AJ + BJ$，於是，注意到 $NI \perp AB$，便有

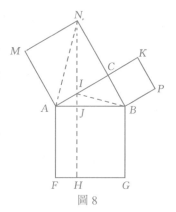

圖 8

$$\triangle AIN \text{ 面積} = \frac{1}{2}IN \times AJ,$$

$$\triangle BIN \text{ 面積} = \frac{1}{2}IN \times BJ。$$

二式相加，便知凹四邊形面積確是 AB 邊上大正方形之半。這是勾股證法的一個變種。

把這三個正方形去掉兩個半，只剩下 A、B、C、N、I、J 這幾個點，如圖 9，又可得到一個再生的證明：

設直角三角形 ABC 的兩腰 $BC \le AC$。延長 BC 至 N 使 $CN = AC$，在 AC 上取 I 使 $CI = BC$，則 $\triangle ABC \cong \triangle NIC$，故 $NI = AB$。

延長 NI 交 AB 於 J，由 $\angle 1 = \angle 2$，可知 $NJ \perp AB$。因而，

$$\text{凹四邊形 } ANBI \text{ 面積} = \frac{1}{2}NI \times AB = \frac{1}{2}AB^2。$$

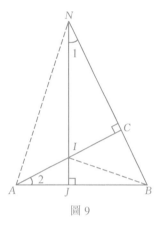

圖 9

另一方面又有：

$$ANBI \text{ 面積} = \triangle ACN \text{ 面積} + \triangle BCI \text{ 面積}$$

$$= \frac{1}{2}AC^2 + \frac{1}{2}BC^2，$$

這就證明了 $AB^2 = AC^2 + BC^2$。

這個再生的證明，已隱去了它的原形，並且比原證明更簡潔明快。在許多勾股定理證明之中，它應該說是最簡單的了。因為圖 7 的證法要用相似三角形，需要較多的準備，而這個證法只用到全等三角形和三角形內角和定理。

在幾何教學中，一題多證，一例多變，是啟迪學生思想，活躍學

習氣氛的有效方法之一。對幾個重要的定理、例題或習題，從一種解法演化出幾種解法，往往比分別孤立地介紹幾種解法更易引起學生的思維共鳴，對學生的幫助更大。因為它着眼於幾何圖形的聯繫與變化，引導學生從學習走向創造。

（原載《數學教師》，1985.1）

要善問

有人說，數學的心臟是問題。

這話有理。試看一部數學史，不正是不斷提出問題，解決問題的歷史？問題，吸引着數學家深深開掘；為解決問題而創造方法，提出概念、建立體系，發展出一個又一個的數學分支。「平行公理能否證明」？這一問題把人們引入非歐幾何的新天地，並啟迪數學家們對公理化方法作深入的探討。「高次方程有沒有求根公式」？這一問題導致了羣論的誕生。19 世紀的數學大師希爾伯特提出的 23 個問題，推動了 20 世紀許多數學分支的發展，更是眾所周知的事實。

對於數學教師來說，善於提出問題，也極為重要。善於設問，能活躍課堂氣氛，使學生通過自己的積極思維而掌握新課內容。

善於設問，能促使學生更深刻地理解數學中基本概念的實質，更靈活地運用所學的基本知識；能誘發學生獨立思考的要求，使學生逐步學會思考的方法。

善於設問，也有助於教師自己的進修與提高。

對於多數人，尤其是對於青年人，一個看來自己能夠解決的問題擺在面前，是富有吸引力的挑戰。他會像棋手一樣，把思維能力迅速動員起來，投入戰鬥。這對學習新的知識是極為有利的條件。

但是，教師必須了解自己學生的能力，把問題安排得使絕大多數同學經過努力能做出來。特別在學習新課的時候，更要小心。巧妙的安排能使學生在不知不覺之中進入新的知識領域，感到是自己動手挖開了寶藏，從而增強學習的興趣與信心。

如果在學習一元二次方程的求根公式時，一開始提出：「怎麼解

二次方程 $x^2 + px + q = 0$ 呢」？大概班上多數學生會茫然不知所對。適當縮小一下前進的步伐跨度，而提出求解下列幾個方程：

1. $x^2 = 4$
2. $(x + 2)^2 = 4$
3. $x^2 + 4x + 4 = 49$
4. $x^2 + 4x = 45$
5. $(x + a)^2 = 4$
6. $x^2 + 2ax + a^2 = 4$
7. $x^2 + 2ax = 4 - a^2$
8. $x^2 + 2ax = -q$
9. $x^2 + px = -q$
10. $x^2 + px + q = 0$

大多數同學都將會自己找到求根公式。少數優生也許只要做 2、6、7、9 就行了。個別差生則要更多的指導。當然，整個過程之中，教師要做些畫龍點睛的提示，並適時總結。

　　好的提問能幫助學生鞏固和加深對基本概念的理解，幫助教師檢查學生理解概念的程度。例如：$+a$ 和 $-a$ 哪個大？$x^2 = a$ 的根是不是 $\sqrt{a}$？$\sqrt{1 - \sin^2 A} = \cos A$ 對不對？3.1416 是不是有理數？這類能夠一針見血地檢驗出學生的概念錯誤的小問題，應注意收集，適時使用。

　　誰都知道學數學要多思考。學生的困難往往在於不知從何處思考起，也就是不會發現問題，不知道怎樣提問題。教師向學生們提出的許多問題，可以起示範作用，教會學生如何找問題。

　　如何找問題呢？從已有的知識出發，通過引申、推廣、對照，類比而提出問題，是最容易做到的，也是比較容易找到解答的。教師要

向學生提出大量的這類「平凡」的問題讓學生思考，這些問題不一定要求學生當作作業來做，主要目的是讓他們學會提問題。

例如：一個定理中，條件改變一下，結論會有甚麼變化？圓內的點放到圓外怎樣，正數改成負數怎麼樣？銳角改成直角或鈍角怎麼樣？分角線改成中線怎麼樣？「大於」改成「小於」怎麼樣？這樣的問題俯拾皆是，不怕找不到。

有些問題，自然地為後面要講的課留下伏筆，使學生對新的知識有親切的期望之感。例如：學了「等腰三角形底角相等」之後，自然會引出問題：三角形兩邊不等時，大邊對的角是不是大一些呢？這就引出了「三角形中大邊對大角」的定理。如果更詳細地問：「邊增大一倍，角增大多少？」更引向正弦定理的定理知識。學了勾股定理「在 ΔABC 中，若 C 為直角則 $a^2 + b^2 = c^2$」之後，自然會問「若 a，b 不變，C 變大了，c^2 是不是會大於 $a^2 + b^2$？C 變小了，c^2 是不是會變得小於 $a^2 + b^2$？c^2 和 $a^2 + b^2$ 相差多少？」這便引向餘弦定理這一重要內容。適當地設問，會使學生認識到所學的知識是有機地聯繫在一起的。

另一些問題，則把學生引入課本之外的更廣闊的數學園地，或是獲得新的知識，或是掌握新的方法。這對於一些特別愛好數學、課堂學習「吃不飽」的學生來說，正如雪中送炭。例如：學了十進位，提出能不能有二進位？三進位？k 進位？學了二次方程根與係數的關係，提出三次、四次方程根與係數有甚麼關係？這類問題往往要有較高的數學觀點和較深的知識才能透徹解答，不可能也不應當要求初中學生很好地理解、掌握。但對於少數資優學生略加介紹，讓他們動動腦筋，開開眼界，卻也是大有益於成長的。

還有一些問題，雖然已在教材範圍之外，但又和教材內容相輔相

成，難度不太大，能夠使學生開闊思路，增長興趣的，則應當加以重視、提倡。教科書上一個定理是這樣證的，能不能用別的方法證？（例如：正弦定理、勾股定理，都有很多證法）定義能不能變一變？（例如，定義 $|x| = \sqrt{x^2}$ 行不行？定義 $\sin x$ 是直徑為 1 的圓中圓周角 x 所對的弦長行不行？）能向學生提出這類問題，就要教師對教材融會貫通，而且有關的知識十分豐富。

「要給學生一碗水，教師得有一桶水」。教師對教材理解得深透，看得更遠，知識更多，才能恰如其分地給學生提問題。教學相長，必須不斷學習、進修。教的是初等數學，但也要知道一些高等數學。初等數學是高等數學的基礎，在初等與高等之間，並沒有不可踰越的鴻溝。從初等數學中提出問題，尋求解答，便自然走入高等數學的領域。會求圓的切線了，一般曲線的切線怎麼求？會求圓的面積了，一般圖形面積怎麼算？這樣的問題就會把你引進微積分學的大門。幾何公理是怎麼回事？公理之間的協調性和無矛盾性怎樣證明？這樣的問題只有向高等幾何和數理邏輯尋求答案。善問促進你學習，學習又使你更加善問。有人說：「你的知識形成一個圓域，問題就出現在圓周上。圓越大，圓周越長，能提的問題就越多！」學與問是不可分開的，對數學尤其如此。

（原載《數學教師》，1985.1）

蝴蝶定理的新故事

這幾年，人們對蝴蝶定理談得可真不少了。談它的歷史，談它的多種證法，談它的美妙變化。有興趣的讀者可參看文獻 [1]-[6]。

那麼，關於「蝴蝶」，還有甚麼新鮮東西值得一提嗎？如果是一年以前，筆者也覺得無話可說。現在又提筆寫它，得感謝杜錫錄先生。

在今年 4 月份廣州的一次會上，與杜君久別重敍。他問我：「你知道箏形中的蝴蝶定理嗎？」老實說，我不知道。杜君告訴了我這個定理，並且提到，他和單墫先生都希望有一個簡單方法證明箏形中的蝴蝶定理，如同 [1] 中用面積方法巧證圓內蝴蝶定理一樣。

這引出了蝴蝶定理的新故事。

（一）四邊形裏的蝴蝶定理

如果凸四邊形 ABCD 中，AB = BC 而且 CD = AD，則稱它為箏形。因為它確像一隻瓦片風箏。圖 1 中畫出了箏形 ABCD。我們把對角線 AC 叫做箏形的橫架，BD 叫做箏形的中線。

命題 1（箏形蝴蝶定理）　如果 ABCD 是以 BD 為中線的箏線，過其對角線交點 M 作兩直線分別與 AB、CD 交於 P、Q，與 AD、BC 交於 R、S。連 PR、SQ 分別與橫架 AC 交於 G、H，則 MG = MH。（圖 1）

如利用三角知識，可給出一個簡單證明：

箏形蝴蝶定理證法 1　記 $MA = MC = a$，$MG = x$，$MH = y$，由面積關係及正弦定理可得：

127

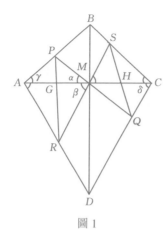

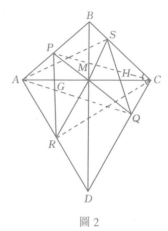

圖 1   圖 2

$$\frac{x}{a-x} \cdot \frac{a-y}{y} = \frac{MG}{AG} \cdot \frac{CH}{MH}$$

$$= \frac{\Delta MPR}{\Delta APR} \cdot \frac{\Delta CQS}{\Delta MQS} = \frac{\Delta MPR}{\Delta MQS} \cdot \frac{\Delta CQS}{\Delta APR}$$

$$= \frac{MP \cdot MR}{MQ \cdot MS} \cdot \frac{CQ \cdot CS}{AP \cdot AR} = \frac{MP}{AP} \cdot \frac{MR}{AR} \cdot \frac{CQ}{MQ} \cdot \frac{CS}{MS}$$

$$= \frac{\sin\gamma}{\sin\alpha} \cdot \frac{\sin\delta}{\sin\beta} \cdot \frac{\sin\alpha}{\sin\delta} \cdot \frac{\sin\beta}{\sin\gamma} = 1 \text{,}$$

（式中 α、β、γ、δ 諸角如圖 1 所示。）即 $x(a-y)=y(a-x)$，由此推出 $ax=ay$，即 $x=y$。

　　上述證法回答了杜錫錄先生要一個簡單證明的問題。但是，能不能更初等一些，不用三角函數與正弦定理呢？可以，請看：

　　箏形蝴蝶定理證法 2　記 $MA=MC=a$，$MG=x$，$MH=y$，在圖 2 中用面積關係可得：

$$\frac{x}{a-x} \cdot \frac{a-y}{y} = \frac{MG}{AG} \cdot \frac{CH}{MH} = \frac{\Delta MPR}{\Delta APR} \cdot \frac{\Delta CQS}{\Delta MQS}$$

$$= \frac{MP}{MQ} \cdot \frac{MR}{MS} \cdot \frac{CS \cdot CQ}{AP \cdot AR} = \frac{\Delta APC}{\Delta AQC} \cdot \frac{\Delta ARC}{\Delta ASC} \cdot \frac{CS \cdot CQ}{AP \cdot AR}$$

$$= \frac{\Delta APC}{\Delta ASC} \cdot \frac{\Delta ARC}{\Delta AQC} \cdot \frac{CS \cdot CQ}{AP \cdot AR}$$

$$= \frac{AP \cdot AC}{CS \cdot AC} \cdot \frac{AR \cdot AC}{CQ \cdot AC} \cdot \frac{CS \cdot CQ}{AP \cdot AR} = 1 \text{。}$$

下略。

上述兩個證明中，都用到了 $AB = BC$，$AD = CD$ 這個條件。因為有了這個條件，才有 $\angle BAC = \angle BCA$，$\angle DAC = \angle DCA$。但從仿射幾何觀點看，命題的結論應當與角度無關，因而關於角度的條件似應能夠取消。這麼一想，便把箏形蝴蝶定理推廣成了四邊形蝴蝶定理：

命題 2（四邊形蝴蝶定理）　設四邊形 $ABCD$ 中對角線 AC、BD 交於 AC 之中點 M。過 M 作兩直線分別交 AB，DC 於 P，Q，交 AD、BC 於 R、S。連 PR 與 QS 分別交 AM，CM 於 G，H，則 $MG = MH$。（圖 3）

證明　記 $MA = MC = a$，$MC = x$，$MH = y$，則有

$$\frac{x}{a-x} \cdot \frac{a-y}{y} = \frac{MG}{AG} \cdot \frac{CH}{MH} = \frac{\Delta MPR}{\Delta APR} \cdot \frac{\Delta CQS}{\Delta MQS}$$

$$= \frac{\Delta MPR}{\Delta MQS} \cdot \frac{\Delta CQS}{\Delta CBD} \cdot \frac{\Delta CBD}{\Delta ABD} \cdot \frac{\Delta ABD}{\Delta APR}$$

$$= \frac{MP \cdot MR}{MQ \cdot MS} \cdot \frac{CQ \cdot CS}{CD \cdot CB} \cdot \frac{MC}{MA} \cdot \frac{AB \cdot AD}{AP \cdot AR}$$

$$= \frac{\Delta PAC}{\Delta QAC} \cdot \frac{\Delta RAC}{\Delta SAC} \cdot \frac{\Delta QAC}{\Delta DAC} \cdot \frac{\Delta SAC}{\Delta BAC} \cdot \frac{MC}{MA} \cdot \frac{\Delta BAC}{\Delta PAC} \cdot \frac{\Delta DAC}{\Delta RAC}$$

$$= \frac{MC}{MA} = 1 \text{。}$$

下略。

129

注意，條件 $MA = MC$ 是最後才用上的，這就馬上得到了一個更廣泛的結果：

命題 3（四邊形蝴蝶定理的推廣）　設 M 是四邊形 $ABCD$ 的對角線的交點。過 M 作兩直線分別與 AB、CD 交於 P、Q，與 AD、BC 交於 R、S。連 PR、QS 分別與 MA、MC 交於 G、H，則 $\dfrac{MG}{AG} \cdot \dfrac{CH}{MH} = \dfrac{MC}{MA}$。

證明當然不用再寫了。只要把前面的證法去頭截尾留中段即可。

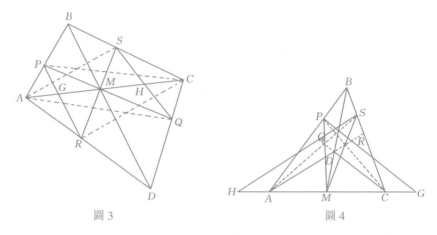

圖 3　　　　　　　　　　　　圖 4

圖 3 中 $ABCD$ 是凸四邊形。如果是凹四邊形、星狀四邊形呢？

看看圖 4，凹四邊形 $ABCD$ 的兩條對角線交於 M。過 M 作兩直線分別交直線 AB、CD 於 P、Q，交直線 AD、BC 於 R、S。直線 PR、QS 分別與直線 AC 交於 G、H。那麼，是不是仍然有等式

$$\frac{MG}{AG} \cdot \frac{CH}{MH} = \frac{MC}{MA}$$

成立呢？

有趣的是，可以依樣畫葫蘆，一字不改地寫出證明：

$$\frac{MG}{AG} \cdot \frac{CH}{MH} = \frac{\triangle MPR}{\triangle APR} \cdot \frac{\triangle CQS}{\triangle MQS}$$

$$= \frac{\Delta MPR}{\Delta MQS} \cdot \frac{\Delta CQS}{\Delta CBD} \cdot \frac{\Delta CBD}{\Delta CBD} \cdot \frac{\Delta ABD}{\Delta APR}$$

$$= \frac{MP \cdot MR}{MQ \cdot MS} \cdot \frac{CQ \cdot CS}{CD \cdot CB} \cdot \frac{MC}{MA} \cdot \frac{AB \cdot AD}{AP \cdot AR}$$

$$= \frac{\Delta APC}{\Delta AQC} \cdot \frac{\Delta ARC}{\Delta ASC} \cdot \frac{\Delta AQC}{\Delta ADC} \cdot \frac{\Delta ASC}{\Delta ABC} \cdot \frac{MC}{MA} \cdot \frac{\Delta ABC}{\Delta APC} \cdot \frac{\Delta ADC}{\Delta ARC}$$

$$= \frac{MC}{MA} \text{ 。}$$

再看圖 5，星狀四邊形 *ABCD* 的兩對角線交於 *M*，過 *M* 作兩直線分別與直線 *AB*、*CD* 交於 *P*、*Q*，與直線 *AD*、*BC* 交於 *R*、*S*。直線 *PR*、*QS* 分別交 *AC* 直線於 *G*、*H*。我們希望有

$$\frac{MG}{AG} \cdot \frac{CH}{MH} = \frac{MC}{MA} \text{ ，}$$

是不是對呢？

請讀者一步一步地檢查，前述證明是否仍適合於這種情形。結果應當是肯定的。

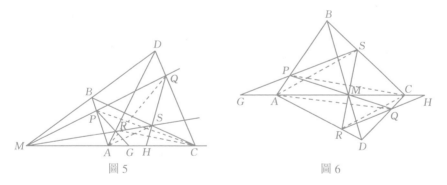

圖 5　　　　　　　　　　圖 6

還有變化嗎？如果在圖 3 中，用直線 *PS* 與 *RQ* 代替 *PR*、*QS*，得到圖 6，是否仍有等式

$$\frac{MG}{AG} \cdot \frac{CH}{MH} = \frac{MC}{MA},$$

成立？

果然不錯。但證法卻不能再如法炮製了。不過手法仍有點雷同：

$$\frac{MG}{AG} \cdot \frac{CH}{MH} = \frac{\triangle MPS}{\triangle APS} \cdot \frac{\triangle CRQ}{\triangle MRQ}$$

$$= \frac{\triangle MPS}{\triangle MRQ} \cdot \frac{\triangle CRQ}{\triangle APS} = \frac{MP}{MQ} \cdot \frac{MS}{MR} \cdot \frac{\triangle CRQ}{\triangle APS}$$

$$= \frac{\triangle PAC}{\triangle QAC} \cdot \frac{\triangle CRQ}{\triangle APS} \cdot \frac{MS}{MR}$$

$$= \frac{\triangle PAC}{\triangle APS} \cdot \frac{\triangle CRQ}{\triangle QAC} \cdot \frac{MS}{MR}$$

$$= \frac{BC}{BS} \cdot \frac{RD}{AD} \cdot \frac{MS}{MR} = \frac{\triangle BMC}{\triangle BMS} \cdot \frac{\triangle DMR}{\triangle DMA} \cdot \frac{MS}{MR}$$

$$= \frac{\triangle BMC}{\triangle DMA} \cdot \frac{\triangle DMR}{\triangle BMS} \cdot \frac{MS}{MR}$$

$$= \frac{BM \cdot MC}{DM \cdot MA} \cdot \frac{DM \cdot MR}{BM \cdot MS} \cdot \frac{MS}{MR} = \frac{MC}{MA} \ 。$$

有了這個證明過程作藍本，把圖 6 改成凹四邊形或星狀四邊形，我們可以一字不改地證明同樣的結論。讀者不妨一試。

我們看到，四邊形蝴蝶定理比圓內蝴蝶定理內容更豐富，變化更多。因為圓一定是凸的，但四邊形還有凹的和星狀的。

（二）兩種蝴蝶定理的關係

四邊形蝴蝶定理的證明，啟發我們用類似的手法去證明圓蝴蝶定理。

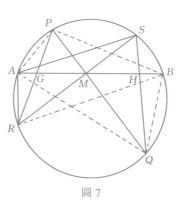

圖 7

命題 4（蝴蝶定理）　圓內三弦 AB、PQ、RS 交於一點 M，且 $MA = MB$。直線 PR、SQ 分別與 AB 交於 G、H。求證：$MG = MH$。

下面的證法比傳統的面積證法自然而且簡捷：記 $MA = MB = a$，$MG = x$，$MH = y$，則：

$$\frac{x}{a-x} \cdot \frac{a-y}{y} = \frac{MG}{AG} \cdot \frac{BH}{MH}$$

$$= \frac{\Delta MPR}{\Delta APR} \cdot \frac{\Delta BQS}{\Delta MQS}$$

$$= \frac{\Delta MPR}{\Delta MQS} \cdot \frac{\Delta BQS}{\Delta BQA} \cdot \frac{\Delta BQA}{\Delta BRA} \cdot \frac{\Delta BRA}{\Delta PRA}$$

$$= \frac{MP}{MQ} \cdot \frac{MR}{MS} \cdot \frac{BS \cdot QS}{AB \cdot AQ} \cdot \frac{BQ \cdot AQ}{BR \cdot AR} \cdot \frac{AB \cdot BR}{AP \cdot PR}$$

$$= \frac{MP}{MQ} \cdot \frac{MR}{MS} \cdot \frac{BS \cdot BQ \cdot QS}{AR \cdot AP \cdot PR} \text{。}$$

注意到 $\dfrac{BS}{AR} = \dfrac{MS}{MA}$，$\dfrac{BQ}{AP} = \dfrac{MB}{MP}$，$\dfrac{QS}{PR} = \dfrac{MQ}{MR}$[①]，代入前式得

$$\frac{x}{a-x} \cdot \frac{a-y}{y} = \frac{MG}{AG} \cdot \frac{BH}{MH}$$

[①]　可利用相似三角形證明。也可用面積關係，例如：由

$$1 = \frac{\Delta MBR}{\Delta BSR} \cdot \frac{\Delta BSR}{\Delta BAR} \cdot \frac{\Delta BAR}{\Delta MBR} = \frac{MR}{SR} \cdot \frac{SR \cdot BS}{AB \cdot AR} \cdot \frac{AB}{BM}$$

$$= \frac{BS \cdot MR}{AR \cdot BM}，\text{得} \frac{BS}{AR} = \frac{BM}{MR}，\text{下同。}$$

$$= \frac{MP}{MQ} \cdot \frac{MR}{MS} \cdot \frac{MS}{MA} \cdot \frac{MB}{MP} \cdot \frac{MQ}{MR} = \frac{MB}{MA} = 1 \text{，下略。}$$

用這種手法，可給出大同小異的多種證法。例如：

$$\frac{x}{a-x} \cdot \frac{a-y}{y} = \frac{MG}{AG} \cdot \frac{BH}{MH} = \frac{\Delta MPR}{\Delta APR} \cdot \frac{\Delta BQS}{\Delta MQS}$$

$$= \frac{\Delta MPR}{\Delta MQS} \cdot \frac{\Delta BQS}{\Delta BQP} \cdot \frac{\Delta BQP}{\Delta AQP} \cdot \frac{\Delta AQP}{\Delta APR}$$

$$= \frac{MP \cdot MR}{MQ \cdot MS} \cdot \frac{BS \cdot SQ}{PB \cdot PQ} \cdot \frac{MB}{MA} \cdot \frac{AQ \cdot PQ}{AR \cdot RP}$$

$$= \frac{MP \cdot MR}{MQ \cdot MS} \cdot \frac{BS}{AR} \cdot \frac{AQ}{PB} \cdot \frac{SQ}{RP} \cdot \frac{MB}{MA}$$

$$= \frac{MP \cdot MR}{MQ \cdot MS} \cdot \frac{MS}{MA} \cdot \frac{MA}{MP} \cdot \frac{MQ}{MR} \cdot \frac{MB}{MA} = \frac{MB}{MA} = 1$$

注意到條件 $MA = MB$ 僅僅在最後一步才用上，我們便得到蝴蝶定理的推廣：

命題 5　圓內三弦，AB、PQ、SR 交於 M。弦 PR 交 AB 於 G，QS 交 AB 於 H。則有：

$$\frac{MG}{AG} \cdot \frac{BH}{MH} = \frac{MB}{MA}$$

如果 PR、QS 延長後分別交直線 AB 於 G、H，類似於圖 6，則有

命題 6（蝴蝶定理的變異）　圓內三弦 AB、PQ、SR 交於一點 M。PR、QS 延長後分別交直線 AB 於 G、H，則有

$$\frac{MG}{AG} \cdot \frac{BH}{MH} = \frac{MB}{MA}$$

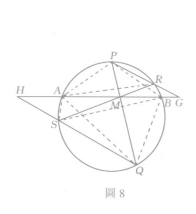

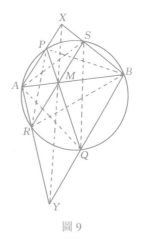

圖 8　　　　　　　　　　　　圖 9

證明　如圖 8：

$$\frac{MG}{AG} \cdot \frac{BH}{MH} = \frac{\Delta MPR}{\Delta APR} \cdot \frac{\Delta BQS}{\Delta MQS}$$

$$= \frac{\Delta MPR}{\Delta MQS} \cdot \frac{\Delta BQS}{\Delta BQA} \cdot \frac{\Delta BQA}{\Delta BRA} \cdot \frac{\Delta BRA}{\Delta APR}$$

$$= \frac{MP \cdot MR}{MQ \cdot MS} \cdot \frac{BS \cdot QS}{AB \cdot AQ} \cdot \frac{AQ \cdot BQ}{BR \cdot AR} \cdot \frac{AB \cdot BR}{AP \cdot PR}$$

$$= \frac{MP}{MQ} \cdot \frac{MR}{MS} \cdot \frac{BS}{AR} \cdot \frac{BQ}{AP} \cdot \frac{QS}{PR}$$

$$= \frac{MP}{MQ} \cdot \frac{MR}{MS} \cdot \frac{MS}{MA} \cdot \frac{MB}{MP} \cdot \frac{MQ}{MR} = \frac{MB}{MA} \text{。}$$

對比一下命題 4 的原來證法，一字不差！

我們已看到了兩種蝴蝶定理證明方法上有相似之處。進一步問：它們本質上是不是一回事呢？

如圖 9，圓內三弦 *AB*、*PQ*、*RS* 交於一點 *M*。直線 *AP* 與 *BS* 交於 *X*，直線 *AR* 與 *BQ* 交於 *Y*。如果直線 *XY* 經過 *M*，則圓上的蝴蝶也就成了四邊形 *AXBY* 上的蝴蝶。圓的蝴蝶定理不就成了四邊形蝴蝶定理的特款了嗎？

這猜測果然沒錯。我們有

命題 7　設圓內接凸六邊形 $APSBQR$ 的三條對角線 AB，PQ、RS 交於一點 M。又設直線 AP、BS 交於 X，直線 AR、BQ 交於 Y。則 X、M、Y 在一條直線上。（圖 9）

證明　只要證明有

$$\frac{\triangle AXY}{\triangle BXY} = \frac{MA}{MB}$$

就可以了（注意：我們現在還不知道 XY 是否經過 M！）。事實上，由圖 9 可得：

$$\frac{\triangle AXY}{\triangle BXY} = \frac{\triangle AXY}{\triangle APR} \cdot \frac{\triangle APR}{\triangle ABR} \cdot \frac{\triangle ABR}{\triangle ABQ} \cdot \frac{\triangle ABQ}{\triangle SBQ} \cdot \frac{\triangle SBQ}{\triangle BXY}$$

$$= \frac{AX \cdot AY}{AP \cdot AR} \cdot \frac{AP \cdot PR}{AB \cdot BR} \cdot \frac{AR \cdot BR}{AQ \cdot BQ} \cdot \frac{AB \cdot AQ}{BS \cdot QS} \cdot \frac{BS \cdot BQ}{BX \cdot BY}$$

$$= \frac{AX}{BX} \cdot \frac{AY}{BY} \cdot \frac{PR}{QS} = \frac{AS}{BP} \cdot \frac{AQ}{BR} \cdot \frac{PR}{QS}$$

$$= \frac{AS}{BR} \cdot \frac{AQ}{BP} \cdot \frac{PR}{QS} = \frac{MA}{MR} \cdot \frac{MQ}{MB} \cdot \frac{MR}{MQ} = \frac{MA}{MB}$$

至此，我們在兩種蝴蝶定理之間架起了一座橋樑。這是關於蝴蝶定理的新故事中最有趣的情節。

（三）蝴蝶定理與巴斯卡定理

在《蝴蝶定理的變異》中，馬明先生讓蝴蝶翩翩起舞——使兩弦 PQ、RS 的交點離開弦 AB，導出了蝴蝶定理的變異。結合命題 7，啟發我們想到：如果在圖 9 中，去掉了 AB、PQ、RS 三弦交於一點這個條件，是不是仍有 X、Y、M 三點共線呢？這裏 M 只是 PQ 與 RS 的交點。也就

是說，我們想要

命題 8 　設圓內兩弦 PQ、RS 交於一點 M，分別在弧 $\overset{\frown}{PR}$、$\overset{\frown}{SQ}$ 上取點 A、B。直線 AP、BS 交於 X，直線 AR、BQ 交於 Y。則 X、Y、M 三點在同一直線上。

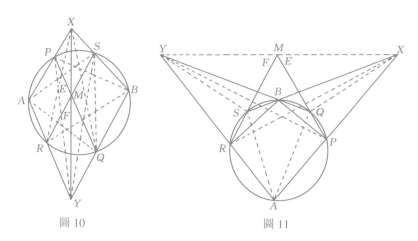

圖 10　　　　　　　　　　　　　圖 11

證明　設 XY 與 PQ 交於 E，與 RS 交於 F，要證明的是 E 與 F 重合。為此，只要證明

$$\frac{EX}{EY} = \frac{FX}{FY}$$

即可。如圖 10，有

$$\frac{EX}{EY} \cdot \frac{FY}{FX} = \frac{\triangle XPQ}{\triangle YPQ} \cdot \frac{\triangle YRS}{\triangle XRS}$$

$$= \frac{\triangle XPQ}{\triangle PAQ} \cdot \frac{\triangle PAQ}{\triangle PBQ} \cdot \frac{\triangle PBQ}{\triangle YPQ} \cdot \frac{\triangle YRS}{\triangle ARS} \cdot \frac{\triangle ARS}{\triangle BRS} \cdot \frac{\triangle BRS}{\triangle XRS}$$

$$= \frac{PX}{PA} \cdot \frac{PA \cdot AQ}{PB \cdot BQ} \cdot \frac{BQ}{QY} \cdot \frac{RY}{AR} \cdot \frac{AR \cdot AS}{BR \cdot BS} \cdot \frac{BS}{XS}$$

$$= \frac{PX}{XS} \cdot \frac{RY}{QY} \cdot \frac{AQ}{PB} \cdot \frac{AS}{BR}$$

$$= \frac{PB}{AS} \cdot \frac{BR}{AQ} \cdot \frac{AQ}{PB} \cdot \frac{AS}{BR} = 1 \text{，}$$

命題獲證。

在圖 10 中，我們故意畫得讓 *M*、*E*、*F* 三點略微分開一點，便於敘述證明。如準確地畫，這三點當然重合。

現在從更一般的觀點看命題 8。我們不妨把 *ARSBQP* 看成圓內接六邊形。這個六邊形不是凸的，而是星形的。它有一雙對邊 *RS*、*QP* 交於 *M*。另兩雙對邊 *AR* 與 *BQ* 延長後交於 *Y*，*AP* 與 *BS* 延長後交於 *X*。這不恰好是巴斯卡定理的變種嗎？

巴斯卡定理是 17 世紀著名的神童數學家巴斯卡（Pascal）的最為人們熟知的結果。通常敘述為：「若一六邊形內接於一圓，則每兩條對邊所在直線相交所得的三點必共線。」上面命題 8 的證法，幾乎一字不改地可以用於證明巴斯卡定理關於圓內接凸六邊形的情形。如圖 11，*ARSBQP* 是圓內接凸六邊形，要證明 *X*、*Y*、*M* 共線，即證明 *E* 與 *F* 重合，也就是證明 $\dfrac{EX}{EY} = \dfrac{FX}{FY}$。讀者可以逐步檢查前述證明是否適用於圖 11。在圖中，為便於敘述證明，我們有意略加誤差，使 *M*、*F*、*E* 三點分開。

命題 9　設凸四邊形 *AXBY* 兩對角線交於 *M*。在 *MX* 上任取一點 *N*。過 *N* 作兩直線分別與 *AX*、*BY* 交於 *P*、*Q*，與 *AY*、*BX* 交於 *R*、*S*。連 *PR*、*QS* 分別與 *AB* 交於 *G*、*H*，且 *RS*、*PQ* 與 *AB* 交於 *E*、*F*。則

$$\frac{GE}{AG} \cdot \frac{BH}{HF} = \frac{BE}{AF}。$$

證明　由圖 12 可見：

$$\frac{GE}{AG} \cdot \frac{BH}{HF} = \frac{\Delta EPR}{\Delta APR} \cdot \frac{\Delta BQS}{\Delta FQS}$$

$$= \frac{\Delta EPR}{\Delta NPR} \cdot \frac{\Delta NPR}{\Delta NQS} \cdot \frac{\Delta NQS}{\Delta FQS} \cdot \frac{\Delta BQS}{\Delta BXY} \cdot \frac{\Delta BXY}{\Delta AXY} \cdot \frac{\Delta AXY}{\Delta APR}$$

$$= \frac{RE}{QF} \cdot \frac{PN \cdot RN}{SN \cdot QN} \cdot \frac{QN}{QF} \cdot \frac{BQ \cdot BS}{BY \cdot BX} \cdot \frac{MB}{MA} \cdot \frac{AX \cdot AY}{AP \cdot AR}$$

$$= \frac{RE \cdot PN}{QF \cdot SN} \cdot \frac{\Delta ABQ}{\Delta ABY} \cdot \frac{\Delta ABS}{\Delta ABX} \cdot \frac{MB}{MA} \cdot \frac{\Delta ABX}{\Delta ABP} \cdot \frac{\Delta ABY}{\Delta ABR}$$

$$= \frac{RE}{QF} \cdot \frac{PN}{SN} \cdot \frac{\Delta ABQ}{\Delta ABP} \cdot \frac{\Delta ABS}{\Delta ABR} \cdot \frac{MB}{MA}$$

$$= \frac{RE}{QF} \cdot \frac{PN}{SN} \cdot \frac{QF}{PF} \cdot \frac{SE}{RE} \cdot \frac{MB}{MA} = \frac{PN}{PF} \cdot \frac{SE}{SN} \cdot \frac{MB}{MA}$$

$$= \frac{\Delta ANX}{\Delta AFX} \cdot \frac{\Delta BEX}{\Delta BNX} \cdot \frac{MB}{MA} = \frac{MA}{MB} \cdot \frac{BE}{AF} \cdot \frac{MB}{MA}$$

$$= \frac{BE}{AF} \text{ 。}$$

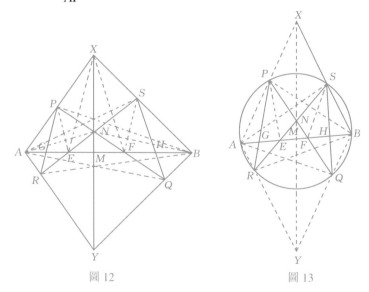

圖 12　　　　　　　圖 13

在特殊情形下，當 $AE = BF$ 時，有 $\dfrac{BE}{AF} = 1$，這推出 $GE = HF$。這是四邊形蝴蝶定理的變異。回到圓上，把命題 8 與命題 9 結合起來，得到：

命題 10（蝴蝶定理的變異）　設圓內兩弦 PQ 與 RS 交於 N，PQ、RS 分別與弦 AB 交於 F、E。弦 PR、SQ 分別與 AB 交於 G、H，如圖 13，則有

$$\frac{GE}{AG} \cdot \frac{BH}{HF} = \frac{BE}{AF} \, 。$$

特別地，當 $BE = AF$ 時，有 $GE = HF$。

證明　設直線 AP、BS 交於 X，直線 AR、BQ 交於 Y，由命題 8，X、Y、N 三點共直線。再用命題 9，即得所要之結論。

命題 8、9、10 有大量的各式各樣的變化、推廣。在命題 8 中，可改變 A、R、Q、B、S、P 各點在圓上的順序；命題 9 中可討論比值 $\dfrac{MA}{MB}$，還可考察 AQ、BR 的交點是否在直線 XY 上，還可以考慮 $AXBY$ 為凹四邊形、星狀四邊形的情形；命題 10 中，可讓 N 落在圓周上或圓外，還可考慮 $AP \, / \! / \, BS$ 的情形。

命題 10 中 BE=AF 的特款，就是 [3] 中的結果。我們從四邊形出發，經過巴斯卡定理的橋樑，而得到了它。如要直接證明也可以，如據圖 13，可得：

$$\frac{GE}{AG} \cdot \frac{BH}{HF} = \frac{\Delta EPR}{\Delta APR} \cdot \frac{\Delta BQS}{\Delta FQS}$$

$$= \frac{\Delta EPR}{\Delta NPR} \cdot \frac{\Delta NPR}{\Delta NQS} \cdot \frac{\Delta NQS}{\Delta FQS} \cdot \frac{\Delta BQS}{\Delta BQA} \cdot \frac{\Delta BQA}{\Delta BRA} \cdot \frac{\Delta BRA}{\Delta APR}$$

$$= \frac{ER}{NR} \cdot \frac{NP \cdot NR}{NS \cdot NQ} \cdot \frac{NQ}{FQ} \cdot \frac{BS \cdot QS}{AB \cdot AQ} \cdot \frac{AQ \cdot BQ}{AR \cdot BR} \cdot \frac{BR \cdot AB}{AP \cdot RP}$$

$$= \frac{ER}{NS} \cdot \frac{NP}{FQ} \cdot \frac{QS}{PR} \cdot \frac{BQ}{AP} \cdot \frac{BS}{AR}$$

$$= \frac{ER \cdot NP}{NS \cdot FQ} \cdot \frac{NS}{NP} \cdot \frac{FQ}{AF} \cdot \frac{BE}{ER} = \frac{BE}{AF} \text{。}$$

　　這給出了圓上蝴蝶定理變異的一個直接的證明。這個證明可以變化出類似的好幾種證法。

　　回顧全篇，我們反覆運用了面積比與線段比的互化。正是由於從這個一般性的方法着手，才使我們揭示出兩種蝴蝶定理的關係，揭示出蝴蝶定理的變異。這些關係和方法，對筆者而言，是新的；相信對絕大多數讀者來說，也不是熟悉的知識。

　　由於古典幾何文獻浩如煙海，筆者知識所限，無法談及這方面過去是否有人研究。願知者不吝賜教。

（原載《中學數學》，1992.1）

參考文獻

[1] 杜錫錄：〈平面幾何中的名題及其巧解〉，《數學教師》，1985.1。

[2] 楊路：〈談談蝴蝶定理〉，《數學教師》，1985.2。

[3] 馬明：〈蝴蝶定理的變異〉，《數學教師》，1985.6。

[4] 楊曉暉：〈蝴蝶定理的多種證法〉，《數學教學研究》，1978.3。

[5] 徐品方：〈蝴蝶定理史話〉，《中學生數學》，1989.1。

[6] 左宗明：《世界數學名題選講》，上海科學技術出版社，1990 年。

第三篇
教學探索

數學要靈活
—— 也談被乘數與乘數的位置

我是個數學工作者。有一次聽兩位同行談,現在小學裏強調被乘數與乘數的位置,如果學生把老師認為 3×4 的地方寫成了 4×3,就要作為錯誤。開始我不信,以為是少數教師搞的。最近看了幾期《小學數學教師》,對這個問題進行了討論、爭辯,才知道這是目前普遍的教學規範。

我主張一開始就應當告訴學生:3×4 和 4×3 的意義是相同的,凡是寫成 3×4 的地方,都可以寫成 4×3。這樣不僅可以簡化學生的思考,而且有助於建立正確的乘法概念。更重要的是,這樣可以活躍學生的思維,使學生一開始就認識到數學方法的靈活性。凡是總能獲得正確答案的方法,都是正確的方法。

通常認為,「3 個 4 用 4×3 表示,這才是乘法的概念」。其實,在現代數學中,並不一定從加法出發來引入乘法。「幾個幾」的説法,不是數學語言,而是直觀描述。從集合概念出發,可以這樣建立乘法概念:

「如果兩集合 A、B 沒有公共元素,則

$$\|A\| \times \|B\| = \|A \times B\|。$$

換句話説:$\|A\| \times \|B\|$ 的意思是由 A,B 中分別取元素組成的有序元素組的個數。這裏,$\|A\|$ 表示集 A 的勢,當 A 有限時,即 A 中元素的個數。而 $A \times B$ 表示 A 與 B 的笛卡兒積。」

這樣,從一開始,就沒有乘數與被乘數之分。不區分乘數與被乘數,有益而無害。

小學生學乘法，當然不能用現代的數學語言來講。但應當適當照顧現代數學的概念。比如說，這樣引入乘法概念有甚麼不好呢？

「3×4 表示三個四，又表示四個三。因為三個四和四個三是一樣多的。」

至於 3×4＝4×3，只要看看圖：

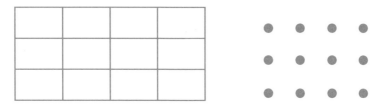

那是很容易理解的。

這樣，三個四既可以寫成 3×4，也可以寫成 4×3。從一開始，就給孩子以「乘法可交換」的印象。這才是抓住了乘法概念的本質。

有的老師擔心，取消了乘數、被乘數的位置限制，會影響學生做乘法應用題，這是沒有事實根據的。既然我們認為 3×4 既可以表示三個四，也可以表示四個三，在遇到應用題時，學生就可以自由地寫成 3×4 或 4×3，這會使學生覺得路子更寬了。

其實，對於一個具體的應用題，究竟是三個四還是四個三，並沒有甚麼絕對的標準。「三個孩子分蘋果，每人分了四個，一共分去了多少蘋果？」老師心裏往往以為應當按三個四列算式，學生列成 3×4 就認為錯了。但如果這樣想：分蘋果時，第一次發給每人一個，分去了三個，這樣分發了四次，豈不是四個三嗎？

同樣的道理，除法也沒有必要嚴格區分為包含除法與均分除法。12 個球平均放到 3 個盒子裏，往往被當作均分除法。其實，說是包含除法也無不可。因為在把球往盒子裏放時，第一次每個盒子裏放一個，

第二次每個盒子裏再放一個，⋯⋯每次拿出三個。12 裏有幾個 3，每個盒子裏便有幾個。這就轉化為包含除法了。

　　數學式子是抽象的，它可以有多種具體解釋。思考應用題的角度是多樣的，它可以有多種數學表現形式。學數學，要提倡一個「活」字。現在中小學課程，一是不活，二是負擔太重。這兩者是有聯繫的。本來事情很簡單，3×4 和 4×3 是一樣的，人為地規定個死次序，除了加重學生負擔之外，沒有別的作用。

　　具體怎麼辦？我認為應當進行實踐。應當允許部分教師，部分學校採用不區別乘數與被乘數的方案。在各種考試中，列出 3×4 的式子與 4×3 的式子都算正確。試上幾年，看看學生在小學畢業時的數學知識有沒有顯著的差異。如沒有差異，就應當改革。

　　目前的學生，往往特別注意書寫的格式，而不想為甚麼要這樣做。這與老師的要求有關。比如說：畫線段圖本來是為了幫助學生想問題，列式子。可是，有些學生覺得列式子不難，不畫圖也列得出來，為甚麼強調畫圖呢？為甚麼答數對了，圖沒畫對就算錯一半呢？這實際上是增加了學生負擔——他們不但要會算，會列式子，還要記住一些畫圖的具體格式。這就本末倒置了。

　　至於考試，還是逐步採用「客觀法」為好。即按最終答案判分，而不看如何列式子。例如，有這樣一道題：

　　把 18 個蘋果放在 3 個盤子裏，每個盤子放幾個？

　　一個小學生在考試時不用除法做而用乘法，他寫道：

「$3 \times 6 = 18$（個）

答：每個盤子裏放 6 個。」

結果，這個題算全錯！這就有了可商榷之處：式子 $18 \div 3 = 6$ 和 $3 \times 6 = 18$ 本質上有甚麼不同呢？計算 $18 \div 3$ 裏，歸根結底還是要想到 $3 \times 6 = 18$，為甚麼不允許學生走另一條解題的路呢？這些爭議，如果不寫式子，只填答數，便不會發生。

自己沒教過小學，可上過小學。我上小學的時候，作業沒有現在多，各種各樣的形式上的要求也不那麼嚴格，3×4 和 4×3 被當成一樣，除法也不區別為均分與包含，這就使我有更多的時間看課外書，做更多有趣的活動。最後，我自問乘法概念也沒有不清楚之處。

所以，我極力主張小學數學教學要改變目前某些呆板的形式上的規定和要求。化繁為簡，化呆為活。讓我們的孩子們從小體會到一點發散性思維的好處。

（原載《小學數學教師》，1987.2）

再談數學要靈活

拙文〈數學要靈活——也談被乘數與乘數的位置〉在本刊 1987 年第 2 期發表後，收到過一些老師的來信，有贊同，也有異議。本刊 1987 年第 6 期又發表了六篇文章，對有關的問題提出了很好的見解。這個問題引起大家熱烈的討論，我很高興。的確是「拋磚引玉」了。

在前文中，有些說得不深、不透、不細的地方，幾位老師在文章中作了更好的闡發，提出了寶貴的新見解，使自己大受教益。有些文章和來信中提出的不同看法，也是有道理的。我覺得自己有義務作進一步的說明，和有不同看法的同行商榷。也算是對一些來信中提出問題的回答吧。

異議似乎集中在前文中的這種看法上：「凡是總能獲得正確的答案的方法，都是正確的方法」。這種看法，至今我以為是對的。這裏說的是「總能獲得正確的答案」。既然「總能」正確，就決非巧合。至於「抄」，答案可抄，方法也可以抄，就不在討論之列了。

劉偉先生舉了一個例：「某校同學乘車去春遊。汽車原計劃每小時行 36 公里，3 小時可到達目的地。實際每小時行了 27 公里，幾小時可到達？」他認為有的學生列式 $36 \div (27 \div 3) = 4$（小時），答案是對的，方法卻是錯的，是巧合。

方法真的是錯了嗎？我想不但不錯，而且比能常列成 $36 \times 3 \div 27$ 更巧妙，更便捷。因為這位同學只用「表內乘法」就把問題解決了！

列成 $36 \div (27 \div 3)$ 有甚麼道理呢？

簡單地說：時間一定時，路程與速度成正比。為了計算的方便，除數與被除數同用一數除，是合理的。

形象思維：想像中把 3 公里叫作「1 大里」，1 小時行 36 公里，3 小時就應當走 36「大里」。而每小時行 27 公里，則相當於每小時行 $(27 \div 3)$「大里」。路程是 36「大里」，速度是 $(27 \div 3)$「大里」/ 小時，列出式子 $36 \div (27 \div 3)$，有甚麼不對呢？

李華順先生提出，如「一輛汽車每小時行 40 公里，3 小時能行多少公里？」這樣的問題，應列成 40×3 才正確。我想，列成 3×40 也同樣正確。因為解題者可以這樣想：如果每小時行 1 公里，3 小時行 3 公里。現在速度增加到 40 倍了，所行的路程也要是 3 公里的 40 倍。3 的 40 倍，豈不是 3×40 嗎？

其實，這裏已經是退一步說，承認 3×40 與 40×3 意義不同了。如果進一步，確認 3×40 與 40×3 意義相同，都能表示「3 個 40」和「40 個 3」，這問題就不存在了。

至於「$\dfrac{2}{5} \times 3$ 和 $3 \times \dfrac{2}{5}$ 在意義上有甚麼不同？」這類問題本來就不該問，因為 $\dfrac{2}{5} \times 3$ 和 $3 \times \dfrac{2}{5}$ 在客觀上沒有甚麼不同。而「4 個 $\dfrac{2}{9}$」和「4 的 $\dfrac{2}{9}$」，列出式子應當一樣，$4 \times \dfrac{2}{9}$ 對，$\dfrac{2}{9} \times 4$ 也對。這樣規定，對培養學生的數學思維，有利而無害。

數學是要講道理的。數學裏的約定，要能自圓其說。既然承認 $2 + 3$ 有兩種意義（先有 2 個，又添 3 個；或先有 3 個又添 2 個），承認 $3 - 2$ 有兩種意義（3 比 2 多多少？3 個去掉 2 個剩多少），承認 $6 \div 2$ 有兩種意義（6 分成 2 份每份是幾？6 裏面有幾個 2），為甚麼不能承認 2×3 有兩種意義（它表示 2 個 3，又表示 3 個 2）呢？乘法客觀上是可交換的，人為地規定不許交換，當然無法自圓其說了。張健先生文中認為諸如此

類的格式要求是「作繭自縛」，確是一針見血！

當然，這並不是教師願意「作繭自縛」，考試起了指揮棒的作用！要改，最好的辦法是從考試改起。採取客觀考試法，是比較徹底的辦法之一。不同的學校，不同的老師，不同的學生，解同一道題可能用不同的方式，不同的書寫形式，誰是誰非是難說清的。但最終的正確答案只有一個，是客觀的！

那麼，是不是讓學生「胡亂寫個答案」呢？當然不是。老師教課，板書解題，要有一定格式，才能講清楚。學生做作業，也應當要求列出算式，按要求來做，這是訓練。但考試時不應當要求格式。就像彈鋼琴，訓練時對指法、姿勢，老師有嚴格的要求。到演奏時，只要聽他彈出的聲音就夠了。

以上看法，是否有偏頗之處，歡迎批評指正。願這次討論更深入更廣泛地進行下去。更希望能討論出個結果來──如果不能一下子都改，也應當有部分地區或學校、班級試一試，允許破除清規戒律，看看學生學得如何？

（原載《小學數學教師》，1988.3）

附：一些老師的看法

張景中老師的〈數學要靈活──也談被乘數與乘數的位置〉（以下簡稱〈靈活〉）一文在《小學數學教師》上發表後，收到了不少讀者的來稿，有贊同，也有異議。現發表其中部分來稿，供同行參閱。

避 免 浪 費

雨　辰

《小學數學教師》1987年第2期「教師論壇」編者的倡議我很讚賞。在我們今天的教材和教學中，確有一些內容和教法實際上並非必要甚至毫無需要，而我們教師卻「正在花大力氣加以強化」的。討論這個問題很有必要，也很及時。張景中先生的觀點我也完全贊同。他談了被乘數與乘數的位置和包含除法與等分除法的區分這兩個例子，有力地說明一些呆板的形式上的規定和要求必須加以改革。

「從一開始，就給孩子以『乘數可交換』的印象」，這一點〈靈活〉一文已說得很明白。現行課本到第5冊或第7冊也介紹了乘法交換律，遲了些固然是一個缺點，但更成問題的是：出現交換律以前，無論教材或教師，對於應予揚棄的被乘數與乘數的位置觀念都過分重視，一再強化；講了交換律以後，教學中又仍然抱住這個次序毫不放鬆；這就形成長期地徒然增加學生的負擔，實在是一種浪費現象。

〈靈活〉一文從現代數學立論，說明乘法不一定要從加法引出。實際上就是在小學數學中，「用 4×3 只能表示3個4」這樣的觀念，有時也無立足之地，應予拋棄的。計算長3單位、寬4單位的長方形的面積，還勉強可以把 3×4 和 4×3 從如何計算上作出不同的解釋，可是對高3單位、底4單位的三角形的面積，就難以也不必作出 $\frac{1}{2} \times 3 \times 4$ 的排列順序的解釋了。可見現在有些教師對高年級學生也還是在可能分清被乘數和乘數時要求位置不能「顛倒」，是根本沒有意義的。

從「培養建設現代化人才所需要」來考慮，現在的教材中、教學

中浪費現象恐怕是相當多的。只是由於三十多年來一貫如此，建立了思維定式，也就積重難返，視而不見了。這裏，我再提出兩個問題：一是在解題方法上捨易求難，着重要求「用一般的整數解題思路解題」，而將「用方程解」列在末位；二是在解題形式上要求過分，如強調綜合列式。用簡易方程很易解決的問題，不提倡用方程解，而要求用算術方法解，還要列出綜合式，精力花費在這些方面，實在是得不償失的。

例如同期的一篇中，對「每套用布 2.2 米可做 660 套，改為每套用布 2 米後可多做多少套？」這一題，提出 3 種解法，就是沒有方程解法。至於綜合列式的要求，這一篇和該期中其他各篇看來都是無不遵守的。我想，這題最好的解法是從這批布是定量出發，列出方程

$$2.2 \times 660 = 2(x + 660)，$$

從而得解。假使為了思考時方便，設 x 為實際做成的套數，列出更簡單的等式

$$2.2 \times 660 = 2x，$$

然後在得出 $x = 726$ 後，再從 $726 - 660 = 66$ 完成解答。這樣分步列式，也沒有甚麼不好，應該同樣得到承認。

又如同期另一篇中，對題「原計劃每天生產機器 60 台，20 天完成一批任務。實際每天比原計劃多生產 15 台，這樣可提前幾天完成任務？」提出兩種解法，其中一種是 $15 \times 20 \div (60 + 15)$，認為是「較簡便和新穎的解」。事實上想到這樣列式也不太容易，對一般學生來說是並不「簡便」的。可是用簡易方程解，就不難列出

$$60 \times 20 = (60 + 15)(20 - x)，$$

這就真正簡便了。

我這是從避免浪費的角度提出問題。我認為這比教得靈活的要求還該盡先考慮。

談一些不同看法

劉　偉

看了〈靈活〉一文，有些看法提出來與作者商榷。

作者對被乘數與乘數的位置提出了一些看法，我認為有些是有一定道理的。但被乘數與乘數的位置交換後，它們的意義是否相同？我認為不能絕對地說是相同的，要根據不同的情況和不同年級的學生進行講解，如果把被乘數與乘數混為一談，這對於初學乘法的學生來講，就不能理解。至於目前有的教師對學生的書寫形式要求太嚴格，應該改變，這是數學教學改革的需要，有助於學生化繁為簡，化呆為活，培養學習數學的興趣，開拓思路。

〈靈活〉一文中認為：「凡是總能獲得正確的答案的方法，都是正確的方法。」對此頗值得商榷。一個學生解題答案的「正確」，不一定能說明他的方法是正確的。我們不能排除可能是計算中的一種偶然巧合，甚至有的是「抄」來的。如「某校同學乘車去春遊。汽車原計劃每小時行 36 公里，3 小時可到達目的地。實際每小時行了 27 公里，幾小時可到達？」有的學生列式：$36 \div (27 \div 3) = 4$（小時）。從得數看 4 小時是正確的，但實際上卻是一種巧合，方法是錯誤的。

總之，我贊同作者所提出的數學要靈活的主張。至於對其中某些論點的不同看法，提出來供大家討論指正。

何必作繭自縛

張　健

　　看了〈靈活〉一文，聯想到了考試。目前小學的考試評分（包括升學考試）是很機械的，不用說 3×4 寫成 4×3 不行，就是解題中不寫「解」字，或少帶一個單位，甚至算式的位置不對也照扣分不誤。這種考試的「嚴要求」像蠶繭一樣束縛了學生智力的發展，給教學帶來了一連串後果。

　　首先應該承認考試是一根指揮棒，因此教師都得小心翼翼地對待。教研活動中，教師首先研究的不是怎樣教，怎樣進行改革，而是用大量的時間和精力去討論怎樣書寫才不至於被扣分。有些拿不穩的知識還寫信到編輯部詢問。《小學數學教師》開展的線段圖的討論，恐怕就是其中的一份吧。

　　由於教師的思想被束縛得很緊，因此，教師也用這種思想來束縛學生了。作業中，對格式要求得相當嚴，要求分數解的，絕對不能用小數做。至於甚麼地方寫「解」字，乘數和被乘數的位置……更是反覆強調，馬虎不得。當然在這樣的練習中學生也能學到一定的技能，但不是智力，學生只能把教師講述的知識進行強化而已。例如要求學生用比例解這樣一道題：「無線電廠上半年計劃生產錄音機 1800 台，實際生產的台數是原計劃的 $1\frac{1}{5}$ 倍，上半年實際生產多少台？」學生若用 " $1800 \times 1\frac{1}{5} = 2160$（台）" 解答，就被判錯。於是學生只能轉而將原計劃設為 "1"，用 " $1800 : 1 = x : 1\frac{1}{5}$ " 解題。這種捨近求遠的作法又能給學生多少啟迪呢？久而久之，學生的「能力」就被斷送了。

因此，我希望眾多的老師，特別是出升學試題的老師，來參加「線段圖」的討論。清規戒律不要那麼多，要求格式也不必那麼複雜，一句話，不要作繭自縛，我們確實需要一張能正確檢測學生知識和能力的試卷，也確需要一根正確指揮教學的指揮棒。要做到這一點，需要我們許多教師、特別是教學科研人員的共同努力。那麼，衝破自縛的繭層，打破呆板的教學，開創一個教學的新局面，還是大有希望的。

因題而宜活而不亂

李華順

讀了〈靈活〉一文受益不淺。在小學數學教學中，確實存在教師逼着學生死記硬背的現象。因此，把知識教活，已經成為教改的一項重要任務。

關於被乘數與乘數的書寫位置問題，也存有張景中先生所批評的那種教得過死的現象。

但是，筆者認為，被乘數與乘數的書寫位置不能一概不講。如：每個工人栽 3 棵樹，4 個工人栽幾棵樹？我們可以列為 3×4（意思是有 4 個 3），也可以列為 4×3（就說每人先栽一棵，一次可栽 4 棵，3 棵即栽了 3 次，所以是 4×3）。但是如：一輛汽車每小時行 40 公里，3 小時能行多少公里？我覺得應列成 40×3 才算正確。如果這時也不講被乘數與乘數的位置，列成 3×40，那麼此式又將怎樣解釋呢？因此，像「速度 $\times$ 時間 $=$ 路程，單價 $\times$ 數量 $=$ 總價，工作效率 $\times$ 工作時間 $=$ 工作量」等數量關係中的被乘數與乘數的位置還是不能顛倒的。又如：五年制《數學》第九冊 12 頁第 10 題「$\frac{2}{5} \times 3$ 和 $3 \times \frac{2}{5}$ 在意義上有甚麼不同？」一問，如果不講究被乘數與乘數的位置，豈不是把分數乘以整數

與整數乘以分數的意義混為一談了嗎？再如，「4 個 $\frac{2}{9}$ 是多少」？將怎樣列式，還應列成 $\frac{2}{9} \times 4$，如果列成 $4 \times \frac{2}{9}$，那麼「4 的 $\frac{2}{9}$ 是多少？」又將怎樣列式呢？

誠然，學習數學的目的是為了解決實際問題。但解決問題需要有能力，而能力就是在教學中一步一步地培養起來的。如果一開始就只看答案，不看算式，那麼能力的培養又從何入手呢？

小學生學習的過程畢竟不同於成人解決問題的過程。學習的過程需要一步一步地思考、明理、列式計算。而成人已是在明理的基礎上具備了解題能力，知識達到了融會貫通，所以只看答案可以。而小學生的作業及考試如果只看答案就無法掌握其解題的思維過程，又怎知其「成敗」的原因呢？

以己管見，被乘數與乘數的書寫位置要講，但不能講得過死，可以因題而宜，區別開來，做到活而不亂。

乘法交換律和單位問題

趙愛民

從一位小學老師處知道，對如下一道題及其解法：

汽車每小時行 45 公里，8 小時能走多少路程？

$$8 \times 45 = 360 \text{。}$$

答：能走 360 公里。

有的老師認為：「上述乘數與被乘數寫反了。因為前面那項（被乘數）的單位是甚麼，得數的單位也是甚麼。上述寫法中 8 的單位是小時，

這樣列式得數的單位也是小時。正確的列式應該是 $45 \times 8 = 360$ 。」

類似情況我遇到過多次，數學參考書也這樣說。為此，有必要在這裏談談乘法的交換律和單位問題。

"$a \times b = b \times a$"。這是大家所熟知的乘法交換律。這式告訴我們，凡用 $a \times b$ 計算的式子，寫為 $b \times a$ 是一樣的。不僅數字的計算如此，帶單位的量計算也是如此。

至於上題，單位應怎樣辦呢？在物理學中，物理量帶單位的計算，常採用如下三種方法：

方法一　等式兩邊的每一項，都寫上單位，單位也是可以相「約」的。右邊的單位是左邊的單位計算出來的。這裏的速度是每小時行 45 公里，它的單位是 $\dfrac{公里}{小時}$。即

$$45 \,\dfrac{公里}{小時} \times 8 \text{小時} = 360 \text{ 公里} \qquad\qquad ①$$

一個帶單位的等式，只要左右兩邊的數值相等，單位也相等，這個等式就是正確的。而與書寫的次序無關，即乘數與被乘數可以交換。因此，① 式也可寫為：

$$8 \text{小時} \times 45 \,\dfrac{公里}{小時} = 360 \text{ 公里} \qquad\qquad ②$$

方法二　有時，為了寫得簡單些，將 ① 式寫為：

$$45 \text{ 公里} \times 8 = 360 \text{ 公里} \qquad\qquad ①'$$

即把約去的分子、分母兩個小時都不寫，因為寫了反正會被約去，故事先捨掉了。

根據同樣的道理，也可將 ② 式寫成下式：

$$8 \times 45 \text{ 公里} = 360 \text{ 公里} \qquad\qquad ②'$$

在 ①' 和 ②' 兩個式子裏，兩邊的數值和單位都相等，故符合等式的原則。

方法三　有時，為了寫得更簡單些，將 ①、② 兩式左邊的單位全部捨去，而寫成：

$$45 \times 8 = 360（公里）\hspace{3cm}①''$$

$$8 \times 45 = 360（公里）\hspace{3cm}②''$$

在這兩個式子裏，右邊的單位是根據實際情況添上去的，習慣上加一個括號。

有時，連右邊的單位也不寫，而只在答案裏寫上單位，而變成了純數字式子，也是可以的。

由於 ①、② 式是正確的，故根據它簡寫出來的 ①''、②'' 式也是正確的。

以上三種方法，對小學生來說，可以不用複雜的方法一，而用較簡單的方法二或方法三。

至於說：「兩個數相乘時，寫在前面的那個數（被乘數）帶單位，而寫在後面的那個數（乘數）不帶單位」在物理學和數學裏都沒有這樣的規定。只有左邊的單位通過計算，而得出右邊的單位，這才是等式寫法的唯一規定。

總之：不僅純數字的乘法，適合乘法的交換律，帶單位量的計算，也同樣適合乘法的交換律。

乘除法不能混淆

洪元斌

〈靈活〉一文，用集合、圖示、乘法交換律和實例等闡述了「3×4表示三個四，又表示四個三。因為三個四和四個三是一樣多的。」有充分的說服力，是一篇值得閱讀的好文章，我舉雙手贊成。

但文中說，「把 18 個蘋果放在 3 個盤子裏，每個盤子放幾個？」可以按「$3 \times 6 = 18$（個），答：每個盤子裏放 6 個」計算；提出，「$18 \div 3 = 6$ 和 $3 \times 6 = 18$ 本質上有甚麼不同呢？」並主張考慮採用「客觀法」，即按最終答案判分，而不看如何列式子；認為這樣，對上例也就不會發生爭議了。

對此我有不同看法。上例很明顯是等分除法，不能以乘法（指整數計算）去代替。對這道題解法的爭議，主要是認為學生對乘除法的意義理解不透和表內乘除法都是直接運用口訣而造成混淆。如果數目較大，用乘法解答更站不住腳了。例如「摘蘋果 1128 公斤，放在 24 個筐裏，平均每筐放幾公斤？」相信同學不會有 $24 \times 47 = 1128$（公斤）的解答。因為用乘法口訣不能直接找出得數 47，而只能通過除法計算而得（指整數計算）。

在小學數學中解答應用題，一般先找出已知條件和要求的問題，然後根據它們相依的關係，用已知條件列式求得結果。由此看出，上例也只有用除法計算才算是正確的。

以上理解可能有錯，望批評指正。

是靈活不是巧合

陽昌國

《小學數學教師》1987年第6期「教師論壇」欄〈談一些不同看法〉一文中，對「某校同學乘車去春遊。汽車原計劃每小時行 36 公里，3 小時可到達目的地。實際每小時行 27 公里，幾小時可到達。」學生列式 36 ÷ (27 ÷ 3) = 4（小時），作者認為「是一種巧合，方法是錯誤的。」我認為學生這種解法不是巧合，是靈活，方法是正確的，是學生創造性思維的結晶。

學生列式為 36 ÷ (27 ÷ 3) = 4（小時），可以這樣來解釋：因為距離除以速度等於時間，把距離和速度同時縮小相同的倍數，所得的時間不變，依據是商不變的性質。對具體的這道題而言，學生是把整個距離縮小 3 倍，即把原計劃每小時行的路程看成距離，同時也把實際的速度（每小時行 27 公里）縮小 3 倍後看成是速度來計算實際所用的時間的。學生這種把距離和速度同時縮小相同的倍數來求時間的思維方法與一般計算時間的思維方法大不相同，含有相當成分的創造性，說明學生對已學知識掌握得牢固，學得靈活，思維敏捷。

從一題目的解法談起

陳元生

我曾經讓畢業班的學生做過一道題目：「一輛汽車每小時行 40 公里，5 小時行多少公里？」（用多種方法計算，並說出列式理由）下面選擇四種解法談談我的一點想法：

算式	理由
$40 \times 5 = 200$（公里）	速度 × 時間 = 路程。
$40 \div \dfrac{1}{5} = 200$（公里）	因為每小時行駛路程的 $\dfrac{1}{5}$ 正好是 40 公里，所以 5 小時行駛的路程 = $40 \div \dfrac{1}{5}$。
$5 \div \dfrac{1}{40} = 200$（公里）	因為每小時行 40 公里，就是每行 1 公里要用 $\dfrac{1}{40}$ 小時，所以要求 5 小時行多少公里，就是求 5 小時裏包含幾個 $\dfrac{1}{40}$ 小時。
$5 \times 40 = 200$（公里）	因此為每小時行 40 公里，也就是每小時行 1 公里的 40 倍，所以，5 小時行駛 5 個 1 公里的 40 倍，即 5 公里的 40 倍。

上述四種解法有如下關係：

$$40 \times 5 \rightleftharpoons 5 \times 40$$
$$\Updownarrow \qquad\qquad \Updownarrow$$
$$40 \div \frac{1}{5} \rightleftharpoons 5 \div \frac{1}{40}$$

這就是說，數學具有對立統一規律，其方法可以在一定的條件下向着各自的相反方向轉化。一定的條件就是數學知識之間的內在聯繫，正是這種聯繫體現了數學方法的靈活性。

事實上，「凡總能獲得正確的答案的方法」，只要用對立統一的觀點去分析，總是合理的。無須強求學生一定要按照某種特定的模式列式。

數學要提倡一個「活」字，這就需要用科學的方法即辨證的思想方法去分析應用題，並根據題目的特點靈活選擇解題方法。教學中，教師如能重視引導學生全面地、而不是割裂地理解和掌握數學知識，那麼，對提高學生能力、發展智力無疑是有好處的。

偶然・必然・靈活

曉　鄂

不少同行對〈靈活〉一文中「凡是總能獲得正確的答案的方法，都是正確的方法」的論點，發表了自己的看法和想法。我認為，有些同行對「總能獲得正確的答案」中的「總能」兩個字，似乎沒有作進一步思考。

一種思考方法或解題方法，總是能得到正確的結果，就不能只是一次、一題的「偶然巧合」，而是指每次每題「總能」正確。對此，我們難道不應該承認這方法的正確性，並進而研究其道理嗎？偶然性後面往往隱藏着必然性。

在數學發展史上，也不乏有說服力的例子。微分方法本身的全部發展就是如此。牛頓和萊布尼茲創立的微分演算，總能得到正確的結果。當時卻是建立在錯誤的假定之上的。曾引起了一些正統派數學家的惱怒，並在數學界以外也得到了共鳴。馬克思在《數學手稿》中論述這一段歷史發展過程時，把這一階段稱之為「神秘的微分演算」。經過幾代人的努力，現在還有誰會懷疑微分方法的正確性呢？

數學要靈活。凡是列式 3×4 計算的問題，用 4×3 總能得到正確的答案。這是不言而喻的。道理也很簡單：乘法交換律。小學生由於

受認識能力的限制，在開始學習乘法時，認識一下被乘數、乘數及其位置等，是需要的。目的是為了後繼學習，其本身只是起一下「鋪墊」作用。只要學生懂了，不影響後繼學習就可以了，似乎不必再花力氣過分地加以強化。

這種「我們正在花大力氣加以強化——實際上卻是並非必要的」情況，反映在小學數學教學中並非鮮見。比如分數單位。為了在異分母分數加減法或比較分數的大小中，講清必須先通分的道理，要講一下分數單位。以後，就再也不用分數單位了。但也有些同行，還是花不少力氣去強化關於分數單位的認識，甚至討論最大的分數單位是甚麼，等等。又如解答複合應用題，從三、四步計算的發展到第五步甚至六、七步計算的，並且都要求列綜合算式。從長遠觀點看，這麼做究竟有多大意義呢？事實上，絕大多數繁難的應用題，學習了代數方法就能迎刃而解了。

在小學數學教學中，有些過繁、過死的做法，其結果往往是加重了學生的負擔，使學生對數學望而生畏，窒息他們對學習數學的興趣，這是值得我們深思的！

這樣作業應予鼓勵

王克洪

有這樣一道題：「在 $\frac{1}{2}$、$\frac{1}{4}$、$\frac{1}{6}$、$\frac{1}{8}$、$\frac{1}{12}$ 中，劃去哪些數，和為1」。一個學生是這樣寫的：

$\frac{1}{2}$、$\frac{1}{4}$、$\frac{1}{6}$、$\frac{1}{8}$、$\frac{1}{12}$ 中，應劃去 $\frac{1}{8}$。

後來他又將上列全句圈去，改為：將上列分數分別化成 $\frac{12}{24}$、$\frac{6}{24}$、$\frac{4}{24}$、$\frac{3}{24}$、$\frac{2}{24}$。因為分子 $12 + 6 + 4 + 2 = 24 =$ 分母，所以劃去 $\frac{1}{8}$。

教師卻在學生圈去的旁邊批註：「你能一眼看出劃去的就是 $\frac{1}{8}$ 嗎？真是神童。」

那麼學生是怎樣想的呢？他是這樣思考的：看到 $\frac{1}{2}$、$\frac{1}{4}$ 這兩個數，它們的和同 1 還差 $\frac{1}{4}$。$\frac{1}{6}$ 看成 $\frac{2}{12}$，加上 $\frac{1}{12}$，約簡後正好是 $\frac{1}{4}$。所以劃去的肯定是 $\frac{1}{8}$。那麼他又為甚麼要圈去後重新做呢？他的答覆是：「如果直接寫出結果，會吃 '×'，我只能圈去重寫。」多麼聰敏的學生！

對這樣一題：$401 - (8 + 7) \times 25$，一學生直接寫出了等於 26。

後又圈去，改為：

$$= 401 - 15 \times 25$$
$$= 401 - 375$$
$$= 26$$

他一開始直接寫出得數是不是抄來的呢？經詢問，他說：「減數 $(8 + 7) \times 25$，是 15 個 25；被減數 401 是 16 個 25 + 1，這樣得數便是 25 + 1 = 26。」多好的思路呀！

從以上兩例可以看出，有部分學生的思維確實相當敏捷而靈活，具有創造性，照例應予鼓勵。可是在我們的教學模式下，非得把他們拉回來，按部就班地寫出來，不准越雷池一步，否則，所得到的是懷疑、諷刺、挖苦、不給分等等。這難道還不值得我們深思嗎？

靈活與嚴格要求

張燮昌

〈靈活〉一文提出：從一開始，就給孩子以「乘法可交換」的印象，取消乘數、被乘數的位置限制。我完全贊同，因為這樣可化繁為簡，化呆為活，有利於培養學生的創造性思維能力，也並不影響解答應用題的合理性。

我在教學時遇到這樣一道題（六年制第七冊 62 頁例 5）：

「小華家養了 35 隻母雞，4 個月一共生了 3640 個蛋，平均每隻母雞每個月生多少個蛋？」

對這道題按照規定，只能用兩種解法：$3640 \div 4 \div 35$ 和 $3640 \div 35 \div 4$，否則便判錯。實際上這道題如果仿照「人工」、「車次」、「人次」等概念，還可列成 $3640 \div (35 \times 4)$ 或 $3640 \div (4 \times 35)$。前者可解釋為：假定每隻母雞每個月生的蛋是一樣多的，35 隻母雞 4 個月所生的蛋就相當於 4 個 35 隻母雞（即 35×4）一個月所生的蛋，平均每隻母雞每個月生 $3640 \div (35 \times 4)$ 個蛋；後者可解釋為：35 隻母雞 4 個月所生的蛋相當於 1 隻母雞 4×35 個月所生的蛋，平均每隻母雞每個月生 $3640 \div (4 \times 35)$ 個蛋。

由此想到，凡是由符合題意的算式，按照運算定律和運算性質改變成的新算式，都是合理的，都應承認是正確的。正如〈靈活〉一文所說：「凡是總能獲得正確的答案的方法，都是正確的方法。」如果用某一種方法去解某一類題，不管數字怎樣變化，總能獲得正確的答案，也就證明這種方法是經得起實踐檢驗的，當然是正確的方法。用運算定律和性質推導新算式的方法也在此列。

當然，在具體做法上必須慎重，必須經過試驗，逐步改革。以己之見，可有兩種不同的方式。一是在給出「乘法可交換」的印象後，

不再區別乘數和被乘數而統稱為「因數」，如加法不區分加數和被加數一樣；二是在給出「乘法可交換」的印象後，仍然區分乘數和被乘數，只是告訴學生，位置顛倒後，符合乘法交換律，因此也是對的。對於兩步以上的應用題，只要求學生說出一兩種比較簡便的算理。對於別的算式，只要能說出是根據運算定律和運算性質改成的，因此也是合理的就行了。同時要求學生儘量用思路比較簡捷的方法。這樣既可放開學生的思路，培養創造性思維能力，又有統一的要求，不至於造成混亂，不影響邏輯思維能力的培養，學生也容易接受。但在綜合性的考試中，為了培養學生思維的靈活性，應儘量少出帶限制性的題目。當學生在考試時格式書寫不正確或漏寫單位等，適當扣分也是應該的，可促使學生養成書寫整潔、嚴格認真的學習習慣。否則學生形成了敷衍了事、粗枝大葉的不良習慣，對今後工作是極為不利的。問題是扣分必須適當，如有一份試卷，每個解方程題佔 4 分，少寫一個「解」字就扣 1 分，就未免太過分了。

最終結果與計算方法

常好彬

對於〈靈活〉的理解，我與張景中先生有所不同，特別是對文中提出的考試時應「按最終結果判分，而不看如何列式」不能敬苟。事實上，最終結果正確而方法不合理的例子還是很多的。

例　甲、乙兩組同時挖一條水渠，甲組分的米數是乙組的一半，甲組每天挖 20 米，乙組每天挖 36 米，甲組挖完時乙組還剩 40 米，兩組原來各分多少米？

解法一：

乙組分：$36 \times \left(\dfrac{1}{2} \div \dfrac{1}{20} \right) + 40 = 400$（米）；

甲組分：$400 \times \dfrac{1}{2} = 200$（米）。

解法二：把乙組分的米數看作單位“1”，則甲組為 $\dfrac{1}{2}$。

甲組分：$\dfrac{1}{2} \div \dfrac{1}{20} \times 20 = 200$（米）；

乙組分：$200 \times 2 = 400$（米）。

上面的解法純屬巧合。我們不妨把數據改為甲組每天挖 30 米，乙組每天挖 40 米，甲組挖完時乙組還剩 160 米。若按例的解法一來解，即：

乙組分：$40 \times \left(\dfrac{1}{2} \div \dfrac{1}{30} \right) + 160 = 760$（米）；

甲組分：$760 \times \dfrac{1}{2} = 380$（米）。

這個結果顯然是錯誤的。正確的結果應當是甲組分 240 米，乙組分 480 米。

上面例題的最終計算是正確的。如果按照張景中先生的說法應判滿分，但有哪一個評卷者會這樣做呢？我認為，上面題目的解法不僅不能判滿分，而且應判零分。理由很簡單，所列算式毫無道理。如果把這樣的解法判滿分，那後果會是怎樣呢？我想只能導致在教學中教師不教算理，學生不學算理。

這不是作繭自縛

王前爽

《小學數學教師》1987 年第 6 期張健先生的〈何必作繭自縛〉一文值得斟酌。該文從〈靈活〉聯想到考試及其評分，並列舉了四例，即學生在考卷上「不寫『解』」、「少帶一個單位」、「算式的位置不對」和「規定用比例解而用算術法解」，認為這些都不能扣分，扣分是「嚴要求」，是「清規戒律」，「像蠶繭一樣束縛了學生智力的發展，給教學帶來了一連串的後果。」這種說法欠妥。

如解方程時要寫「解」字，這一點從小學四年級開始直至中學和大學都要強調，這是解方程的起碼要求。

「少帶一個單位」，這是小學生常有的事。有些學生是圖省事，有些學生不知道寫甚麼單位只好不寫。前者屬於學習態度問題，而後者則屬於知識欠缺問題。比如有的學生在回答「甲地距乙地多遠？」「這筐蘋果有多重？」等問題時，要麼乾脆不寫單位，要麼用「遠」、「重」作單位，鬧出笑話，這是屢見不鮮的。對於應用題，單位不但要寫，而且還要寫正確。

「算式的位置不對」這與學生作文中自然段的位置不對是一致的。這種現象產生的原因在於沒有完全理解題意，思路混亂。為此必須加以糾正，及時幫助學生理清思路，使學生在解題的過程中提高分析問題的能力。

小學教育是基礎教育。為了打好這個基礎，我們正在做一些「打地基」的工作。對於學生在學習中出現的問題，不論大小，都要及時糾正，把問題解決在萌芽狀態。決不能只求過得去而忘了過得硬。更

不能把錯誤的當作正確的加以肯定。否則將會真正給教學帶來一連串的後果。

對學生嚴格要求，正確要求，是培養現代人才的需要，絕不是作繭自縛。

算理上說不通

周勝發

《小學數學教師》1987 年第 6 期「教師論壇」欄目中刊登了〈乘法交換律和單位問題〉一文。拜讀後，有一些不同的看法，提出與趙愛民先生商榷。

文中對「汽車每小時行 45 公里，8 小時能走多少路程？」這一題的解法：「$8 \times 45 = 360$，答能走 360 公里。」作者用乘法交換律和物理學的觀點說明該題的解法是正確的。我認為這種解法算理不通。

在應用題教學中，要使學生明白為甚麼要這樣列式，道理是甚麼，決不能有半點含糊。就上題而言，我認為，唯一的正確解法應是：$45 \times 8 = 360$（公里）。其算理（意義）是：① 表示 45 公里的 8 倍；② 表示 8 個 45 公里。那麼「$8 \times 45 = 360$（公里）」的算理是甚麼？總不能對學生說：物理學中就是這樣計算的。就算這是理由，那麼又如何使學生接受呢？

我贊同李華順先生的〈因題而宜，活而不亂〉（1987 年第 6 期）一文中的觀點。乘法交換律不是任何地方都可運用的。如：「$\frac{2}{5} \times 3$ 和 $3 \times \frac{2}{5}$」相等，意義也相同嗎？顯然不同。這就足以說明在解答像上題

這類應用題時，不能濫用乘法交換律。乘法交換律只能在計算某一道算式時才能運用，而在教學用語中，只有說「解答應用題」，沒有說「計算應用題」。所以上題的解法不能運用乘法交換律，「$8 \times 45 = 360$（公里）」的算理不通。試問，在應用題教學中，我們不講算式的算理或意義，又如何進行教學呢？那是絕對行不通的！再說，「相等」和「意義」是完全不同的兩個概念，不能混為一談。怎能說「一個帶單位的等式，只要左右兩邊的數值相等，單位也相等，這兩個等式就是正確的」呢？至於有的教師說「兩個數相乘時，被乘數的單位是甚麼，得數的單位也是甚麼。」這樣講是沒有道理的，應講清為甚麼，學生才能容易接受。講算理是應用題教學中的重要一環，不能忽視。

既要靈活，又要不違背認識規律

田瑞珍

拜讀張景中先生的〈數學要靈活〉和有關的討論文章，很有一些想法，願與大家討論。

首先，我贊同〈數學要靈活〉這一主張。理由已有許多同行闡明，不再贅敍。

其次，對於「凡是總能獲得正確的答案的方法，都是正確的方法」這一論點，我認為是對的。其理由除了曉鄂、陳元生先生和張景中先生本人的解釋外，從邏輯的角度來說明會更清楚。因為「凡是總能」我認為指的是「不論何種情況下都能」，或「所有情況下總能」的意思，具有普遍性。正如「一切（所有）直角」「不論甚麼位置的直角」「凡直角」都是同一個意思一樣。只要承認這一點，由邏輯中的「完全歸納法」思想，不難推出上述論點是正確的。即「對於在任何（全部）

情況下總能獲得正確答案的方法，正確性是無須懷疑的」。如果這樣解釋能夠表達張景中先生的原意，那麼只用一次（或幾次）、一題（或幾題）的「偶然巧合」使答案正確的方法，來否定上述論點，顯然是不全面、不恰當的。比如劉偉先生的理解就帶有片面性。再借用常好彬先生的兩例來說，解法一並不具有遍性（如連例 2 都不能保證），當然這種方法不正確。

其三，雖然用常好彬先生的兩個例子去否定上述論點（不是常先生之原意，僅為筆者借用）的作法不明智，但卻能從反面進一步證實上述觀點的正確性。即能使一題、一例最終結果正確的方法不一定合理正確，的確可能帶有某種巧合，必須能夠作出科學的（算理算法正確）解釋，方能確信。從這一角度上說，「按最終結果判分，而不看如何列式」的觀點站不住腳。我認為至少應該看所用方法（或主觀上的，或客觀上的）是否正確和答案是否正確才能判分。至於中間的運算過程是省略或不省略不必強求一律。其實，正是從省略的運算過程中可以窺見學生直覺思維的閃光。我與王克洪先生的觀點一致，應予以鼓勵和提倡。

其四，至於不少同行對「$40 \times 3 = 120$（公里）、$3 \times 40 = 120$（公里）」的書寫和算理解釋以及「$\frac{2}{5} \times 3$、$3 \times \frac{2}{5}$」在意義上同與不同的爭議，我認為不應停留在「就事論事」，或「單方面認識」的基礎上，而應把它們提高到對「科學的數學」與「學科的數學」之間的聯繫、區別這一高度上來認識，其矛盾很容易解決。從「科學的數學（客觀的、完全的和精確的數學理論）」上說，張景中、趙愛民先生的解釋並沒有甚麼錯誤。因為最終可以作出統一性解釋。例如，當倍數概念擴大

以後，$\frac{2}{5} \times 3$ 與 $3 \times \frac{2}{5}$ 其意義又有甚麼兩樣？從科學的數學理論上講，認為它們不同豈不笑話。但從「學科的數學（科學數學中被實踐檢驗且應用廣泛的基本理論和知識）」這一角度出發，李順華、周勝發、王前爽等先生的某些觀點很值得認真考慮。這是由於數學作為小學的一門基礎學科出現，它僅討論了「科學數學」中最基本最基本的理論和知識。作為學科數學，不僅要考慮到知識的科學性（客觀性），還要考慮小學生的一般認識規律。更具體一點說，構成小學學科數學知識，既要不違背科學性、系統性；又要適合兒童的年齡特徵、心理特徵和接受能力；還要有利於發展智力和進行思想政治教育等。「分數與小數的編排和教學」是這方面最好的例證。這就是小學數學為甚麼要把「$\frac{2}{5} \times 3$ 和 $3 \times \frac{2}{5}$」、「$40 \times 3 = 120$（公里）和 $3 \times 40 = 120$（公里）」加以區別對待的根據。要想把它們統一起來加以解釋，儘管理論工作者和教師是輕而易舉的事，恐怕小學生一般難以辦得到。對於「$3 \times 40 = 120$ 公里」，如果學生真能作出像張景中、趙愛民先生那樣的解釋，我認為應大力表揚鼓勵。但如果學生說不出道理，或教師作出解釋（儘管很科學）後學生不理解和不能接受。還是不忙提倡為好。數學必須要活，但至於活到甚麼程度，值得（特別是教者）深思。

還是以「最後答案看解法」好

謝增福

讀了張景中先生的〈數學要靈活〉頗受啟發。大千世界本來就是五彩繽紛、變化萬千的，反映其變化規律的應用題及其解法也就不應該是單一的、刻板的。例如，《小學數學教師》1983 年第 4 期〈關於『工程問題』的一種新解法〉中的一題：「一個水池裝有進水管和出水管。單開進水管，6 分鐘可將空池注滿；單開出水管，8 分鐘可將滿池水放完。現在同時打開進、出水管，多少分鐘可將空池注滿？」可以設水池的容量為 S。則單開進水管，每分鐘的進水量為 $\dfrac{S}{6}$；單開出水管，每分鐘的出水量為 $\dfrac{S}{8}$；兩管同時打開，每分鐘的進水量為 $\dfrac{S}{6} - \dfrac{S}{8}$，注滿空池所需時間為

$$S \div \left(\frac{S}{6} - \frac{S}{8} \right) = 1 \div \left(\frac{1}{6} - \frac{1}{8} \right) 。$$

很明顯，所求時間與水池容量 S 無關。換句話說，S 可取使問題有意義的任何數值。這就給這類問題的解決帶來了很大的靈活性。

1.　通常情況下，取 S 為單位 "1"。目前課本正是採用這種解法。但這不是唯一的，也不是最簡單的方法。

2.　設 $S = 6 \times 8$。則單開進水管，每分鐘的進水量為 $\dfrac{6 \times 8}{6} = 8$；單開出水管，每分鐘的出水量為 $\dfrac{6 \times 8}{8} = 6$；兩管齊開，每分鐘的進水量為 $8 - 6$，注滿全池（容量為 6×8）所需時間為

$$\frac{6 \times 8}{8 - 6} = 24 \text{（分鐘）} \text{。}$$

這正是上文中學生的解法。但原文是從 6×8 分鐘裏進水管可注滿 8 池水，出水管可以放出 6 池水，實際注入 $8 - 6$ 池水的角度進行分析的。作者認為，這裏所講的原理較原文的解釋既合理又易懂。

3. 設 $S = [6, 8] = 24$。則單開進水管，每分鐘的進水量為 $\frac{24}{6} = 4$，單開出水管，每分鐘的出水量為 $\frac{24}{8} = 3$；兩管齊開，每分鐘的進水量為 $4 - 3$，注滿全池（容量為 24）所需時間為

$$24 \div (4 - 3) = 24 \text{（分鐘）} \text{。}$$

這不比前一種解法更加簡單嗎？事實上，一般的工程、工作問題都可用這種方法解。

如上文中的另兩個題：「一項工程，甲隊獨做需 20 天，乙隊獨做需 30 天，兩隊合做要多少天？」及「一件工作，由一個人單獨做，甲要 12 小時，乙要 10 小時，丙要 15 小時。如果三人合做，多少小時可以做完？」可分別列出算式「$60 \div (3 + 2)$」及「$60 \div (5 + 6 + 4)$」。如果我們對工程問題的這種本質不認識，那麼是不是對這種思路直觀（將抽象的 "1" 用具體的數量來代替），列式簡單，計算方便的解法也判錯呢？所以我覺得還是採取以「最後答案看解法」的方案為好，它可避免因種種理解不當而錯判的失誤。

客觀考試法之我見

周斌渭

　　關於考試，〈靈活〉作者主張「採取客觀考試法」，即「按最終結果判分，而不看如何列式子」。由於每題最終只有正誤兩種明顯答案，因而考生分數不至於受判分者主觀因素影響。應該說這是客觀考試法最顯著的優點。不過，我認為這種考試法至少有以下幾點值得探研。

　　1.　「區分度」受影響。例如，對於應用題，如果「不寫式子，只填答數」，則儘管學生思路正確，只要最後在計算上發生差錯，就只能判零分。然而，眾所周知，應用試題的側重點在於考查學生運用知識解決問題的能力。按最終答案「一錘定音」，就很難得到對不同水平的考生的良好的鑒別率——區分度了。但教育測量學告訴我們，「區分度」乃是衡量考試價值的一個重要指標。

　　2.　不利於得到改進教學的回饋信息。由於「不寫式子，只填答數」，學生出了差錯，教師也很難查出其發生的原因，以進行「查漏補缺」的教學。不僅如此，還應看到，即使答案正確，也可能隱含多種情況，如〈靈活〉中把「18 個蘋果放在 3 個盤子裏，每個盤子放幾個？」一例。用 $3 \times 6 = 18$ 和 $18 \div 3 = 6$，都得到「每個盤子放 6 個」的答案。但對於採用前者列式的學生，我們可以認為他對除法的意義是模糊不清的。而這樣的信息從只填答數的客觀考試法裏顯然無從得到。

　　3.　客觀考試法的「指揮棒」作用值得考慮。筆者完全贊成〈靈活〉作者提出的關於教學要改，最好的辦法是從考試改起的觀點。但也正是基於這種認為考試對教學具有「指揮棒」作用的想法，我擔心推行

客觀考試法將導致小學教學出現忽視算理、格式要求以及數學語言的訓練等傾向。而若真如此，則對於教育（尤其是作為打基礎的小學教學）來說，其後果之嚴重是不言而喻的。

4. 主張客觀考試法的一個重要理由是：「凡是總能獲得正確的答案的方法，都是正確的方法。」這種以結果來判斷方法的觀點有失科學性。例如，通往南京的道路若干條，取道最遠的方案儘管最終總能到達南京，但通常情況下人們決不會承認這是一種正確的選擇。再看如前提到的「分蘋果」問題，如果按上述取「道」遠近的觀點來衡量，我們立即會感到不應該肯定 $3 \times 6 = 18$ 這種解法的正確性。因為它相對於 "$18 \div 3 = 6$" 的解法來說，取「道」太「遠」。關於這一點，我們如果把原題中的數據稍變複雜，會更顯而易見。由此觀之，能獲正確答案的方法並不盡是正確的。實際上，正如不少同行在討論中早已指出，用乘法算式來解「分蘋果」問題在算理上是很難說通的。

綜上所述，我認為考試一概採用客觀考試法，一份試卷，每題都只填答數，不列式子，這種做法儘管看上去客觀，但卻有失科學性。考試要改，且勢在必行，但步子一定要穩！

讀「教師論壇」隨想

凌國偉

挑起爭鳴、辨明正誤，相互切磋、促進改革，可能是編者開闢此專欄之用心。事實證明教壇同行正在爭鳴中辨正誤，在切磋中搞改革，朝着同一個目標——提高小學數學教學的質量，實踐探索，再實踐再探索。所以首先應感謝編者開闢此專欄，為爭鳴者提供「市場」，感謝作者寫出高質量的論文，為讀者提供「糧食」。

讀了《小學數學教師》中「教師論壇」有關數學要靈活的文章，我有兩個隨想。

1. 定律不等於意義。a 乘以 b 的意義是否等於 b 乘以 a 的意義？要研究這個問題我認為首先要看乘法的定義。目前對乘法的定義，簡單地可表示為：$\underbrace{a+a+a+\ldots+a}_{b\text{個}}=c$，就可以記作 $a \times b = c$，讀作 a 乘以 b 等於 c。小學數學教材是通過實例講明這一定義的。既然乘法是這樣定義的，顯然 $a \times b$ 的意義與 $b \times a$ 的意義是有區別的。當然，定義是人為的，如果在這定義後，補充 $a \times b$ 也可理解為 $\underbrace{b+b+b+\ldots+b}_{a\text{個}}=c$（它同算式、口訣、讀寫等順序一致，在「三算結合」教材中出現過），那就另當別論了。

$a \times b = b \times a$，這是小學數學教材中揭示的乘法的一個運算定律，請注意「運算」兩字，定律不等於意義。在文章中誰也沒有說，計算時形如 8×45 不能用 45×8 來算，目前爭論僅在聯繫具體應用題時，形如 8×45 能否列成 45×8，這顯然只要看乘法的定義就可知了。當然，這類題目如只要填寫結果，就不必考究，也無法考究學生用何式求得。

根據上述定義，從理論上講，從小學到中學、大學，都不能混淆 $a \times b$ 與 $b \times a$ 的意義上的區別，但考慮到現實情況，在講過乘法交換律後，教師或教材對定義進行補充擴展，使 $a \times b$ 不但結果等於 $b \times a$，意義亦相同，顯然，大多數同行是會贊同的。

2. 學生不等於教師。學生解題是巧合還是靈活，我認為應根據學生的實際情況來考察。離開了學生，而把注意力放在某一題這樣列式說得通還是說不通上，用教師的思維代替學生的思維，是很難判斷是巧合還是靈活的。須知，我們研究的是學生這樣做是巧合還是靈活，

而不是研究這題這樣列式合不合理。教師不等於學生。試想，如果教師是按教材上的乘法定義進行教學的，學生也是這樣學習的，如果這個學生不是超常兒童，不具有較強的創造性思維能力，一般很難說通將「乘車春遊」這一題列成 $36 \div (27 \div 3)$ 是一種靈活。如果他能像論壇文章中有些作者那樣考慮從這個角度，那個角度說出這種列式如何如何有道理，那當然應該肯定這個學生的方法不是巧合而是靈活。反之，不言而喻只能說這個學生的列式是巧合，教師應該在考察後進行個別輔導，使其在真正理解題意的基礎上找到正確的算式。

數學教學不僅是找到某一題的正確結果，而且要發展學生的思維，使其不但知其然，而且知其所以然，這也是數學教學的一個重要目的。

以上淺見，不知妥否。

這樣的解法有理有據

賴在鐘

《小學數學教師》1988 年第 3 期〈最終結果與計算方法〉一文，試圖以下題解法來證明「結果正確，而方法不合理」，並說要給判「零」分。筆者不敢苟同。請看下面的分析。原例照抄：

例：甲乙兩組同時挖一條水渠，甲組分得的米數是乙組的一半。甲組每天挖 20 米，乙組每天挖 36 米，甲組挖完時，乙組還剩 40 米，兩組原來各分多少米？解法一：$36 \times \left(\dfrac{1}{2} \div \dfrac{1}{20} \right) + 40 = 400$ 米⋯⋯乙分的（下略）。

解法二：把乙組分的米數看作單位 "1"，則甲組為 $\dfrac{1}{2}$。

甲組分：$\frac{1}{2} \div \frac{1}{20} \times 20 = 200$（米）（下略）。

分析：據題意知，甲組分得的任務是乙組分得的$\frac{1}{2}$，則乙分得的任務是"1"。當甲組挖完時，甲、乙兩組已挖完的米數比是：$\frac{20}{36} = \frac{5}{9}$（因為時間一定，工作量與工作效率成正比例），即甲完成了 5 份，乙完成了 9 份（乙實得任務是 $5 \times 2 = 10$ 份），還剩下 1 份，又正好剩下 40 米。

又因為甲每天完成 20 米，是剩下的 40 米的$\frac{1}{2}$，而剩下的 40 米（1 份）又是乙所分米數（10 份）的$\frac{1}{10}$，故甲每天挖的米數是乙所分米數的$\frac{1}{10} \times \frac{1}{2} = \frac{1}{20}$。由此可知，甲挖完所用的時間是$\left(\frac{1}{2} \div \frac{1}{20}\right)$（甲的工作量 ÷ 甲的工作效率）。又由於乙挖的時間與甲一樣，所以乙分的米數就是：

$$36 \times \left(\frac{1}{2} \div \frac{1}{20}\right) + 40 = 400 \text{（米）}。$$

其數量關係為：乙效率 × 乙挖的時間 + 餘下的米數 = 乙分的米數。

同理，解法二也無疑是正確的，只不過把甲效率和甲的時間交換了它們在乘法算式中的位置罷了。這是很容易解釋得通的：假設甲每小時挖 1 米，則$\left(\frac{1}{2} \div \frac{1}{20}\right)$小時挖$\left(\frac{1}{2} \div \frac{1}{20}\right)$米，而實際甲每小時挖 20 米，是每小時 1 米的 20 倍，故甲$\left(\frac{1}{2} \div \frac{1}{20}\right)$小時挖的米數是$\left(\frac{1}{2} \div \frac{1}{20}\right) \times 20 = 200$（米）。

〈結果與方法〉一文為進一步否定上面的解法，把上題中的數據改動了（其結構不變，請看原文），試圖仿上解法一列式，從而得到

錯誤的結果，藉此說明上面解法純屬巧合。殊不知，數據改動後，作者的列式是：

乙分得：$40 \times \left(\dfrac{1}{2} \div \dfrac{1}{30} \right) + 160 = 760 \,(\text{米})$ 。

此式的思路與上面解法一的思路是不同的，它之所以錯，是因為括號中的 " $\dfrac{1}{30}$ " 並不是甲每天挖的米數佔乙分得米數的分率。甲每天挖的米數是乙分得米數的 $\dfrac{1}{16}$ 才對（為甚麼？根據前面分析的方法推知）。因此，若要仿解法一的方法則：

乙分得的：$40 \times \left(\dfrac{1}{2} \div \dfrac{1}{16} \right) + 160 = 480 \,(\text{米})$ 。 （甲略）

請看，按解法一的方法，其結果不就正確了嗎？綜上分析，筆者認為解法一、二是有根有據，道理充分，應判滿分。數學本身是靈活的，思維也應是靈活多變的。

應鼓勵用多種思路解題

小　友

《小學數學教師》1987 年第六期〈乘除法不能混淆〉一文中，對於「把 18 個蘋果放在 3 個盤裏，每個盤子放幾個？」可以按 $3 \times 6 = 18$ （個）計算，認為這是混淆了乘除法的概念。

我認為上述解法，並不會導致乘除法概念的混淆。相反，還能加深對乘除關係的理解，促進順向思維與逆向思維的互相溝通。實際上，這道題按順向思維，可以用等分除法來解，即 $18 \div 3 = 6$ （個）。如果

按逆向思考，就可以假設每個盤子裏放（　）個，那麼 3 個盤裏就應放（　）×3 個即得（　）×3 = 18，故得 6 × 3 = 18（個）。所以上述解法是有道理的。

至於「摘蘋果 1128 公斤，放在 24 個筐裏，平均每筐放幾公斤？相信同學不會有 24 × 47 = 1128（公斤）的解答」。這不正好説明數學中解答方法的靈活性嗎？怎麼能以這道題不便用乘法直接求出結果，來反對上道題也不能用乘法求結果呢？我認為，還是應鼓勵學生用多種思路解題為好！

關於「循環論證」的一點不同看法

談及「循環論證」的文章,在中等數學期刊上時有所見。其內容,大致都是舉例說明有些題目的證明表面上看來是對的,其實是犯了循環論證的錯誤。例如:用餘弦定理或者三角恆等式 $\sin^2 x + \cos^2 x = 1$ 來證明勾股定理等。

這些文章對中學數學教學很有用處。因為所舉的例子多是學生易犯的循環論證的錯誤。有些教師可能還沒有發現這一點。看了這些文章,當然受益不淺。

但有一點是應當說明的:孤立地看一個幾何命題的證法,是很難肯定它是犯了「循環論證」的錯誤的。因為證明中通常還沒有出現循環。循環是怎麼出現的呢?往往是在尋根究底的追問下出現的。例如:學生用餘弦定理證明勾股定理,教師追問「餘弦定理怎麼證明呢?」如果學生又用勾股定理來證明餘弦定理,教師就可以指出這是犯了循環論證的錯誤。反之,如果學生不用勾股定理而用別的方法給出了餘弦定理的一種證法,那就不但沒有犯循環論證的錯誤,而且應當表揚他的勇於思考的精神。

因此,說某個證法中「暗含了」循環論證,嚴格說來是不確切的。你說他的證明中用到了某某定理,而這個定理又是如何如何證明的,他可以反駁道:我可以用別的方法證明那個定理,這就扯不清了。

有一種說法,說是以「現行教材系統為準」,這種說法並沒有解決問題。因為,「循環論證」是一個邏輯概念。數學證題中有沒有出現循環論證,應當有一個穩定的客觀標準——以目前大家公認的數學公理系統為準,而不應當隨教材的變化而變化。否則,同一個題目的

同一個做法，今年是「循環論證」，過幾年又可能不是了。在中國是「循環論證」，在美國又可能不是了，這就亂了。

用這個觀點來看，目前一些文章中舉出的例子，都不能簡單地說是「循環論證」，因為沒有出現循環。追問下去，會不會出現循環，應當在兩個人（比如：教師與學生）的問答之中來解決。

是不是「循環論證」的問題，通常是在考卷或習題本上發生的。在數學研究中目前幾乎不存在這個問題。一旦發生有關的爭論，往往是涉及分數、升學等具體問題。如何避免這類問題？只有從出考題方面來改進。我以為，考題不必要求學生重複數學教科書上的定義與定理，而應當注重於知識的靈活運用。不應當靠那些依賴於某個教材系統的「相對知識」，而應當考只依賴於客觀世界的具有穩定性的知識。國外有些升學考試採用「選擇題」，這不但使機器閱卷有了可能，同時可以避免評分的分歧。

至於在教學過程中的考試和測驗，有時考一考定理證明以促進學生複習，也許有好處。因為必要時可以進行口試作為補充，就不會發生爭論不清的情形了。

以上看法妥否，切望批評指正。

（原載《數學通訊》，1993.12）

改變平面幾何推理系統的一點想法
——略談面積公式在幾何推理中的重要作用

幾何好像一座宏偉瑰麗的城市，幾何推理系統則好像遊覽這座城市時所經過的交通中心和路線。在目前的幾何教學中，中學生大體上還是沿着歐幾里得當初建造的老路去欣賞古老的藝術。能不能改變一下這種狀況呢？能不能在不減少傳統的幾何的豐富內容的前提下，給出一些更直接、更簡捷的方法來得到平面幾何的一些基本結果呢？

平面幾何的命題，無非是長度、角度、面積這些幾何量之間的關係的表述。我們設想：如果找到這三個量之間的普遍聯繫，不就可以運用這一普遍聯繫去解決多樣的幾何問題了嗎？

下面談談我所探求的一點線索。

一、面積公式把長度、角度、面積三者聯繫了起來

早在小學階段，我們已經知道矩形面積公式 $S = ab$，這個公式是由下面圖形直觀地引進的。

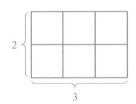

=2×3×1（1 是單位正方形面積）

如果把上圖中的直角變成某一個角 α，矩形便變成了有一個夾角為 α 的平行四邊形。

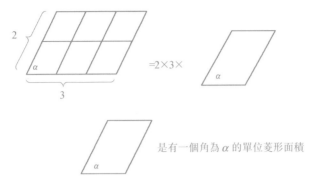

=2×3×

是有一個角為 α 的單位菱形面積

因此我們可以定義：邊長為 1，一夾角為 α 的菱形面積為 $\sin\alpha$，叫做 α 的面積係數（或 α 的「正弦」，這裏 $0° \leq \alpha \leq 180°$）。

這個定義不過是引進一個記號 "sin" 而已，後面將看到，這個定義與通常 $\sin\alpha$ 的定義是一致的。

和矩形面積公式類似，容易得出

平行四邊形面積公式：若平行四邊形有一角為 α，夾此角的兩邊為 a、b，則平行四邊形面積

$$S_{\Box} = ab\sin\alpha \tag{1}$$

三角形面積公式：把平行四邊形用對角線分成兩個三角形，立即看出 $S_{\Delta} = \frac{1}{2}S_{\Box}$，

$$S_{\Delta} = \frac{1}{2}ab\sin C = \frac{1}{2}bc\sin A$$
$$= \frac{1}{2}ca\sin B \tag{2}$$

這個面積公式十分重要，因為它把長度、角度、面積聯繫在一起了。我們把公式 (2) 看成幾何城市的交通中心，從這裏通向各個基本定理。至於如何從歐氏公理出發儘快地建立公式 (2)，可以有多種方法；也可以適當改變歐氏公理，使之便於推出公式 (2)。

$\sin\alpha$ 的基本性質：由定義，$\sin\alpha$ 對 $0° \le \alpha \le 180°$ 有意義，且

(i)　$\sin 0° = \sin 180° = 0$；

(ii)　$\sin 90° = 1$；

(iii)　$\sin\alpha = \sin(180° - \alpha)$　　　　　　　　　　　　(3)

（因菱形有兩角互補）

例　若四邊形 $ABCD$ 的對角線 AC 與 BD 的夾角為 α，則其面積

$$S_{ABCD} = \frac{1}{2}AC \cdot BD\sin\alpha \text{。}$$

證明　(1) 若 $ABCD$ 為凸四邊形如圖 1，
對角線把它分為四塊。

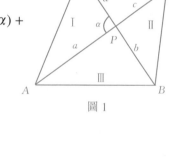

圖 1

$$\begin{aligned}
S_{ABCD} &= \frac{1}{2}[ad\sin\alpha + bc\sin\alpha + ab\sin(180° - \alpha) + \\
&\quad cd\sin(180° - \alpha)] \\
&= \frac{1}{2}[ad + bc + ab + cd]\sin\alpha \\
&= \frac{1}{2}(c + a)(b + d)\sin\alpha \\
&= \frac{1}{2}AC \cdot BD\sin\alpha
\end{aligned}$$

(2)　若 $ABCD$ 為凹四邊形如圖 2，同樣
可得

$$S = \frac{1}{2}AC \cdot BD\sin\alpha$$

（證明過程略）。

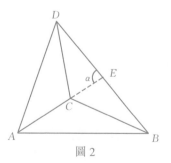

圖 2

作為特例，當 D 在 AC 上時（這時 $d = 0$）
如圖 3，四邊形即為 $\triangle ABC$。在 BC 邊上任取
一點 P，AP 與 BC 的交角為 α，則得三角形

面積公式

$$S_{\triangle ABC} = \frac{1}{2} AP \cdot BC \sin\alpha \text{。}$$

當 $\alpha = 90^\circ$ 時，$AP = h$，令 $BC = a$，得

$$S_\triangle = \frac{1}{2} ah \text{。}$$

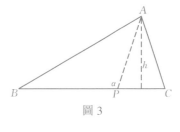

圖 3

二、從面積公式導出 $\sin\alpha$ 的進一步性質

若 $\triangle ABC$ 的三邊為 a、b、c，$\angle C = 90^\circ$，則

$$\sin A = \frac{a}{c}, \ \sin B = \frac{b}{c} \text{。} \tag{4}$$

證明　由公式 (2)

$$S_\triangle = \frac{1}{2} ab \sin C = \frac{1}{2} bc \sin A$$

$$= \frac{1}{2} ac \sin B \text{，}$$

$\because \quad \sin C = \sin 90^\circ = 1$，

$\therefore \quad a \sin 90^\circ = c \sin A$，

$\quad\quad b \sin 90^\circ = c \sin B$，

$\therefore \quad \sin A = \frac{a}{c}$，$\sin B = \frac{b}{c}$。

由 (2) 和 (3) 又可推知，當 $0^\circ < \alpha < 180^\circ$ 時，$\sin\alpha > 0$。

由此還可以推導出和、差角公式。

若 α、β 為銳角，則有和角公式

$$\sin(\alpha + \beta) = \sin\alpha \sin(90^\circ - \beta) + \sin\beta \sin(90^\circ - \alpha) \tag{5}$$

證明　如圖 4

設 $AH \perp BC$，

$S_{\triangle ABC} = S_{\mathrm{I}} + S_{\mathrm{II}}$

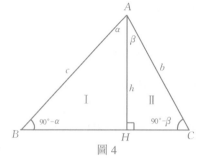

圖 4

$$\therefore \quad \frac{1}{2}bc\sin(\alpha + \beta)$$

$$= \frac{1}{2}hc\sin\alpha + \frac{1}{2}hb\sin\beta$$

$$\therefore \quad \sin(\alpha + \beta) = \frac{h}{b}\sin\alpha + \frac{h}{c}\sin\beta$$

$$= \sin\alpha\sin(90° - \beta) + \sin\beta\sin(90° - \alpha)$$

從這裏又可導出下面幾個推論。

(i) 勾股關係　在 (5) 中取

$$\alpha + \beta = 90°$$

得

$$\sin90° = \sin^2\alpha + \sin^2(90° - \alpha)，$$

$$\therefore \quad \sin^2\alpha + \sin^2(90° - \alpha) = 1。$$

由此可知　$|\sin\alpha| \leq 1$。

由 (4) 得　$a^2 + b^2 = c^2$。

(ii) $\sin30° = \dfrac{1}{2}$。

證明　在 (5) 中取 $\alpha = \beta = 30°$，得 $\sin60° = \sin30°\sin60° + \sin60°\sin30°$

$$\therefore \quad 2\sin30° = 1，\sin30° = \frac{1}{2}。$$

(iii) $\sin45° = \dfrac{\sqrt{2}}{2}$。　（在 (5) 中取 $\alpha = \beta = 45°$）

(iv) 由勾股關係可得

$$\sin^2 60° = 1 - \sin^2 30° = \frac{3}{4}，$$

$$\therefore \quad \sin 60° = \frac{\sqrt{3}}{2} \text{。}$$

若 α、β、$\alpha - \beta$ 都是銳角，則有差角公式

$$\sin(\alpha - \beta) = \sin\alpha \sin(90° - \beta) - \sin\beta \sin(90° - \alpha) \text{。} \tag{6}$$

證明　如圖 5，

$$S_{\mathrm{I}} = S_{\triangle ABH} - S_{\mathrm{II}} \text{，}$$

$$\frac{1}{2} bc\sin(\alpha - \beta) = \frac{1}{2} ch\sin\alpha - \frac{1}{2} bh\sin\beta \text{，}$$

$$\therefore \quad \sin(\alpha - \beta) = \frac{h}{b}\sin\alpha - \frac{h}{c}\sin\beta$$

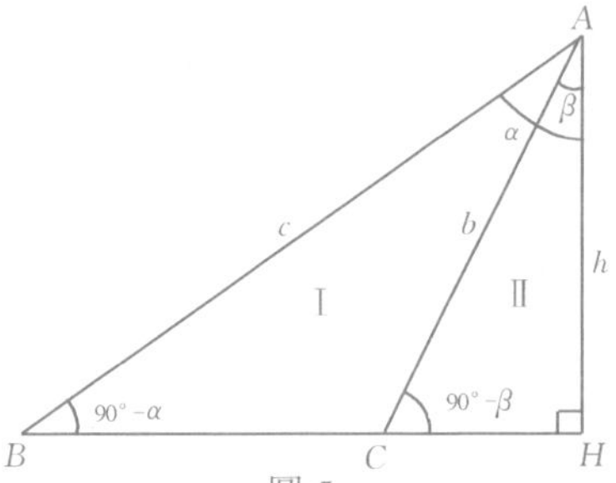

圖 5

$$= \sin\alpha\sin(90° - \beta) - \sin\beta\sin(90° - \alpha) \text{。}$$

有了和角、差角公式，我們可以對 $0° - 180°$ 之外的角 α 給出 $\sin\alpha$ 的定義，即是用和、差角公式開拓它，這裏從略。但有必要引出負角公式

$$\sin(-\beta) = -\sin\beta \text{。} \tag{7}$$

這裏只要把 $\alpha = 0$ 代入 (6) 即得。

由於 $\sin(90° - \alpha)$ 形的記號經常出現，故引入定義

餘弦　餘角的正弦叫做餘弦。

$$\cos\alpha = \sin(90° - \alpha) \tag{8}$$

容易推出：$\cos 0° = 1$，$\cos 90° = 0$，$\cos 180° = -1$ 以及 $30°$、$45°$、$60°$ 的餘弦。

$$\cos(180° - \alpha) = \sin[90° - (180° - \alpha)]$$

$$= -\sin(90° - \alpha)$$

$$= -\cos\alpha \text{。}$$

在直角三角形 ABC 中，$\cos A = \dfrac{b}{c}$，$\cos B = \dfrac{a}{c}$。

平方關係：$\sin^2\alpha + \cos^2\alpha = 1$。

加法定理　$\sin(\alpha + \beta) = \sin\alpha\cos\beta + \cos\alpha\sin\beta$；

$\qquad\qquad \sin(\alpha - \beta) = \sin\alpha\cos\beta - \cos\alpha\sin\beta$。

中學課本中一系列三角公式——倍角、半形、和差化積等都可由此導出。

$\tan\alpha$ 何時引入？值得討論。引入方法可用

$$\tan\alpha = \frac{\sin\alpha}{\cos\alpha}\text{。} \tag{9}$$

三、從面積公式導出正弦、餘弦定理以及兩三角形全等、相似的條件

正弦定理

$$\frac{\sin A}{a} = \frac{\sin B}{b} = \frac{\sin C}{c} = \frac{2S}{abc} \tag{10}$$

證明　由三角形面積公式

$$S = \frac{1}{2}bc\sin A = \frac{1}{2}ac\sin B = \frac{1}{2}ac\sin C，$$

兩邊同除以 $\dfrac{1}{2}abc$ 即得。

餘弦定理　在 $\triangle ABC$ 中，

$$c^2 = a^2 + b^2 - 2ab\cos C\text{。} \tag{11}$$

證明　如圖 6，把 $\triangle ABC$ 繞 C 點轉一

小角 δ，連接 AA'、BB'、AB'、$A'B$，則有

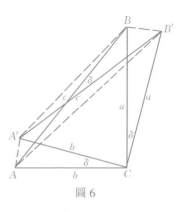

圖 6

$$S_{AB'BA'} = S_{\triangle ACA'} + S_{\triangle BCB'}$$
$$+ S_{\triangle A'CB} - S_{\triangle ACB'}$$

即　$\dfrac{1}{2}c^2\sin\delta = \dfrac{1}{2}a^2\sin\delta + \dfrac{1}{2}b^2\sin\delta$

$$+ \dfrac{1}{2}ab\sin(C - \delta) - \dfrac{1}{2}ab\sin(C + \delta)$$

$$= \dfrac{1}{2}a^2\sin\delta + \dfrac{1}{2}b^2\sin\delta$$

$$+ ab(-\cos C \sin\delta)。$$

兩邊約去 $\dfrac{1}{2}\sin\delta$，即得餘弦定理。若取 $\delta = 90°$，證明更簡單，不需

用和角公式。

根據正弦、餘弦定理，可導出

兩個三角形全等的條件：

(i)　邊、邊、邊　根據餘弦定理，由 $a = a'$，$b = b'$，$c = c'$，

$\therefore$　$\cos C = \dfrac{a^2 + b^2 - c^2}{2ab}$

$$= \dfrac{a'^2 + b'^2 - c'^2}{2a'b'} = \cos C'$$

$\therefore$　$\angle C = \angle C'$。同理 $\angle A = \angle A'$，$\angle B = \angle B'$。

(ii)　邊、角、邊　已知 $a = a'$，$b = b$，$\angle C = \angle C'$，

由餘弦定理　$c^2 = a^2 + b^2 - 2ab\cos C$

$$= a'^2 + b'^2 - 2a'b'\cos C'$$

$$= c'^2$$

$\therefore$　$c = c'$。再由 (i) 可證

$$\angle A = \angle A'，\angle B = \angle B'。$$

(iii) 角、邊、角　已知 $\angle A = \angle A'$，$\angle B = \angle B'$，$c = c'$，顯然 $\angle C = \angle C'$；

由正弦定理

$$\frac{a}{\sin A} = \frac{b}{\sin B} = \frac{c}{\sin C}$$

$$\frac{a'}{\sin A'} = \frac{b'}{\sin B'} = \frac{c'}{\sin C'}$$

兩式相除　$\dfrac{a}{a'} = \dfrac{b}{b'} = \dfrac{c}{c'}$，

由 $c = c'$ 可得 $a = a'$，$b = b'$。

兩三角形相似的條件：

(i)　三邊成比例　若

$$\frac{a}{a'} = \frac{b}{b'} = \frac{c}{c'} = k，$$

則　　　$\cos C = \dfrac{a^2 + b^2 - c^2}{2ab}$

$$= \frac{k^2(a'^2 + b'^2 - c'^2)}{k^2(2a'b')} = \cos C'，$$

$\therefore$　$\angle C = \angle C'$。同理　$\angle A = \angle A'$，$\angle B = \angle B'$。

(ii)　一角相等，兩夾邊成比例。

設　$\angle C = \angle C'$，$\dfrac{a}{a'} = \dfrac{b}{b'} = k$，

則　　　$c^2 = a^2 + b^2 - 2ab\cos C$

$$= k^2(a'^2 + b'^2 - 2a'b'\cos C') = k^2 c'^2$$

$\therefore$　$\dfrac{c}{c'} = k = \dfrac{a}{a'} = \dfrac{b}{b'}$，由 (i)，兩三角形相似。

(iii)　兩角相等　已知 $\angle A = \angle A'$，$\angle B = \angle B'$，則 $\angle C = \angle C'$。

由正弦定理可得（同前 iii）

$$\frac{a}{a'} = \frac{b}{b'} = \frac{c}{c'} ,$$

∴　兩三角形相似。

相似三角形面積比：

若 $\triangle ABC \sim \triangle A'B'C'$

$$\frac{a}{a'} = \frac{b}{b'} = \frac{c}{c'} = k , \angle C = \angle C' \cdots\cdots$$

由公式

$$\frac{S_{\triangle ABC}}{S_{\triangle A'B'C'}} = \frac{\frac{1}{2}ab\sin C}{\frac{1}{2}a'b'\sin C'} = \frac{ab}{a'b'} = k^2 。 \tag{12}$$

四、用面積公式證題舉例

既然用面積公式可導出常用的一系列定理，那麼，原則上可以用它推證一切可用這些定理推演的命題。

但是，更有趣的是，可以直接從面積關係出發，解決不少幾何證明題，而且推理過程代數化，很少用到輔助線，下面是一些例子。

例 1　等腰三角底角相等，反之亦然。（類似地，證明等腰三角形三線重合）

即在 $\triangle ABC$ 中，已知 $b = c$。

求證 $\angle B = \angle C$；已知 $\angle B = \angle C$，求證 $b = c$。

證明　由面積公式

$$S_\triangle = \frac{1}{2}ab\sin C = \frac{1}{2}ac\sin B ,$$

∴　$b\sin C = c\sin B$。

若 $\angle B = \angle C$，$\sin B = \sin C (\neq 0)$，

∴　$b = c$。

若　$b = c$，

則 $\sin B = \sin C$，

但 $\angle B + \angle C < 180°$，

∴　$\angle B = \angle C$。

例 2　在三角形中，大邊對大角，大角對大邊

證明　同上題，由 $b\sin C = c\sin B$ 出發。若 $b > c$，則 $\sin B > \sin C$。

若 $\angle B$、$\angle C$ 同非鈍角，知 $\angle B > \angle C$。

（若同為鈍角。是不可能的，若 $\angle B$ 為鈍角，當然 $\angle B > \angle C$，當 $\angle C$ 為鈍角，由 $\angle B + \angle C < 180°$，$\angle B < 180° - \angle C$，則 $\sin B < \sin(180° - C) = \sin C$，也不可能）

反之：若 $\angle B > \angle C$：$\angle B$ 為銳角時，顯然有 $b > c$，$\angle B$ 為鈍角時，由 $\angle B + \angle C < 180°$，

∴　$\underbrace{180° - \angle B}_{(銳)} > \angle C$，　∴ $b > c$。

例 3　等腰三角形兩腰上之高相等。（由面積公式 $\dfrac{1}{2}bh_b = \dfrac{1}{2}ch_c$，顯然成立）

例 4　在等腰 $\triangle ABC$ 底邊上任取一點 P，P 到兩腰距離為 h_1、h_2，h 為腰上的高，則 $h = h_1 + h_2$。

證明　由 $S_{\triangle ABC} = S_{\triangle ABP} + S_{\triangle APC}$

$$\frac{1}{2}bh = \frac{1}{2}ch_1 + \frac{1}{2}bh_2,$$

但 $b = c$,

$\therefore\quad bh = b(h_1 + h_2)$,

$\therefore\quad h = h_1 + h_2$。

推廣與變化:

(i) P 點在 BC 延長線上,$h_1 + h_2$ 變為 $h_1 - h_2$;

(ii) 若 ΔABC 是等邊三角形,對平面上任一點 P,均有對應的命題。

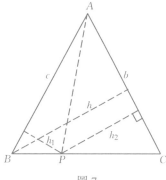

圖 7

例 5 已知 ΔABC 兩邊 b、c 及 $\angle A$,求 $\angle A$ 的平分線長 l。

解 由 $S_{\text{I}} + S_{\text{II}} = S_{\Delta ABC}$,

$$\alpha = \frac{A}{2},$$

$\therefore\quad \dfrac{1}{2}cl\sin\alpha + \dfrac{1}{2}bl\sin\alpha$

$\quad = \dfrac{1}{2}bc\sin 2\alpha$,

$l(b + c) = bc \cdot \dfrac{\sin 2\alpha}{\sin \alpha}$

$\quad = 2bc\cos\alpha$,

$\therefore\quad l = \dfrac{2bc\cos\alpha}{b + c}$。

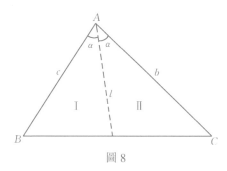

圖 8

例 6　在 ΔABC、$\Delta A'B'C'$ 中，若 $b = b'$，$c = c'$，$\angle A$ 的平分線 l 與之 $\angle A'$ 的平分線 l' 等長，則

$$\Delta ABC \cong \Delta A'B'C' \text{。}$$

證明　由上題結果可推出

$$\cos\frac{A}{2} = \frac{l}{2}\left(\frac{1}{b} + \frac{1}{c}\right) = \frac{l'}{2}\left(\frac{1}{b'} + \frac{1}{c'}\right)$$
$$= \cos\frac{A'}{2}\text{，}$$

$$\therefore \quad \angle A = \angle A' \text{。}$$

$$\therefore \quad \Delta ABC \cong \Delta A'B'C' \text{。}\quad（\text{S、A、S}）$$

例 7　已知 ΔABC 中，$\angle B$、$\angle C$ 兩角之分角線 $l_b = l_c$，求證 $b = c$。

用例 5 的方法，推得

$$\frac{2\cos\dfrac{B}{2}}{l} = \frac{1}{a} + \frac{1}{c}\text{，}$$

同理：

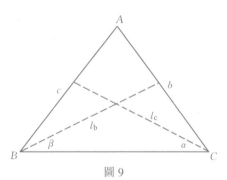

圖 9

$$\frac{2\cos\dfrac{C}{2}}{l} = \frac{1}{a} + \frac{1}{b}\text{。}$$

二式相減

$$\frac{2}{l}\left(\cos\frac{B}{2} - \cos\frac{C}{2}\right) = \frac{1}{c} - \frac{1}{b}\text{。}$$

再用大邊對大角及餘弦的遞降性質，用反證法證明。

例 8　ΔABC 中，角 A 的平分線交 BC 於 F，求證

$$\frac{AB}{BF} = \frac{AC}{CF}\text{。}$$

證明

$$S_{\mathrm{I}} = \frac{1}{2}AB \cdot AF\sin\frac{A}{2}$$

$$= \frac{1}{2}BF \cdot AF\sin\angle 3$$

$$S_{\mathrm{II}} = \frac{1}{2}AC \cdot AF\sin\frac{A}{2}$$

$$= \frac{1}{2}CF \cdot AF\sin\angle 4$$

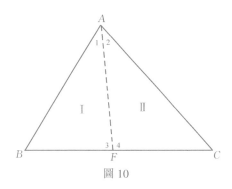

圖 10

兩式相除 $\dfrac{AB}{AC} = \dfrac{BF}{CF}$，交換中項即得。

例 9　在 $\triangle ABC$ 的角 A 的對頂角內任取一點 P，作直線 PA、PB、PC，分別交三邊（或其延長線）於 D、E、F，求證

$$\frac{PD}{AD} - \frac{PE}{BE} - \frac{PF}{CF} = 1$$

（此題 P 在不同區域，有不同形式）

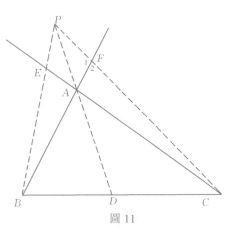

圖 11

證明

由面積公式

$$S_{\triangle PAB} = S_{\triangle PFB} - S_{PFA}$$

$$= \frac{1}{2}PF \cdot BF\sin\angle 1 - \frac{1}{2}PF \cdot AF\sin\angle 1$$

$$= \frac{1}{2}AB \cdot PF\sin\angle 1，$$

$$S_{\triangle ABC} = S_{\triangle FBC} - S_{\triangle FAC}$$

$$= \frac{1}{2}AB \cdot CF\sin\angle 2，$$

兩式相除，由 $\sin\angle 1 = \sin\angle 2$，

$$\frac{S_{\triangle PAB}}{S_{\triangle ABC}} = \frac{PF}{CF},$$

同理　　　　　$$\frac{S_{\triangle PAC}}{S_{\triangle ABC}} = \frac{PE}{BE}, \frac{S_{\triangle PBC}}{S_{\triangle ABC}} = \frac{PD}{AD}。$$

由　$S_{\triangle PBC} - S_{\triangle PAC} - S_{\triangle PAB} = S_{\triangle ABC}$，

兩邊用 $S_{\triangle ABC}$ 除，即得[①]。

例 10　已知 D、E 為 AB 的三等分點，以 DE 為直徑作半圓，在半圓上取點 C，求證

$$\tan\alpha\tan\beta = \frac{1}{4}。$$

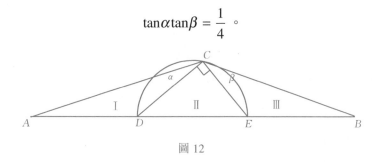

圖 12

證明

$$S_{\mathrm{I}} = \frac{1}{2}AC \cdot DC\sin\alpha$$

$$S_{\mathrm{I}} + S_{\mathrm{II}} = \frac{1}{2}AC \cdot CE\sin(90° + \alpha)$$

$$= \frac{1}{2}AC \cdot CE\cos\alpha$$

由 $S_{\mathrm{I}} = S_{\mathrm{II}}$，兩式相除　$\dfrac{1}{2} = \dfrac{DC}{CE}\tan\alpha$，

同理

[①]　這時作者尚未提出用共邊定理解題的方法。

$$\frac{1}{2} = \frac{CE}{DC}\tan\beta \text{,}$$

兩式相乘即得。

例 11　已知線段 *AB*、*CD* 交於 *P*，作平行四邊形 *APDE*、*BPCF*，*AB* = *CD*，連接 *BE*、*DF*，分別交 *CD*、*AB* 於 *G*、*H*，求證 *PH* = *PG*。

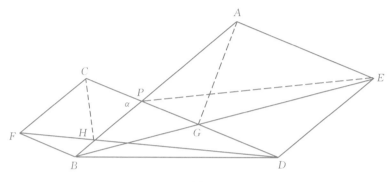

圖 13

證明　連接 *AG*、*PE*，由於 *AE // PG*，

∴　$S_{\triangle APG} = S_{\triangle EPG}$，$S_{\triangle ABG} = S_{\triangle EPB}$，

∵　*PB // DE*，

∴　$S_{\triangle EPB} = S_{\triangle DPB}$

　　$S_{\triangle ABG} = S_{\triangle DPB}$，

同理　　　　$S_{\triangle CDH} = S_{\triangle DPB}$，$S_{\triangle ABG} = S_{\triangle CDH}$

但　　　　　$S_{\triangle ABG} = \frac{1}{2}AB \cdot PG\sin\alpha$，

　　　　　　$S_{\triangle CDH} = \frac{1}{2}CD \cdot PH\sin\alpha$，

兩式相除　$1 = \frac{AB \cdot PG}{CD \cdot PH} = \frac{PG}{PH}$。

∴　*PH = PG*。

199

例 12　設 □$ABCD$ 對角線為 AC，在 AC 上取一點 E，過 E 作直線交 AB、AD 於 Q、P，求證：

$$\frac{AD}{AP} + \frac{AB}{AQ} = \frac{AC}{AE} 。$$

（利用這個原理可設計並聯電阻計算圖）

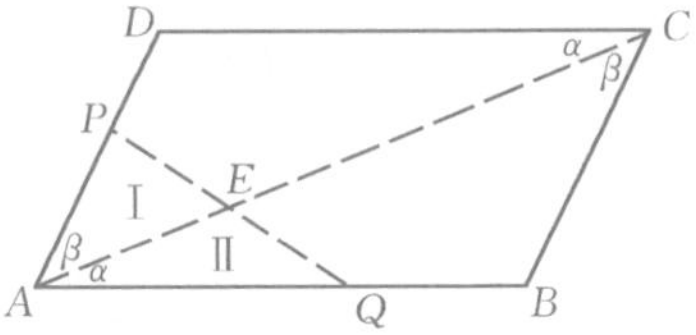

證明

圖 14

$$\because \quad \triangle ABC = \frac{1}{2}AB \cdot AC\sin\alpha$$

$$= \frac{1}{2}BC \cdot AC\sin\beta$$

$$= \frac{1}{2}AB \cdot BC\sin[180° - (\alpha + \beta)]$$

$$\therefore \quad \frac{\sin\beta}{AB} = \frac{\sin\alpha}{BC} = \frac{\sin(\alpha + \beta)}{AC}$$

$$= k = \left(\frac{2S_{\triangle ABC}}{AB \cdot AC \cdot BC}\right)$$

由　　　　　　　　　　　$S_{\text{I}} + S_{\text{II}} = S_{\triangle APQ}$ ，

$$\therefore \quad \frac{1}{2}AQ \cdot AE\sin\alpha + \frac{1}{2}AP \cdot AE\sin\beta$$

$$= \frac{1}{2}AP \cdot AQ\sin(\alpha + \beta)$$

$$\therefore \quad \frac{\sin\alpha}{AP} + \frac{\sin\beta}{AQ} = \frac{\sin(\alpha + \beta)}{AE}$$

$$\therefore \quad \frac{kAD}{AP} + \frac{kAB}{AQ} = \frac{kAC}{AE}$$

約去 k 即可。

例 13　已知圓內弦 AB 中點為 M，過 M 作弦 CD、EF，連 CF、DE 交 AB 於 G、H，求證 $MG = MH$。

證明

$\because \quad S_{\triangle MDE} = S_{\text{I}} + S_{\text{II}}$

$\therefore \quad \dfrac{1}{2}ME \cdot MD\sin(\alpha + \beta)$

$\quad = \dfrac{1}{2}ME \cdot MH\sin\alpha + \dfrac{1}{2}MH \cdot MD \cdot \sin\beta$

$\therefore \quad \dfrac{\sin(\alpha + \beta)}{MH} = \dfrac{\sin\alpha}{MD} + \dfrac{\sin\beta}{ME}$。

同理 $\quad \dfrac{\sin(\alpha + \beta)}{MG} = \dfrac{\sin\alpha}{MC} + \dfrac{\sin\beta}{MF}$,

欲證 $MG = MH$，只要證明

$$\dfrac{\sin\alpha}{MD} + \dfrac{\sin\beta}{ME} = \dfrac{\sin\alpha}{MC} + \dfrac{\sin\beta}{MF} \,,$$

此式等價於

$$\dfrac{MD - MC}{MD \cdot MC}\sin\alpha = \dfrac{MF - ME}{MF \cdot ME}\sin\beta \,,$$

又等價於

$$(MD - MC)\sin\alpha = (MF - ME)\sin\beta。$$

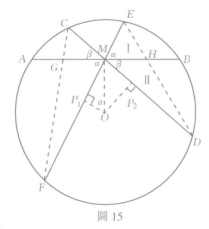

圖 15

但顯然有：

$$MD - MC = 2P_2M = 2OM\sin\beta，$$

$$MF - ME = 2P_1M = 2OM\sin\alpha，$$

命題得證。

例 14（射影幾何基本定理） 如圖 16，在 OC 上任取一點 A，直線外任取一點 B，AB 上任取一點 P，連 PO、PC，交 BC、BO 於 Q、D，連 DQ 延長後交 OC 於 E，則

$$\frac{EC}{EO} = \frac{AC}{AO} 。$$

（此題見《中學理科數學》，1978.5 華羅庚文章）

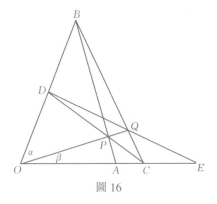

圖 16

證明

記 $AO = a$，$BO = b$，$CO = c$，$DO = d$，$EO = e$，$PO = p$，$QO = q$，

設 PQ 分 $\angle BOA$ 為 α、β 角，要證的是：

$$\frac{e - c}{e} = \frac{c - a}{a}，即 \quad 1 - \frac{c}{e} = \frac{c}{a} - 1，即 \quad \frac{c}{a} + \frac{c}{e} = 2;$$

即 $\quad \dfrac{1}{a} + \dfrac{1}{e} = \dfrac{2}{c}$

（即 AO、CO、EO 倒數成等差數列）

$\because \quad S_{\triangle ABO} = S_{\triangle APO} + S_{\triangle PBO}$，

$\therefore \quad \dfrac{1}{2}bp\sin\alpha + \dfrac{1}{2}ap\sin\beta$

$\quad = \dfrac{1}{2}ab\sin(\alpha + \beta)$，

$\therefore \quad \dfrac{\sin\alpha}{a} + \dfrac{\sin\beta}{b} = \dfrac{\sin(\alpha + \beta)}{p}$ \hfill (1)

同理

$$\dfrac{\sin\alpha}{c} + \dfrac{\sin\beta}{b} = \dfrac{\sin(\alpha + \beta)}{q} \tag{2}$$

$$\dfrac{\sin\alpha}{c} + \dfrac{\sin\beta}{d} = \dfrac{\sin(\alpha + \beta)}{p} \tag{3}$$

$$\dfrac{\sin\alpha}{e} + \dfrac{\sin\beta}{d} = \dfrac{\sin(\alpha + \beta)}{q} \tag{4}$$

$(1) + (4) - (2) - (3)$ 得：

$$\dfrac{\sin\alpha}{a} + \dfrac{\sin\alpha}{e} - \dfrac{2\sin\alpha}{c} = 0 \text{。}$$

即 $$\dfrac{1}{a} + \dfrac{1}{e} = \dfrac{2}{c} \text{。}$$

例 15　如圖 17，求證 G、O 內外分

FE，即

$$\dfrac{GF}{GE} = \dfrac{OF}{OE}$$

證明　與上題類似，

記　$AO = a$，$BO = b$，$\cdots$，$EO = e$；

同樣得：

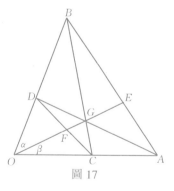

圖 17

$$\frac{\sin\alpha}{a} + \frac{\sin\beta}{b} = \frac{\sin(\alpha + \beta)}{e} \tag{1}$$

$$\frac{\sin\alpha}{c} + \frac{\sin\beta}{b} = \frac{\sin(\alpha + \beta)}{g} \tag{2}$$

$$\frac{\sin\alpha}{c} + \frac{\sin\beta}{d} = \frac{\sin(\alpha + \beta)}{f} \tag{3}$$

$$\frac{\sin\alpha}{a} + \frac{\sin\beta}{d} = \frac{\sin(\alpha + \beta)}{g} \tag{4}$$

$(1) - (2) + (3) - (4)$

$$0 = \frac{\sin\alpha(\alpha + \beta)}{e} + \frac{\sin\beta(\alpha + \beta)}{f} - \frac{2\sin(\alpha + \beta)}{g}$$

即 $$\frac{1}{e} + \frac{1}{f} = \frac{2}{g} \, ,$$

即 $$\frac{g}{e} + \frac{g}{f} = 2 \, 。$$

$$\therefore \quad \frac{g}{f} - 1 = 1 - \frac{g}{e} \, , \quad \frac{g - f}{f} = \frac{e - g}{e}$$

得證。

例 16　求證三角形三中線交於一點

證明

設 D、E 分別是 BC、AC 中點，AD、BE 交於 G。只要證明 $DG = \frac{1}{3}AD$。

那麼，同理，AB 上的中線也交 AD 於 $\frac{1}{3}$ 處，

即得證。

連 CG，

　　$\because$　D 是 BC 中點，

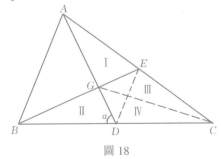

圖 18

$$\therefore \quad S_{\triangle ADC} = \frac{1}{2} S_{\triangle ABC}$$

同理：$S_{\triangle BCE} = \frac{1}{2} S_{\triangle ABC}$

$$\therefore \quad S_{\text{I}} = S_{\text{II}}$$

顯然

$$S_{\text{I}} = S_{\text{III}} \text{，} S_{\text{II}} = S_{\text{IV}}$$

$$\therefore \quad S_{\text{I}} = S_{\text{II}} = S_{\text{III}} = S_{\text{IV}} = \frac{1}{6} S_{\triangle ABC}\text{，}$$

$$\frac{1}{2} DG \cdot BC \sin\alpha = S_{\triangle BCG} = \frac{1}{3} S_{\triangle ABC}$$

$$= \frac{1}{6} AD \cdot BC \sin\alpha$$

$$\therefore \quad DG = \frac{1}{3} AD \text{。}$$

例 17　圓內接四邊形 $ABCD$，$\angle B = 60°$，$\angle A = 90°$，$AD = 1$，$BC = 2$。
求 AB、CD。

解

設 $AB = x$，$CD = y$。

由於　　$S_{\triangle ABC} + S_{\triangle ADC}$

$$= S_{\triangle DAB} + S_{\triangle BCD}$$

$$\therefore \quad \frac{1}{2} 2x \sin 60° + \frac{1}{2} y \sin 120°$$

$$= \frac{1}{2} x + \frac{1}{2} 2y \text{，}$$

$$\therefore \quad \sqrt{3} x + \frac{\sqrt{3}}{2} y = x + 2y \text{；}$$

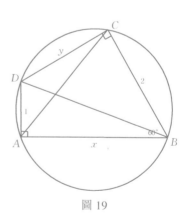

圖 19

$$(\sqrt{3}-1)\,x = \left(2-\frac{\sqrt{3}}{2}\right)y \text{。}$$

又由勾股定理：

$$x^2+1=y^2+4 \text{，} x^2-y^2=3 \text{，}$$

解之得：

$$x=4-\sqrt{3} \text{，} y=2(\sqrt{3}-1) \text{。}$$

（原載《中學數學教學》，1980.1, 2）

平面幾何要重視面積關係

關於數學課程內容的改革，大概應當從兩個方面下手。一方面，傳統內容怎麼調整；另一方面，要增加哪些新課程和新內容。這裏當然不是簡單地刪除與增加的問題，還必須做到像教學大綱裏所說的那樣：「注意數學各部分內容的內在聯繫以及它們之間的相互關係；……要加強教材的系統性。」這實際上是一個複雜的系統工程。

調整舊的與增加新的，兩方面都重要。但比起來，調整舊的更重要，首先，舊的不調整好，就騰不出時間教新的。其次，培養學生的基本技能，讓學生掌握基本知識，主要還是靠傳統課程。傳統課程學不好，新課程學起來也難。第三，學生對數學的興趣，主要是在學習傳統課程的階段形成的。

調整傳統課程內容的工作中，有一個老大難問題，就是如何改革平面幾何的教材內容，這個問題，在世界上許多發達國家也都沒有解決好。美國一位著名的數學家在一篇文章中抱怨說，美國學生對數學的興趣越來越少。我想，原因之一是平面幾何沒有改好。大家都認識到幾何教材的改革是一個重要課題，但也都沒提出甚麼好辦法。正如斯托利亞爾在《數學教育學》中所說：「幾何教學的問題仍然是中等數學教育現代化的最複雜的問題之一，它引起了廣泛的世界性的爭論，並且出現了許多方案。」方案多，也表明大家對已提出的方案不滿意，因而不斷提出新的方案。著名的數學大師柯爾莫哥洛夫、迪奧東內都曾投身於這一課題，撰寫出以他們提出的方案為基礎的教程。但迄今仍未見到顯著成效。

幾何教材改革為甚麼成為難題，這是一個值得想一想的問題。筆

者從 1974 年開始思考這個問題。我想，難就難在一本好的幾何教材應當符合幾條要求，而這幾條要求又都似乎自相矛盾：

第一條　起點要低，觀點要高。起點低，就是要從學生實際出發，要講那些小學生能理解能掌握的東西。觀點高，就是要埋下伏筆，使教材內容實質上與現代數學掛鈎。柯爾莫哥洛夫讓初等幾何與度量空間掛鈎，迪奧東內讓初等幾何與向量空間掛鈎，都體現了觀點高。可惜起點也高了，因而不很成功。

第二條　要提供簡捷而通用的解題方法。學了數學要會解題，當然應當教給學生解題的一般方法。在算術、代數、微積分等許多數學課程中，要解決的問題比較明確，提供的方法清晰而有效。幾何卻不是這樣。學了平面幾何，學生應當會解哪些題目，範圍不很清楚，更沒有教給學生一套解題方法。這是因為幾何雖有兩千多年歷史，但沒有形成一些基本的算法。幾何教材的改革，應當同時解決幾何解題的算法化問題。這當然是一個大難題。

第三條　推理方法要兼顧直觀與嚴謹。

第四條　要注意到理論與實踐的聯繫，幾何與代數以至物理的聯繫，小學、初中、高中以至大學幾何課程的聯繫；同時，幾何本身也要自成體系。

要做到這幾條，當然很難。但並非無解。抓住面積來展開平面幾何，以上幾個條件都可以滿足。

從面積出發講幾何，起點是低的。因為小學生對面積是不陌生的。同時，觀點也是高的。面積，是一個重要的幾何不變量，它是把初等數學和高等數學聯繫起來的一座天然橋樑。面積是行列式，是通用坐標，是積分，是測度，是外積。

從簡單的面積關係出發，能建立一套通用而簡易的解題方法。這種方法，它具有三角法與解析法的力量，卻往往比三角法、解析法更直觀、更簡捷。面積法推理過程，是直觀的，又是嚴謹的。

抓住面積，幾何與代數的關係顯然更密切了。幾何與物理的關係也更密切了。小學、初中、高中（體積）的幾何知識也就串成一條線了。

還有一點，從未來的發展看特別重要，那就是面積方法解題可以用電腦實現。這是去年才得到的成果。

大家知道，電腦輔助教學，特別是電腦輔助數學教學，是一個很重要的發展方向，這個方向在發達國家很受重視。市場上已出現了不少電腦輔助教學軟件。用電腦不但能解代數方程，還能算微分、積分；不但能求數值解，還能求字母解、分解因式。但是，長期以來，還不能用它證明初等幾何定理。近十幾年，我國吳文俊教授在這方面取得了重大突破。他提出的定理機器證明的吳方法，可以在微機上證明許多不平凡的初等幾何定理。但是，吳法用於電腦輔助教學時，有一個障礙，就是定理證明的可讀性差。用傳統方法證明一條幾何定理，可以把證明的過程、推理的步驟清清楚楚地寫出來。這就做到了不但知其然，而且知其所以然。用吳法，或國外又提出的其他代數方法，都做不到這一點。電腦的回答僅僅是指出命題成立或不成立。如果一定要看看推理過程，電腦給出的是一大串多項式計算過程，多項式常常是幾十項、幾百項、幾千項。能不能用電腦產生簡捷優美的幾何定理證明呢？這對於數學家、電腦科學家，特別是人工智能領域的專家，是一個挑戰性的課題。西方的一些科學家，用邏輯方法研究這個課題，已經許多年了，一直找不到辦法，編不出能產生簡捷可讀的證明的程序。1993 年 5 月，美國威奇托州立大學 (Wichita State University) 大學

的周咸青教授（S. C. Chou）邀我去合作研究，我提出用面積方法來解決這個問題，果然大見成效。周咸青、高小山（系統所）和我合作，編出了通用程序。我們用它在電腦上試證 400 多個不平凡的幾何定理，所產生的證明 80% 是簡捷可讀的。這個成果有兩方面的意義：一方面，面積方法幫助了機器證明的研究，使機器證明領域中長期得不到解決的一大難題有了突破。另一方面，由於這一突破，使面積方法在幾何教學中佔有了特別的優勢，它能在電腦上實現，它和最先進的工具聯繫起來了，能不重視嗎？

由於用了面積方法，一大類初等幾何問題的解題算法找到了。正是因為找到了算法，我們才有可能寫出程序。這個算法不但能用電腦實現，也能用手實現，因為它產生的證明往往是簡捷的。一個幾何命題來了，首先是按一定步驟把題圖的構造過程寫下來。根據構圖過程，一步一步地可以寫出證明或反例。證明過程也是計算過程，這計算過程與圖形緊密聯繫，直觀而嚴謹。這就把幾何作圖、幾何計算、幾何證明都聯繫起來了。笛卡兒發明坐標，目的之一是尋求幾何問題的算法。但坐標法產生的證明往往不那麼簡捷。用了面積方法，不但找到了一大類幾何問題的算法，而且能產生簡捷的證明。借助於面積方法，我們還寫出了用向量方法證幾何題的程序，用體積方法解立體幾何問題的程序。

初等幾何解題算法化的研究，遠沒有結束。例如，幾何不等式的證明，就沒有好辦法。但目前的進展，已有可能用於電腦輔助教學了。美國威奇托州立大學計算機系，在未來幾年中將進一步發展這方面的研究，並開發可用於教學的軟件。聯合國大學在澳門的一個軟件研究所，也計劃開發這種幾何解題軟件用於教育。這個項目 1994 年開始，

將與我們合作進行。

　　1994 年，我們將把這方面的研究成果在世界上公開。包括軟件、來源程都公開，免費提供。這有助於它更快地被用於教育。面積方法的系統化和機械化都是中國人的成果。我希望它首先在中國推廣，開花結果。我知道，不少老師對這項教學改革積極性很高。四川、江蘇、湖北都有一批數學工作者關心這方面的研究。如果國家教委重視，抓一抓這個工作，立個項目（這個研究項目可以和國家攀登計劃聯繫，因為我們的定理機器證明研究是攀登項目的一部分），我相信一定能結出豐碩的果實。

　　以上種種想法，片面及不當之處一定不少，歡迎指正。謝謝！

注：本文是作者在國家教委基礎教育課程教材研究中心召開的「數學課程內容改革研討會」上的書面發言，1993 年元月 6 — 8 日於北京。

（原載《數學教師》，1993.3）

甚麼是「教育數學」①

教育數學與數學教育不同，但兩者有密切的聯繫。數學教育是教育學的一支，而教育數學是數學的一支。要講甚麼是教育數學，得從數學教育談起。

數學教育要研究的主要有兩點：

其一是「教甚麼」？即教材問題。

其二是「怎樣教」？即教法問題。

兩者之中，更重要的當然是教材問題。因為如果不知道教甚麼，怎樣教就無從談起。

那麼，數學教材從何而來呢？

數學教育通常認為：把數學家的研究成果作為基本素材——數學材料，經過教學法的加工，便可以形成教材：

所謂教學法加工，只是剪裁、整理，不包括數學上的創造。

但是，筆者認為，從數學家的研究成果出發，僅僅進行不包含數學上的創造的「教學法加工」，是難以形成好教材的。

事實上，從數學家的研究成果到課堂上使用的教材，常要經過兩種性質不同的加工。

首先要進行數學上的再創造，使琳琅滿目但卻雜亂無章的材料蔚然成序，成為符合教育基本規律的「經典教程」。這部分工作是數學

---

① 本文是作者於 1988 年 8 月在《中國 21 世紀數學展望會議》上的一個發言的摘要。

的任務。承擔這一任務的數學家也就是教育數學家。

在經典教程的基礎上進行一次或多次的教學法加工，使之適合當地的學生、教師及社會的條件，成為實際應用的教材，這部分工作是教育學的任務。具體地，是數學教育的任務。承擔這一任務的是數學教育家。

也就是說，應當是這樣的過程：

讓我們看看歷史事實。

歐幾里得《幾何原本》的出現，是對古希臘幾何研究成果進行數學上的再創造的結晶。

經過兩千多年的探討，對幾何學的見解已遠比歐幾里得時代深刻了。希爾伯特在一系列成果基礎上，進行數學上的再創造，寫出了著名的《幾何基礎》。

柯西總結了牛頓、萊布尼茲以來豐富的微積分研究成果，進行了數學上的再創造，其結果是《分析教程》，成為後人微積分教材的藍本。

如果只有「教學法加工」，那就不可能有《幾何原本》、《幾何基礎》、《分析教程》。這些足以在相當長期間影響課堂的經典教程的出現，要靠教育數學家的辛勤勞動。

歐幾里得、柯西、希爾伯特，他們不但是數學大師，同時也是卓越的教育數學家。

現代數學教育學裏忘記了教育數學，以為只靠教學法加工就可產生好的教材，這是因為古人已為我們準備了出色的經典教程。教學法

加工是從經典教程出發，或是從加工過幾次、十幾次、幾十次的加工品出發。既然都不進行數學上的創造，所以也就想不到應當有教育數學。

但是，世界在前進，科技在迅猛發展。社會對數學教育提出了更高的要求。人們希望孩子們在更少的時間內學得更多更好，更現代化更津津有味。於是要改革。從 20 世紀 60 年代開始，改革數學教材之風幾乎颳遍世界。數學家們、數學教育家們熱心地面對數學成果，剪裁整理進行教學法加工編出新的教材，然而收效甚微。原因是多方面的。但其中重要的一條是缺少數學上的再創造，沒有針對古人留給我們的遺產已暴露出的缺點進行再創造，沒有創造出符合教育學基本規律的新的經典教程。

說古人留下的東西不好，說歐幾里得留下的幾何不好，柯西留下的極限概念不好嗎？總要有真憑實據。要說出道理來。所謂道理，首先應當有判斷優劣的原則。

也許，下面的三條值得參考。不妨先來個正名，稱之為「教育數學三原理」吧！

第一條原理：在學生頭腦裏找概念；

第二條原理：從概念裏產生方法；

第三條原理：方法要形成模式。

這三條需要說明。

講數學，基本概念當然必不可少，十分重要。人人皆知，把概念教給學生，與磁帶、錄音、錄影、膠卷感光完全不是一回事。學生頭腦裏已有很多知識印象，它們要和新來的概念起反應發生變化，使新概念格格不入甚至被歪曲。把學生頭腦裏的東西研究一番，利用其中

已有的東西加以改造形成有用的概念，是個重要手段。這樣，學生學起來親切容易。

光有概念不夠，還必須有方法。數學的中心是解題，沒有方法怎麼解題？從概念裏產生方法，就是説有了概念之後，概念要能迅速轉化為方法。不能推來推去走過長長的邏輯道路學生還看不見有趣的題目，摸不到犀利的方法。

方法不能過多，不能零亂。要形成統一的模式。像吃飯一樣，光吃零食不利於腸胃吸收，不利於健康。形成模式，即形成較一般的方法，學生才會心裏踏實信心倍增。

總之，教育數學三原理很簡單，無非是説概念要平易、直觀、親切，邏輯推理展開要迅速簡明，方法要通用有力。

說起來簡單的事做起來卻不容易。用這三條對照歐幾里得的幾何推理體系，老先生明顯地沒有做好。

初中學生要學平面幾何。他們頭腦裏已有的小學課本上的幾何知識與馬上要學的概念相距甚遠。學了基本概念公理要推來推去幾個星期才觸及有趣的習題與巧妙的方法。而方法又是東一下西一下，見到題目挖空心思作輔助線無一定章法可循。

以方法而論，歐幾里得的基本證題工具是全等三角形。在隨便給出的圖形裏通常難以找出這樣的一對一對的三角形。全等三角形與相似三角形不是一般圖形的基本細胞。這決定了歐幾里得提供的方法不是一般的通用方法。兩個三角形全等有三個條件。用全等三角形性質證兩條線段相等或兩角相等時要湊夠三個等式才得到一個等式。這決定了歐幾里得的方法通常不是簡捷有力的工具。

但不能怪歐老先生。他代表了兩千多年前人類當時最高的科學水

平與認識水平。

　　循着教育數學三原理進行數學上的再創造，我們找到了更為符合教育規律的新路。

　　把甚麼作為平面幾何的主導概念？我們從學生頭腦中尋找。小學裏多少學些幾何知識。小學生頭腦裏印象最深的是面積。抓住面積，抓住三角形面積公式的一個簡單推論（若 $\triangle ABC$ 的 BC 邊上有一點 P，則 $\triangle ABC$ 與 $\triangle ABP$ 面積之比等於 $BC : BP$），可以成功地展開全部平面幾何。

　　在這個新的幾何體系中，一開始就提供兩個易於掌握的工具——關於共邊三角形的共邊比例定理和關於共角三角形的共角比例定理：

　　共邊比例定理　若直線 AB 與 PQ 相交於 M，則

$$\frac{\triangle PAB}{\triangle QAB} = \frac{PM}{QM} \text{。}$$

　　共角比例定理　若 $\triangle ABC$ 與 $\triangle A'B'C'$ 中有 $\angle A = \angle A'$ 或 $\angle A + \angle A = 180°$，則

$$\frac{\triangle ABC}{\triangle A'B'C'} = \frac{AB \cdot AC}{A'B' \cdot A'C'} \text{。}$$

　　這裏我們用 $\triangle ABC$ 同時表示三角形 ABC 的面積。這通常不至於混淆。

　　一對共邊三角形，就是有一條公共邊的兩個三角形。一對共角三角形，就是有一個角相等或互補的三角形。這兩個概念簡易直觀。這兩種三角形處處出現。上述兩條定理作為解題工具十分靈活有力。本刊連載過的長文〈平面幾何新路〉中對這兩條定理的多種應用有詳細的介紹。（參看《數學教師》1985 年第二期至 1986 年第六期。）這裏僅舉幾個典型例子：

例 1　已知 $\triangle ABC$ 中，$\angle B = \angle C$，求證：$AB = AC$

證　把 $\triangle ABC$ 看成一對共角三角形 $\triangle BAC$ 與 $\triangle CAB$，用一下共角比例定理，便得

$$1 = \frac{\triangle BAC}{\triangle CAB} = \frac{BA \cdot BC}{CA \cdot CB} = \frac{AB}{AC} \text{。}$$

例 2　已知 $\triangle ABC$ 與 $\triangle A'B'C'$ 中 $\angle A = \angle A'$，$\angle B = \angle B'$，$\angle C = \angle C'$，求證：

$$\frac{AB}{A'B'} = \frac{BC}{B'C'} = \frac{AC}{A'C'}$$

證　由共角比例定理：

$$\frac{\triangle ABC}{\triangle A'B'C'} = \frac{AB \cdot AC}{A'B' \cdot A'C'} = \frac{BA \cdot BC}{B'A' \cdot B'C'} \text{。}$$

立得 $\dfrac{AC}{A'C'} = \dfrac{BC}{B'C'}$。同理有 $\dfrac{AB}{A'B'} = \dfrac{AC}{A'C'}$。

例 3　在 $\triangle ABC$ 的兩邊 AB，AC 上分別取兩點 P、Q。已知 $AQ : CQ = 1 : \lambda$，$AP : BP = 1 : \mu$。又 PC 與 BQ 交於 M，求 $\dfrac{BM}{QM} = ?$

解　用共邊比例定理

$$\frac{BM}{QM} = \frac{\triangle BMC}{\triangle QMC} = \frac{\triangle BMC}{\triangle AMC} \cdot \frac{\triangle AMC}{\triangle QMC} = \mu \cdot \frac{1 + \lambda}{\lambda}$$

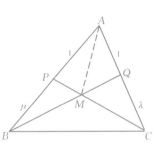

例 4　兩直線分別與三條平行線截於 A、B、C 和 A'、B'、C'。求證：

$$\frac{AB}{BC} = \frac{A'B'}{B'C'} \text{。}$$

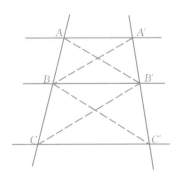

證　用共邊比例定理：

$$\frac{AB}{BC} = \frac{\Delta ABB'}{\Delta BCB'} = \frac{\Delta A'BB'}{\Delta C'BB'} = \frac{A'B'}{B'C'}。$$

與傳統的方法對比，繁簡判然。

不僅如此。以面積為基礎，可以形成解題模式，可以導出全部初等幾何，可以通向更高深的數學課程。

這表明，教育數學三原理的應用，不是空談。它能引導我們走向數學教材改革的新天地。但它的應用必須伴着數學上的創造，要付出實實在在的勞動。

目前，數學教育中存在兩個大難點，也就是學生成績分化之點。一個分化點是平面幾何。這一個分化點使一部分同學的數學成績一蹶不振。另一個分化點是極限概念與實數理論。它使一部分同學幾乎終生不能真正理解微積分的推理過程，而只能形式的運用幾條公式。

運用教育數學三原理，我們在前一個難點的處理問題上提出了新的辦法——抓住面積建立新的體系。對後一個難點，有沒有甚麼突破性的建議呢？

目前，講極限概念用的是柯西的 ε—語言。一般認為，離開 ε—語言，無法嚴格地引入極限概念。

其實這是誤解。柯西的 ε—語言，並不是極限概念的最好表述方式。它沒有從學生頭腦裏已有的東西出發，也沒有提供有力而帶一般性的方法。

讓我們循着「三原則」，尋求新路。

極限概念與無窮緊密相關。學生頭腦裏，與無窮有關的東西是甚麼呢？

自然數。學生對自然數已十分熟悉。自然數有兩條明確而易於理解的性質：第一，它是一個比一個大，不減少的數列。第二，它是無界的。

抓住這兩條性質，引入「無界不減數列」，是毫無困難的：

定義　如果數列 $\{D_n\}$ 滿足：

(1)　$D_1 \leq D_2 \leq \cdots \leq D_n \leq D_{n+1} \leq \cdots\cdots$；

(2)　不存在實數 A 大於一切 D_n。

則稱 $\{D_n\}$ 為「無界不減列」。

學生自然認為，無界不減列是趨於無窮大的數列。那麼，比無界不減列更大的數列不是更應當是趨於無窮大列了嗎？因而下述定義是自然的：

無窮大列定義　設 $\{a_n\}$ 是數列。如果有一個無界不減列 $\{D_n\}$，使得

$$|a_n| \geq D_n，(n = 1, 2, \cdots)$$

則稱 $\{a_n\}$ 為無窮大列。

有了無窮大，順理成章地有無窮小：

無窮小列定義　設 $\{a_n\}$ 是數列。如果有一個無界不減列 $\{D_n\}$，使得

$$|a_n| \leq \frac{1}{D_n}，(n = 1, 2, \cdots)$$

則稱 $\{a_n\}$ 為無窮小列。

有了無窮小概念，極限概念就呼之欲出了。

數列極限定義　設 $\{a_n\}$ 是數列。如果有一個實數 a，使 $\{a_n - a\}$ 是無窮小列，則數列 $\{a_n\}$ 以 a 為極限。

就這樣，借助於學生頭腦中已有的自然數概念，不花大力氣地引入了極限定義。至於函數的極限，也可照此辦理。

這樣引入的概念本身提供了證明極限存在或計算極限的方法。

繼續抓住「從學生頭腦中找尋概念」這一條，讓我們看看有沒有更好的辦法來證實數理論。

傳統的實數理論包含一系列基本定理，這定理是研究連續性的基本工具。但是，我們從學生頭腦裏卻能發掘出更有力的工具。

學生對數學歸納法是熟悉的。數學歸納法是關於自然數的。把自然數改一下，變成可以連續變化的實數，行不行呢？

可以，這就是「連續歸納法」。

讓我們把兩種歸納法從形式上作一比較：

關於實數的 連續歸納法	關於自然數的 數學歸納法
設 P_x 是關於一個實數 x 的命題。如果——	設 P_n 是關於一個自然數 n 的命題。如果——
(1) 有實數 x_0，使對一切 $x < x_0$，有 P_x 成立；	(1) 有自然數 n_0，使對一切自然數 $n < n_0$，有 P_n 成立。
(2) 若對一切實數 $x < y$ 有 P_x 成立，則有 $\delta_y > 0$，使 P_x 對一切 $x < y + \delta_y$ 也成立。	(2) 若對一切自然數 $n < m$ 有 P_n 成立，則 P_n 對一切自然數 $n < m + 1$ 也成立。
那麼，對一切實數 x 有 P_x 成立。	那麼，對一切自然數 n 有 P_n 成立。

兩種歸納法如此相似，學生很容易從他們熟悉的數學歸納法進一步掌握連續歸納法。

人們會問：連續歸納法對不對？它有甚麼用？它與實數理論有甚麼關係？

可以證明，連續歸納法與實數的戴德金公理等價，從它可以用一個模式推出區間套定理、有限覆蓋定理、確界定理、波爾查諾——維爾斯特拉斯定理等一切關於實數以及連續函數的定理。

上述三個例子——以面積為基礎的幾何體系、不用 ε—語言的極限概念表述、連續歸納法——表明，教育數學是有切實內容的一個研究領域。關心教育的數學工作者可以在這一領域一試身手。

教育數學的研究，當然不限於中學至大學初年級的數學課程。當代著名的法國布爾巴基學派，提出結構思想，整理現代數學的成果，寫出百科全書式的《數學原理》四十多卷，這也是教育數學的工作。他們幹的是高層次的數學教育，為當代和下一代的數學家準備經典教程。此外，把龐雜的數學論文理出頭緒寫成專著，把深奧的數學定理證明初等化使更多的人理解，也屬於教育數學的內容。

教育數學的成果如何為數學教育服務？這個問題更具有迫切性、實踐性，也更為困難。它期待着關心數學教育的志士仁人的指點、批評及切實地工作。

（原載《數學教師》，1989.2）

把數學變得容易一點

數學教育的改革，是近數十年來世界上一個長盛不衰的話題。幾乎所有的國家，都對自己國家的數學教育現狀有所不滿。大多數的學生，都認為數學是一門要花大量時間而又難以取得好成績的困難的課程。

數學難學，應當說是客觀存在的事實。

這是因為，數學中的概念較為抽象；數學中的問題較為靈活多變；尤其是，由於科學技術的發展和數學本身的發展，數學課程的分量變得越來越重了。

如果把 500 年前十五六歲的孩子要學的數學課程和今天初中畢業生要掌握的數學知識作一個對比，便會相信：社會對他們在數學方面的要求大大提高了。

何況，其他課程也在加碼，電視和各種吸引人的娛樂在日甚一日地吸引學生，爭奪着他們的課餘時間。

如何在有限的時間內使學生儘可能好地掌握「應具備」的數學知識（包括能力、素養……），這是一個極其複雜的問題。

可以從多個角度討論這個問題：

哪些數學知識是應當掌握的（中學、小學、大學）？

掌握到甚麼程度（「人人會算」，還是「問題解決」）？

如何「因材施教」？

怎樣考試？

……

這樣的問題可以提出 10 個、20 個或更多。許多文章、書籍在對這

些問題進行着反覆的討論，甚至激烈的爭論。本文想從另一個角度提出問題：能不能把數學變得更容易學一點？

顯而易見，如果數學變得容易了，學生就能在更少的時間內達到要求，學生就有更多的時間和精力去思考，去發揮他們的創造力。

同樣解決一個問題，同樣建立一個體系，方法上有難易的區別。這區別可以是很大的。用古羅馬記數法表示自然數，做四則運算就比現在我們用的方法繁難得多。

數學發展對數學教育的影響，遠遠超過教育學的發展對數學教育的影響。因此，數學教育的改革，應當包括數學方法與體系的改革，即數學內容的改革。改革的目標，是使數學更適合於教育的需要。簡單地說：要把數學變得更容易一些。但是，這是不是可能呢？

我們來看幾個例子：

（一）雞兔同籠問題，是小學算術應用題中一類重要的問題。「雞兔共有頭 18 個，足 60 隻，問有多少隻雞，多少隻兔？」古老的解法是假想這 18 隻都是兔或都是雞。思路雖極巧，卻使一些學生想不通：明明有雞有兔，為甚麼假設只有一種呢？另一種巧妙的設想是：如果所有的雞都來個「金雞獨立」，同時所有的兔都用後腳立起來，便容易發現：足數的一半與頭數的差正是兔數，即兔數為 $\frac{60}{2} - 18 = 12$。這種解法巧妙而有趣，但其出發點仍似天外飛來，不易使孩子們掌握。

我曾試過另一種方法，其思想是從學生的常識出發自然地引出解答。

先問：「兔有四隻腳，為甚麼雞只有兩隻腳？這豈不是太不公平了嗎？」

經過思考，學生會找到理由：「不是不公平，雞還有兩隻翅膀呢！」

問：「如果翅膀也算腳，總共該有多少隻腳？」

這容易回答：$18 \times 4 = 72$，72 隻腳。

「但題中翅膀不算腳，只有 60 隻腳，可見，有多少隻翅膀呢」？

「$72 - 60 = 12$，12 隻翅膀！」

於是，學生興奮地喊出來：「6 隻雞！」

這種解法，每個學生都立刻理解了。即使不再複習，半年後他們仍能回憶起來。

這個例子告訴我們：充分利用學生們頭腦中已有的東西，是使數學變得容易的一條途徑。前兩種方法思路雖巧，但出發點（假設只有兔或只有雞，或讓兔用兩條後腿站起來）與學生的腦子裏的東西相距較遠，不易得到學生的認同。最後一種方法，利用了「雞有兩隻翅膀」這件學生們熟悉的事，便輕而易舉地進入了學生的頭腦。

這是一個極簡單的問題，而且有悠久的歷史，但仍可以找到更好的新方法。可見，把數學變得容易一點，是大有可為的！

（二）角的弧度制是中學數學教學難點之一。這是因為，把一個周角分為 2π 這種分法對學生來說過於陌生了。如果先引進另一種角度單位「平角」，就有大不相同的效果。

規定：$180°$ 角叫作一個平角，寫作 $1P$。"P" 是 Ping（平）的代號。

這一點不會使學生困惑。他們立刻會得出：

$360° = 2P$，$90° = \dfrac{1}{3}P$，$60° = \dfrac{1}{3}P$，等等。

容易算出，在單位圓中，$1P$ 角所對的弧長為 π，如果用弧長作為角的量度，只要把 "P" 換成 π，一切公式都不變。

這種過渡之所以能收到化難為易的效果，是因為充分利用了學生頭腦中先已有了的平角概念。

（三）在平面幾何和三角函數的教學中，重視面積關係的作用，有可能起到化難為易、化繁為簡的作用。面積方法還有其他的好處，筆者在拙著《從數學教育到教育數學》和〈平面幾何新路〉中已嘮叨了不少，此處只舉幾個突出的例。

例1（平行截割定理）三條平行直線被兩直線所截，順次得交點 A、B、C 和 X、Y、Z，如圖，則

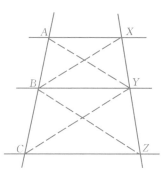

$$\frac{AB}{BC} = \frac{XY}{YZ} \text{。}$$

這是一個重要的命題。用面積方法來證明它，比傳統方法容易得多：

$$\frac{AB}{BC} = \frac{\Delta ABY}{\Delta BCY} = \frac{\Delta XYB}{\Delta YZB} = \frac{XY}{YZ} \text{。}$$

這就輕而易舉地證明了它。（此處及以下，記號 ΔABC 也表三角形 ABC 的面積）

例2（相似三角形的「角、角」判定法則）若 ΔABC 與 ΔXYZ 中，$\angle A = \angle X$，$\angle B = \angle Y$，則

$$\frac{AB}{XY} = \frac{BC}{YZ} = \frac{CA}{ZX} \text{。}$$

應用三角形面積公式 $\Delta ABC = \frac{1}{2}AB \cdot AC\sin A$ 或共角定理，立刻得下列證法：

由 $\angle A = \angle X$，$\angle B = \angle Y$ 得 $\angle C = \angle Z$，於是

$$\frac{\triangle ABC}{\triangle XYZ} = \frac{AB \cdot AC}{XY \cdot XZ} = \frac{AB \cdot BC}{XY \cdot YZ} = \frac{AC \cdot BC}{XZ \cdot YZ} \text{,}$$

約簡後立得所要之等式。

這個命題在傳統幾何教材體系中要經過一系列準備才能得到，現在卻成了面積公式或共角定理的一個簡單推論。

例 3　（正弦函數加法公式）當 α、β 都為銳角時，有

$$\sin(\alpha + \beta) = \sin\alpha \cdot \cos\beta + \cos\alpha \cdot \sin\beta$$

如圖，設 AD 是 $\triangle ABC$ 的高，

$$\triangle ABC = \triangle \text{I} + \triangle \text{II}$$

即

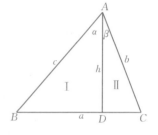

$$\frac{1}{2}bc\sin(\alpha + \beta) = \frac{1}{2}ch\sin\alpha + \frac{1}{2}bh\sin\beta$$

兩端同用 $\frac{1}{2}bc$ 除，得

$$\sin(\alpha + \beta) = \frac{h}{b}\sin\alpha + \frac{h}{c}\sin\beta$$
$$= \cos\beta \cdot \sin\alpha + \cos\alpha \cdot \sin\beta$$

這就是所要的等式。

筆者於 1974 年有機會教初中數學，講了加法公式的這種證法。半年後的一次測驗中，看到全班學生無一例外地均能掌握這個證明。它比一般教材中相應命題的證法容易得多。

用這種方法，可以早早地引入這個命題。這個命題推廣到任意角之後，可直接用於三角函數的計算，導出誘導公式，從而大大減少學生的記憶負擔，提高課堂教學效率。

面積方法能使幾何、三角化難為易，原因是多方面的：(1) 學生從小學階段就熟悉面積，面積法充分利用了學生頭腦中已有的知識；

(2) 面積是具體的，直觀的，易於把握；(3) 面積是幾何與代數之間的橋樑，它容易把幾何推理轉化成代數運算；(4) 用面積法能發展出平面幾何解題的一般模式。

在面積法的基礎上，我們於 1992 年（作者與美國威奇托州立大學周咸青、中科院系統所高小山合作）已發展了幾何定理機器證明的新型算法和軟件。新算法的特點是，它能生成易於理解和檢驗的證明。在大多數情形下，我們的算法也可以不用機器而由人用筆和紙實現。它適用於可構圖的等式型幾何命題。這樣，面積方法和電腦輔助教學，和電腦知識的學習，也有了緊密的聯繫。

（四）在數學分析入門的教學中，更有改進的餘地。這裏以極限概念的引進方式為例，加以說明。

極限概念是數學分析的基礎，是學生走入高等數學之門時最難通過的一關。自柯西和維爾斯特拉斯等成功地實現微積分的嚴格化以來，教科書上數列極限的定義是這樣的：

數列極限概念的 ε— 語言定義　設 $\{a_n\}$ 是無窮數列。如果存在一個數 a，使得對任給的正數 $\varepsilon > 0$，總有 $N > 0$，使 $n \geq N$ 時總有

$$|a_n - a| < \varepsilon,$$

就說當 n 趨於無窮時，數列 a_n 以 a 為極限，並記作 $\lim\limits_{n \to +\infty} a_n = a$ 或 $a_n \to a(n \to +\infty)$。

這個定義，實現了極限概念的嚴格化。但從教育學角度看，它過於難了。用數理邏輯的符號，上述定義可表述為：

"$\lim\limits_{n \to +\infty} a_n = a$" $=_{df}$

"$(\exists a)\,(\forall \varepsilon > 0)\,(\exists N > 0)\,(\forall n \geq N)\,(|a_n - a| < \varepsilon)$"，

這裏包含了四個邏輯層次！它成為教學難點，是毫不足怪的。

能不能改善極限定義，使它變得容易學習且仍不失嚴格性呢？

有些數學家斷言，不用 ε—語言，是難於嚴格地表述極限概念的。其實並非如此。

我們可以充分借助學生頭腦中已有的概念，引入極限定義。在學習數列極限概念之前，學生已有了數列概念、有界數列與無界數列的概念、單調不減數列的概念等。這時可引入：

無窮小列的定義　設 $\{a_n\}$ 是無窮數列，如果有一個無界不減的恆正數列 D_n，使

$$|a_n| \leq \frac{1}{D_n} \quad （一切自然數 n） ，$$

則稱 $\{a_n\}$ 為無窮小列。

有了無窮小列的定義，引入數列極限便毫無困難了。

數列極限概念的非 ε— 語言定義　設 $\{a_n\}$ 是無窮數列。如果有一個實數 a，使 $\{a_{n-a}\}$ 是無窮小列，則稱數列 $\{a_n\}$ 以 a 為極限。記作

$$\lim_{n \to +\infty} a_n = a 或 a_n \to a(n \to +\infty) 。$$

這樣引入極限概念，比起 ε—語言定義來，直觀平易得多，在證明定理，計算極限時用起來也方便得多。在拙著《從數學教育到教育數學》一書中有較多例子和說明，此處僅舉一例。這個例題是微積分的典型習題。有些著名的數學家認為這個例題說明了 ε—語言的力量，認為不用 ε—語言就難於解決這類問題。我們將看到，不用 ε—語言可能幹得更好些：

例 4　已知 $\{a_n\}$ 以 0 為極限，令

$$S_n = \frac{a_1 + a_2 + \ldots + a_n}{n} \quad (n = 1，2，3\cdots\cdots)$$

求證：$S_n \to 0(n \to +\infty)$

用 ε—語言的證法　任給 $\varepsilon > 0$，可以找到 N_1，使當 $n \ge N_1$ 時有

$|a_n| < \dfrac{\varepsilon}{2}$，又可以找到 N_2，使

$$\frac{|a_1 + a_2 + \ldots a_{N_1}|}{N_2} < \frac{\varepsilon}{2} \text{。}$$

然後取 N 為 N_1、N_2 中之較大者，則當 $n \ge N$ 時，便有

$$\begin{aligned}
|S_n| &= \frac{|a_1 + a_2 + \ldots a_n|}{n} \\
&\le \frac{|a_1 + \ldots + a_{N_1}| + |a_{N_1+1} + \ldots a_n|}{n} \\
&\le \frac{|a_1 + a_2 + \ldots + a_{N_1}|}{N_2} + \frac{(n - N_1)}{n} \cdot \frac{\varepsilon}{2} \\
&< \frac{\varepsilon}{2} + \frac{\varepsilon}{2} = \varepsilon \text{。}
\end{aligned}$$

證畢。

用新定義的證法　因 $a_n \rightarrow 0$，故有無界不減數列 $\{D_n\}$ 使

$|a_n| < \dfrac{1}{D_n} = d_n$。取 $m = \left[\sqrt{n}\right]$，便有

$$\begin{aligned}
|S_n| &= \frac{|a_1 + a_2 + \ldots + a_n|}{n} \le \frac{d_1 + d_2 + \ldots + d_n}{n} \\
&\le \frac{d_1 + d_2 + \ldots + d_m}{n} + \frac{(n - m)d_{m+1}}{n} \\
&\le \frac{md_1}{n} + d_{m+1} \le \frac{d_1}{\sqrt{n}} + d_{m+1}
\end{aligned}$$

這證明了 $S_n \rightarrow 0$。

這種證法，比分兩次找 N 易於掌握。因為利用了數列 $d_n = \dfrac{1}{D_n}$ 的

單調性，用代數運算代替了邏輯運算。

據筆者所知，四川都江教育學院劉宗貴教授已編寫了以上述新定

義引入極限概念的微積分實驗教材，並用於教學實踐。關於在幾何教學中引入面積方法，西南師大陳重穆教授所寫的初中幾何單元試驗教材中也有所體現。有些中學，如四川省成都七中，以拙著〈平面幾何新路〉為基本教材，在進行着幾何教改試驗。由於教育試驗要有一個較長的週期，涉及多方面複雜的因素，效果如何，短期內尚難評說。但筆者相信，這樣做下去，由於能使數學變得容易一點，終會產生正面效果的。

　　把數學變容易一點，可以從多方面入手。前述雞兔同籠一例，是從教法入手。面積法的引入，非 ε— 語言極限定義的引入，則改變了教材，甚至改變了教材的數學基礎。改變教材以使數學變得容易，又可有多種思路。從積極方面說，把抽象的內容具體化，把陌生的概念「熟悉化」，把多變的問題模式化（甚至算法化、機械化），均能收到化難為易的效果。從消極方面看，則應當刪減那些已變得不很重要的內容，降低那些不必要的要求。例如，平面幾何中講「比」，是因為歐幾里得時代人們還不知道無理數。現在有了實數理論，關於比的一套理論就不再必要，只要讓學生知道甚麼是比就夠了。又如，在計算器已普及的地方，常用對數就只有數學史的意義了。這些屬於刪減不重要的內容之列。關於不必要的教學要求，一個受到廣泛關注的問題是：在小學生初學乘法時，3×4 和 4×3 一樣不一樣？老師要求把應用題算式列成 3×4，學生列成 4×3 要不要扣分？關於這個問題，我曾寫過兩篇短文（見《小學數學教師》（雙月刊），1987 年 2 期，1988年 3 期）拋磚引玉，引來許多老師就此發表高見，討論過一陣子（見《小學數學教師》，1988 年 3 期、6 期「教師論壇」欄所發表的十幾篇文章）。討論一陣之後，現在究竟如何了，小學生把 3×4 寫成 4×3 要不要扣

分，目前我還不知道^①。像這種涉及面大而且帶有一般性的教改中出現的問題，應當引起教育行政部門的重視，在大家討論的基礎上，想個辦法解決。數學本來就繁難，我們的某些教學規範不是設法化難為易，而是難上加難。剛學乘法，老師辛辛苦苦地教學生記住 4×3 不能寫成 3×4，後來，又辛辛苦苦地教給學生乘法交換律，4×3 可以寫成 3×4。為甚麼不能靈活一點，一下子就告訴學生 4×3 和 3×4 是一樣的呢？

由此想到，在我國目前情況之下，數學教改的一大阻力來自升學考試的指揮棒。我聽到不少老師談起，他們覺得面積方法好，但在教學中不敢放手教學生用面積方法解題。主要是因為教學大綱中沒有「共邊定理」和「共角定理」這兩條面積法的主要工具，怕升學考試時學生用了要被扣分。實際情形確是如此。

大家都認識到要搞數學教材改革。改革帶有探索性、試驗性，必然有多種方案提出。用甚麼標準來衡量其成敗呢？這是一個複雜的問題。目前，我們事實上是用升學考試這一個標準來衡量，這就產生了矛盾。如何克服這個矛盾，這可能是個瓶頸問題。這個問題不解決，大家討論來討論去還只能是紙上談兵。這個矛盾，靠數學家、數學教育家、數學老師，是解決不了的。只靠教育行政主管部門，也是解決不了的。要由教育行政主管部門主持，大家一起商量個辦法出來。

目前提倡「一綱多本」，無疑比「一綱一本」好得多。但要把數學變容易一點，不僅涉及教法教材，還涉及實質性的數學內容，即涉及「綱」的內容。能不能思想再解放一點，把「綱」也變得靈活一點呢？

（原載《面向 21 世紀的中國數學教育——數學家談數學教育》，

嚴士健主編，台灣九章出版社）

---

^①　注：筆者於 1996 年高興地得知，北京師範大學教學研究所所編的小學教學新教材裏，已去掉了這個 3×4 不能寫成 4×3 的要求，教學試驗效果很好。

從數學難學談起

一、數學教育很重要

數學教育是一件大事。

最近，江蘇教育出版社出版了《面向 21 世紀的中國數學教育——數學家談數學教育》一書。我覺得這是本好書。書中開宗明義的第一篇，是中國科學院數學物理學部的〈今日數學及其應用〉（王梓坤教授執筆）[1]。文中用無可爭議的大量事實，雄辯地發揮了華羅庚在〈大哉數學之為用〉[2]中的精彩論點，把數學在國富民強中的重要意義——「國家的繁榮昌盛，關鍵在於高新科技的發達和經營管理的高效率」；「高新科技的基礎是應用科學，而應用科學的基礎是數學」——論述得淋漓盡致。同書齊民友教授在另一文中 [3] 更痛切地大聲疾呼：「在 21 世紀，沒有相當的數學知識就是沒有文化，就是文盲。所謂社會主義市場經濟，所謂現代企業制度，乃至整個改革運動，沒有一個具有相當數學知識的人民群眾和各級幹部作為支撐，都只能是一句空話。」

此處不必再論證了，數學教育確實是一件大事。世界各國的許多科學家多年來都在反覆鼓吹這一看法。可惜，這件大事在世界上很多國家都做得不太令人滿意。

二、數學教育的困境

近 30 年來，數學教育在世界各國遭遇到了不同程度的困難。學生對數學的興趣降低，解題能力下降。成績優秀的中學生報考數學系的

日益減少。數學奧林匹克的許多優勝者不肯去學數學。國外有個大學的數學系因招不到學生而關了門。數學教師和數學教育家們在眾多的改革方案之間徘徊爭論而莫衷一是。美國一位著名的數學家在一篇討論數學教育的文章中說：「我們有錢，有人材，但是沒有方向。」

在我國，許多專家和教師在各級教委領導下進行了積極的探索和穩步的教改試驗，有了一定的效果。但是，數學教育的困難局面並未根本改觀。數學習題難做而且量大是學生負擔沉重的重要因素之一。有關數學解題方法的文章書籍之多，流行之廣，也說明了這一問題。有些數學專家認為造成這種局面的重要原因是高考指揮棒下的應試教育。例如，嚴士健教授說：「按現在的高考辦法，數學教育改革幾乎不可能進行。」[4] 但是，高考也考別的課程，比如英語，而英語教育卻不像數學教育有這麼多困難。在美國，幾乎不存在高考問題，數學教育的改革也是舉步維艱。在我國，對大學生也沒有高考問題，數學仍被看成一門困難而不受歡迎的課程。可見，數學教育的困難，必定還有它另外的更為深刻的原因。

三、困難從何而來

一方面是社會經濟的現實原因。「空氣哺育萬物而自身無償，數學教育眾人而報酬極低」[1]。支持數學研究和數學教育的經費相對較少，數學工作者的報酬相對較低，學數學的難找到好的工作，甚至找不到工作。「學習數學又難，成為拔尖人物更難。無怪乎現代青年人大都不願學數學，即使有數學天才者也避而遠之」[1]。付出多而回報低，數學當然受到冷遇。但是，中小學學生、非數學專業的大學生，不存

在以數學為職業的問題，也不像幾十年前那麼喜歡數學，是為甚麼呢？

看來，這裏還有另一方面的原因：數學是一門具有特殊重要地位的非學不可的課程，而且越來越難了。這一情形出現的根本原因，是由於當代科學技術特別是電腦技術的發展，使數學思想和數學方法滲透到了每個科學技術領域以及人文學科。社會對人們的數學素質提出了更高的要求。又由於數學本身的發展，數學知識日益豐富。一些過去被認為是高等數學的內容，被下放到中學。數學競賽和考試中產生出來的難題妙招，年復一年地滲透到補充習題之中。過去是數學家研究的內容，現在已經寫入大學的教材。學生要學的數學知識多了，時間並沒有增加（物理、化學、生物各科內容也更加豐富，要求更高，學生課外還有了更多有趣的活動），當然顯得緊張了。

時間少，內容多，學生沒有反覆琢磨品味的餘地，自然難於產生濃厚的興趣。數學方法又靈活多變，學了些定理公式卻往往做不出那千變萬化的題目。難於體驗到成功的快樂。於是，「對大多數學生來說，數學學習就只是一個失敗的經驗，而這事實上也是存在於世界各國的一個普遍現象。」更為嚴重的是，「美國數學教育家戴維斯教授就曾指出，一些學生正是由於數學學習失敗而喪失了對於整個人生的信心——從而，在這樣的意義上，我們的學校已接近於毀滅年輕的一代」[5]。也許，特別是在中國，事情還沒有到如此悲慘的境地。但數學被認為是一門難學的課程，已經是不爭的事實。

四、克服困難的努力和局限

幾十年來，人們付出了很大的努力，以改善數學教育。

一方面下了很大工夫改革數學教學的內容，即改革數學教材。在西方，20世紀60年代開展了一場轟轟烈烈的「新數學運動」，企圖以現代數學思想改造傳統數學教育內容。在前蘇聯，世界級的數學大師柯爾莫哥洛夫提出簡化了的平面幾何公理系統，並主持編寫了中學幾何教材。在我國，出現了農村版、內地版、項武義系統等多種數學教材，刪繁就簡，減少抽象性和邏輯推理，增加直觀性和實際應用。不少國家和地區在中學裏增加了微積分初步、向量、統計等內容。

另一方面，不遺餘力地研究和改革數學教學的方法。在西方，先是提出「程序教學」，現在又提倡「問題解決」。我國也有許多研究和試驗，如啟發式、討論式、精講多練、淡化概念、重視實驗操作、重視感性認識到理性的過渡和提高，等等。這些工作豐富了我們對數學教學的認識，不同程度地改善了數學教育。

但是，這些努力沒有超出數學教育活動的範圍，沒有改變數學本身。數學教材的改革，只是選擇現成的數學材料並加以排列組合，下工夫做出一個好的拼盤。而教法的研究，只是變着法兒引導學生如何把拼盤吃下去，吃得有味，消化得好。如果食品的原料本來缺少某種營養，或含有某種不利於健康的物質，那就不是做拼盤和講吃法所能解決的問題了。當然，做拼盤也是一種了不起的藝術；吃法更必須講究。但這並不能解決全部問題。

也就是說，如果數學教育面臨的困難來自於數學知識本身的缺陷或不足，這困難就不可能由數學教育的努力從根本上加以克服。只有數學上的創造活動，才可能解決問題。

五、教育數學應運而生

舉個簡單的例子。英語中 12 個月各有自己的名字。要記着這 12 個單詞必須花一定的力氣。這裏，刪繁就簡是無能為力的。總不能只要 6 個月吧。直觀引路，把 12 個月和花兒草兒聯繫起來似乎也無大幫助。這是知識本身的缺陷。如果像漢語那樣，把 12 個月叫作一月、二月（month one、month two）等，就可立竿見影地收到化難為易的效果。可惜語言太難改革，這只是説説而已。

在數學中，類似的情形不少，要是用羅馬數字做加減乘除，無論如何去編教材，去研究教學法，總會困難重重。改用阿拉伯數字和十進記數法，問題迎刃而解。算術裏的四則應用題，一題一法，做得學生焦頭爛額。而代數方程一來，摧枯拉朽，使人進入了更高的數學境界。學習數學的困難，主要是不會解題。數學本身的進步，新的數學思想、新的方法、新的算法的創立，能夠最有效地化難為易，提供更有效的解題工具，消除數學教育的難點。其結果是數學教學的效率大大提高。現在中學生的數學知識，遠比古代的大學士豐富，主要是由於數學本身的進步，而不是由於教育學的進步。

可是，長期以來，數學創造的活動已經集中在數學發展的前沿。從小學到大學低年級所學的數學，被認為是完全成熟了的、定型了的知識。這樣就形成了一種思維定勢，只想到教材的取捨和教學方法的改進，而沒去想想數學知識本身是否有可能改進。這是數學教育中的某些老大難問題長期存在的一個重要的原因。

教育數學，正是針對這種局面而提出來的 [6]。為了數學教育的需要，對數學的成果進行再創造，改進數學的方法、體系及表述形式使

之更適於學習，是教育數學的任務。

六、為教育優化數學

在《數學教育哲學》一書中，鄭毓信教授提出：數學教育的基本矛盾乃是「數學方面」與「教育方面」的對立與統一。他認為，新數學運動的失敗，就是因為只注意到了數學方面而忽視了教育方面。[5] 這一觀點是頗有道理的。數學教育，要研究教甚麼（教材）和怎樣教（教法）這兩方面的問題。編教材要考慮可接受性，是使數學方面適應於教育。教法的研究，則是讓教育方面適應於數學。而教育數學的研究，補充了一種新的思路：改造數學內容，使之更好地適應教育。

今天，世界上有數以萬計的數學家在孜孜不倦地勞動。從幾百個不同的數學分支裏，雨後春筍般地產生出新的數學成果。徐利治教授估計[7]，每年至少有 20 萬條定理被提供給「數學共同體」。從浩如煙海的原始文獻到提綱撮要的綜合報告，到自成體系的專著，到引導初學者升堂入室的教程，需要艱苦繁重的勞動，更需要數學上的再創造。這種再創造的勞動果實為科學界所共享，為數學教育所必需。它是接近數學前沿的教育數學的活動，為大家所熟悉、所承認。但是，在數學的大後方，面對着數學家們早已熟悉的材料，面對着已經進入中、小學課堂和大學教程的「老生常談」，還有沒有再創造的必要與可能呢？還有沒有教育數學的用武之地呢？

數學知識，特別是作為數學教育內容的基礎知識，是現實的客觀世界的空間形式和數量關係的反映。同樣的空間形式，同樣的數量關係，可以用不同的數學體系、數學方法和數學命題來反映，正如從不

同角度給一座大樓拍照片一樣。只是，有的反映方式生動、直觀、便於學習、易於理解，有的則不然。有的適於少年兒童學習，有的適於成年人學習，有的則不適於教育。用古羅馬記數法和十進記數法做算術，都能得出正確的答案，可見兩者都反映了客觀世界的數量關係。但在教育效果上的差別，是顯而易見的。

因此，為了數學教育的目的，應當用「批判」的眼光審視已有的數學知識。這批判，不是懷疑它的正確性，而是檢查它在教育上的適用性。看一看，問一問，能不能找到更優的反映方式？

尋找更優的反映方式，這是數學上的再創造活動。但是，從何處下手呢？

七、優劣的標準

教育數學着眼於兩點：難點和新點。

數學教育中，有些傳統公認的難點。如幾何解題、極限概念、三角變換等。對付它們的辦法，常用分散難點、推遲難點、反覆強化、適當迴避等手段。而從教育數學的觀點看來，難點的產生，很可能是由於現有的數學知識對某些客觀規律反映得不夠好，不適用於教育。哪裏難，就在哪裏開刀，改造它，進行再創造。優化數學概念的表述方式，找尋更有力、更好學的方法，從根本上化解難點。

隨着數學的發展和科學技術的進步，數學教材的內容會變化、更新。新的數學知識進入教材，產生了新點。如何推陳出新，更妥善地安排整個教材系統，不能只靠對新內容作教學法的加工，還需要數學上的再創造。這裏就有了教育數學的任務。

教育數學有了自己的工作點：難點與新點。它又該如何工作呢？要優化數學，甚麼是優劣的標準呢？

我們在《從數學教育到教育數學》一書中，提出三個目標：

邏輯結構盡可能簡單；概念的引入要平易直觀；要建立有力而通用的解題工具。

其實，這也是數學教育中從來都贊成的目標。教育數學提出的新觀點不過是：通過數學上的再創造來達到這些目標。

教育數學不應停留在一般的觀點和泛泛的討論上。它是實實在在的數學工作。特別在數學的大後方，它所面對的材料常常是經過千百年錘煉的，由名師巨匠之手留下來的珍貴的數學遺產。要從這樣的精華之中找出缺點並進行再創造，無異於向前輩數學大師挑戰。但是不必膽怯。我們站在巨人的肩膀上，能夠看得更遠。

我們在《從數學教育到教育數學》一書中，用具體的研究表明：在數學的大後方，教育數學也能做出相當有意義的工作。該書在教育數學的觀點和一般原理引導之下，針對數學教育中的兩個世界性的老大難問題，即平面幾何教材改革和微積分入門教學問題，提出了具體的解決方案。在幾何中引入系統面積方法，在微積分中引入「極限概念的非 ε—語言」和「連續歸納法」。幾年來，這些觀點和方法在國內外已產生相當的影響，並經受了教育實踐的初步檢驗。

八、用面積方法改造歐氏幾何

據說，歐幾里得曾不無驕傲地教訓一位國王：「沒有一條通向幾何的王者之路」。

歐幾里得認為，幾何不可能變得更容易。

　　這種局面持續了兩千多年。甚至笛卡兒、希爾伯特、柯爾莫哥洛夫等大師們的出色工作，都未能使之改觀。歐幾里得確有遠見。

　　但是，系統面積方法的出現，使開闢一條通向幾何的「王者之路」成為可能！

　　系統面積方法，通常稱面積方法。它是由一種古老的幾何解題技巧發展出來的直觀、簡便、易學、有效而通用的幾何證明和幾何計算方法。我國古代數學家曾用面積關係給出勾股定理的多種證明方法。但長期以來，它僅僅被認為是一種特殊的解題技巧。我們在 1974 年至 1994 年這 20 年間，逐步把面積技巧發展為一般性方法並建立了以面積關係為邏輯主線的幾何新體系 [8][9][10][11][12]，從理論和實踐上解決了兩千年來「幾何解題無通用方法」的難題。經過這 20 年的工作，用面積方法改革幾何教學在科學上的準備已經完成。

　　面積方法用於幾何教學的好處是：

　　(1)　直觀易學，起點低。學生在小學階段已經熟悉了基本幾何圖形的面積及其計算公式，在此基礎上學習平面幾何知識順理成章，自然平易。

　　(2)　面積方法提供了有效而簡便的解題工具，基本上解決了長期存在的「幾何好學題難做」的問題。

　　(3)　面積方法大大簡化了許多基本幾何定理的證明，可節省課堂教學時間。

　　(4)　面積方法直觀地把幾何與代數，推理與計算，作圖與證明結合起來了。這有利於培養學生樹立形數結合的觀點。

　　(5)　面積法的發展是體積法，可以用於立體幾何的計算與證明。

(6) 由於面積方法已經實現為電腦程序 [12]，為電腦輔助教學提供了豐富的內容和有利的基礎。

(7) 面積在高等數學中以各種形式出現。面積是坐標，是積分，是行列式，是外微分形式，是向量的外積，是測度。微積分裏最常用的三角函數和對數（指數）函數及最基本的極限式，都可以用面積給出直觀易學的定義和證明。以面積為主線，從小學、初中，到高中、大學，數學的內容可以一線相串。

(8) 面積方法簡化了三角和解析幾何中的許多推理論證。面積方法發表後，在國內不脛而走，成為中學生數學奧林匹克培訓必備內容之一，並被編入多種數學奧林匹克讀物。某些師範院校教材中，詳細地介紹了系統面積方法的基本原理並稱之為 21 世紀中學平面幾何新體系 [13]。

應當說明的是，面積方法並不排斥傳統幾何方法中那些有效的工具和技巧。相反，它能夠為傳統方法提供更簡捷的證明。它把零亂的幾何方法系統化了，使古老的幾何學發展到一個新的階段，更具系統性和科學性的階段。

九、面積方法的兩個工具

面積方法的起點十分平易。它從小學生所熟悉的一個幾何命題出發。這命題是：「共高三角形的面積比等於底之比」。還可以在命題的表述中不涉及高，更簡單地說成：

共高定理　若 A、B、C、D 在一直線上，則對任一點 P，有

$$CD \cdot \Delta PAB = AB \cdot \Delta PCD$$

這裏和後面，記號 $\triangle XYZ$ 既表示三角形 XYZ，也可表示它的面積。其意義可由下文看出，不會混淆。上述命題中的等式，當兩點 C、D 不重合時，$CD \neq 0$，可寫成更直觀的比的形式：

$$\triangle PAB / \triangle PCD = AB/CD$$

(這其實就是《幾何原本》第六卷命題一。歐幾里得用它證明過平行截割定理，即同卷命題二。可惜歐氏沒有深入研究並發展這一方法，不然，幾何早就變得容易些了。) 應用這個簡單而基本的共高定理，可以開門見山地建立面積法的兩個基本工具：

共邊定理　若直線 PQ 交 AB 於 M，則

$$\triangle PAB / \triangle QAB = PM / QM$$

證明　在 AB 上取一點 N 使 $MN = AB$，由共高定理得

$$\triangle PAB / \triangle QAB = \triangle PMN / \triangle QMN = PM/QM，證畢。$$

共角定理　若 $\angle ABC$ 與 $\angle XYZ$ 相等或互補，則當 $\triangle XYZ \neq 0$ 時有

$$\triangle ABC / \triangle XYZ = AB \cdot BC / (XY \cdot YZ)$$

證明　如圖 1，把兩個三角形拼在一起，使 B、Y 兩點重合。用共高定理，兩種情形下都有

$$\triangle ABC / \triangle XYZ = (\triangle ABC / \triangle XBC)(\triangle XBC / \triangle XYZ)$$
$$= (AB / XY)(BC/YZ)$$
$$= AB \cdot BC/ (XY \cdot YZ)，證畢。$$

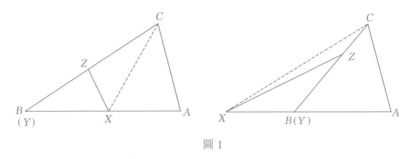

圖 1

這兩個定理得來不費工夫。由於平凡,兩千多年間無人重視。其實,它們用處很大,有雞刀殺牛之效。陳重穆教授主持編寫的《高效初中數學實驗教材》在相似形一章中,已經把這兩個基本工具作為重要定理。教學實踐表明可節省課時,提高學生能力,有多快好省的效果。

關於共邊定理和共角定理的大量應用,見 [6]、[9]、[10]、[12] 等。以下略舉兩例,可窺一斑。

十、班門弄斧兩例

數學大師華羅庚在《全國中學數學競賽題解》的前言中,稱下列命題包含了射影幾何的基本原理,並為中學生讀者寫了一個初等的證明 [13]。

例 1 (射影幾何基本原理) 直線 *AD*、*BC* 交於 *K*,*AB*、*CD* 交於 *L*,*AC*、*BD* 交於 *M*。直線 *AC*、*BD* 分別與 *KL* 交於 *G*、*F*,則

$$KF / LF = KG / LG。$$

華證 設 $\triangle KFD$ 中 *KF* 邊上的高為 *h*,利用

$2\triangle KFD = KF \cdot h = KD \cdot DF \cdot \sin\angle KDF$,得到

$KF = KD \cdot DF \cdot \sin\angle KDF / h$

243

同理，再求出 LF，LG 與 KG 的類似運算式。因而

$$(KF / LF) (LG / KG)$$

$$= (KD \cdot DF \cdot \sin\angle KDF) (LD \cdot DG \cdot \sin\angle LDG) /$$

$$(LD \cdot DF \cdot \sin\angle LDF) (KD \cdot DG \cdot \sin\angle KDG))$$

$$= (\sin\angle KDF / \sin\angle LDF) (\sin\angle LDG / \sin\angle KDG)。$$

同樣可以得到

$$(AM / CM) (CG / AC)$$

$$= (\sin\angle ADM / \angle\sin\angle CDM) (\sin\angle CDG / \sin\angle ADG)。$$

所以

$$(KF / LF) (LG / KG) = (AM / CM) (CG / AG)$$

類似地可以證明

$$(LF / KF) (KG / LG)$$

$$= (\sin\angle LBF / \angle\sin\angle KBF) (\sin\angle KBG / \sin\angle LBG)$$

$$= (\sin\angle ABM / \sin\angle CBM) (\sin\angle CBG / \sin / ABG)$$

$$= (AM / CM) (CG / AG)$$

由此可見 $((KF / LF) (LG / KG))^2 = 1$。即證得結論。

　　上述證明，思路雖巧，但過程較繁，不易掌握。特別是證明中還用了「同理」、「同樣可以得到」和「類似地可以證明」等略語，否則就更長了。如果用共邊定理，則可給出一更簡捷、更基本的單線推理的證明：

　　用共邊定理的證法　由共邊定理和共高定理得：

$$KF / LF = \triangle KBD / \triangle LBD$$

$$= (\triangle KBD / \triangle KBL) (\triangle KBL / \triangle LBD)$$

$$= (CD / CL) (KA / AD)$$

= (△ACD / △ACL) (△ACK / △ACD)

= △ACK / △ACL = KG / LG。

證畢。

另一個例子是傳統歐氏幾何的重要定理，項武義教授在《幾何學的源起和發展》中稱之為「相似形基本定理」[14]，即

例 2（相似形基本定理）　若在 △ABC 和 △XYZ 中有

$$\angle A = \angle X \cdot \angle B = \angle Y \cdot \angle C = \angle Z,$$

則　　　　　　　　　$AB / XY = BC / YZ = AC / XZ。$

歐氏幾何傳統證法提要　《幾何原本》中語言太繁，下面根據項武義教授在《幾何學的源起和發展》中整理的證法略述其梗概。

(1)　先證引理：

設 △ABC 和 △XYZ 的三個內角對應相等，而且 $AB = n \cdot XY$（n 為一正整數），則 $AC = n \cdot XZ$，$BC = n \cdot YZ$。（見 [14]，61-62 頁）

(2)　再證命題：

設 △ABC 和 △XYZ 的三個內角對應相等，而且 $AB / XY = m / n$（是一個分數），則 $AC / XZ = BC / YZ = m / n$。（見 [14]，63-64 頁）

(3)　引入歐都克斯法則。（見 [14]，70-73 頁）

(4)　完成證明。（見 [14]，73-75 頁）

用共角定理的證法　由題設及共角定理得

$$\triangle ABC / \triangle XYZ = (AB / XY) (BC / YZ)$$

$$= (BC / YZ) (AC / XZ)$$

$$= (AB / XY) (AC / XZ),$$

約簡後即得所要結論。

顯而易見，新方法簡單多了。簡單了，就可以節省教學時間，減

輕負擔。富餘時間多了，學生又可以多思考討論，學得更好，形成良性循環。

十一、大巧小巧和中巧

學數學當然要解題。而數學難學，特別是幾何難學，主要也是學了知識之後仍不會解題。年復一年的競賽和考試不斷產生花樣翻新的題目，使學生接觸到越來越多的自己不會的題目。各式各樣關於解題的書應運而生。而且，20 世紀 80 年代以來，「問題解決」已經成為美國數學教育的口號。

如何教會學生解題呢？

一種方法是題海戰術，收集大量問題，分成類型，傳授巧法和妙招，以備套用。我國近年出版的大量數學讀物，屬於此類。這樣做教師省心，應付考試也有短期效果，所以頗受歡迎，流行不衰。

一種方法是強調基本知識和技能，強調一般的解題思考原則。這是數學家波利亞在他的一系列著作中所提倡的。也是許多數學家所贊成的。可惜曲高和寡，多數教師學生難於掌握，實效不大。

前不久在新加坡和項武義教授討論過這個問題。他把前一方法叫作小巧，後一方法叫作大巧。他主張要教學生大巧，提倡靈活，「運用之妙，存乎一心」。

但我以為，小巧一題一法，固不應提倡，大巧法無定法，也確實太難。吳文俊教授在〈數學教育不能從培養數學家的要求出發〉一文中指出，「不能用數學家的要求來指導中小學數學教學」[15]。要求學生掌握大巧，是想讓他們學會數學家的思維方法。這對絕大多數學生，

不是幾年內能做到的。事實上，即使是數學家，在自己的專長領域之外，也未必敢說掌握了大巧。

華羅庚在《全國中學數學競賽題解》的前言中提到，在 1978 年為全國中學生數學競賽命題時，「本來想出從光行最速原理推出關於折射角的問題」，「由於我們沒有想到適合於當前中學生的解法，所以沒有採用」[13]。據當時參加命題的裴宗滬教授說，那幾天，華先生一直想把這個問題用初等方法解出來，但沒有成功。

其實這個問題的初等解法很多，也並不難。光學家惠更斯早就有一個簡單的初等解法。有興趣的讀者可參看下節。

我們總不能說數學大師華羅庚的數學基本知識不夠，基本技能不精，或不掌握一般的解題思維原則吧？這只能表明，靠一般的大巧要想解決千變萬化的數學題目是很難的。即使是出色的數學家，面對一個不很難但卻陌生的題目，也不一定能在短時間內解決。

當然，評價科學家，是看他解決了甚麼問題，而不是看他沒做出甚麼。華羅庚不拒絕小題目，且能坦然地把自己沒做出的小題目公之於眾，正是偉大學者的本色。

提倡「問題解決」的美國數學家們，開始把波利亞的一般解題方法論作為指導方針。但不久就發現，實踐未能取得預期的效果。學生已經具備了足夠的數學知識，也已經掌握了相應的方法論原則，卻仍然不能有效地解決問題[5]。這一點也不奇怪。就是數學家也不能有效地解決他不熟悉的問題。何況學生還沒有足夠的時間呢！

我想，出路在於提倡「中巧」。所謂中巧，就是能有效地解決一類問題的算法或模式。它不像小巧那麼呆板瑣碎，又不像大巧那麼法無定法。代數裏的解方程、列方程解題，分析裏求導數、用導數研究

函數的增減凸凹，還有數學歸納法，均屬中巧。長期以來，幾何難學，是因為幾何裏只有小巧大巧，而沒有中巧。我們用面積法和消點法創造了幾何解題的一類中巧，使初等幾何方法從四則雜題的水平提高到代數方程的水平。在下面將用一節較具體地談這件事。

中巧要靠數學家研究創造出來，才能編入教材，教給學生。學生主要是學，而不是創。在學習中巧過程中體驗數學的思想方法，鍛煉邏輯推理的能力，或能部分地掌握大巧。至於小巧，學一點也好，但不足為法。小巧是零食，大巧是養生之道，中巧才是主食正餐。

教育數學要研究有效而易學的解題方法，要提供中巧。

十二、插話：光折射幾何不等式

上面提到華羅庚所說的「從光行最速原理推出關於折射角的問題」，是要證明一個幾何不等式：

例 3（從光行最速原理導出光折射定律）設平面上 A、B 兩點在直線 CD（C、D 不重合）的兩側。AC、BC 分別和直線 CD 成銳角 φ 和 Ψ，且這兩角不相鄰。則

$$AC / cos\varphi + BC / cos\Psi < AD / cos\varphi + BD / cos\Psi。 \tag{1}$$

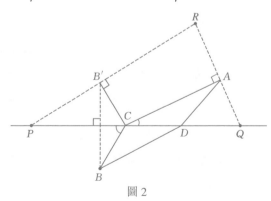

圖 2

例 3 與費馬的光行最速原理有關。這個原理說：「光在傳播時，走的總是最節省時間的路線。」

如圖 2，光線從 A 點射出，在介質分介面 CD 上一點 C 處折射後到達 B 點，AC、BC 分別和直線 CD 成銳角 φ 和 Ψ，且這兩角不相鄰。光在兩種介質中的速度分別為 u、v。按光折射定律，有

$$u / v = \cos\varphi / \cos\Psi \text{。} \tag{2}$$

如果光經 D 點到 B，所用的時間是不是更多一些呢？

光由 A 到 C，需時 AC / u，由 C 到 B，需時 BC / v。如果光行最速，則應有

$$AC / u + BC / v < AD / u + BD / v \text{。} \tag{3}$$

但因 (2)：$u / v = \cos\varphi / \cos\Psi$，故不等式 (3) 等價於 (1)。

一方面，從光折射定律出發，由不等式 (1) 可知光在折射時走的總是最節省時間的路線。反之，如果承認了光行最速原理，由不等式 (1) 即可導出光折射定律。

不等式 (1) 的初等證法很多，這裏略舉兩個風格不同的方法。

面積證法　如圖 2，設 B' 是 B 關於直線 CD 的對稱點。過 B' 作 $B'C$ 的垂線與 CD 交於 P，過 A 作 AC 的垂線與 CD 交於 Q，PB'、QA 交於 R。則

$$B'C \cdot PR + AC \cdot QR = 2(\triangle RPC + \triangle RQC)$$
$$= 2(\triangle RPD + \triangle RQD)$$
$$< B'D \cdot PR + AD \cdot QR \text{。}$$

由正弦定律，$PR / QR = \sin\angle Q / \sin\angle P = \cos\varphi / \angle\cos\Psi$，並注意到有 $B'C = BC$、$B'D = BD$，代入前式得

$$BC \cdot \cos\varphi + AC \cdot \cos\Psi < BD \cdot \cos\varphi + AD \cdot \cos\Psi \text{。}$$

兩端除以 $\cos\varphi \cdot \cos\Psi$，即得所要的不等式 (1)。

　　此證法有兩個關鍵，一是作對稱點 B'，一是作兩垂線。前一技巧華羅庚在同文 [13] 中談到反射定律時已提及，後一技巧是有關三角形的費馬點的古典方法，討論費馬的光行最速原理時易想到費馬點。可見這個證法並非來自靈感。而下一證法，更是常規的推理。

　　三角證法　不妨設 $\Phi = \angle ACD$。如圖 3，則 $BC < BD$。要證的 (1) 等價於 $(AC - AD) / \cos\Phi < (BD - BC) / \cos\Psi$。為估計式中的線段差，自 D 向直線 AC、BC 分別引垂足 P、Q，如圖 3：

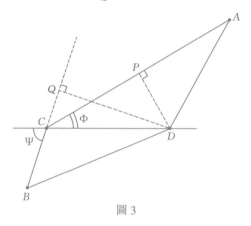

圖 3

則有 $AC - AD < AC - AD \cdot \cos\angle A = CP$，$CQ = BD \cdot \cos\angle B - BC < BD - BC$，故

$$(AC - AD) / \cos\Phi < CP / \cos\Phi$$
$$= CD = CQ / \cos\Psi < (BD - BC) / \cos\Psi。$$

證畢。

十三、幾何定理機器證明與消點法

幾何解題法無定法，這問題已存在了兩千多年。幾何這「一理一證」的特點，給初學者帶來很大困難，也給數學教師加重了負擔。

如果能找到一種通用的方法，像列方程解應用題那樣，以不變應萬變，對成類的幾何問題，變「一理一證」為「萬理一證」，該使人們節省多少高級的腦力勞動啊！這就是數學機械化的想法。

如〈數學機械化證明的吳文俊原理〉一文中所說，「實現數學定理證明的機械化，是數學的認識和實踐中的一次飛躍」[16]。數學機械化的思想吸引了許多卓越的數學家為之傾注心血。笛卡兒為此創立了坐標方法；萊布尼茲為此設想過推理機器；希爾伯特在數十年的數學生涯中不斷探求數學機械化的途徑，並在其名著《幾何基礎》中證明了第一條關於一類幾何命題的機械化定理[16][17]；馮·諾伊曼發明的電子計算機，為數學機械化準備了物質條件。數學機械化的道路漫長而艱難。直到上世紀 50 年代，才僅僅從理論上證明了初等幾何證明機械化的可能性，這是塔斯基的著名結果。

上世紀 70 年代吳法問世[18]，是數學機械化研究的一大突破。使用吳法，在微機上能迅速地證明很難的幾何定理。隨後，周咸青將吳法改進並實現為通用程序[19]，在微機上證明了 512 條非平凡的幾何定理。數學機械化的古老的夢，第一次成為現實。

在此之前，西方學者從 60 年代起即研究用邏輯方法實現幾何證明的機械化，但進展不大。吳法在笛卡兒坐標的基礎上，使用代數工具而得到成功。在它的啟發之下，又出現了 *GB* 法[20]、數值並行法[21]等有效的代數方法。

但是，用這些代數方法給出的證明，往往是成百上千項的多項式的計算或大量數值計算的過程，人難於理解和檢驗。能不能用電腦生成簡捷而易於理解和檢驗的、像人所給出的那樣的證明呢？這就是所謂幾何定理可讀證明的自動生成問題。

許多人，包括有些在數學機械化領域卓有成就的科學家，都認為讓電腦生成幾何定理的可讀證明是太難了。這種想法有道理。因為幾何命題千變萬化，人可因題而異想出妙手巧招得到簡捷的證明。電腦以不變應萬變，以繁重的計算代替嚴謹的推理，怎麼可能做到簡捷可讀呢？事實上，這個方向的研究在世界上已進行了幾十年，只用電腦證明了少數簡單的例子。

直到 1992 年，消點法的出現，使這一難題得到突破。

兩千多年來，在解幾何題山窮水盡時，總是在想在圖上添加些點或線，以求出現柳暗花明的轉機。消點法則反其道而行之，力求從圖上把某些點去掉，使愈來愈簡單，最後達到水落石出。而面積方法，恰好為消點提供了有力的基本工具。關於消點法，有興趣的讀者可參看 [11]、[12]、[23] 或通俗短文 [22]。此處僅舉一簡單的例子。

例 4　設 ΔABC 的兩條中線 AM、BN 交於 G，則 $BG = 2GN$。

此題的圖可按以下步驟作出：

(1)　任取不共線三點 A、B、C，

(2)　取 BC 的中點 M，

(3)　取 AC 的中點 N，

(4)　作 AM、BN 的交點 G。

要證的結論可寫成 $BG / GN = 2$。消點法的思路，是要從表達式 BG / GN 中按作圖的相反順序消去 G、N、M 等點，以求結果。過程是：

$BG / GN = \Delta ABM / \Delta AMN$（用共邊定理消去 G）

$\qquad = 2\Delta ABM / \Delta AMC$

$\qquad$（因 N 是 AC 中點，$\Delta AMN = \Delta AMC / 2$，消 N）

$\qquad = 2$（因 M 是 AB 中點，$\Delta ABM = \Delta AMC$，消 M）

這就機械地給出了一個簡捷而漂亮的證法。

　　使用消點法時，涉及三種幾何量：面積、共線或平行的線段的比和勾股差。四邊形 $ABCD$ 的勾股差，即 AB、CD 的平方和減去 AD、BC 的平方和之差。三角形 ABC 的勾股差，定義為四邊形 $ABBC$ 的勾股差。於是，ABA 的勾股差是線段 AB 平方的兩倍。而 ΔABC 的面積與勾股差的比恰是 $\angle ABC$ 的正切的 $1 / 4$。用這三種幾何量能表達各種其他幾何量。

　　只要一個幾何命題的前提可以用作圖語句描述，而結論可以表達為這三種幾何量的有理式，就能夠用消點法判定其是否成立。如果成立，判定過程中也就給出了有幾何意義的證明。在多數情形下，這證明是簡明可讀的。證明過程中，每個前提條件僅使用一次。在這種意義下，證明是最短的了。

　　可以引進更多的幾何量以擴大消點法的使用範圍，並得到多種風格的證明。例如，消點法與複數運算結合，能對許多與角度有關的命題機械地給出簡明的證法，包括著名的莫勒定理。消點法打開了幾何解題方法的豐富的寶藏。

　　消點法既可以在微機上實現，也能由中學生用筆和紙進行。它不僅使古老的幾何有了成批解題的「中巧」，也給電腦輔助教學提供了豐富的內容。

　　順便提到，消點法已經推廣於非歐幾何。這改變了非歐幾何解題

難的局面，並發現了一批非歐幾何新定理 [23]。

十四、極限概念的非 ε—語言

教育數學的又一項研究，針對着微積分入門教學的難點。

由牛頓和萊布尼茲所創立的微積分是不嚴格的。在 200 年之後，經柯西等一批數學家的努力，建立了嚴密的極限理論，才為微積分提供了堅實的基礎。但柯西的極限理論，要用 ε—語言來敘述，其邏輯結構複雜，初學者難以理解和掌握。100 年來，極限概念的 ε—語言已成為進入高等數學大門的難關。它是公認的微積分入門教學難點。例如，美國斯皮瓦克所寫的一本著名的微積分教材中，竟無可奈何地要求學生不管明白不明白，把關於極限概念的 ε—語言定義「像背一首詩一樣背下來，這樣做，至少比把它說錯來得強。」G·波利亞在《數學與猜想》中提到，工科學生顧不上 ε—語言證明，對 ε—語言證明沒有興趣，教給他們的微積分規則就像是從天上掉下來的 [24]。

這種情形下，數學專業的學生只有花很多時間精力，做大量練習來闖過 ε—語言難關。而非數學專業的學生，則乾脆對極限概念不求甚解，模糊地從直觀上了解一下，只求會套用公式算題罷了。1979 年—1984 年間，我在中國科技大學教少年班和數學系的微積分。這些學生入學成績是國內一流的，但在學習 ε—語言極限概念階段，仍然感到困難，測驗成績平均僅 60 多分。

對這一難點，長期以來大家幾乎束手無策。有些教材（如龔升、張聲雷編的《簡明微積分》，上海科技出版社出版）採用一年級先直觀地學極限概念，二、三年級再嚴格地學 ε—語言。這樣炒夾生飯的辦

法，並未從根本上解決問題，收效不大。因為學生學會了用微積分解決許多應用問題後，不再有新鮮感，對嚴格化已無興趣了。

通過總結在中國科技大學幾年的教學心得，筆者於 1984 年提出了極限概念的非 ε—語言。初步試用效果頗好。後因離開教學崗位，沒有繼續試下去。這一想法在刊物上發表後，又寫入《從數學教育到教育數學》中。1992 年，四川都江教育學院劉宗貴教授根據《從數學教育到教育數學》中的方法寫出教材《非 ε—語言一元微積分學》（1993 年由貴州教育出版社出版）[25]，在教學中試用，取得了預期的好效果。一方面節省了課時 30%，一方面又提高了教學質量。用傳統的 ε—語言講極限，學生習題的正確率不到 50%，而用了新方法，正確率達到 87%。

新方法充分利用了學生頭腦裏已有的信息。以數列極限為例。在學極限概念之前，他們已知道了甚麼是數列、單調不減數列和無界數列。於是容易引入：

無窮大數列的定義　設 (a_n) 是一數列。如果有無界不減數列 (D_n) 使 $|a_n| > D_n$ 對所有的 n 都成立，則稱 (a_n) 為無窮大數列。

順理成章地有：

無窮小數列定義　設 (a_n) 是一數列。如果有無界不減數列 (D_n)，使 $|a_n| < \dfrac{1}{D_n}$ 對所有 n 都成立，則稱 (a_n) 為無窮小數列。

於是極限概念就瓜熟蒂落了：

數列極限的定義　設 (a_n) 是一數列。如果有實數 A，使得數列 $(a_n - A)$ 是無窮小數列，則稱數列 (a_n) 以 A 為極限。

這樣定義的極限概念的特點是：

(1)　在學生已學過的概念的基礎上平易自然地引入極限概念，沒有邏輯上的跳躍。

(2)　直觀而又嚴格。

(3)　定義有可操作性，學生可直接應用概念做題而很少困難。

(4)　用統一的模式處理多種極限過程，系統性強。

(5)　邏輯上與 ε—語言的極限概念等價。數學系學生入門後很容易再掌握傳統方法，不影響數學上的進修。

記得徐利治教授在他的一本書中提出這樣的看法：「不用 ε—語言不可能嚴格地講極限概念。」他說，下面這個題目不用 ε—語言是無法做出來的：

例5　設 (a_n) 是無窮小數列。記

$$S_n = (a_1 + a_2 + \cdots + a_n) / n$$

則 (S_n) 也是無窮小數列。

用 ε—語言的傳統證法，見於許多教材。這裏是非 ε—語言的證法：

證明　因 (a_n) 是無窮小數列，故有無界不減數列 (D_n) 使得

$|a_n| < d_n = 1 / D_n$。取 m 為 $\sqrt{n}$ 的整數部分，則：

$$|S_n| = |a_1 + a_2 + \cdots + a_n| / n$$

$$\leq (d_1 + d_2 + \cdots + d_n) / n$$

$$\leq (d_1 + d_2 + \cdots + d_m) / n + (n - m) d_{m+1} / n$$

$$\leq m d_1 / n + d_{m+1} \leq d_1 / m + d_{m+1}$$

這證明了 (S_n) 是無窮小數列。

這表明，不用 ε—語言也能嚴格地講極限概念，而且做起題目來比用 ε—語言更便當。

預期，極限概念的非 ε—語言在教學中推廣後，數學專業師生可節

省時間和精力且學會更靈活的思考和解題方法。非數學專業學生將結束 G·波利亞所說的「微積分規則像是從天上掉下來的一樣」這種局面，能真正掌握極限概念，提高數學素質，把微積分知識學得更透，用得更好。

十五、展望與希望

前面還沒有提到連續歸納法。連續歸納法把數學歸納法從自然數系推廣到了實數系，是初等分析中一條被前輩大師們遺漏了的重要的原理和有用的工具。在教育數學觀點的引導下，它被找出來了[6]。有了它，分析中一系列與實數和連續函數有關的基本定理可以用統一的模式證明。這又克服了分析入門教學中一大難點。由於這個問題只涉及數學專業，就不多談了。

教育數學的成果表明，數學難學的一個重要原因是數學知識本身還有不足之處。通過教育數學的工作，豐富了數學，使數學更適合於教育。

但已有的工作主要是教育數學的基礎研究。把基礎研究的成果變成實際的好處，變成數學教育的改善，有更多的工作要做：

1.　培養師資：短訓班與師範院校相結合。

2.　編寫教材和教學參考資料：不同程度地吸取面積法和消點法的中學幾何教材和教參。非 ε—語言的大專微積分教材、中學微積分教材和教參；相應的師範院校教材。

3.　在現有機器證明成果的基礎上開發新型的幾何教學輔導軟件，把數學教材改革與電腦輔助教學結合起來。

4. 組織教學試驗：可用課外活動和課堂教學等不同形式進行。

以上工作現在已經有些熱心的教師和研究人員在自發地做。

教育行政部門如能加強領道，計畫組織並給以支援，可大大加快成功的過程，得到更好的效果。

最低的支援，是對自發地學習使用面積方法的教師和學生採取允許和鼓勵的政策。由於面積方法易學好用，不少教師和學生在課外學習了它的一些基本定理。其中主要是共邊定理和共角定理。這兩個定理非常簡單，非常基本，可以從小學的幾何知識推出。在解題時用途很大。但因為是新的研究成果，以前的教材上沒有，教學大綱上也沒有。那麼，在中考和高考時能不能用這兩個定理解題呢？這個問題只能由教委研究後作出行政決定。例如，把面積方法的基本定理作為選修內容，允許在考試中應用。這樣可解除師生和家長的後顧之憂。對非 ε—語言的極限概念，在研究生考試中，也應有相應的政策。

積極的支持，是把「教育數學及其應用」作為一個重點項目有組織地來進行。目前在全國許多地方有不少志士仁人在從事教育數學的研究和教學實踐，或對教育數學有濃厚的興趣。把這些力量組織在一個項目之中，可以取長補短，配合協助，避免重複勞動，有事半功倍的效果。

把數學本身變容易些，是數學教育改革中投資小、收效大、立竿見影、穩妥可靠的一種辦法（當然還有別的辦法：改革高考制度、改進教學方法、電腦輔助教學等）。做好了，億萬師生受益，國家科學技術事業受益。做出經驗來，是我們留給後代的一份珍貴遺產，也是中華民族對國際數學教育事業的一份貢獻。

把數學變容易些，是自古以來無數學子的希望。到 21 世紀，這希

望應當可以變成現實了吧。

（原載《世界科技研究與發展》，1996.2）

參考文獻

[1]　王梓坤：〈今日數學及其應用〉，見嚴士健主編：《面向 21 世紀的中國數學教育——數學家談數學教育》，江蘇教育出版社，1994 年，1-36 頁。

[2]　華羅庚：〈大哉數學之為用〉，《人民日報》，1959 年 5 月。

[3]　齊友民：〈關於中學數學教育改革的一些看法〉，同 [1]，70-77 頁。

[4]　嚴士健：〈數學教育應為面向 21 世紀而努力〉，見蘇州大學編：《21 世紀基礎數學改革國際研討大會邀請報告集》，1994 年，60-90 頁。

[5]　鄭毓信：《數學教育哲學》，九章出版社，1997 年。

[6]　張景中、曹培生：《從數學教育到教育數學》，九章出版社，1996 年。

[7]　徐利治：《數學史、數學方法和數學評價》，同 [1]，54-60 頁。

[8]　張景中：《面積關係幫你解題》，九章出版社，1997 年。

[9]　張景中：〈平面幾何新路〉，《數學教師月刊》，1985 年 2 月 -1986 年 6 月。

[10] 張景中：《平面幾何新路》，九章出版社，1995 年。

[11] 張景中：《平面幾何新路——解題研究》，九章出版社，1997 年。

[12] Chou, S.C., Gao, X.S. & Zhang, J.Z., *Machine Proofs in Geometry*, World Scientific, Singapore, 1994.

[13] 華羅庚:《全國中學數學競賽題解》,〈前言〉,科學普及出版社, 1978 年。

[14] 項武義:《幾何學的源起與發展》,九章出版社, 1994 年。

[15] 吳文俊:〈數學教育不能從培養數學家的要求出發〉,同 [1], 37-40 頁。

[16] 石赫:〈數學機械化證明的吳文俊原理〉,見程民德主編:《中國數學發展的若干主攻方向》,江蘇教育出版社,1994 年,3-18 頁。

[17] 吳文俊:《幾何定理機器證明的基本原理》,科學出版社,1984 年。

[18] 吳文俊:〈初等幾何判定問題與機械化證明〉,《中國科學》, 1977,507-516 頁。

[19] Chou, S.C., *Mechanical Geometry Theorem Proving*, D. Reidel Publishing Company, 1987.

[20] Chou, S.C. & Schelter, W.F., Proving Geometry Theorem with Rewrite Rules, *Journal of Automated Reasoning*, 1986(4): 253-273.

[21] Zhang, J.Z., Yang, L. & Deng, M.K., The Parallel Numerical Method of Mechanical Theorem Proving, *Theoretical Computer Science*, 1990(74): 253-271.

[22] 張景中:〈消點法淺談〉,《數學教師月刊》, 1995(1):6-11。

[23] 張景中、楊路、高小山、周咸清:〈幾何定理可讀證明的自動生成〉,《計算機學報》, 1985(18):5, 380-393。

[24] G. 波利亞:《數學與猜想》,九章出版社, 1992 年。

[25] 劉宗貴:《非 ε 語言一元微積分學》,貴州教育出版社, 1993 年。

第四篇
課外天地

從正多邊形一個有趣的性質談起

正三角形有一個有趣的性質。也許不少老師和同學不曾注意到它。這就是：

命題 1　設 $\triangle ABC$ 是邊長為 a 的正三角形。l 是和 $\triangle ABC$ 在同一平面上的直線。自 A、B、C 向 l 引垂線，垂足為 A'、B'、C'，則

$$\overline{A'B'}^2 + \overline{B'C'}^2 + \overline{C'A'}^2 = \frac{3}{2}a^2 。 \tag{1}$$

簡單地說：正三角形的三邊在共平面的任一直線上投影的平方和是常數，即邊長平方和之半。

一旦注意到命題 1，證明起來是不難的。

命題 1 的證明　不妨 l 過 B 點而不通過 $\triangle ABC$ 的內部。且設 l 的正方向與 BC 繞行的反時針方向成角為 θ（圖 1）。於是有：

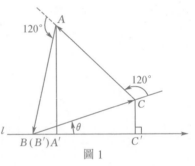

圖 1

$$\overline{B'C'}^2 + \overline{C'A'}^2 + \overline{A'B'}^2$$
$$= (a\cos\theta)^2 + [a\cos(\theta + 120°)]^2 + [a\cos(\theta + 240°)]^2$$
$$= a^2 \left\{ \frac{1}{2}(1 + \cos 2\theta) + \frac{1}{2}[1 + \cos(2\theta + 240°)] + \frac{1}{2}[1 + \cos(2\theta + 480°)] \right\}$$
$$= \frac{a^2}{2}[3 + \cos 2\theta + \cos(2\theta + 240°) + \cos(2\theta + 120°)]$$
$$= \frac{a^2}{2}[3 + \cos 2\theta + \cos 2\theta \cdot \cos 120° + \cos 2\theta \cdot \cos 120°]$$
$$= \frac{3a^2}{2} 。 \tag{2}$$

這就給出了命題 1 的證明。

自然會問，這個結果能不能推廣到正 n 邊形呢？

利用三角函數的求和公式：

$$\sum_{k=0}^{n} \cos(\alpha + k\beta)$$

$$= \frac{\sin\left[\alpha + \left(n + \frac{1}{2}\right)\beta\right] - \sin\left(\alpha - \frac{\beta}{2}\right)}{2\sin\frac{\beta}{2}} \qquad (3)$$

$$(\beta \neq 2m\pi, \; m = 0, \pm 1, \pm 2, \cdots)$$

很容易證明更一般的命題：

命題 2　設 $A_1, A_2, \cdots, A_n$，是正 n 邊形，邊長為 a。l 是和 $A_1 A_2 \cdots A_n$ 共面的任一直線，則此正 n 邊形的諸邊在 l 上的投影的平方和為 $\frac{n}{2}a^2$。即：若 A_k 的投影為 A'_k，則。

$$\overline{A'_1 A'_2}^2 + \overline{A'_2 A'_3}^2 + \ldots + \overline{A'_{n-1} A'_n}^2 + \overline{A'_n A'_1}^2 = \frac{na^2}{2} 。 \qquad (4)$$

證明　取定 l 的一個方向，並設正多邊形各邊的方向是反時針繞行的，設 l 的正向到 $\overline{A_1 A_2}$ 的正向的夾

角為 θ，則顯然有（圖 2）：

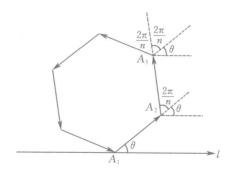

$$\overline{A'_1A'_2}^2 + \overline{A'_2A'_3}^2 + \ldots + \overline{A'_nA'_n}^2$$

$$= a^2 \sum_{k=0}^{n-1} \cos^2\left(\theta + \frac{2k\pi}{n}\right)$$

$$= a^2 \sum_{k=0}^{n-1} \frac{1}{2}\left[1 + \cos\left(2\theta + \frac{4k\pi}{n}\right)\right]$$

$$= \frac{a^2}{2}\left[n + \sum_{k=0}^{n-1} \cos\left(2\theta + \frac{4k\pi}{n}\right)\right]$$

$$= \frac{na^2}{2} \tag{5}$$

這最後一步是利用了上面所述的求和公式。

有了命題 1，命題 2 是容易猜到、而且容易證明的。但如果同時考慮到正多邊形的對角線，就不那麼顯然了。然而，對於最簡單的情形——正方形的情形，卻有下列的命題：

命題 3　正方形 $ABCD$ 邊長為 a，A、B、C、D 在共面直線 l 上投影是 A'、B'、C'、D'。則：

$$\overline{A'B'}^2 + \overline{B'C'}^2 + \overline{C'D'}^2 + \overline{D'A'}^2 + \overline{A'C'}^2 + \overline{B'D'}^2 = 4a^2 \tag{6}$$

為了證明命題 3，我們不必再去作具體的計算。只要想一想：把兩條對角線從交點 O 處斷開，經過平移，又湊成一個邊長為 $\frac{\sqrt{2}}{2}a$ 的小正方形。大正方形對角線投影的平方和顯然是小正方形四邊投影平方和的兩倍。由命題 2 可知，大正方形四邊投影平方和為 $2a^2$，小正方形四邊投影平方和為 $2\left(\frac{\sqrt{2}}{2}a\right)^2 = a^2$，這就證實了命題 3 的結論。

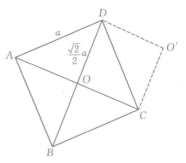

有了這種把正多邊形對角線也湊成正多邊形的方法，便不難乘勝前進，得到下列的命題：

命題4　設 $A_1 A_2 \cdots A_n$ 是 n 邊形。l 是同一平面上的任一條直線。A_k 在 l 上的投影是 $A_k'(k = 1, 2, \cdots, n)$。從 A_1', A_2', $\cdots$, A_n' 中任取兩點。作一線段，則這 C_n^2 條線段的平方和是一個常數，它僅與邊數 n，邊長 a 有關。

簡單地說，正多邊形的所有邊、對角線在一條直線 l 上的投影的平方和不隨直線的改變而改變。

要證明命題4，只要設法證明：當邊數 $n > 4$ 時，正多邊形的對角線可以經過平移而湊成若干個正多邊形，然後再利用命題2即可。具體的證明留給讀者。

這個「投影平方和」的常數是多少呢？可以這樣來確定：取互相垂直的兩條直線 l'，l''，設 A_k 在 l'、l'' 上的投影分別為 $A_h' A_h''$ 由勾股定理，可知 $\overline{A_i A_i}^2 = \overline{A_i' A_j'}^2 + \overline{A_i'' A_j''}^2$。對 $(i、j)$ 求和，可知「投影平方和」這個常數恰為諸邊及對角線的平方和之半。

現在，我們反過來問：是不是只有正多邊形才有這種有趣的性質呢？

不是的。例如，設 $\triangle ABC$ 是正三角形，O 是它的中心，設 A、B、C、O 到某一共面直線 l 上的投影是 A'、B'、C'、O'，則

$$\overline{A'B'}^2 + \overline{B'C'}^2 + \overline{C'A'}^2 + \overline{A'O'}^2 + \overline{B'O'}^2 + \overline{C'O'}^2 = 6r^2。 \qquad (7)$$

這裏，$r = AO$，是 $\triangle ABC$ 的外接圓之半徑。為證明這一等式，只要注意到 OA、OB、OC 經平移之後可以湊成正三角形，再用命題1即可。

用直角坐標的方法，我們可以得出一個普遍得多的結果。

為了說起來簡便，引入一個定義：

定義　設平面上有 n 個點 A_1, A_2, $\cdots$, A_n。任取此平面上的直線 l，並記 A_k 在 l 上的投影為 $A_k{}'$ ($k = 1, 2, \cdots, n$)。如果對不同的 l，這 C_2^n 條投影線段 $\overline{A_i{}' A_j{}'}$ 的平方和是一個僅與 A_1, A_2, $\cdots$, A_n 有關的常數，則稱 A_1, A_2, $\cdots$, A_n，構成一個「平面投影平方和對稱點組」，簡稱「投影對稱組」。

　　下面的命題告訴我們，如何判別平面上的 n 個點是否構成投影對稱組。

　　命題 5　若在某直角坐標系中，諸 A_k 的重心為原點，坐標 (p_k, q_k) ($k = 1, 2, \cdots, n$) 又滿足兩個等式

$$\begin{cases} \sum\limits_{k=1}^{n} p_{k^2} = \sum\limits_{k=1}^{n} q_{k^2} \\ \sum\limits_{k=1}^{n} p_k q_k = 0 \end{cases} \tag{8}$$

則 A_1, A_2, $\cdots$, A_n 構成投影對稱組。反之，若 n 個點 A_1, A_2, $\cdots$, A_n 構成投影對稱組，則在任一個以 A_1, A_2, $\cdots$, A_n 的重心為原點的直角坐標系中，諸 A_k 的坐標 (p_k, q_k) 滿足等式 (8)。

　　證明　首先指出，所謂「以 A_1, A_2, $\cdots$, A_k 的重心為原點」，不過就是：

$$p_1 + p_2 + \cdots + p_n = q_1 + q_2 + \cdots + q_n = 0 \tag{9}$$

而已！不妨設 l 的方程 $ax + by + c = 0$ 中的係數滿足

$$a^2 + b^2 = 1， \tag{10}$$

過原點作 l 的法線 l_1，則 l_1 的方程是

$$bx - ay = 0。 \tag{11}$$

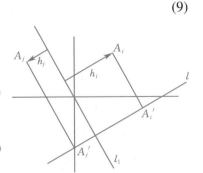

利用點到直線的距離公式，可求出 A_i 到 l_1 的帶號距離

$$h_i = bp_i - aq_i, \tag{12}$$

因而

$$\begin{aligned}
\overline{A_i{}' A_j{}'}^2 &= (h_i - h_j)^2 = [b(p_i - p_j) - a(q_i - q_j)]^2 \\
&= b^2(p_i^2 - 2p_i p_j + p_j^2) + a^2(q_i^2 - 2q_i q_j + q_j^2) \\
&\quad - 2ab(p_i q_i - p_i q_j - p_j q_i + p_j q_j)
\end{aligned} \tag{13}$$

設 $\sum\limits_{k=1}^{n} p_k^2 = P$, $\sum\limits_{k=1}^{n} q_k^2 = Q$, $\sum\limits_{k=1}^{n} p_k q_k = R$，

在 (13) 中固定 i，令 $j = 1, 2, \cdots, n$，求和得

$$\sum_{k=1}^{n} \overline{A_i{}' A_j'}^2 = b^2(nP_i^2 + P) + a^2(nq_i^2 + Q) - 2ab(np_i q_i + R)，$$

$$\tag{14}$$

這裏我們應用了條件 (9)，即約定 $A_1, A_2, \cdots, A_n$ 的重心在原點。對 (14) 再令 $i = 1, 2, \cdots, n$ 求和得

$$\sum_{i=1}^{n} \sum_{j=1}^{n} \overline{A_i{}' A_j'}^2 = 2n(b^2 P + a^2 Q - 2abR)， \tag{15}$$

這為我們提供了一個計算投影平方和的公式。但要注意的是：(15) 的右端是投影平方和的兩倍。而投影平方和則為：

$$\sum_{1 \le i < j \le n} \overline{A_i{}' A_j'}^2 = n(b^2 P + a^2 Q - 2abR) \tag{16}$$

由 (16) 可見，當 (8) 成立時，即 $P = Q$ 且 $R = 0$ 時，由 $a^2 + b^2 = 1$ 立得

$$\sum_{1 \le i < j \le n} \overline{A_i{}' A_j'}^2 = nP = nQ \text{。} \tag{17}$$

這個數值與 l 無關，造就證明了若 (8) 成立，則 $A_1, A_2, \cdots, A_n$ 構成投影對稱組。

反過來。若 $A_1, A_2, \cdots, A_n$ 構成投影對稱組，則 (16) 的右端對一切 a、$b(a^2 + b^2 = 1)$ 取值相同，取 $(a, b) = (1, 0)$ 和 $(0, 1)$ 分別代入得：

$$nP = nQ，$$

於是

$$\sum_{1 \le i < j \le n} \overline{A_i' A_j'}^2 = n[P(a^2 + b^2) - 2abR$$
$$= n(P - 2abR) = nP，$$

可見 $R = 0$。這證明了當 $A_1, A_2, \cdots, A_n$ 構成投影對稱組時，如果其重心為原點，則 (8) 成立。命題 5 證畢。

在定理證明過程中得到的 (16) 式是很有用的。當把 l 與 l_1 互換時，(16) 給出了 $A_1, \cdots, A_n$ 在 l_1 上的諸 $\overline{A_i A_j}$ 投影平方和

$$\sum_{1 \le i < j \le n} \overline{A_i'' A_j''}^2 = n(a^2 P + b^2 Q + 2abR)。 \tag{18}$$

把 (18) 和 (16) 相加，利用勾股定理可得：

$$\sum_{1 \le i < j \le n} \overline{A_i A_j}^2 = n(P + Q)。 \tag{19}$$

利用 (19) 式，可以迅速求出多邊形的邊及對角線的平方和。但必須取諸頂點的重心為原點，例如：對正多邊形，取中心為原點。

從命題 5 可以看出：投影對稱點組決不限於正多邊形頂點組。但讀者不難證明 $n = 3$ 時，只有正三角形的三頂點才具有投影對稱性！

可以證明：平面上任給 $n - 1(n \ge 3)$ 個點，總可以再配上一個點，使它們構成投影對稱點組。其中特別有趣的是 $n = 4$ 的情形，這時，這

四個點一定是空間某個正四面體的頂點在平面上的投影。反過來，正多面體的頂點在平面上的投影一定是投影對稱點組。這些有趣的性質須進行更細緻的研究才會發現，限於篇幅，本文就不詳細介紹了。

（原載《安徽教育》，1984.8）

怎樣用坐標法誘發綜合法

（一）

　　一個陌生的幾何證明題擺在面前，常使人感到無從下手。也許，有一個相當簡單的證法，但在沒有發現之前，我們不得不向各種不同的方向伸出思維的觸角，試探、摸索、尋找正確的方向。

　　當我們用解析幾何中的坐標方法，把這個題目化成一個代數問題之後，情況就不同了。問題往往化歸為很明確、很具體的一系列代數演算；演算的過程也許是冗長、繁複的，但目標卻很明確。只要耐心地算下去，通常是可以算出一個結果的。

　　然而，用解析幾何方法（以下簡稱為坐標法）證明了一個幾何命題之後，我們往往仍不滿足，總想再找一個不用坐標的「純」幾何證法（以下簡稱為綜合法）。這不僅因為綜合法的證明方式常常是巧妙、簡捷、趣味雋永、給人以藝術上的美感，而且也出於教學工作上的需要。一個初中學生問的題目，教師本人雖然會用解析幾何的坐標方法來解，但卻又只能用綜合法的語言向學生講解。這樣，善於從坐標法解題方法引導出綜合法的證明，就有很大好處了。

　　另一方面，用坐標法和綜合法兩種手段處理同一個題目，而且把兩種手段之間的聯繫搞清楚，這不僅使我們對題目本身有了更好的理解，而且有助於我們更深刻地認識解析幾何與純粹幾何之間的內在聯繫。既能提高我們在處理代數問題時的直觀想像力，又能提高我們處理幾何問題時的分析、運算能力。

　　其實，在坐標法和綜合法之間，並沒有一條不可逾越的鴻溝。一

方面，坐標法的許多基本公式，都有着直觀的幾何意義；另一方面，綜合法證題時，也並不排斥代數式的變換。這樣，把坐標軸看成特定的輔助線，把點的坐標記號 x、y 換成對應的線段，坐標法解題過程中的語言，幾乎可以逐字逐句地「翻譯」成綜合法的語言。這種「翻譯」的方法，是由坐標法轉化為綜合法的基本方法。

但這樣直接的翻譯常常是很笨拙、囉唆的。因而，在掌握了「翻譯」的基本方法之後，可以把它提高、簡化為「誘發」的方法：即運用坐標法的思想制訂解題的大體計劃和方向，然後並不真的用坐標法來執行這個計劃，而是用綜合法來實現這個計劃所要達到的目的。這樣，坐標法所起的作用，是引導我們走向正確的思考道路。

坐標法具體地從哪些方面引導綜合法呢？

1. 通過用坐標法解題或分析題目，可以弄清楚未知的幾何量以何種形式和已知量聯繫着。例如，用坐標法證明兩個線段相等，其方法往往是把這兩個線段的長度表達式求出來，再比較兩個表達式是否相等。於是，只要尋求這些表達式相應的幾何直觀背景，即可得到綜合法的證明。

2. 坐標法可以向我們提供信息，告訴我們用哪些工具能達到目的。例如，在坐標法解題過程中，如果用到了距離公式，對應地，我們會想到綜合法中也許要用勾股定理；坐標法用到了定比分點公式，對應地，綜合法中會用到比例相似形，等等。

3. 用坐標法得到的結果或解題的過程，有時能啟發我們應當添加些甚麼輔助線，去找尋哪些更好的證明。例如，證明某三點共線，當不了解所共的直線的性質時，就很難入手。用坐標法具體求出直線的方程之後，就容易發現所討論的三點為甚麼會在這條線上。其他，

如三線共點、四點共圓之類的題目，如果先找出此點的坐標或圓的方程，往往可以從中得到啟發。

概括地說：從坐標法推導的順序和最終目的，可以幫我們確定證題的方向；從坐標法推導所用的公式，可以幫我們選擇證題中的方法和工具；從坐標法所得的具體結果，可啟發我們思路，找到入手的途徑。

但是，坐標法並不是萬能的。特別是限於直角坐標時，其局限性更大。有些題用直角坐標法來做，很繁。有些題用坐標法做出之後，不一定能轉化成綜合法；即使勉強化過去，也是矯揉造作，繁瑣冗長，不如不化。所以，用坐標法誘發綜合法，僅僅是啟發解題的一種有力手段，而不是包羅萬象的普遍方法。

由於作圖題的坐標分析法常見於各種參考書，本文只討論證明題。

(二)

正如翻譯工作者要掌握許多基本的句型和詞彙一樣，為了把坐標方法的解題過程轉化為綜合法的解法，我們必須熟悉解析幾何中一些基本公式的幾何意義（這裏，所謂幾何意義，或指解析幾何中的代數式、等式所代表的幾何量和幾何事實，或指推出這些等式可以使用的綜合幾何方法）。下面給出一個簡表，把解析幾何中的公式和綜合法的語言加以對照，前者是代數表示，後者是幾何意義。

基本公式	幾何意義
兩點距離公式	勾股定理
定比分點公式	相似三角形對應邊成比例
三角形面積公式 [1]	由兩邊及夾角之正弦求三角形面積之公式
三點共線條件： 1) $\begin{vmatrix} 1 & x_1 & y_1 \\ 1 & x_2 & y_2 \\ 1 & x_3 & y_3 \end{vmatrix} = 0$	三點所成之三角形面積為 0
2) $\dfrac{y_2 - y_1}{x_2 - x_1} = \dfrac{y_3 - y_1}{x_3 - x_1}$	相似三角形對應邊成比例
直線方程： 1) 點斜式 2) 兩點式 3) 截距式	(傾角的) 正切 $= \dfrac{對邊}{鄰邊}$ 相似三角形對應邊成比例 面積的分塊合成 [2]
兩直線夾角公式	正切和差角公式
直線的平行與垂直： 1) 平行條件 $k_1 = k_2$ 2) 垂直條件 $k_1 k_2 = -1$	同位角相等 相似三角形對應邊成比例
求兩直線交點坐標	利用比例相似形求線段長
點到直線距離公式	利用三角形面積求高 [3]
圓方程	圓的定義及勾股定理
四點（其中任三點不共線）共圓之條件	托勒密定理 [4]

① 如圖 1，在解析幾何中：

$$S_{\triangle ABC} = \left| \frac{1}{2} \begin{vmatrix} 1 & x_1 & y_1 \\ 1 & x_2 & y_2 \\ 1 & x_3 & y_3 \end{vmatrix} \right|$$

$$= \frac{1}{2} | (x_2 - x_1)(y_3 - y_1)$$
$$- (y_2 - y_1)(x_3 - x_1) |$$

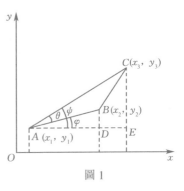

圖 1

另一方面，按通常面積公式：

$$S_{\triangle ABC} = \frac{1}{2} AB \cdot AC \sin\theta = \frac{1}{2} AB \cdot AC \sin(\psi - \varphi)$$
$$= \frac{1}{2} AB \cdot AC(\sin\psi \cdot \cos\varphi - \cos\varphi \cdot \sin\psi)$$
$$= \frac{1}{2} | AD \cdot CE - BD \cdot AE | \, 。$$

這兩個式子是一回事。

② 如圖 2，$S_{\triangle OAB} = S_{\triangle OAP} + S_{\triangle OPB}$，即：

$$\frac{1}{2} AO \cdot BO = \frac{1}{2} AO \cdot PQ + \frac{1}{2} BO \cdot PR ，$$

也就是 $ay + bx = ab$，即截距式 $\dfrac{x}{a} + \dfrac{y}{b} = 1$。

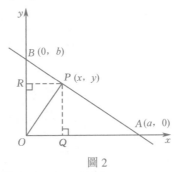

圖 2

③ 如圖 3，設直線 QR 之方程為 $Ax + By + C = 0$，則：

$$2S_{\triangle PQR} = | 2S_{\triangle POQ} + 2S_{\triangle PRO} - 2S_{\triangle ROQ} |$$
$$= y_0 \cdot OQ + x_0 \cdot RO - RO \cdot QO$$
$$= -\frac{C}{A} y_0 - x_0 \frac{C}{B} - \frac{C}{A} \cdot \frac{C}{B} = -\frac{C}{AB} (Ax_0 + By_0 + C) ，$$

$$\therefore \quad PH = \frac{2S_{\Delta PQR}}{QR} = \left| \frac{C}{AB} \cdot \frac{(Ax_0 + By_0 + C)}{\sqrt{RO^2 + OQ^2}} \right| = \frac{|\ Ax_0 + By_0 + C\ |}{\sqrt{A^2 + B^2}} \circ$$

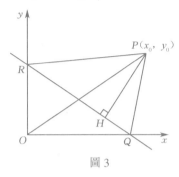

圖 3

④ 如圖 4，四點 $A(x_1, y_1)$、$B(x_2, y_2)$、$C(x_3, y_3)$、$D(x_4, y_4)$ 共圓的充要條件是：

$$\frac{1}{2} \begin{vmatrix} x_1^2 + y_1^2 & x_1 & y_1 & 1 \\ x_2^2 + y_2^2 & x_2 & y_2 & 1 \\ x_3^2 + y_3^2 & x_3 & y_3 & 1 \\ x_4^2 + y_4^2 & x_4 & y_4 & 1 \end{vmatrix} = r_1^2 s_1 - r_2^2 s_2 + r_3^2 s_3 - r_4^2 s_4 = 0 \circ$$

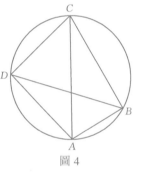

圖 4

這裏 $r_i^2 = x_i^2 + y_i^2$，s_i 表四點中去掉 (x_i, y_i) 後其餘三點所成三角形之面積。根據行列式性質，可知此行列式之值與原點位置無關。取 D 為原點，則上式化為：

$$DA^2 \cdot S_{\Delta BCD} - DB^2 \cdot S_{\Delta ACD} + DC^2 \cdot S\Delta ABD = 0 \circ$$

把圓內接三角形面積公式 $\Delta = \dfrac{abc}{4r}$ 代入上式，化簡即得

$$DA \cdot BC + DC \cdot AB = AC \cdot BD \circ$$

上表中多數公式的幾何意義，可從一般的解析幾何教科書的有關章節中找到，這裏不再重複。但是，同一個公式可以有一種以上的幾何意義，我們的表中，對某些公式又給出了一般書上不常提到的幾何意義，如：三角形面積公式、直線的截距式、點到直線的距離公式、四點共圓的條件，對這四點加上了註解。

（三）

下面通過一些例題來說明問題：

例 1　AC、BC 是直角三角形 ABC 的兩直角邊，$\triangle ADC$、$\triangle BCE$ 是以 DC、CE 為底邊的等腰直角三角形。BD 交 AC 於 F，AE 交 BC 於 G（圖 5）。求證：$CF = CG$。

坐標法的證明　取 BC、AC 分別為 x、y 軸，且令 A、B 之坐標為：

$$A = (0, b)，B = (a, 0)。$$

這裏 $b = AC > 0$，$a = BC > 0$。則：

$$D = (-b, b)，E = (a, -a)。$$

利用兩點式寫出 AE、BD 的直線方程：

$$AE : \frac{a+b}{-a} = \frac{y-b}{x}；\quad BD : \frac{-b}{a+b} = \frac{y}{x-a}。$$

設 $G = (G_x, 0)$，$F = (0, F_y)$，分別代入 AE、BD 之方程，得：

$$\frac{a+b}{-a} = \frac{-b}{G_x}，\quad \frac{-b}{a+b} = \frac{F_y}{-a}。$$

$$\therefore \quad CG = |G_x| = \frac{ab}{a+b}，CF = |F_y| = \frac{ab}{a+b}。$$

這就證得了 $CG = CF$。

分析　從以上證法中，可知要證的結果是：

$$CG = \frac{ab}{a+b}，\text{即}：\frac{CG}{a} = \frac{b}{a+b}；$$

$$CF = \frac{ab}{a+b}$$ ，即：$$\frac{CF}{a} = \frac{b}{a+b}$$ 。

而所用的公式僅僅是直線的兩點式，相當於應用了相似三角形對應邊成比例的事實。以此為線索，分析圖 5，不難得到下述證法。

綜合法的證明　設 D、E 至直線 BC，AC 之垂足分別為 M、N，顯然有：

$$\Delta BFC \sim \Delta BDM，\qquad \therefore \quad \frac{FC}{DM} = \frac{BC}{BM} ；$$

$$\Delta AGC \sim \Delta AEN，\qquad \therefore \quad \frac{CG}{AC} = \frac{NE}{AN} 。$$

但 $DM = AC = b$，$BC = NE = a$，$BM = AN = a + b$，所以

$$FC = \frac{ab}{a+b} = CG 。$$

例 2　圓內接四邊形 $ABCD$ 中，其對角線 AC 與 BD 垂直交於 Q，其外接圓心為 P，取 BC、AD 之中點分別為 E、F，求證：$QE = PF$。

坐標法的證明　如圖 6，取 BD、CA 為 x，y 軸，設 P 之坐標為 (P_x, P_y)，外接圓半徑為 R，則圓方程為

$$(x - P_x)^2 + (y - P_y)^2 = r^2 。$$

設 A、B、C、D 之坐標分別為 $(0, A_y)$ 、 $(B_x, 0)$ 、 $(0, C_y)$ 、 $(D_x, 0)$ ，代入圓方程得：

$$A_y = P_y - \sqrt{r^2 - P_x^2} ，$$

$$B_x = P_x + \sqrt{r^2 - P_y^2} ，$$

$$C_y = P_y + \sqrt{r^2 - P_x^2} ，$$

$$D_x = P_x - \sqrt{r^2 - P_y^2} 。$$

求出 BC、AD 之中點坐標：

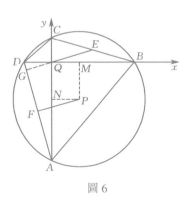

圖 6

$$E = (E_x, E_y) = \left(\frac{B_x}{2}, \frac{C_x}{2} \right),$$

$$F = (F_x, F_y) = \left(\frac{D_x}{2}, \frac{A_y}{2} \right)。$$

用兩點距離公式，計算：

$$QE = \frac{1}{2} \sqrt{B_x^2 + C_y^2},$$

$$PF = \sqrt{\left(\frac{D_x}{2} - P_x \right)^2 + \left(\frac{A_y}{2} - P_y \right)^2} = \frac{1}{2} \sqrt{B_x^2 + C_y^2}。$$

這就證得了 $QE = PF$。

　　分析　從證明過程可知，反覆應用勾股定理，即可把 QE、PF 表成 PM、PN、r 的代數式。於是，由上面的證明，不難改寫成綜合法之證明。不僅如此，分析所求得之 P、Q、F、E 這四點之坐標，我們發現它們在形式上有一定對稱性：

$$Q = (0, 0)，E = \left(\frac{P_x}{2} + \frac{1}{2} \sqrt{r^2 + P_y^2},\ \frac{P_y}{2} + \frac{1}{2} \sqrt{r^2 - P_x^2} \right),$$

$$P = (P_x, P_y)，F = \left(\frac{P_x}{2} - \frac{1}{2} \sqrt{r^2 - P_y^2},\ \frac{P_y}{2} - \frac{1}{2} \sqrt{r^2 - P_x^2} \right),$$

即有 $P_x + Q_x = E_x + F_x$，$P_y + Q_y = E_y + F_y$。這表明線段 PQ 和 EF 的中點是同一點，即 PQ 與 EF 互相平分，即 $PEQF$ 為平行四邊形。由此啟發我們，先證明 $PEQF$ 是平行四邊形，也可得到欲證的結論。下面的證法，就是從證明 $PE /\!/ QF$ 入手的。

　　綜合法的證明　延長 QE，交 AD 於 G。由圓周角定理，得 $\angle QDG = \angle BCQ$。因為 E 是直角三角形斜邊之中點，得 $QE = BE$，故 $\angle CBQ = \angle EQB = \angle DQG$。於是 $\angle DGQ = \angle CQB = 90°$。但由於 F 是 AD 中點，P 為 $ADCB$ 外接圓圓心，故 $PF \perp AD$，既然 QE、PF 同垂直於 AD，故 QE

// *PF*。

同理可證 *QF* // *PE*。即 *PEQF* 為平行四邊形。從而 *PF* = *QE*。

例 3 如圖 7，*ABCD* 為正方形，∠1 = ∠*DAE* = ∠*EBC* = ∠2 = 15°，求證 Δ*EDC* 為正三角形。

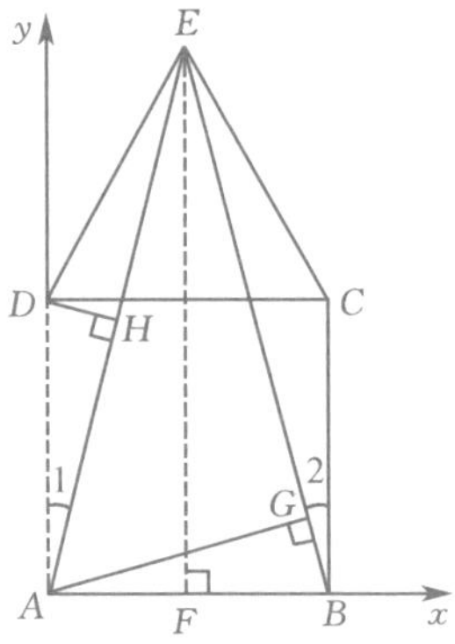

坐標法的證明 取 *AB*、*AD* 分別為 *x*、*y* 軸，並使 *C* 在第 1 象限。設 *AB* = *a*，則由 ∠1 = ∠2 = 15° 及 *A* = (0, 0)、*B* = (*a*, 0)，易寫出直線 *AE*、*BE* 之點斜式方程為

AE : *y* = *x*tan75°，*BE* : *y* = (*x* − *a*) tan105°。

解得 *E* 之坐標為

$$E : \left(\frac{a}{2}, \frac{a}{2}\tan 75° \right) = \left(\frac{a}{2}, a\left(1 + \frac{\sqrt{3}}{2} \right) \right)。$$

圖 7

又由 *D* = (0, *a*)、*C* = (*a*, *a*)，用兩點距離公式求得 *DE* = *CE* = *a*，即所欲證。

分析 由上可知，例 3 的證明之關鍵在於求得點 *E* 的坐標。由對稱性，可知 $E_x = \frac{a}{2}$，所以只要求出 E_y 就可以了。而求得了 E_y，即可用勾股定理計算 *DE*、*CE*，從而證實所要之結論。為了求得 E_y，要用到 $\tan 75° = 1 + \frac{\sqrt{3}}{2}$ 這一事實。如在綜合法證明中要避免引用這一事實，還須追本求源，弄清 tan75° 的值從何而來。這個值可從正弦、餘弦之半形公式得到，而且要用到 $\sin 30° = \frac{1}{2}$ 這個事實，即「在直角三角形中，30° 之對邊為斜邊之半」這個定理。觀察圖 7，∠*AEB* = 30°，以 ∠*AEB* 為內角作一個直角三角形進行考察，可啟發我們找到下列證法。

綜合法的證明　由 $\angle 1 = \angle 2 = 15°$，可知 $\angle AEB = 30°$。作 $AG \perp BE$，設垂足為 G，則 $AG = \dfrac{1}{2} AE$。

另一方面，由 $\angle EAG = 60°$ 得 $\angle BAG = 15°$。作 $DH \perp AE$，且令 H 為垂足，則由 $AD = AB$，$\angle DAH = \angle BAG = 15°$，可知 $\text{Rt}\triangle ABG \cong \text{Rt}\triangle ADH$，故 $AH = AG = \dfrac{1}{2} AE = HE$。從而 DA、DE 是等腰三角形 $\triangle DAE$ 之兩腰，即得 $DE = DA$，即 $DE = DC$。由對稱性，$CE = DE$。這就證得了 $\triangle EDC$ 是正三角形。

例 4　兩圓 $\odot O_1$ 和 $\odot O_2$ 的圓心皆在另一圓之外。自點 O_1 向 $\odot O_2$ 作切線 O_1A、O_1B，分別交 $\odot O_1$ 於 E、F。自點 O_2 向 $\odot O_1$ 作切線 O_2C、O_2D，分別交 $\odot O_2$ 於 G、H。設 G、E 在連心線 O_1O_2 同側。求證：$GE \ /\!/ \ HF$。（圖 8）

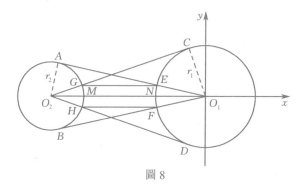

圖 8

分析　我們來計劃一下用坐標法證明的步驟，看這些步驟能否用綜合法實現。

由對稱性，取連心線 O_1O_2 為 x 軸，令 y 軸過點 O_1。若 O_1O_2 給定，兩圓之半徑 r_1、r_2 給定，我們可以寫出這四條切線的方程，求得它們與 $\odot O_1$、$\odot O_2$ 的交點 G、E、H、F 的坐標，從而檢驗是否有 $GE \ /\!/ \ HF$。

若要證的結論為真，由對稱性，顯然應當有 $GE \parallel O_1O_2$、$HF \parallel O_1O_2$。也就是說，只要驗證 G、E（及 H、F）兩點的縱坐標是否相等。因而，目標應當很明確——求點 G、E 到 O_1O_2 之距離。為此，我們應當分別由點 G、E 向 O_1O_2 引垂線。另外，計算過程中要用到切線方程，即用到「圓心到切線之距離等於半徑」，故我們連接 O_1C、O_2A 作為輔助線。

一旦畫出這些輔助線，便會發現：點 G、E 到 O_1O_2 的距離，可以利用「相似三角形對應邊成比例」來求得。這就可以循此完成綜合法的證明。

綜合法的證明　自點 G、E 分別向 O_1O_2 引垂線，垂足為 M、N。連 O_1C、O_2A。$\text{Rt}\triangle GO_2M$ 和 $\text{Rt}\triangle O_1CO_2$ 有公共角 $\angle GO_2M$，故：$\text{Rt}\triangle GO_2M \sim \text{Rt}\triangle O_1O_2C$。

$$\therefore \quad \frac{GM}{O_2G} = \frac{O_1C}{O_1O_2} \quad , \quad 即：GM = \frac{r_1r_2}{O_1O_2} \; ;$$

同理，$\triangle EO_1N \sim \triangle O_2O_1A$，所以

$$\frac{EN}{O_1E} = \frac{O_2A}{O_1O_2} \quad , \quad 即：EN = \frac{r_1r_2}{O_1O_2} \; 。$$

$\therefore GM = EN$；

$\therefore GE \parallel O_1O_2$。

同理可證 $HF \parallel O_1O_2$，所以 $GE \parallel HF$。

例 5　在 $\text{Rt}\triangle ABC$ 中，$\angle C$ 為直角，M 為 AB 之中點，N 為 $\triangle ABC$ 之內心。如果 $\angle BNM$ 為直角，求證：$BC : AC = 3 : 4$。（圖 9）

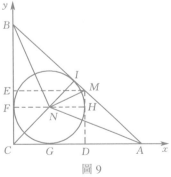

圖 9

坐標法的證明　取 CA、CB 分別為 x、y 軸，且令 $A = (a, 0)$，$B = (0, b)$，$N = (r, r)$。這裏：$a = AC > 0$，$b = BC > 0$，$r > 0$ 為 $\triangle ABC$ 之內切圓半徑。

用截距式寫出 AB 的直線方程：

$\dfrac{x}{a} + \dfrac{y}{b} = 1$，即 $bx + ay = ab$。由題設，N 到 AB 之距離為 r，由點到直線距離公式得（注意 N 在 AB 之下，下式為正）：

$$r = \frac{ab - (a + b)r}{\sqrt{a^2 + b^2}} \text{。}$$

可解出

$$r = \frac{ab}{(a + b) + \sqrt{a^2 + b^2}} \tag{1}$$

又由 M 為 AB 中點，求得 $M = \left(\dfrac{a}{2}, \dfrac{b}{2} \right)$，由此求得 MN 之斜率 k_{MN} 及 BN 之斜率 k_{BN} 分別為：

$$k_{MN} = \frac{b - 2r}{a - 2r}, \ k_{BN} = \frac{r - b}{r} \text{。}$$

由題設，$MN \perp BN$，故 $k_{MN} \cdot k_{BN} = -1$，即：

$$\frac{b - 2r}{a - 2r} = \frac{r}{b - r} \text{，}$$

或

$$4r + \frac{b^2}{r} = (3b + a) \text{。} \tag{2}$$

把 (1) 代入 (2)，化簡後得到：

$$\sqrt{a^2 + b^2} + b - 2a = 0 \text{。}$$

去根號，即得 $4ab = 3a^2$，即 $a : b = 4 : 3$。

分析　證明的關鍵是導出 (1)、(2) 兩個等式。導出 (1) 式用到直線的截距式及點到直線的距離公式；按前述關於基本公式的幾何意義的對照表，這相當於面積關係式。導出 (2) 式用到了兩直線垂直條件，這相當於用了「相似三角形對應邊成比例」的事實。只要把這兩個等式導出，問題就迎刃而解。這樣得到的綜合法證明，是坐標法證明的「仿製品」。

綜合法的證明　過 N 向 $\triangle ABC$ 三邊作垂線，設 AB、BC、CA 上之垂足分別為 I、F、G。由於 N 是內心，故 $NF = NG = NI = r$。設 $AC = a$，$BC = b$，由面積關係：

$$S_{\triangle ABC} = S_{\triangle ANC} + S_{\triangle ABN} + S_{\triangle BCN}，$$

即

$$\frac{1}{2}ab = \frac{1}{2}ra + \frac{1}{2}rb + \frac{1}{2}r\sqrt{a^2 + b^2}，$$

可得：

$$r = \frac{ab}{a + b + \sqrt{a^2 + b^2}}。 \tag{3}$$

為了導出 (4) 式，作 $MD \perp AC$，令 D 為垂足。延長 FN 交 MD 於 H。

∵　$\angle BNM = 90°$，

∴　$\angle FNB + \angle MNH = 90°$。

∴　$\triangle BFN \sim \triangle NHM$。

∴　$\dfrac{BF}{FN} = \dfrac{NH}{MH}$。

但 $BF = b - r$，$FN = r$，$NH = CD - CG = \dfrac{a}{2} - r$，$HM = MD - HD = \dfrac{b}{2} - r$，

代入上式整理得：

$$4r + \frac{b^2}{r} = (3b + a) \qquad\qquad (4)$$

把 (3) 代入 (4)，化簡後，得：

$$\sqrt{a^2 + b^2} + b - 2a = 0 。$$

去根號，得 $4ab = 3a^2$，即 $a : b = 4 : 3$。

　　對於例 5，注意到 (3) 式中沒用到 $MN \perp BN$ 這個事實，故 (4) 式可代之以另一個用到了 $MN \perp BN$ 這一事實的等式。例如，在綜合法中用一下「直角三角形 BMN 斜邊上的高 $NI = r$」及 $BI = BF = b - r$ 這些事實，可導出：

$$NI^2 = MI \cdot BI，$$

即
$$r^2 = (b - r)\left[\frac{1}{2}\sqrt{a^2 + b^2} - (b - r)\right] 。$$

將此式與 (3) 式聯立消去 r，亦得欲證之結論。

　　例 6　在四邊形 $ABCD$ 中，已知 $\angle B$ 為直角。對角線 $AC = BD$，過 AB、CD 之中點 E、G 作中垂線交於 N；過 BC、AD 之中點 F、H 作中垂線交於 M。求證：B、M、N 三點共線。（圖 10）

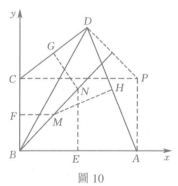

圖 10

　　坐標法的證明　取 BA、BC 所在直線分別為 x、y 軸，建立平面直角坐標系。設 $AB = a$，$BC = b$，A、B、C、D 之坐標分別為：

$A = (a, 0)$，$B = (0, 0)$，

$C = (0, b)$，$D = (x_0, y_0)$。

由題設 $AC = BD$，故：

$$a^2 + b^2 = x_0^2 + y_0^2 \qquad (5)$$

利用中垂線性質寫出直線 GN 上的點 (x, y) 應滿足的方程：

$$(x - x_0)^2 + (y - y_0)^2 = x^2 + (y - b)^2 \text{。}$$

整理之，並利用 (5) 式，得到 GN 之方程為：

$$GN : x_0 x + (y_0 - b)\, y = \frac{a^2}{2} \text{。} \qquad (6)$$

同理，得 HM 之方程：

$$HM : (x_0 - a)\, x + y_0 y = \frac{b^2}{2} \text{。} \qquad (7)$$

因 N 在 AB 之中垂線上，故可設 $N = \left(\dfrac{a}{2},\, N_y \right)$，代入 (6) 式，求得：

$$N_y = \frac{a}{2} \cdot \frac{(a - x_0)}{(y_0 - b)} \text{。}$$

因 M 在 BC 之中垂線上，故可設 $M = \left(M_x,\, \dfrac{b}{2} \right)$，代入 (7) 式，求得

$$M_x = \frac{b}{2} \cdot \frac{(b - y_0)}{(x_0 - a)} \text{。}$$

於是，BN 之斜率為

$$k_{BN} = \frac{N_y - 0}{\dfrac{a}{2} - 0} = -\frac{(a - x_0)}{(b - y_0)} \text{。}$$

而

$$k_{BM} = \frac{\dfrac{b}{2} - 0}{M_x - 0} = -\frac{(a - x_0)}{(b - y_0)} = k_{BN} \text{。}$$

故知 B、M、N 共線。

（最後一步用三點共線之條件檢驗之亦可，即：由

$$\begin{vmatrix} 1 & 0 & 0 \\ 1 & \dfrac{a}{2} & N_y \\ 1 & M_x & \dfrac{b}{2} \end{vmatrix} = \dfrac{ab}{4} - \dfrac{ab}{4} = 0$$

得知 B、M、N 共線。）

　　分析　對於上面的證明，當然也可以照搬成綜合法的證明，像例 5 一樣。但是，如果細細觀察一下所求得的直線‧BM 和 BN 的斜率：

$$k_{BM} = k_{BN} = -\frac{(a - x_0)}{(b - y_0)} ,$$

便發現 BM（或 BN）和通過 (a, b)、(x_0, y_0) 兩點的線段垂直。(x_0, y_0) 就是點 D，在圖上作出代表 (a, b) 的點 P，連 PA、PC、PD，我們看到 $PABC$ 是矩形。$PB = AC = BD$，即 P、D 在以 B 為中心的圓上。既然 $BM \perp PD$，BM 一定和 PD 的垂直平分線重合，BN 亦然。這樣，就找到了一個簡捷的證法！

　　綜合法的證明　作 $PA \perp AB$、$PC \perp BC$，則直線 NE 垂直平分 PC，MF 垂直平分 PA。連接 PD。由於 N 是 CD、PC 之中垂線交點，故 N 為 $\triangle PDC$ 之外心，即 N 在 PD 中垂線上。同理，M 為 $\triangle PDA$ 之外心，即 M 在 PD 中垂線上，由題設，$PB = AC = DB$，故 B 也在 PD 之中垂線上。N、M、B 都在 PD 之中垂線上，即三點共線。

　　最後，我們運用上述方法來解兩個數學競賽題。

例 7　有一個邊長為 1 的正方形，試在這個正方形的內接正三角形中，找出一個面積最大的，和一個面積最小的，並求出這個面積。

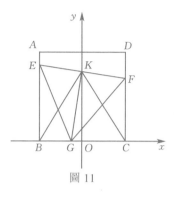

圖 11

這個題是 1978 年全國中學生數學競賽題，因此廣為人知。其解法見《全國中學數學競賽題解》。不少讀者驚嘆該解法之巧妙，卻又認為那種巧妙的方法是很難想到的。這裏，我們試用解析方法比較自然地誘導出那個綜合的解法。

如圖 11 取坐標系，設 AD 上沒有三角形之頂點。則 A、B、C、D、E、F、G 之坐標應為：

$$A\left(-\frac{1}{2},\ 1\right),B\left(-\frac{1}{2},\ 0\right),C\left(\frac{1}{2},\ 0\right),D\left(\frac{1}{2},\ 1\right),$$

$$E\left(-\frac{1}{2},\ y_1\right),F\left(\frac{1}{2},\ y_2\right),G(x,\ 0)。$$

由於 ΔEFG 為正三角形，未知量 y_1、y_2、x 之間應滿足下列關係：
$(EF^2 = EG^2 = FG^2)$：

$$\begin{cases} \left(x+\dfrac{1}{2}\right)^2 + y_1^2 = \left(x-\dfrac{1}{2}\right)^2 + y_2^2，& (8) \\[2mm] (y_1 - y_2)^2 + 1^2 = \left(x+\dfrac{1}{2}\right)^2 + y_1^2。& (9) \end{cases}$$

我們關心的是 ΔEFG 的面積，自然想去求三角形的高 GK 和邊長 $EF = \sqrt{1 + (y_1 - y_2)^2}$。$EF$ 中點 K 的坐標為 $\left(0,\ \dfrac{1}{2}(y_1 + y_2)\right)$，故我們的目標是在 (8)、(9) 中把 $(y_1 - y_2)$、$(y_1 + y_2)$ 解出來。整理 (8) 式，得：

$$(y_1 + y_2)(y_1 - y_2) = -2x; \tag{10}$$

而 (9) 式可化為

$$(y_1 - y_2)^2 + 1 = \left(x + \frac{1}{2} \right)^2 + \left(\frac{(y_1 + y_2) + (y_1 - y_2)}{2} \right)^2 。 \tag{11}$$

在 (10) 中解出 $(y_1 - y_2) = \dfrac{-2x}{(y_1 + y_2)}$ 代入 (11) 式，得：

$$\frac{4x^2}{(y_1 + y_2)^2} + 1 = \left(x + \frac{1}{2} \right)^2 + \frac{1}{4} \left[(y_1 + y_2) - \frac{2x}{y_1 + y_2} \right]^2 。$$

整理之，得：

$$(y_1 + y_2)^4 + (4x^2 - 3)(y_1 + y_2)^2 - 12x^2 = 0，$$

即

$$[(y_1 + y_2)^2 + 4x^2][(y_1 + y_2)^2 - 3] = 0 。$$

顯然前一因式恆為正，故得 $(y_1 + y_2)^2 = 3$。由題意知 $(y_1 + y_2) > 0$，故 $y_1 + y_2 = \sqrt{3}$。

　　現在，我們求得 EF 中點 $K = \left(0, \dfrac{\sqrt{3}}{2} \right)$，這是我們事先不一定想到的。原來，不論 ΔEFG 的位置如何，EF 的中點居然是固定不變的！而且，從它的坐標數值 $\left(0, \dfrac{\sqrt{3}}{2} \right)$ 可以看出，三點 K、B、C 構成正三角形。怎樣用綜合法證明 ΔKBC 是正三角形呢？由於圖中先已有了正三角形 EFG，故不難想到四點 K、G、C、F 共圓。這正是本題的綜合解法中最妙、也最難想到的一着！

　　至於用解析法把題做完，已很容易了。因為我們已知道：

$$GK = \sqrt{x^2 + \left(\frac{\sqrt{3}}{2}\right)^2} = \sqrt{x^2 + \frac{3}{4}} ,$$

$$EF = \sqrt{1 + (y_1 - y_2)^2}$$

$$= \sqrt{1 + \frac{4x^2}{(y_1 + y_2)^2}} = \frac{2}{\sqrt{3}}\sqrt{x^2 + \frac{3}{4}} ,$$

$$\therefore \quad S_{\triangle EFG} = \frac{\sqrt{3}}{3}\left(\frac{3}{4} + x^2\right) 。$$

而 x 的變化範圍可由 $|x| \leq \frac{1}{2}$，$0 \leq y_1 \leq 1$，$0 \leq y_2 \leq 1$ 定出。注意：$|x|$

取不到 $\frac{1}{2}$，這是由於 $y_1 + y_2 = \sqrt{3}$，$y_1 - y_2 = -\frac{2x}{\sqrt{3}}$，故得：

$$2y_1 = \sqrt{3} - \frac{2x}{\sqrt{3}} ，\therefore \frac{2x}{\sqrt{3}} = \sqrt{3} - 2y_1 \geq \sqrt{3} - 2 ;$$

$$2y_2 = \sqrt{3} + \frac{2x}{\sqrt{3}} ，\therefore \frac{2x}{\sqrt{3}} = 2y_2 - \sqrt{3} \leq 2 - \sqrt{3} 。$$

即 $|x| \leq (2 - \sqrt{3})\frac{\sqrt{3}}{2} = \sqrt{3} - \frac{3}{2}$。於是，當 $|x| = \sqrt{3} - \frac{3}{2}$ 時，$S_{\triangle EFG} =$

$\frac{\sqrt{3}}{3}\left[\frac{3}{4} + \left(\sqrt{3} - \frac{3}{2}\right)^2\right] = 2\sqrt{3} - 3$，這就是最大的三角形面積，這時 y_1 或

y_2 中有一個為 1（即 E、F 中有一點和 A、D 之一重合）。至於最小的面

積，顯然當 $x = 0$ 時，即 G 在原點時取到，其值為 $\frac{\sqrt{3}}{4}$。

我們看到：解析法過程雖繁，思路是自然的。從中誘導出的綜合

法，過程簡捷，卻掩去了本來的思路，顯得格外巧妙！

再看一個例，這是 1979 年國際數學競賽題之一。

例 8　平面上有兩個圓 $\odot O_1$、$\odot O_2$ 交於點 P。點 M_1、M_2 同時從 P 出發，分別沿 $\odot O_1$、$\odot O_2$ 之圓周作同方向的勻速圓周運動。運動一周後又同時回到 P 處。求證：平面上有一定點 Q，使得在任何時刻都有 $QM_1 = QM_2$。

此題難點在於不知 Q 在何處。而這個問題很容易用解析幾何的方法回答。

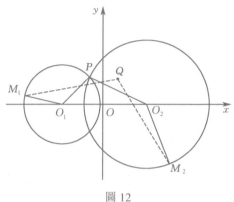

圖 12

取 O_1O_2 所在直線為 x 軸，取 O_1O_2 中點為原點，建立平面直角坐標系（圖 12）。設 O_1、O_2、P 之坐標為：

$$O_1(-d, 0),\ O_2(d, 0),\ P(k, h)。$$

又設 $\odot O_1$、$\odot O_2$ 之半徑分別為 r_1、r_2。於是，在時刻 t，動點 $M_1(t)$、$M_2(t)$ 之坐標：

$$M_1(t):\begin{cases} x_1(t) = -d + r_1\cos(\omega t + \varphi_1), \\ y_1(t) = r_1\sin(\omega t + \varphi_1)。 \end{cases} \tag{12}$$

$$M_2(t):\begin{cases} x_2(t) = d + r_2\cos(\omega t + \varphi_2), \\ y_2(t) = r_2\sin(\omega t + \varphi_2)。 \end{cases} \tag{13}$$

設 $t = 0$ 時，M_1、M_2 都在 P 點，由於 P 的坐標已知為 (k, h)，故由 (12)、(13) 得：

$$\begin{cases} -d + r_1\cos\varphi_1 = d + r_2\cos\varphi_2 = k, \\ r_1\sin\varphi_1 = r_2\sin\varphi_2 = h。 \end{cases} \qquad (14)$$

按題意，對一切 t，都有 $M_1Q = M_2Q$。為了找出 Q，我們只要對兩個特殊的、易於計算的 t 值來列出方程。設 $Q = (x, y)$，應有：

$$(x - x_1(t))^2 + (y - y_1(t))^2 = (x - x_2(t))^2 + (y - y_2(t))^2。 \qquad (15)$$

取 $t = \dfrac{\pi}{\omega}$ ，得：

$$y_1(t) = r_1\,(-\sin\varphi_1) = -h，$$
$$y_2(t) = r_2\,(-\sin\varphi_2) = -h；$$
$$x_1(t) = -d + r_1(-\cos\varphi_1) = -(k + 2d)，$$
$$x_2(t) = d + r_2(-\cos\varphi_2) = -(k - 2d)。$$

代入 (15) 後解出：

$$x = -k，$$

再在 (15) 中取 $t = \dfrac{\pi}{2\omega}$ ，得：

$$x_1(t) = -d + r_1\,(-\sin\varphi_1) = -d - h，$$
$$y_1(t) = r_1\cos\varphi_1 = k + d；$$
$$x_2(t) = d + r_2\,(-\sin\varphi_2) = d - h，$$
$$y_2(t) = r_2\cos\varphi_2 = k - d。$$

把它們代入 (15)，並用到已知的 $x = -k$，解出：

$$y = h。$$

現在我們知道，如果所證之命題為真，必有 $Q = (-k, h)$，可見 Q 和 P 關於 y 軸對稱，顯然 $\triangle QO_1O_2 \cong \triangle PO_2O_1$。按此定出 Q 後，證明在任

意時刻都有 $M_1Q = M_2Q$ 已很容易了：由題意可知 $\angle M_1O_1Q = \angle M_1O_1P$ $+ \angle PO_1Q$，$\angle M_2O_2Q = \angle M_2O_2P + \angle PO_2Q$，但 由 $\Delta QO_1O_2 \cong \Delta PO_2O_1$ 知 $\angle PO_1Q = \angle PO_2Q$，所以

$$\angle M_1O_1Q = \angle M_2O_2P + \angle PO_2Q = \angle M_2O_2Q \text{。}$$

又由 $O_1P = O_2Q, M_1O_1 = O_1P$，得 $M_1O_1 = O_2Q$。同理，$M_2O_2 = O_1Q$，從而 $\Delta M_2O_2Q \cong \Delta QO_1M_1$，問題便解決了。

　　這樣，由於解析幾何的幫助，把一個難於下手的題目變得較方便了。

　　在以上幾個例題中，例 5 是直譯——把坐標法的語言譯成綜合法的語言；例 4 和例 1 是用坐標法指出努力的方向，而後用綜合法的手段來實現；而例 2、例 3 和例 6 則是通過考察坐標法的證明過程和結果而受到啟發，找到了綜合法的入手途徑。坐標法誘導綜合法，大體上不外這三種類型。

　　限於篇幅，文中僅談到了直角坐標系。從以上所舉例子可見，當所給命題涉及一雙互相正交的直線時，直角坐標是很便利的。一般情況，則應視不同情況，選擇其他坐標系。如極坐標、仿射坐標、重心坐標等等。但上述用坐標法引導綜合法的基本原則，仍是適用的。

（選自《初等數學論叢》第 2 輯，上海教育出版社，1981）

壓縮變換與自然對數

在現行高中課本第一冊中，提到了以常數 $e = 2.71828\cdots\cdots$ 為底的對數——自然對數。在第四冊，又不加證明地介紹了極限

$$\lim_{x \to \infty}\left(1 + \frac{1}{x}\right)^2 = e \text{，}$$

初步引進了函數 e^x、$\ln x$ 及其求導法則。這些介紹是很必要的，因為 e^x 和 $\ln x$ 是高等數學中極其重要的一對函數。

但是，中學生學到這裏，對 e 及 e^x、$\ln x$，往往有神秘莫測之感。

如果利用曲線 $y = \frac{1}{x}$ 下的面積來定義自然對數 $\ln x$，則顯得簡單、具體，直觀性強，涉及的基礎知識較少。而且和解析幾何內容關係密切，有承上啟下，溝通前後教材的好處。這種定義 $\ln x$ 的方法，既可用以代替通常的先引入 e 的方法，也可作為課外活動內容，以配合正課。

定義 1　在笛卡兒坐標系中，曲線 $y = \frac{1}{x} (x > 0)$ 之下，直線 $y = 0$ 之上，直線 $x = b$ 和 $x = a$ 之間的面積，當 $b \geq a > 0$ 時，記作 S_a^b，並約定 $S_b^a = -S_a^b$。（圖 1）

顯然有

推論 1　$S_a^a = 0$。

推論 2　$S_a^b + S_b^c = S_a^c$。

如果我們把 $y = \frac{1}{x}$ 的圖像沿 y 軸方向作均勻壓縮，即取 $\mu > 0$ 作一一對應：

$$(x, y) \to (x, \mu y) \text{，}$$

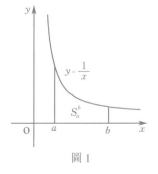

圖 1

293

再沿 x 軸方向作又一個均勻壓縮：

$$(x, y) \longrightarrow (\frac{1}{\mu}x, y)$$

兩次壓縮之後，坐標為 (x, y) 的點 P 變為坐標為 (x', y') 的點 P'：

$$\begin{cases} x' = \dfrac{1}{\mu}x \\ y' = \mu y \end{cases} \tag{1}$$

而 $x'y' = xy$，故若 P 在曲線 $y = \dfrac{1}{x}$ 上，P' 也在曲線 $y = \dfrac{1}{x}$ 上。

關於這種平面上的壓縮變換，《教學通訊》1981 年 11 期彭君的〈壓縮變換及其應用〉，1982 年 12 期馬君的〈壓縮變換與雙曲旋轉〉以及 1983 年 5 期李君的〈利用均勻壓縮變換解決橢圓問題〉諸文中，均有很好的説明。而我們所用的使雙曲線 $y = \dfrac{1}{x}$ 上的點仍在此雙曲線上的這種變換 (1)，正是馬君文中所説的「雙曲旋轉」。馬君文中已指出，在「雙曲旋轉」下，面積是不變的。這個性質對我們十分有用。

讀者也不難看出變換 (1) 的保面積性。首先，任一個兩邊平行於 X、Y 軸的矩形 $P_1 P_2 P_3 P_4$，其各頂點坐標為 $P_1(x_1, y_1)$、$P_2(x_2, y_1)$、$P_3(x_2, y_2)$、$P_4(x_1, y_2)$，因而其面積為 $(y_2 - y_1)(x_2 - x_1)$。按 (1)，顯然有：$(y_2' - y_1')(x_2' - x_1') = (y_2 - y_1)(x_2 - x_1)$。於是，這樣的矩形在變換 (1) 之下，面積是不變的。

利用無限細分，求和，取極限的面積計算原理可知，曲線 $y = \dfrac{1}{x}$ 下的每一塊面積 S_a^b 在變換 (1) 下不變，顯然，這時 $(a, 0)$ 變為 $\left(\dfrac{a}{\mu}, 0 \right)$，

$(b, 0)$ 變為 $\left(\dfrac{b}{\mu}, 0\right)$，而曲線 $y = \dfrac{1}{x}$ 不變，故得

推論 3　對任意 $\lambda > 0$，有 $S_{\lambda a}^{\lambda b} = S_a^b$。

現在我們可以引進

定義 2　對 $0 < x < +\infty$，令 $\ln x = S_1^x$，並稱函數 $y = \ln x$ 為自然對數函數。

由定義 2 及推論 3，以及定義 1，馬上得到函數 $y = \ln x$ 的一系列性質：

自然對數函數 $y = \ln x$ 的性質

性質 1（乘變加）

$$\ln(x_1 x_2) = \ln x_1 + \ln x_2 \text{。}$$

性質 2（遞增性）　當 $x_1 < x_2$ 時有

$$\ln x_1 < \ln x_2 \text{。}$$

性質 3

$$\ln x \begin{cases} = 0 & (x = 1) \\ > 0 & (x > 1) \\ < 0 & (x < 1) \end{cases}$$

性質 4（連續性）

$$\lim_{x \to x_0} \ln x = \ln x_0 \text{。}$$

性質 5（對數函數不等式）

$$\frac{x}{1 + x} < \ln(1 + x) < x \text{。}$$

$$\left(或\ \frac{1}{1 + x} < \ln\left(1 + \frac{1}{x}\right) < \frac{1}{x} \right) \text{。}$$

性質 6（求導法則）

$$(\ln x)' = \frac{1}{x} \, \text{。}$$

性質 7（值域）當 x 取遍（$0, +\infty$）時，$\ln x$ 取遍（$-\infty, +\infty$）。

下面我們指出，如何證明這些性質。

性質 1 之證明：由定義及推論 3：

$$\ln(x_1 x_2) = S_1^{x_1 x_2} = S_1^{x_1} + S_{x_1}^{x_1 x_2}$$
$$= S_1^{x_1} + S_1^{x_2} = \ln x_1 + \ln x_2$$

這裏關鍵的一步是 $S_{x_1}^{x_1 x_2} = S_1^{x_2}$，這由推論 3 是顯然的。由性質 1 順便知道 $\ln \dfrac{x_2}{x_1} = \ln x_2 - \ln x_1, \ \ln x^n = n \ln x$ 等。

性質 2、3、4 均由定義 1、2 得出：

$$\ln x_2 - \ln x_1 = S_{x_1}^{x_2} > 0 \ \text{（當}\, x_2 > x_1 \text{）}，$$

又顯然有 $\left| S_{x_1}^{x_2} \right| \le \left| x_2 - x_1 \right| \cdot \dfrac{1}{x_1} = \left(\dfrac{x_2}{x_1} - 1 \right)$，

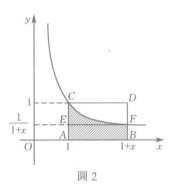

圖 2

故當 x_1 趨於 x_2 時 $S_{x_1}^{x_2} \to 0$，即證明了連續性。

性質 5，當 $x > 0$ 時——看圖 2，就成為顯然的了：

圖中陰影部分面積是 $\ln(1 + x)$，它小於矩形 $ABDC$ 面積 $1 \cdot x = x$，大於矩形 $ABFE$ 的面積 $x \cdot \dfrac{1}{1 + x} = \dfrac{x}{1 + x}$。用梯形 $ABFC$ 代替 $ABDC$，這個不等式還可以大大改進。$-1 < x < 0$ 時，可由 $\ln(1 + x) = -\ln\left(1 - \dfrac{x}{1 + x} \right)$ 導出。

性質 6 可由性質 1 及 5 導出。按導數定義，

$$(\ln x)' = \lim_{h \to 0} \frac{\ln(x + h) - \ln x}{h}$$

$$= \lim_{h \to 0} \frac{1}{h} \ln \frac{x + h}{x}$$

$$= \lim_{h \to 0} \frac{1}{h} \ln \left(1 + \frac{h}{x} \right)$$

當 $h > 0$ 時，由性質 5 有

$$\frac{1}{x + h} < \frac{1}{h} \ln \left(1 + \frac{h}{x} \right) < \frac{1}{x},$$

當 $h < 0$ 時，由性質 5 有

$$\frac{1}{x} < \frac{1}{h} \ln \left(1 + \frac{h}{x} \right) < \frac{1}{x + h}。$$

令 $h \to 0$ 取極限即得。

性質 7 可由連續性及 $\ln a^n = n \ln a$ 推出。當 $a > 1$ 時，

$$\lim_{h \to \infty} \ln a^n = +\infty，\lim_{h \to \infty} \ln a^{-n} = -\infty，$$

可見 $\ln x$ 取遍 $(-\infty, +\infty)$ 的值。

由遞增性及連續性，$\ln x$ 有唯一的反函數 $E(x)$，且 $E(x)$ 連續遞增。由於 $\ln x$ 定義於 $(0, +\infty)$ 而值域為 $(-\infty, +\infty)$，於是 $E(x)$ 定義於 $(-\infty, +\infty)$ 而取值於 $(0, +\infty)$。由反函數求導法則可知 $(E(x))' = E(x)$。記

$$E(1) = e$$

我們指出：$E(x)$ 恰巧就是指數函數 e^x。

首先，根據 $\ln x$ 的性質 1：設 $y_1 = \ln x_1$，$y_2 = \ln x_2$，於是由反函數定義得：

$$E(y_1 + y_2) = E(\ln x_1 + \ln x_2)$$
$$= E(\ln(x_1 x_2))$$
$$= x_1 \cdot x_2$$
$$= E(y_1)\, E(y_2)\,,$$

因為 y_1、y_2 是任意的，可得當 n 為自然數時：

$$E(nx) = E(x + (n-1)x)$$
$$= E(x) \cdot E((n-1)x) = (E(x))^n$$

取 $x = 1$，可得 $E(n) = (E(1))^n$；

取 $x = \dfrac{1}{n}$，得 $E\left(\dfrac{1}{u}\right) = E(1)^{\frac{1}{n}}$，

取 $x = \dfrac{1}{m}$ 又得 $E\left(\dfrac{n}{m}\right) = \left(E\left(\dfrac{1}{m}\right)\right)^n$

$$= [E(1)^{\frac{1}{m}}]^n$$
$$= E(1)^{\frac{n}{m}}$$
$$= e^{\frac{n}{m}}\,,$$

可見對一切正分數 x，有 $E(x) = e^x$，又因 $\ln 1 = 0$ 得 $E(0) = 1$，故

$$E(x)E(-x) = E(x - x)$$
$$= E(0) = 1\,。$$

即得 $E(x) = E(-x)^{-1}$，故當 x 為負分數時也有

$$E(x) = (E(-x))^{-1} = (e^{-x})^{-1} = e^x\,,$$

總之，對一切有理數，$E(x) = e^x$，根據 $E(x)$ 和 e^x 的連續性取極限，可得 $E(x) = e^x$ 對一切實數 x 成立。這説明，$E(x)$ 就是以 $E(1) = e$ 為底的通常的指數函數。而 $\ln x$ 就是以 e 為底的指數函數的反函數——自然對數函數。

最後，我們來看看，e 是甚麼？由不等式

$$\frac{x}{1+x} < \ln(1+x) < x \text{ 。}$$

令 $x = \dfrac{1}{A}$，得

$$\frac{1}{1+A} < \ln\left(1 + \frac{1}{A}\right) < \frac{1}{A}$$

且有

$$\frac{A}{1+A} < \ln\left(1 + \frac{1}{A}\right)^{A} < 1 \text{ ，}$$

同取 $E(x)$ 之值得

$$E\left(\frac{A}{1+A}\right) < \left(1 + \frac{1}{A}\right)^{A} < E(1) = e \text{ 。}$$

令 $A \to \infty$ 即得（用兩面夾的求極限法）

$$\lim_{A \to \infty} \left(1 + \frac{1}{A}\right)^{A} = E(1) = e \text{ 。}$$

這就是目前課本中略去了證明的那個重要極限等式。

回顧整個推導過程，除了面積的大小比較之外，並沒有用到更多的東西。這似乎比先引入 e、e^x，再引入 $\ln x$ 要直觀淺顯得多。

從這裏，又一次顯示了「面積」關係在數學教學中的重要作用。

（原載《教學通訊》，1984.5）

從反對數表的幾何性質談起

　　大概許多同學和老師，都會覺得各種函數表的學習和使用是最為枯燥乏味的了。其實，如果你深入地了解一下這些表的結構，特別是研究一下它的幾何性質，倒也趣味盎然。你會驚奇地發現：在看來十分普通的表格裏，隱藏着一些耐人尋味的規律。利用這些規律，可以製成種種方便、準確的算圖。

（一）反對數表的幾何性質

　　我們常用的四位反對數表，是分開印在兩三頁上的。如果把全表貼在一張紙上，排成一個「整體反對數表」，許多有趣的性質便呈現出來了。

　　如附表所示，我們把從 0.000 到 0.999 這 1,000 個對數尾數的反對數（四位有效數字），自左而右、自上而下地排成了一個 50×20 的長方陣。每個數佔據的地盤都一樣，是一個小小的長方形。長方形的左下角處的頂點，叫做這個數的代表點，例如：第 0 行的第三點代表 1005，而第 2 行的第 6 點代表 1109；每行的最末尾，也添上一個點，它和下一行的第一個點代表同一個數。例如整個表的右上角那個點和第 0 行的第一個點，同時代表 1000，而第 49 行末一個點（第 21 個點）和表的左下角附加那個小矩形的左下頂點，也同時代表 1000；第 12 行末一點和 13 行頭一個點，同時代表 1820，等等。

　　這樣，圖上總共有 $50 \times 21 + 2 = 1052$ 個點子。其中有 4 個點代表同一個數 1000（四角），有 98 個點代表 49 個數，其餘 950 個點各代

整體反對數表

1	00	01	02	03	04	05	06	07	08	09	10	11	12	13	14	15	16	17	18	19	1000
00	1000	1002	1005	1007	1009	1012	1014	1016	1019	1021	1023	1026	1028	1030	1033	1035	1038	1040	1042	1045	
01	1047	1050	1052	1054	1057	1059	1062	1064	1067	1069	1072	1074	1076	1079	1081	1084	1086	1089	1091	1094	
02	1096	1099	1102	1104	1107	1109	1112	1114	1117	1119	1122	1125	1127	1130	1132	1135	1138	1140	1143	1146	
03	1148	1151	1153	1156	1159	1161	1164	1167	1169	1172	1175	1178	1180	1183	1186	1189	1191	1194	1197	1199	
04	1202	1205	1208	1211	1213	1216	1219	1222	1225	1227	1230	1233	1236	1239	1242	1245	1247	1250	1253	1256	
05	1259	1262	1265	1268	1271	1274	1276	1279	1282	1285	1288	1291	1294	1297	1300	1303	1306	1309	1312	1315	
06	1318	1321	1324	1327	1330	1334	1337	1340	1343	1346	1349	1352	1355	1358	1361	1365	1368	1371	1374	1377	
07	1380	1384	1387	1390	1393	1396	1400	1403	1406	1409	1413	1416	1419	1422	1426	1429	1432	1435	1439	1442	
08	1445	1449	1452	1455	1459	1462	1466	1469	1472	1476	1479	1483	1486	1489	1493	1496	1500	1503	1507	1510	
09	1514	1517	1521	1524	1528	1531	1535	1538	1542	1545	1549	1552	1556	1560	1563	1567	1570	1574	1578	1581	
10	1585	1589	1592	1596	1600	1603	1607	1611	1614	1618	1622	1626	1629	1633	1637	1641	1644	1648	1652	1656	
11	1660	1663	1667	1671	1675	1679	1683	1687	1690	1694	1698	1702	1706	1710	1714	1718	1722	1726	1730	1734	
12	1738	1742	1746	1750	1754	1758	1762	1766	1770	1774	1778	1782	1786	1791	1795	1799	1803	1807	1811	1816	
13	1820	1824	1828	1832	1837	1841	1845	1849	1854	1858	1862	1866	1871	1875	1879	1884	1888	1892	1897	1901	
14	1905	1910	1914	1919	1923	1928	1932	1936	1941	1945	1950	1954	1959	1963	1968	1972	1977	1982	1986	1991	
15	1995	2000	2004	2009	2014	2018	2023	2028	2032	2037	2042	2046	2051	2056	2061	2065	2070	2075	2080	2084	
16	2089	2094	2099	2104	2109	2113	2118	2123	2128	2133	2138	2143	2148	2153	2158	2163	2168	2173	2178	2183	
17	2188	2193	2198	2203	2208	2213	2218	2223	2228	2234	2239	2244	2249	2254	2259	2265	2270	2275	2280	2286	
18	2291	2296	2301	2307	2312	2317	2323	2328	2333	2339	2344	2350	2355	2360	2366	2371	2377	2382	2388	2393	
19	2399	2404	2410	2415	2421	2427	2432	2438	2443	2449	2455	2460	2466	2472	2477	2483	2489	2495	2500	2506	
20	2512	2518	2523	2529	2535	2541	2547	2553	2559	2564	2570	2576	2582	2588	2594	2600	2606	2612	2618	2624	
21	2630	2636	2642	2649	2655	2661	2667	2673	2679	2685	2692	2698	2704	2710	2716	2723	2729	2735	2742	2748	
22	2754	2761	2767	2773	2780	2786	2793	2799	2805	2812	2818	2825	2831	2838	2844	2851	2858	2864	2871	2877	
23	2884	2891	2897	2904	2911	2917	2924	2931	2938	2944	2951	2958	2965	2972	2979	2985	2992	2999	3006	3013	
24	3020	3027	3034	3041	3048	3055	3062	3069	3076	3083	3090	3097	3105	3112	3119	3126	3133	3141	3148	3155	
25	3162	3170	3177	3184	3192	3199	3206	3214	3221	3228	3236	3243	3251	3258	3266	3273	3281	3289	3296	3304	
26	3311	3319	3327	3334	3342	3350	3357	3365	3373	3381	3388	3396	3404	3412	3420	3428	3436	3443	3451	3459	
27	3467	3475	3483	3491	3499	3508	3516	3524	3532	3540	3548	3556	3565	3573	3581	3589	3597	3606	3614	3622	
28	3631	3639	3648	3656	3664	3673	3681	3690	3698	3707	3715	3724	3733	3741	3750	3758	3767	3776	3784	3793	
29	3802	3811	3819	3828	3837	3846	3855	3864	3873	3882	3890	3899	3908	3917	3926	3936	3945	3954	3963	3972	
30	3981	3990	3999	4009	4018	4027	4036	4046	4055	4064	4074	4083	4093	4102	4111	4121	4130	4140	4150	4159	
31	4169	4178	4188	4198	4207	4217	4227	4236	4246	4256	4266	4276	4285	4295	4305	4315	4325	4335	4345	4355	
32	4365	4375	4385	4395	4406	4416	4426	4436	4446	4457	4467	4477	4487	4498	4508	4519	4529	4539	4550	4560	
33	4571	4581	4592	4603	4613	4624	4634	4645	4656	4667	4677	4688	4699	4710	4721	4732	4742	4753	4764	4775	
34	4786	4797	4808	4819	4831	4842	4853	4864	4875	4887	4898	4909	4920	4932	4943	4955	4966	4977	4989	5000	
35	5012	5023	5035	5047	5058	5070	5082	5093	5105	5117	5129	5140	5152	5164	5176	5188	5200	5212	5224	5236	
36	5248	5260	5272	5284	5297	5309	5321	5333	5346	5358	5370	5383	5395	5408	5420	5433	5445	5458	5470	5483	
37	5495	5508	5521	5534	5546	5559	5572	5585	5598	5610	5623	5636	5649	5662	5675	5689	5702	5715	5728	5741	
38	5754	5768	5781	5794	5808	5821	5834	5848	5861	5875	5888	5902	5916	5929	5943	5957	5970	5984	5998	6012	
39	6026	6039	6053	6067	6081	6095	6109	6124	6138	6152	6166	6180	6194	6209	6223	6237	6252	6266	6281	6295	
40	6310	6324	6339	6353	6368	6383	6397	6412	6427	6442	6457	6471	6486	6501	6516	6531	6546	6561	6577	6592	
41	6607	6622	6637	6653	6668	6683	6699	6714	6730	6745	6761	6776	6792	6808	6823	6839	6855	6871	6887	6902	
42	6918	6934	6950	6966	6982	6998	7015	7031	7047	7063	7079	7096	7112	7129	7145	7161	7178	7194	7211	7228	
43	7244	7261	7278	7295	7311	7328	7345	7362	7379	7396	7413	7430	7447	7464	7482	7499	7516	7534	7551	7568	
44	7586	7603	7621	7638	7656	7674	7691	7709	7727	7745	7762	7780	7798	7816	7834	7852	7870	7889	7907	7925	
45	7943	7962	7980	7998	8017	8035	8054	8072	8091	8110	8128	8147	8166	8185	8204	8222	8241	8260	8279	8299	
46	8318	8337	8356	8375	8395	8414	8433	8453	8472	8492	8511	8531	8551	8570	8590	8610	8630	8650	8670	8690	
47	8710	8730	8750	8770	8790	8810	8831	8851	8872	8892	8913	8933	8954	8974	8995	9016	9036	9057	9078	9099	
48	9120	9141	9162	9183	9204	9226	9247	9268	9290	9311	9333	9354	9376	9397	9419	9441	9462	9484	9506	9528	
49	9550	9572	9594	9616	9638	9661	9683	9705	9727	9750	9772	9795	9817	9840	9863	9886	9908	9931	9954	9977	1000
50	1000																				

表一個數，總共 1000 個數。這些點統稱格點。

　　對每個格點 A，可以給出它的坐標（x_A、y_A）。x_A 代表 A 所在的行號碼。y_A 代表列號碼。通常 x_A 從 0 取到 49，而 y_A 從 0 取到 20。此外，在第 -1 行只有一個點（$-1, 20$），代表 1000；在第 50 行也只有一個點（$50, 0$），也代表 1000。

　　A 點所代表的數記作 $P(A)$。我們來分析一下，$\lg P(A)$ 和 A 的坐標有甚麼關係。由於點子每右移一格，它所代表的數的對數增加 0.001，每向下移一格，所代表數的對數增加 0.020。因此可見，若 $A = (x_A, y_A)$，則有：

$$\lg P(A) \equiv 0.020 x_A + 0.001 y_A \,(\text{mod } 1)，$$

我們用 "$\stackrel{*}{=}$" 表示兩邊的數的有效數字相同，則

$$P(A) \stackrel{*}{=} 10^{0.020 x_A + 0.001 y_A}，$$

這兩個公式便是我們進一步討論的基礎。

　　從這兩個公式可以看出：第 k 行的右端點和第 $k + 1$ 行的左端點代表一個數。這是因為，對於

$$A = (k, 20)，B = (k + 1, 0)$$

必有：

$$\lg P(A) \equiv 0.020k + 0.001 \times 20$$
$$= 0.020 \times (k + 1) + 0.001 \times 0 \equiv \lg P(B)(\text{mod } 1)。$$

下面討論這些格點的幾何性質：

(i)　若 $ABCD$ 成平行四邊形，則必有：

$$P(A) : P(B) \stackrel{*}{=} P(D) : P(C)，$$

或者說，$P(A)P(C) \stackrel{*}{=} P(B)P(D)$，反之亦然。

證明　根據解析幾何的知識，或直接在圖上用全等三角形來證明，都可知道，當 $ABCD$ 成平行四邊形時，它們的坐標 (x_A, y_A)、(x_B, y_B)、(x_C, y_C)、(x_D, y_D) 之間應滿足關係：

$$x_A - x_B = x_D - x_C \text{，} \tag{1}$$

$$y_A - y_B = y_D - y_C \text{，} \tag{2}$$

用 0.020 乘 (1) 式、0.001 乘 (2) 式，再相加，可得

$$(0.020 x_A + 0.001 y_A) - (0.020 x_B + 0.001 y_B)$$

$$= (0.020 x_D + 0.001 y_D) - (0.020 x_C + 0.001 y_C) \text{，}$$

亦即

$$\lg P(A) - \lg P(B) \equiv \lg P(D) - \lg P(C) (\mathrm{mod}\ 1) \text{。}$$

∴ $\qquad P(A) : P(B) \overset{*}{=} P(D) : P(C) \text{。}$

(ii) 若 A、B、C 三點共線，且 B 在 AC 線段上，$\overline{AC} = \lambda \overline{AB}$，則：

$$P(B)^{\lambda} \overset{*}{=} P(C) \cdot P(A)\lambda^{-1} \text{。}$$

證明　由 $\overline{AC} = \lambda \overline{AB}$，可知：

$$x_A - x_C = \lambda(x_A - x_B) \text{，} \tag{3}$$

$$y_A - y_C = \lambda(y_A - y_B) \text{。} \tag{4}$$

用 0.020 乘 (3)、0.001 乘 (4)，再相加，得：

$$\lg P(A) - \lg P(C) \equiv \lambda(\lg P(A) - \lg P(B))(\mathrm{mod}\ 1) \text{。}$$

∴ $\qquad P(A) : P(C) \overset{*}{=} P(A)^{\lambda} : P(B)^{\lambda} \text{。}$

∴ $\qquad P(B)^{\lambda} \overset{*}{=} P(C) \cdot P(A)^{\lambda - 1} \text{。}$

作為推論，我們得到：若 B 是 A、C 的中點（即 $\lambda = 2$），則 $P(B)$ 與 $P(C)$、$P(A)$ 的比例中項僅相差一個 10^n 因子。

下面的性質，也許是最為有趣的了：

(iii) 記 $M = (-1, 20)$，$N = (0, 0)$。作直線 MN。又設 A、B、C 是三個格點。過 B 作 MN 之平行線，交 AC 於 D（圖 1）。若 $AC = \lambda AD$，則必有：

$$P(B)^{\lambda} \stackrel{*}{=} P(C) \cdot P(A)^{\lambda - 1}。$$

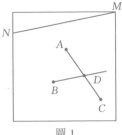

圖 1

證明　如果我們對所有的點都賦予坐標，且仍以（0, 0）為原點，並保持格點之坐標不變，則直線 MN 之方程為

$$20x + y = 0，\tag{5}$$

而 $BD \parallel MN$，故 BD 方程為：

$$20x + y = 20x_D + y_D。\tag{6}$$

由 $AC = \lambda AD$，可知：

$$x_A - x_C = \lambda(x_A - x_D)，\tag{7}$$

$$y_A - y_C = \lambda(y_A - y_D)，\tag{8}$$

用 0.020 乘 (7)、0.001 乘 (8)，再相加，得：

$$(0.020x_A + 0.001y_A) - (0.020x_C + 0.001y_C)$$

$$= \lambda[(0.020x_A + 0.001y_A) - (0.020x_D + 0.001y_D)]。\tag{9}$$

由於 B 在 BD 上，把 B 的坐標 (x_B, y_B) 代入 (6)：

$$20x_B + y_B = 20x_D + y_D，$$

即

$$0.020x_B + 0.001y_B = 0.020x_D + 0.001y_D。\tag{10}$$

把 (10) 代入 (9) 的右端，得

$$\lg P(A) - \lg P(C) \equiv \lambda(\lg P(A) - \lg P(B))(\bmod 1)。$$

$$\therefore \qquad P(B)^{\lambda} \stackrel{*}{=} P(C) \cdot P(A)^{\lambda - 1}。$$

（二）把反對數表當成乘除計算圖

根據上面所證明的整體反對數表的幾何性質，特別是性質 (i)，可以把這表當成乘、除算圖來使用。但是，不能直接在表上畫平行四邊形來作計算，因為畫上幾次，表上就一塌糊塗了！

我們建議用以下方法來實現表上的計算過程。（有興趣的讀者，完全有可能找到另外的方法。）

找一張和表一樣大小的透明塑料片。例如，可以用幻燈紙，洗淨了的 X 光膠片，甚至厚一點的聚氯乙烯薄膜也可以。在塑膠片上用針或圓珠筆畫上和整體對數表邊框一樣大小的矩形，矩形的四角，相當於四個"1000"所在的位置，畫上四個小長方形。把這四個小長方形，叫做「輸出位」。上邊的兩個輸出位，用紅色標出，下面的，用藍色標出。在這個塑料片上寫一個「正」字，以免弄反了方向。以下，把這個塑料片叫做「透明片」。

以下分別介紹除法、乘法和比例計算法。

除法

把透明片放在表上，使四角的輸出位對準四個"1000"，即在輸出位讀到的恰是"1000"。這個步驟以下簡稱「對正」。在除數 $D(A)$ 所在的位置，用鋼筆畫一個小長方形把除數正好套住，這個步驟，以下叫做「在 $D(A)$ 處畫記號」。（如果要簡便，這個記號也可以不畫小長方形，而僅僅畫出這個小長方形的左邊的一條邊，即在格點 A 處向上畫一條豎直的線段，其長度為行寬。）然後平移透明片，使所劃的記號對準被除數。這時，四個輸出位中必然恰有一個落在表內，在輸出位處，便可讀到商的四位有效數字。

這四步，簡括起來便是：對正，在除數處畫記號，記號對着被除數，在輸入位讀答案。

道理何在呢？設我們最後在右上角的那個輸出位讀到了答案 $P(C)$。記右上角點為 M，除數位置在 A，被除數位置為 B，則由於平移，使 $MABC$ 成為平行四邊形。由性質 (i)，可知

$$P(M) : P(A) \stackrel{*}{=} P(C) : P(B) \text{。}$$

但 $P(M) = 1000$，故

$$P(C) \stackrel{*}{=} \frac{P(B)}{P(A)} \text{。}$$

由於我們得到的讀數僅僅是所求商的有效數字，故最後還要定位。定位規則是：

(1) 若商在藍色輸出位讀出，則：

商的位數 = 被除數位數 − 除數位數。

(2) 若商在紅色輸出位讀出，則：

商的位數 = 被除數位數 − 除數位數 + 1。

這個規則的證明，請讀者作為練習，自行完成。至於一個數的位數，是指其首位有效數字與小數點之「有向距離」。例如：43.4、61、37.125 都是 2 位數，8、1.5 是 1 位數，0.33、0.105 是 0 位數，0.0094、0.00881 是負 2 位 (−2 位) 數，等等。

乘法

第一步仍是對正；然後在乘數處畫記號。第三步是把透明片旋轉 180° 即使「正」字向下，第四步是把記號對準被乘數，最後在輸出位讀到積的有效數字。

道理是這樣的：若以 M 記輸出位原位（即角上的點），A 記乘數位置，B 記被乘數位置，C 記讀答數處，則由於平移和 180° 旋轉，$AMBC$ 恰

為平行四邊形，因而 $P(A) \cdot P(B) \stackrel{.}{=} P(M)P(C)$，但 $P(M) = 1000$，故 $P(C) \stackrel{.}{=}$ $P(A) \cdot P(B)$。

定位法如下：

(1) 若答案在藍色輸出位讀出，則：

積的位數 = 相乘兩數位數之和，

(2) 若答案在紅色輸出位讀出，則：

積的位數 = 相乘兩數位數之和 −1。

解比例式

$$\frac{a}{x} = \frac{b}{c} \text{。}$$

第一步，適當選擇一個輸出位，把它套住 a 所在的矩形格，使 b 落在透明片的大方框之內（不然，則換一個輸出位）。第二步在 b 處畫記號；第三步平移透明片使記號對準 c，最後在輸出位讀出 x 的有效數字。

原理從略，讀者不難用平行四邊形法則導出。定位法則如下（注意：我們在計算過程中，兩次使用了輸出位）：

(1) 若兩次所用的輸出位同色，則

x 位數 = a 位數 + c 位數 − b 位數。

(2) 若兩次不同色，在藍色輸入位讀答數：

x 位數 = a 位數 + c 位數 − b 位數 − 1。

(3) 若兩次不同色，在紅色輸出位讀答數：

x 位數 = a 位數 + c 位數 − b 位數 + 1。

開平方

利用性質 (ii) 中關於比例中項的推論，容易想到：把 a 的代表點 A 與 1000 的代表點 B 連接，則 AB 的中點，應當是 $\sqrt{a}$ 的有效數字的代表點。

但是，這裏有兩個問題：

第一，1000 有四個代表點，和哪一個相連呢？回答是：

若 a 的位數為奇數，行號為偶數時和左上角連，行號為奇數時和右上角連；若 a 的位數為偶數，行號為偶數時和左下角連，行號為奇數時和右下角連。

簡括之：位數定上下，奇上偶下；行號定左右，奇右偶左。其中道理，留給讀者思索。

第二，AB 的中點 C 如果不正好落在格點時怎麼辦？

按照上述連線法，可以保證 C 點落在格點所在的水平行線上，即落在格點或兩個同行的格點之間。（這時，用一根直尺，或利用透明片上的邊線很容易找到 AB 之中點 C。方法是應用平面幾何裏的「等距平行線把線段等分」的原理。）這時，可利用比例內插法讀出答數的前四位有效數字。

例如，求 $\sqrt{2}$ 的算法如下：2 是奇數位，而 2000 在 15 行，按奇上奇右，把 2000 的代表點 A 與右上角 1000 的代表點 B 連接，其中點在第 7 行 1413 與 1416 的代表點之間，取平均值為 14145。定位後得 1.4145，誤差小於 0.0003。

如果在表上找不到被開方數 a 的代表格點，也可用比例內插法定 A 的位置。如求 $\sqrt{30}$ 時，在表上沒有 3000，在 23 行找到 2999 和 3006，兩者差 7，而 3000 − 2999 = 1，就在 2999 和 3006 兩點間，靠近前者約 $\frac{1}{7}$ 處定下 3000 的點 A，按偶下奇右的原則，把 A 與右下角點連線，其中點在 5470 和 5483 之間，故 $\sqrt{30} \doteqdot 5.477$。

（三）舉一反三，精益求精

除了反對數表，還有平方表、開方表、倒數表、三角函數表……，把它們排成整體表，又該有甚麼幾何性質和規律呢？用它們又可以進行些甚麼計算呢？

肯定地說，這裏面確是大有文章。利用平方表，可以作勾股計算——知道直角三角形兩邊求第三邊；利用倒數表，可以計算並聯電阻、串聯電容以及透鏡焦距；利用正弦對數表，可以計算斜三角形的邊、角；利用二重反對數表（$\lg(\lg x)$ 的反函數），可以計算多次方根，如 $\sqrt[100]{2}$，等等。

這樣把總體表當成算圖使用，其精度往往比一般算圖為高。有效數字為三到四位。製圖方法簡便——只要在方格紙上抄一下便行了。

當然，還可以精益求精。例如：如何縮小表的尺寸，如何使表上出現的數字是連續數字而避免使用比例內插法，都有進一步的方法。這種「總體表圖算法」將使大家對數表刮目相看，從似乎是枯燥死板的一堆堆數碼裏，找到了無窮的樂趣。

（選自《初等數學論叢》第 9 輯，1987）

迭代——數學賽題的待開發礦點之一

幾十年來，數學競賽活動在世界上日益興旺發達起來。這給青少年數學愛好者和數學工作者都帶來了新的任務。

一方面：怎樣解題？

一方面：怎樣出題？

解題不易，出題亦難。而且這難度年復一年地在增長。

道理很簡單：每過一年，數學競賽的資料就會多那麼一大疊。應試的選手就要學習更多的東西。而命題的人們為了避開陳題，為了盡可能地使競賽更加公平，就要挖空心思創作新穎的題目。

在平面幾何、數論、圖論、組合數學、不等式等領域，有着大量的難度各異、技巧獨特、對專門知識要求不高的習題。因此，這些方面的試題已屢見不鮮。

數學在不斷發展，新的領域不斷出現。在數學研究的前沿，哪些領域適於開發數學競賽題目的新礦藏呢？這當然是熱心從事或關心數學競賽活動的同仁們感興趣的事。

筆者不揣冒昧，推薦一個有待開發的競賽命題的礦床——函數的迭代。

有了一個定義於集合 M，而且取值於集合 M 的函數 $f(x)$，就可以迭代。記 $f^0(x) = x$，$f^1(x) = f(x)$，$f^2(x) = f(f(x))$，$f^{n+1}(x) = f(f^n(x))$。如果 $f(x)$ 有反函數，可以用 $f^{-1}(x)$ 記它。$f^n(x)$ 的反函數可以記成 $f^{-n}(x)$。n 叫做 $f^n(x)$ 關於 $f(x)$ 的迭代指數。

關於迭代的研究，涉及廣泛應用的電腦解題程序，涉及微分動力系統這種艱深的數學領域。但其中也不乏這樣的有趣問題——它們可

以用較初等的方法解出。

試圖找出 $f^n(x)$ 的明顯的表達式，是比較古老的問題了。其中不少問題是可以用初等方法做的。

若 $f(x) = x + a$，則 $f^n(x) = x + na$；

若 $f(x) = cx$，則 $f^n(x) = c^n x$；

若 $f(x) = x^2$，則 $f^n(x) = x^{2^n}$；

若 $f(x) = \dfrac{x}{x+1}$，則 $f^n(x) = \dfrac{x}{nx+1}$，等等。

但是，事情不會都這麼簡單。大多數的函數，迭代之後不能寫成這麼整齊簡單的形式。利用相似變換法，可以擴大上面的戰果，寫出更多的函數的迭代表達式。

事情是這樣的：如果有一個可逆的 φ，取

$$F(x) = \varphi^{-1} \circ f \circ \varphi(x)$$

（這裏 "$\circ$" 表示複合。例如：$f \circ g(x) = f[g(x)]$），則

$$F(F(x)) = \varphi^{-1} \circ f \circ \varphi \circ \varphi^{-1} \circ f \circ \varphi(x) = \varphi^{-1} \circ f^2 \circ \varphi(x)。$$

更一般地

$$F^n(x) = \varphi^{-1} \circ f^n \circ \varphi(x)。$$

這一來，便把 $F(x)$ 的 n 次迭代計算問題化為 $f(x)$ 的 n 次迭代問題了。

由於 $\varphi(x)$ 的取法千變萬化，這就能構造出一系列的函數迭代問題與數列計算問題。

例 1　設 $F(x) = x + 2\sqrt{x} + 1$，計算 $F^n(x)$。

解　$F(x) = (\sqrt{x} + 1)^2$，取 $\varphi(x) = \sqrt{x}$，$f(x) = x + 1$，

則 $F(x) = \varphi^{-1} \circ f \circ \varphi(x)$，故

$$F^n(x) = \varphi^{-1} \circ f^n \circ \varphi(x) = \left(\sqrt{x} + n\right)^2。$$

例 2　設 $F(x) = \dfrac{x}{\sqrt{x^2 + c}}$，計算 $F^n(x)$。

解　取 $\varphi(x) = x^2$，則

$$\varphi^{-1}(x) = \sqrt{x} \,,\, f(x) = \frac{x}{x + c} \,。$$

$$f^n(x) = \frac{x}{\left(1 + c + \ldots + c^{n-1}\right)x^2 + c^n} \,,$$

而 $F(x) = \varphi^{-1} \circ f \circ \varphi(x)$，於是

$$F^n(x) = \varphi^{-1} \circ f^n \circ \varphi(x) = \frac{x}{\sqrt{\left(1 + c + \ldots + c^{n-1}\right)x^2 + c^n}} \,。$$

例 3　設 $F(x) = x^2 + 2x$，計算 $F^n(x)$。

解　$F(x) = (x + 1)^2 - 1$，取

$$\varphi(x) = x + 1 \,,\, \varphi^{-1}(x) = x - 1 \,,\, f(x) = x^2 \,,$$

則 $F(x) = \varphi^{-1} \circ f \circ \varphi(x)$，因而

$$F^n(x) = \varphi^{-1} \circ f^n \circ \varphi(x) = (x + 1)^{2^n} - 1 \,。$$

例 4　設 $F(x) = \dfrac{x^2}{2x - 1}$，計算 $F^n(x)$。

解　$F(x) = \dfrac{x^2}{x^2 - (x - 1)^2} = \dfrac{1}{1 - \left(1 - \dfrac{1}{x}\right)^2} \,,$

取 $\varphi(x) = 1 - \dfrac{1}{x} \,,\, \varphi^{-1}(x) = \dfrac{1}{1 - x} \,,\, f(x) = x^2$，則

$$F(x) = \varphi^{-1} \circ f \circ \varphi(x) \,,$$

於是：

$$F^n(x) = \varphi^{-1} \circ f^n \circ \varphi(x) = \cfrac{1}{1 - \left(1 - \cfrac{1}{x}\right)^{2^n}} = \cfrac{x^{2^n}}{x^{2^n} - (x-1)^{2^n}} \text{ 。}$$

例 5　$F(x) = \dfrac{x+6}{x+2}$，計算 $F^n(x)$。

解　試設 $f(x) = ax$，$\varphi(x) = \dfrac{\alpha x + \beta}{x + \gamma}$。如果

$$F(x) = \varphi^{-1} \circ f \circ \varphi(x),$$

則 $\varphi \circ F(x) = a\varphi(x)$，即

$$\cfrac{\alpha\left(\cfrac{x+6}{x+2}\right) + \beta}{\cfrac{x+6}{x+2} + \gamma} = \cfrac{a(\alpha x + \beta)}{x + \gamma} \text{ 。}$$

整理之後得

$$\cfrac{\left(\cfrac{\alpha + \beta}{1 + \gamma}\right)x + \left(\cfrac{6\alpha + 2\beta}{1 + \gamma}\right)}{x + \left(\cfrac{2\gamma + 6}{1 + \gamma}\right)} = \cfrac{a\alpha x + a\beta}{x + \gamma} \text{ 。}$$

於是應當有

$$\begin{cases} \dfrac{2\gamma + 6}{1 + \gamma} = \gamma & \qquad (1) \\[3mm] \dfrac{\alpha + \beta}{1 + \gamma} = a\alpha & \qquad (2) \\[3mm] \dfrac{6\alpha + 2\beta}{1 + \gamma} = a\beta & \qquad (3) \end{cases}$$

由 (1) 解出 $\gamma = -2$ 或 3。任取其一，例如，取 $\gamma = -2$，代入 (2)、(3) 得

$$\begin{cases} (1+a)\alpha + \beta = 0 & \text{(4)} \\ 6\alpha + (2+a)\beta = 0 & \text{(5)} \end{cases}$$

由 (4) 與 (5) 解出 $1 + a = -\dfrac{\beta}{\alpha} = \dfrac{6}{2+a}$ （6）

由之解出 $a = 1$ 或 -4。若取 $a = 1$，則 $\beta = -2\alpha$。$\varphi(x) = \dfrac{\alpha(x-2)}{x-2} = \alpha$，

不可逆。故取 $a = -4$，這時得到 $\beta = 3\alpha$。取 $\alpha = 1$，則

$$\varphi(x) = \frac{x+3}{x+2}, \quad \varphi^{-1}(x) = \frac{2x+3}{x-1}, \quad f(x) = -4x,$$

驗算即知：

$$F(x) = \frac{2\left(\dfrac{4x+12}{2-x}\right) + 3}{\left(\dfrac{4x+12}{2-x}\right) - 3} = \varphi^{-1} \circ f \circ \varphi(x)。$$

於是

$$F^n(x) = \varphi^{-1} \circ f^n \circ \varphi(x) = \frac{2\left(\dfrac{(-4)^n(x+3)}{x-2}\right) + 3}{(-4)^n\left(\dfrac{x+3}{x-2}\right) - 1}$$

$$= \frac{[2(-4)^n + 3]x + 6[(-4)^n - 1]}{[(-4)^n - 1]x + [3(-4)^n + 2]}。$$

以上解題過程中，直接設 $\varphi(x) = \dfrac{\alpha x + \beta}{x + \gamma}$ 有點突兀。從高一些的觀點，可以說得清楚一些：

若 $F(x_0) = x_0$，稱 x_0 是 F 的不動點。如果 $F(x) = \varphi^{-1} \circ f \circ \varphi(x)$，則 $\varphi(F(x)) = f(\varphi(x))$，因而 $\varphi(x_0) = \varphi(F(x_0)) = f(\varphi(x_0))$，可見 $\varphi(x_0)$ 是 f 的不動點。比較簡單的幾個函數 ax、$x+a$、x^2 等，不動點是 0 或 ∞。因此，在

φ 的作用之下，最好把 F 的不動點變為 0 或 ∞。可以算出，$F(x_0) = x_0$ 的根，即方程 $\dfrac{x_0 + 6}{x_0 + 2} = x_0$ 的根為 $x_0 = 2$ 或 -3。於是構作簡單的 $\varphi(x)$，使 $\varphi(-3) = 0$，$\varphi(2) = \infty$。易想到 $\varphi(x) = \dfrac{x + 3}{x - 2}$。

這就能算出 φ。$F \circ \varphi^{-1}(x) = -4x$，取 $f(x) = -4x$ 就可以了。

用不動點的觀點還可以解釋例 4 中 $\varphi(x)$ 的由來。這時 $F(x_0) = x_0$ 成為

$$\frac{x_0^2}{2x_0 - 1} = x_0 \ 。$$

解得 $x_0 = 0$ 或 1，取 $\varphi(x)$ 使滿足 $\varphi(0) = \infty$，$\varphi(1) = 0$，最簡單的取法是 $\varphi(x) = \dfrac{x - 1}{x}$，或 $\varphi(x) = \dfrac{x}{x - 1}$。例 4 解法中取的是 $\varphi(x) = \dfrac{x - 1}{x}$；讀者不妨試用一下 $\varphi(x) = \dfrac{x}{x - 1}$。這時 $\varphi^{-1}(x) = \varphi(x)$，$f(x)$ 仍為 x^2。

當然，以上例題的形式，作為競賽題未免呆板了些。但這只是素材，可在形式上進行加工使之靈活變化。例如，例 4 可改造成：

例 6　有一個數列 $\{a_n\}$：

$$\begin{cases} a_0 = 2 \\ a_{n+1} = \dfrac{a_n^2}{2a_n - 1} \ (n = 0, 1, 2, \cdots) \end{cases}$$

求數列的通項和 a_n 的極限。

解　利用例 4 的方法，可求出

$$a_n = F^n(2) = \frac{1}{1 - \left(1 - \dfrac{1}{a_0}\right)^{2^n}} = \frac{1}{1 - \left(\dfrac{1}{2}\right)^{2^n}} = \frac{2^{2^n}}{2^{2^n} - 1}$$

易知 $\lim\limits_{n \to \infty} a_n = 1$。

用另一種方式，可以把求迭代表達式的問題逆轉為更有趣的形式。

例 7　試尋找一個函數 $g(x)$，使得

$$g(g(g(g(g(x))))) = x^2 + 2x \text{。}$$

解　利用例 3 的方法，設 $F(x) = x^2 + 2x$，取 $\varphi(x) = x + 1$，$\varphi^{-1}(x) = x - 1$，$f(x) = x^2$，則 $F(x) = \varphi^{-1} \circ f \circ \varphi(x)$。取 $h(x) = x^{\sqrt[5]{2}}$，則 $h \circ h \circ h \circ h \circ h(x) = x^2 = f$，於是取

$$g(x) = \varphi^{-1} \circ h \circ \varphi(x) \text{。}$$

則

$$g \circ g \circ g \circ g \circ g(x) = \varphi^{-1} \circ h \circ h \circ h \circ h \circ h \circ \varphi(x)$$
$$= \varphi^{-1} \circ f \circ \varphi = F(x) \text{。}$$

例 8　設 $F(x) = \dfrac{x + 6}{x + 2}$，$G(x) = \dfrac{ax + b}{x + c}$，若

$$G(F(x)) = F(G(x)) \text{，}$$

那麼 a、b、c 應滿足甚麼條件？

解　用例 5 的方法找到 $\varphi(x) = \dfrac{x + 3}{x - 2}$，則得

$$F(x) = \varphi^{-1} \circ f \circ \varphi(x) \text{，}$$

這裏 $f(x) = -4x$。於是

$$G \circ \varphi^{-1} \circ f \circ \varphi(x) = \varphi^{-1} \circ f \circ \varphi \circ G(x) \text{。}$$

兩端都用 φ^{-1} 代入，再都代入 φ，得

$$\varphi \circ G \circ \varphi^{-1} \circ f(x) = f \circ \varphi \circ G \circ \varphi^{-1}(x) \text{。}$$

設

$$g(x) = \varphi \circ G \circ \varphi^{-1}(x) \text{，}$$

則

$$g \circ f(x) = f \circ g(x) \text{。}$$

當然，$g(x)$ 也是線性分式。設 $g(x) = \dfrac{ux + v}{sx + t}$，

則由 $f(x) = -4x$ 可得

$$\frac{-4ux + v}{-4sx + t} = \frac{-4ux - 4v}{sx + t} \text{。}$$

比較係數得

$$\begin{cases} 4us = 16us & (1) \\ tv = -4tv & (2) \\ -4ut + sv = -4ut + 16sv & (3) \end{cases}$$

由 (1) 得 $us = 0$。

當 $s = 0$，則 $t \neq 0$，由 (2) 得 $v = 0$，則 $g(x) = ux$, 這裏 u 是任意常數。

當 $u = 0$，若 $v = 0$，則 $g(x) = 0$。若 $v \neq 0$，則 $s = t = 0$，無意義。

總之，$g(x) = ux$，由 $g = \varphi \circ g \circ \varphi^{-1}$，可得

$$G(x) = \varphi^{-1} \circ g \circ \varphi(x) = \frac{2u\left(\dfrac{x+3}{x-2}\right) + 3}{u\left(\dfrac{x+3}{x-2}\right) - 1} = \frac{2u(x+3) + 3x - 6}{u(x+3) - x + 2}$$

$$= \frac{(2u+3)x + 6(u-1)}{(u-1)x + (3u+2)} = \frac{\dfrac{2u+3}{u-1}x + 6}{x + \dfrac{3u+2}{u-1}} \text{。}$$

這就找到了 $G(x)$ 的一般形式。

儘管用了相似變換，能把 $f^n(x)$ 寫出來的情形仍是少數。寫不出表達式，就退一步，想辦法研究序列 $f(x)$，$f^2(x)$，$f^3(x)$，$\cdots$，$f^n(x)$，$\cdots$ 的性質。

這方面，大家比較熟悉的題目，是計算遞推數列的極限。例如：

「$a_0 = 1$，$a_{n+1} = \sqrt{2 + a_n}$，求 $\lim\limits_{n \to \infty} a_n = ?$」 如果記 $f(x) = \sqrt{2 + x}$，

這個問題也就是求 $\lim\limits_{n\to\infty} f^n(1) = ?$ 的問題。最後，可以歸結為求 $f(x)$ 的不動點的問題，即求方程 $\sqrt{2+x} = x$ 的根的問題。

其實，這個簡單的問題，也可有所變化。我們可以不用極限概念，用更初等的方法把它老老實實地做出來。

例 9　設 $a_0 = 1$，$a_{n+1} = \sqrt{2 + a_n}$。求證

$$0 < 2 - a_n < \frac{1}{\left(2 + \sqrt{3}\right)^n} \ 。$$

解　我們對 n 用數學歸納法證明：$1 \le a_n < 2$，且所要的不等式成立。

$n = 0$，顯然，若已知 $1 \le a_m < 2$，$0 < 2 - a_m < \dfrac{1}{\left(2 + \sqrt{3}\right)^m}$，則

$$a_{m+1} = \sqrt{2 + a_m} < \sqrt{4} = 2 \ ，$$

而 $a_{m+1} > 1$ 是顯然的。最後，

$$0 < 2 - a_{m+1} = 2 - \sqrt{2 + a_m}$$

$$= \frac{\left(2 - \sqrt{2 + a_m}\right)\left(2 + \sqrt{2 + a_m}\right)}{2 + \sqrt{2 + a_m}} < \frac{2 - a_m}{2 + \sqrt{3}} < \frac{1}{\left(2 + \sqrt{3}\right)^{m+1}} \ 。$$

證畢。

下面的例子難度更大一點，也更加有趣。

例 10　已知 $a_0 = \dfrac{\pi}{4}$，$a_{n+1} = \sin a_n$。求證：

$$\frac{1}{\sqrt{3n+2}} \le a_n \le \sqrt{\frac{5}{n}} \ 。$$

在給出此題的解法之前，我們先從較高的觀點說明一下題目的背景。

設 $F(x) = \sin x$，此題實質上是要求估計迭代函數 $F^n(x)$ 的值，不過取定 $x = \dfrac{1}{\sqrt{2}}$ 罷了。在 $x = 0$ 附近，有

$$F(x) = \sin x = x - \frac{x^3}{6} + \frac{x^5}{120} - \ldots = x - \frac{x^3}{6} + R(x)$$

$$= x\left(1 - \frac{x^2}{6} + \frac{1}{x}R(x)\right) \text{。}$$

考慮 $G(x) = \left(F(\sqrt{x})\right)^2$，則當 $x \geq 0$ 時，

$$G(x) = \left(\sin\sqrt{x}\right)^2 = x\left(1 - \frac{x}{6} + \frac{1}{\sqrt{x}}\left(R\sqrt{x}\right)\right)^2$$

$$= x\left(1 - \frac{x}{3} + S(x)\right) \text{。}$$

這裏 $|S(x)| \leq \dfrac{x^2}{8}$，這是頗粗略的估計。但是

$$\frac{1}{1 + \dfrac{x}{3}} = 1 - \frac{x}{3} + \frac{x^2}{9} - \frac{x^3}{27} + \ldots$$

因而，不管 $\varepsilon > 0$ 多麼小，只要 $x > 0$ 足夠小，總可以有

$$\frac{x}{1 + \dfrac{x}{3 - \varepsilon}} \leq G(x) \frac{x}{1 + \dfrac{x}{3 + \varepsilon}} \text{，}$$

也就是

$$\frac{x}{1 + \dfrac{x}{3 - \varepsilon}} \leq \left(\sin\sqrt{x}\right)^2 \leq \frac{x}{1 + \dfrac{x}{3 + \varepsilon}} \text{。}$$

設 $\sqrt{x} = t$，兩端開平方得

$$\frac{t}{\sqrt{1 + \dfrac{t^2}{3 - \varepsilon}}} \leq \sin t \leq \frac{t}{\sqrt{1 + \dfrac{t^2}{3 + \varepsilon}}} \text{。} \quad (t \geq 0)$$

因為當 $t \geq 0$ 足夠小時，不等式中涉及的都是遞增函數，故可以同時迭代

$$\frac{t}{\sqrt{1+\dfrac{nt^2}{3-\varepsilon}}} \leq \underbrace{\sin\sin\ldots\sin t}_{n \text{次}} \leq \frac{t}{\sqrt{1+\dfrac{nt^2}{3+\varepsilon}}} ,$$

同乘以 $\sqrt{n}$ 並取極限，注意到 $\varepsilon < 0$ 可任意小，可得：

$$\lim_{n\to\infty} \sqrt{n}(\sin\sin\ldots\sin t) = \sqrt{3} 。$$

顯然，例 10 是這個結論的變形與初等化。

例 10 的解　由顯然的幾何事實可知，當 $0 < x < \dfrac{\pi}{2}$ 時，有 $\sin x < x < \tan x$。因此

$$1 < \frac{x}{\sin x} < \frac{1}{\cos x} ,$$

即

$$\cos x < \frac{\sin x}{x} < 1 。 \tag{1}$$

利用

$$\sin x = 2\sin\frac{x}{2}\cos x\frac{x}{2} \text{ 及 } \sin\frac{x}{2} < \frac{x}{2}$$

又得

$$\frac{\sin x}{x} = \frac{2\sin\dfrac{x}{2}\cos\dfrac{x}{2}}{x} < \cos\frac{x}{2} 。 \tag{2}$$

下面再估計 $\cos x$ 與 $\cos x\dfrac{x}{2}$ 。

一方面，當 $0 \leq x \leq \dfrac{\pi}{4}$ 時，

$$\cos^2 x = 1 - \sin^2 x \geq 1 - x^2 \geq \frac{1}{1 + 3x^2} \ , \tag{3}$$

另一方面，$0 \leq x \leq \dfrac{\pi}{4}$ 時又有

$$\cos^2 \frac{x}{2} = 1 - \sin^2 \frac{x}{2} \leq 1 - \frac{x^2}{4} \cos^2 \frac{x}{2} \leq 1 - \frac{x^2}{5} \leq \frac{1}{1 + \dfrac{x^2}{5}} \ . \tag{4}$$

於是，當 $0 \leq x \leq \dfrac{\pi}{4}$ 時，

$$\frac{1}{1 + 3x^2} \leq \frac{\sin^2 x}{x^2} \leq \frac{1}{1 + \dfrac{x^2}{5}} \ ,$$

即

$$\frac{x}{\sqrt{1 + 3x^2}} \leq \sin x \leq \frac{x}{\sqrt{1 + \dfrac{1}{5} x^2}} \ . \tag{5}$$

由於上式中三個函數都是增函數，故經迭代 n 次，並且將 $x = a_0 = \dfrac{\pi}{4}$ 代入，得

$$\frac{\dfrac{\pi}{4}}{\sqrt{1 + 3n\left(\dfrac{\pi}{4}\right)^2}} \leq a_n \leq \frac{\dfrac{\pi}{4}}{\sqrt{1 + \dfrac{n}{5}\left(\dfrac{\pi}{4}\right)^2}} \ .$$

略加整理即得：$\dfrac{1}{\sqrt{3n + 2}} \leq a_n \leq \sqrt{\dfrac{5}{n}}$ 。

舉一反三，類似的不等式很多。如

例 11　設 $a_0 = 100$，$a_{n+1} = a_n + \dfrac{1}{a_n}$。求證

$$\sqrt{2n + 10000} \leq a_n \leq \sqrt{(2.0001)n + 10000} \ 。$$

解　記 $f(x) = x + \dfrac{1}{x}$，則當 $x \geq 100$ 時，$f(x)$ 是遞增函數

$$f(x) = \sqrt{\left(x + \frac{1}{x}\right)^2} = \sqrt{x^2 + 2 + \frac{1}{x^2}}，$$

而且　$\sqrt{x^2 + 2} \leq f(x) \leq \sqrt{x^2 + 2.0001}$。

因為這三項都是遞增函數，故可以同時迭代 n 次：

$$\sqrt{x^2 + 2n} \leq f^n(x) \leq \sqrt{x^2 + 2.0001 \cdot n}。$$

此式對 $x \geq 100$ 成立。取 $x = 100$，由於 $f^n(100) = a_n$，即得所要的不等式。

　　函數迭代研究領域中，另一個十分引人入勝的部分是關於週期點的性質的探索。設給了一個函數 $f(x)$，如果在 f 的定義域中有 m 個兩兩不同的點 x_0，x_1，$\cdots$，x_{m-1}，使

$$f(x_0) = x_1，f(x_1) = x_2，\cdots，f(x_{m-1}) = x_0，$$

則 $\{x_0，x_1，\cdots，x_{m-1}\}$ 叫做 f 的一個 $m-$ 週期軌。其中的每個點 x_k 都叫做 f 的一個 $m-$ 週期點。不動點就是 $1-$ 週期點。

　　僅僅用一些初等組合知識，配合連續函數的介值定理，可以證明一條關於週期軌的美麗而深刻的定理——沙可夫斯基定理。為了敘述這個定理，先要介紹自然數的沙可夫斯基序。約定按下列順序重排全體自然數：

$\lhd : 3 \lhd 5 \lhd 7 \lhd \cdots \lhd 2n-1 \lhd 2n+1 \lhd \cdots$

$\cdots \lhd 2 \times 3 \lhd 2 \times 5 \lhd 2 \times 7 \lhd \cdots \lhd 2 \times (2n-1) \lhd 2 \times (2n+1) \lhd \cdots$

$\cdots \lhd 4 \times 3 \lhd 4 \times 5 \lhd 4 \times 7 \lhd \cdots \lhd 4 \times (2n+1) \lhd \cdots$

$\cdots\cdots$

$\lhd 2^k \times 3 \lhd 2^k \times 5 \lhd \cdots \lhd < 2^k \times (2n+1) \lhd \cdots$

$\cdots\cdots$

$$\cdots \triangleleft 2^m \triangleleft 2^{m-1} \triangleleft \cdots \triangleleft 2^8 \triangleleft 2^4 \triangleleft 2^2 \triangleleft 2 \triangleleft 1 \text{。}$$

沙可夫斯基定理斷言：設 $f(x)$ 是在某線段上有定義的連續函數，如果 $f(x)$ 有 m- 週期軌，而 $m \triangleleft n$，則 $f(x)$ 一定有 n 週期軌。[1] [2]

這條定理有十分豐富的推論。只要 $f(x)$ 是連續函數，從 $f(x)$ 有 3- 週期點就推出它一定有一切週期點，例如 1988- 週期點，從 $f(x)$ 有 10 週期點可推出它有 14-、16-、18- 等週期點，從 $f(x)$ 有 16- 週期點可以推出它有 8-、4-、2-、1- 等週期點，取特殊的具體函數和個別的週期數，可以構造出許多有趣的初等問題。

這裏舉兩個例子：

例 12　設 $f(x)$ 是 $[0, 1]$ 上的函數，

$$f(x) = \begin{cases} x + \dfrac{1}{2} & \left(0 \le x \le \dfrac{1}{2}\right), \\ 2(1-x) & \left(\dfrac{1}{2} < x \le 1\right), \end{cases}$$

試在 $[0, 1]$ 上找五個不同的點 x_0、x_1、x_2、x_3、x_4，使

$$f(x_0) = x_1，f(x_1) = x_2，f(x_2) = x_3，f(x_3) = x_4，f(x_4) = x_0 \text{。}$$

注意到 $f(0) = \dfrac{1}{2}$，$f\left(\dfrac{1}{2}\right) = 1$，$f(1) = 0$，所以 $f(x)$ 有 3- 週期軌 $\left\{0, \dfrac{1}{2}, 1\right\}$。

按照沙可夫斯基定理，$f(x)$ 有任意 n- 週期軌，當然會有 5- 週期軌。這裏的問題是把一個 5- 週期軌找出來。

例 12 的解　考慮到，若 $x \in \left[0, \dfrac{1}{2}\right]$，則 $f(x) \in \left[\dfrac{1}{2}, 1\right]$，若 $x \in \left[\dfrac{1}{2}, 1\right]$，則 $f(x)$ 可能落在 $[0, 1]$ 上任一點。故不妨設想可使 $x_0 \in \left[0, \dfrac{1}{2}\right]$，而 x_1、x_2、x_3、x_4 均在 $\left[\dfrac{1}{2}, 1\right]$ 內。

把 $f(x)$ 在 $\left[\dfrac{1}{2},\ 1\right]$ 上的表達式的 n 次迭代寫出來。有：

$$f^n(x) = (-2)^n\left(x - \frac{2}{3}\right) + \frac{2}{3}\ ,\quad \left(\text{若 } x,\ f(x),\ \cdots,\ f^{n-1}(x) \text{ 在 } \left[\frac{1}{2},\ 1\right] \text{上}\right)$$

於是 x_0 與 x_1 之間應當滿足關係：

$$\begin{cases} x_0 + \dfrac{1}{2} = x_1\,, \\ (-2)^4\left(x_1 - \dfrac{2}{3}\right) + \dfrac{2}{3} = x_0\,。 \end{cases}$$

解出 $x_0 = \dfrac{2}{15}$，$x_1 = \dfrac{19}{30}$。接着算出 $x_2 = f(x_1) = \dfrac{11}{5}$，$x_3 = f(x_2) = \dfrac{8}{15}$，

$x_4 = \dfrac{14}{15}$。易驗證確有 $f(x_4) = x_0$。於是所求的 5 個數是

$$\left\{\frac{2}{15},\ \frac{19}{30},\ \frac{11}{15},\ \frac{8}{15},\ \frac{14}{15}\right\}。$$

怎樣迅速計算出 f 在 $\left[\dfrac{1}{2},\ 1\right]$ 上的迭代表示式 $(-2)^n\left(x - \dfrac{2}{3}\right) + \dfrac{2}{3}$

呢？竅門在於：首先斷定 $f^n(x)$ 是一次式，其次斷定 x 的係數是 $(-2)^n$，

再根據 $f(x) = 2(1 - x)$ 的不動點是 $x = \dfrac{2}{3}$，故 $f^n(x)$ 也以 $x = \dfrac{2}{3}$ 為不動點，

問題便迎刃而解。

例 13　設 $f(x) = 4\left(x - \dfrac{1}{2}\right)^2$，$0 \leq x \leq 1$。求證：對任意給定的正整

數 n，必有這樣的 x_0，它滿足方程 $f^n(x_0) = x_0$，但當正整數 $k < n$ 時，

$f^k(x_0) \neq x_0$。這裏 $f^1(x) = f(x)$，$f^n(x) = f(f^{n-1}(x))$。

解　首先用數學歸納法證明：對任意正整數 n，有 $2^{n-1} + 1$ 個數

$a_0 < a_1 < a_2 < \cdots < a_{2^{n-1}}$ 使得 $f^n(a_k) = 1$，在每一對 a_{k-1} 與 a_k 之間，有 b_k

使 $f^n(b_k) = 0$，而 $f^n(x)$ 在 $[a_{k-1}, b_k]$ 和 $[b_k, a_k]$ 上是嚴格單調的。（$k = 0, 1,$ $2, \cdots, 2^{n-1}$），而且 $a_0 = 0$，$a_{2^{n-1}} = 1$。

命題對 $n = 1$ 顯然成立。設命題對 $n = m$ 為真，於是有滿足條件 $f^m(a_k) = 1$ 的 $2^{m-1} + 1$ 個數 $\{a_k\}$ 和相應的滿足條件 $f^m(b_k) = 0$ 的 2^{m-1} 個數 $\{b_k\}$，考慮 $f(x)$ 的兩支反函數 $x = \dfrac{1}{2} \pm \dfrac{\sqrt{y}}{2}$，

取
$$\alpha_k = \frac{1}{2} - \frac{1}{2}\sqrt{a_{2^{m-1}-k}} \quad \left(k = 0, 1, \cdots, 2^{m-1}\right),$$
$$\beta_k = \frac{1}{2} - \frac{1}{2}\sqrt{b_{2^{m-1}-k}} \quad \left(k = 0, 1, \cdots, 2^{m-1}\right),$$
$$\alpha_{2^{m-1}+j} = \frac{1}{2} + \frac{1}{2}\sqrt{a_j} \quad \left(j = 1, 2, \cdots, 2^{m-1}\right),$$
$$\beta_{2^{m-1}+j} = \frac{1}{2} + \frac{1}{2}\sqrt{b_j} \quad \left(j = 1, 2, \cdots, 2^{m-1}\right),$$

易驗證 $f^{m+1}(\alpha_k) = 1$，$f^{m+1}(\beta_k) = 0$，這是因為 $f(\alpha_k)$ 是某個 a_i 而 $f(\beta_k)$ 是某個 b_j 之故。因此，$\{\alpha_0 < \alpha_1 < \cdots < \alpha_{2^m}\}$ 是方程 $f^{m+1}(x) = 1$ 的根而在 α_{k-1} 與 α_k 之間的 β_k 是方程 $f^{m+1}(x) = 0$ 的根。於是，這就完成了數學歸納法的證明。

這表明，$y = f^n(x)$ 的曲線在 $[0,1]$ 上方上下振動，從 1 到 0，從 0 到 1，往復 2^n 次，（圖 1）它和直線 $y = x$ 有 2^n 個交點，即 $f^n(x) = x$ 有 2^n 個根。

也許，這 2^n 個根中有些是某個方程 $f^k(x) = x$ 的根，這裏 $k = 1, 2, \cdots, n - 1$。但是 $f^k(x) = x$ 是 2^k 次方程，至多有 2^k 個根，因而對於一切正整數 $k < n$，方程 $f^k(x) = x$ 的根的數目總共不超過 $2 + 4 + 8 + \cdots + 2^{n-1} = 2^n - 2$，而 $f^n(x) = x$ 有

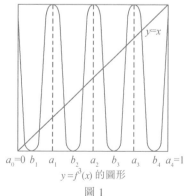

$y = f^3(x)$ 的圖形
圖 1

2^n 個根。可見有這樣的 x_0，它是 $f^n(x) = x$ 的根，但不是任一個 $f^k(x) = x$ $(k < n)$ 的根。

有關迭代的妙題巧解還有很多，以上面這些例子為素材，通過改變函數，變換問題形式，注入幾何形象，可以化出更多的題目。關於與迭代有關的幾何問題，可參看 [3]。

迭代問題可以使學生加強函數觀點，熟習函數運算，了解許多具有高觀點的新技巧。解題方法不落俗套，使學生廣思路，開眼界。1987 年全國各省市數學聯賽中，出現過一道與迭代有關的題目。作者猜測，並且希望，今後在各種數學競賽中，與迭代有關的題目會一再出現。函數迭代將與幾何、組合、圖論等結合起來，成為產生賽題的一個重要領域。

（原載《數學競賽》，1988.6）

參考文獻

[1] 井中：〈從平凡的事實到驚人的定理〉，《自然雜誌》，1985 年第 7 期，532-536。

[2] 張景中、楊路：〈關於 Sarkovskii 序的一些定理〉，《數學進展》，16 卷 1 期（1987），33-48。

[3] 杜錫錄：〈幾何迭代趣引〉，《初等數學論叢》，（9），上海教育出版社（1986），127-135。

多項式除法與高次方程的數值求解

中學課程裏講了一次和二次方程的求根公式。在一般數學手冊中，還可以查到三次和四次方程的求根公式。但五次和更高次的方程，卻沒有一般的求根公式了。三次和四次的方程雖有求根公式，由於很繁，大家也不大用它。通常，求三次以上的方程的根，都用數值求解的方法。

數值求解，是用一定的計算步驟，求出方程的根的具體的小數表示來。而方程的根往往不能用有限的小數表示；所以，數值求解的結果，通常不是根的準確值，而是近似值。

有人覺得近似值不如準確值好，這種看法比較片面。實際上真正有用的還是近似值。比如，二次方程 $x^2 - 2 = 0$ 的正根是 $\sqrt{2}$，$\sqrt{2}$ 是準確值。但在很多場合下，這個 $\sqrt{2}$ 解決不了問題，倒是它的近似值 1.414 才管用。不信，你到商店買 $\sqrt{2}$ 尺布試試？！

所以，即使有了求根公式，根的數值計算仍很必要。對沒有求根公式的高次方程，數值計算更是唯一可行的求根方法了。

本文從初中裏就學過的多項式帶餘除法出發，介紹一些高次方程的根的數值計算方法。這些方法可以求實係數或複係數多項式的實根或複根。方法的原理和誤差的估計，都可以用初中代數裏所學的知識加以說明。

（一）一次餘式法

設 $n \geq 2$，$a_0 \neq 0$，a_0，a_1，$\cdots$，a_n 是實數或複數，考慮 n 次代數方程

$$f(x) = a_0 x^n + a_1 x^{n-1} + \cdots + a_{n-1} x + a_n \text{。} \tag{1.1}$$

我們的目的，是求 (1.1) 的某幾個根或全體根的足夠精確的數值。

下面這個簡單的事實，提供了高次方程數值求解的一個重要方法。

定理 1　若用二次多項式 $p(x) = (x - x_0)(x - x_1)$ 除 $f(x)$，餘式為 $(ax + b)$，商式為 $Q(x)$：

$$f(x) = Q(x)(x - x_0)(x - x_1) + ax + b \text{。} \tag{1.2}$$

而 x^* 是 (1.1) 的根。則當 $a \neq 0$ 時，有：

$$\left(x^* + \frac{b}{a} \right) = \frac{Q(x^*)}{a} (x^* - x_0)(x^* - x_1) \text{。} \tag{1.3}$$

證明　把 $x = x^*$ 代入 (1.2) 中，則左端為 0。移項即得 (1.3)。觀察 (1.3)，可知當 x_0、x_1 和 x^* 非常接近時，如果 $\left| \dfrac{1}{a} Q(x^*) \right|$ 不太大，$\left(-\dfrac{b}{a} \right)$ 和 x^* 將更為接近。於是得到：

推論 1　若 x_0，x_1 是 (1.1) 的某個根 x^* 的近似值，其誤差 $|x^* - x_0| < \delta_0$，$|x^* - x_1| < \delta_1$，則由 (1.2) 給出的 $x_2 = -\dfrac{b}{a}$ 滿足：

$$\left| x^* - x_2 \right| < \left| \frac{Q(x^*)}{a} \right| \delta_0 \delta_1 \text{。} \tag{1.4}$$

由推論 1，如果令 $|x^* - x_2| = \delta_2$，則當 $|a^{-1} Q(x^*) \delta_0| < 1$ 時，$\delta_2 < \delta_1$，不妨設 $\delta_1 < \delta_0$，則 x_0、x_1、x_2 是一個比一個更好的 x^* 的近似值。再用 x_2 代替 x_0，重複定理 1 中的步驟，可得到更為精確的 x^* 的近似值。

在具體計算時，可先用 $(x - x_0)$ 除 $f(x)$，得：

$$f(x) = Q_0(x)(x - x_0) + c_0 \text{，} \tag{1.5}$$

再用 $(x - x_1)$ 除 $Q_0(x)$，得：

$$Q_0(x) = Q_1(x)(x - x_1) + c_1 \text{，} \tag{1.6}$$

代入 (1.5)，得：

$$f(x) = [Q_1(x)(x - x_1) + c_1] (x - x_0) + c_0$$
$$= Q_1(x)(x - x_0)(x - x_1) + c_1(x - x_0) + c_0 。 \tag{1.7}$$

比較 (1.7) 與 (1.2)，可得：

$$Q(x) = Q_1(x) , a = c_1 , b = -c_1 x_0 + c_0 , \tag{1.8}$$

從而 $x_2 = -\dfrac{b}{a} = x_0 - \dfrac{c_0}{c_1}$。這樣，計算過程可以簡便一些。

下面看一個例：

例 1　求方程

$$f(x) = x^3 - 2x - 5 = 0$$

在 2 與 3 之間的實根的近似值。

解　由於 $f(2) < 0$，$f(3) > 0$，故 2 與 3 之間確有實根 x^*；設 $x_0 = 3$，$x_1 = 2$，用 $(x - 3)$ 除 $f(x)$，其簡便除法算式為：

$$x_0 = 3 \quad \begin{array}{|cccc} 1 & 0 & -2 & -5 \cdots\cdots (x^3 - 2x - 5) \\ 1 & 3 & 7 & \boxed{16} \cdots\cdots c_0 = 16 \end{array}$$

$$商 (x^2 + 3x + 7) = Q_0(x)$$

具體步驟是：

1——照寫在 1 之下，

$1 \times 3 + 0 = 3$——寫在 0 之下，

$3 \times 3 + (-2) = 7$——寫在 -2 之下，

$7 \times 3 + (-5) = 16$——寫在 -5 之下。

其正確性讀者可自行驗證，這裏不再贅述。

再用 $(x - 2)$ 除 $Q_0(x)$：

$$x_1 = 2 \quad \left| \begin{array}{ccc} 1 & 3 & 7 \cdots\cdots Q_0(x) \\ 1 & 5 & \boxed{17} \cdots\cdots c_1 = 17 \end{array} \right.$$

$$\text{商}(x+5) = Q(x)$$

由此得到：

$$x_2 = x_0 - \frac{c_0}{c_1} = 3 - \frac{16}{17} = \frac{35}{17} \approx 2.06 \;,$$

誤差估計為（由推論 1）：

$$\begin{aligned}
\left| x^* - x_2 \right| &< \left| \frac{Q(x^*)}{a}(x^* - x_0)(x^* - x_1) \right| \\
&< \left| \frac{(x^* + 5)}{17}(x^* - x_0)(x^* - x_1) \right| \\
&\leq \frac{8}{17} \times \frac{1}{4} < 0.12 \, 。
\end{aligned}$$

因此，可取 x_2 的兩位有效數字 $x_2 = 2.1$ 代替 x_0，重複上述步驟，求得更準確的近似值。

應用推論 1 來作根的計算，要從兩個初值 x_0、x_1 出發。其實，從一個初值出發也可以，因為定理 1 中並沒有要求 $x_0 \neq x_1$。取 $x_0 = x_1$ 的特殊情形，得到：

推論 2 若 x_0 是 (1.1) 的某個根 x^* 的近似值 $| x^* - x_0 | < \delta_0$，用 $(x - x_0)^2$ 除 $f(x)$ 後，除法算式為

$$f(x) = Q(x)(x - x_0)^2 + ax + b, \tag{1.9}$$

則當 $a \neq 0$ 時：

$$\left(x^* + \frac{b}{a} \right) = \frac{Q(x^*)}{a}(x^* - x_0)^2 \;, \tag{1.10}$$

故若令 $x_1 = -\dfrac{b}{a}$ ，則：

$$\left| x^* - x_1 \right| \le \left| \dfrac{Q(x^*)}{a}(x^* - x_0)^2 \right| 。 \tag{1.11}$$

例 2　取初值 $x_0 = 2$，計算方程 $f(x) = x^3 - 2x - 5 = 0$ 的實根 x^* 的近似值：

解　用 $(x-2)$ 除 $f(x)$，再用 $(x-2)$ 除所得的商，其簡易算式為：

$$
x_0 = 2 \left|
\begin{array}{llll}
1 & 0 & -2 & -5 \cdots\cdots f(x) \\
1 & 2 & 2 & \boxed{-1} \cdots\cdots c_0 \\
1 & 4 & \boxed{10} & \cdots\cdots c_1 = a， b = c_0 - c_1 x_0，
\end{array}
\right.
$$

$$Q(x) = x + 4，$$

$$\therefore \ x_1 = x_0 - \left(\dfrac{c_0}{c_1} \right) = 2 - (-0.1) = 2.1 。$$

其誤差估計為：$\left| x^* - x_1 \right| \le \dfrac{\left| x^* + 4 \right|}{10} \left| x^* - 2 \right|^2$ 。

由於 $(x^* - x_1) = -\dfrac{1}{a} Q(x^*)(x^* - x_0)^2 < 0$ ，故 $x^* < x_1$ ，即：$x_0 < x^* < x_1$ ，故 $(x^* - x_0)^2 = (x^* - 2)^2 < 0.1^2$ ，從而得：

$$\left| x^* - x_1 \right| \le \dfrac{6.1}{10} \times 0.01 = 0.0061 。$$

若用 $x_1 = 2.1$ 代替 x_0 再作一次：

$$
x_0 = 2.1 \left|
\begin{array}{llll}
1 & 0 & -2 & -5 \cdots\cdots f(x) \\
1 & 2.1 & 2.41 & \boxed{0.061} \cdots\cdots c_0 \\
1 & 4.2 & \boxed{11.23} & \cdots\cdots c_1
\end{array}
\right.
$$

$$Q(x) = x + 4.2，$$

$$\therefore x_2 = x_1 - \frac{c_0}{c_1} = 2.1 - \frac{0.061}{11.23} = 2.09457 ,$$

其誤差估計為：$\left| x^* - x_2 \right| \le \dfrac{6.3}{11.23} \times 0.0061^2 \le 0.000025$。

實際上，誤差是 0.000021，說明誤差估計也相當準確了。

例 3　若已知 $a^{\frac{1}{n}}$ 的近似值 x_0，用推論 2 所述方法，求 $a^{\frac{1}{n}}$ 的更精確的近似值：

解　此問題為求方程

$$f(x) = x^n - a = 0 \tag{1.12}$$

的數值解。用 $(x - x_0)$ 除 $f(x)$，再用它除所得之商，寫出算式：

$\underline{x_0}$	1	0	$0 \cdots$	0	0	$-a$	$\cdots\cdots f(x)$
	1	x_0	$x_0^2 \cdots$	x_0^{n-2}	x_0^{n-1}	$\boxed{x_0^n - a}$	$\cdots\cdots c_0$
	1	$2x_0$	$3x_0^2 \cdots$	$(n-1)x_0^{n-2}$	$\boxed{na_0^{n-1}}$		$\cdots\cdots c_1$

$Q(x) = x^{n-2} + 2x_0 x^{n-3} + 3x_0^2 x^{n-4} + \cdots + (n-1)x_0^{n-2}$ 。

$$\therefore x_1 = x_0 - \frac{x_0^n - a}{nx_0^{n-1}} = x_0 \left(1 - \frac{1}{n} \right) + \frac{a}{nx_0^{n-1}} \tag{1.13}$$

誤差估計為：

$$(x^* - x_1) = \frac{-Q(x^*)}{nx_0^{n-1}}(x^* - x_0)^2$$

$$= \frac{-1}{nx_0} \left[\left(\frac{x^*}{x_0} \right)^{n-2} + 2 \left(\frac{x^*}{x_0} \right)^{n-3} + \ldots + (n-1) \right] (x^* - x_0)^2 \text{。} \tag{1.14}$$

舉一個具體計算的例子。我們在一般的平方根表上，可以查到 $\sqrt{2} = 1.414$，有 4 位有效數字。如果我們需要更多位數的有效數字，就

可以利用關係式 (1.13) 把 $\sqrt{2} = 1.414$ 這個近似值改進得更為準確。在 (1.13) 中取 $x_0 = 1.414$，$a = 2$，$n = 2$，得到

$$x_1 = \frac{1.414}{2} + \frac{1}{1.414} = 1.414214,$$

其誤差估計，按 (1.14) 得：

$$\left|\sqrt{2} - x_1\right| \le \frac{1}{2 \times 1.414}\left|\sqrt{2} - 1.414\right|^2 < \frac{0.0005^2}{2.828} < 0.0000001,$$

可見所得的 7 位有效數字都是準確的。

（二）二次餘式法

很容易想到：在定理 1 中，如果用三次多項式除 $f(x)$，所得二次餘式的兩根之一應當和 $f(x)$ 的根 x^* 比較接近。事實上，有：

定理 2　用三次多項式 $(x - x_0)(x - x_1)(x - x_2)$ 除 $f(x)$，設商為 $Q(x)$，餘式為 $ax^2 + bx + c$，又設 α_1、α_2 是方程 $ax^2 + bx + c = 0$ 的兩個根，而 x^* 是 $f(x) = 0$ 的根，則有：

$$(x^* - a_1)(x^* - a_2) = -\frac{Q(x^*)}{a}(x^* - x_0)(x^* - x_1)(x^* - x_2)。 \qquad (2.1)$$

證明　由除法算式：

$$f(x) = Q(x)(x - x_0)(x - x_1)(x - x_2) + ax^2 + bx + c,$$

兩端用 $x = x^*$ 代入，並利用所設條件：

$$ax^2 + bx + c = a(x - \alpha_1)(x - \alpha_2),$$

移項即得 (2.1)。

按照定理 2，如果我們有了 x^* 的三個近似值 x_0、x_1、x_2，便可用

$(x - x_0)(x - x_1)(x - x_2)$ 除 $f(x)$，然後把所得二次餘式的兩根之一作為 x^* 的更進一步的近似值，並利用 (2.1) 來估計誤差。

如果我們不願意從三個近似值出發，也可以取一個近似值 x_0，用 $(x - x_0)^3$ 除 $f(x)$。因為，在定理 2 中並沒有要求 x_0、x_1、x_2 是三個不同的數。

下面仍以方程 $x^3 - 2x - 5 = 0$ 為例。

例 4　以 $x_0 = x_1 = x_2 = 2$ 為初值，用定理 2 所述方法，計算方程 $f(x) = x^3 - 2x - 5 = 0$ 的實根 x^* 的近似值。

解　用 $(x - 2)^3 = x^3 - 6x^2 + 12x - 8$ 除 $f(x)$，得除法算式：
$$f(x) = (x - 2)^3 + 6x^2 - 14x + 3，$$
這時 $Q(x) = 1$，餘式為 $6x^2 - 14x + 3$，而：
$$6x^2 - 14x + 3 = 6\left(x - \frac{7 + \sqrt{31}}{6}\right)\left(x - \frac{7 - \sqrt{31}}{6}\right)，$$
故由 (2.1) 可知：
$$\left(x^* - \frac{7 + \sqrt{31}}{6}\right)\left(x^* - \frac{7 - \sqrt{31}}{6}\right) = \frac{1}{6}(x^* - 2)^3 。$$

由 $x^* > 2$，可估出 $x^* - \dfrac{7 + \sqrt{31}}{6} < 0$，故
$$x^* < \frac{7 + \sqrt{31}}{6} = 2.0946，$$

$$\therefore \quad |x^* - 2| < 0.1，又 \quad x^* - \frac{7 + \sqrt{31}}{6} > 1.7，$$

$$\therefore \quad \left|x^* - \frac{7 + \sqrt{31}}{6}\right| < \frac{1}{6 \times 1.7} \times 0.1^3 \le 0.0001 。$$

由此可見：

$$x^* \approx \frac{7 + \sqrt{31}}{6} = 2.0946,$$

其誤差不超過 0.0001。

如果仍不滿足要求，可用 $(x - 2.0946)^3$ 除 $f(x)$，重複以上的計算步驟。

一般說來，用定理 2 的方法，每計算一次，計算工作量比定理 1 中的方法要多。但誤差要更小一些，還是合算的。

（三）劈二次因子法

二次方程的根是容易求的。因此，如果把 $f(x)$ 分解成一些二次多項式的乘積，便可以求出 $f(x) = 0$ 的諸根。如果找到了 $f(x)$ 的一個二次因式，便得到了 $f(x)$ 的兩個根。如果找到了 $f(x)$ 的一個近似二次因式，就可以得到 $f(x)$ 的兩個根的近似值。計算 $f(x)$ 的某個二次因式的方法，通常叫做「劈因子法」。下面介紹的，是一種比較簡單的劈因子法。

想求 $f(x)$ 的二次因式 $\omega^*(x)$，可先找一個近似因式 $\omega_0(x)$，對 $\omega_0(x)$ 加以修正使它更為準確。其修正的方法是：用 $[\omega_0(x)]^2$ 除 $f(x)$，得餘式 $R_1(x)$；再用 $[\omega_0(x)]^2$ 除 $xf(x)$，得餘式 $R_2(x)$。通常，$R_1(x)$ 和 $R_2(x)$ 都是三次多項式。適當取實數或複數 λ_1 和 λ_2，使

$$\lambda_1 R_1(x) + \lambda_2 R_2(x) = x^2 + p_1 x + q_1 = \omega_1(x),$$

則 $\omega_1(x)$ 即為所求之修正二次因子。再用 $\omega_1(x)$ 代替 $\omega_0(x)$，反覆進行。

與上述說法等價的說法是：將 $[\omega(x)]^2$ 與 $f(x)$ 輾轉相除，取其二次餘式 $c\omega_1(x)$，$\omega_1(x)$ 即為修正二次因子。

下面，我們討論一下這種方法的誤差估計問題。設用 $(\omega_0^2(x))$ 除 $f(x)$ 的算式為：

$$f(x) = \omega_0^2(x)Q(x) + R_1(x) \text{,} \tag{3.1}$$

用 $\omega^2(x)$ 除 $xf(x)$ 的算式為：

$$xf(x) = \omega_0^2(x)[xQ(x) + q] + R_2(x) \text{,} \tag{3.2}$$

設 a_1、a_2 分別為 R_1、R_2 的三次項係數，則有：

$$a\omega_1(x) = a_2R_1(x) - a_1R_2(x) \text{,} \tag{3.3}$$

以及

$$(a_2 - a_1x)f(x) = \omega_0^2(x)[(a_2 - a_1x)Q(x) - qa_1] + a\omega_1(x) \text{,} \tag{3.4}$$

設 $f(x)$ 的準確二次因式 $\omega^*(x) = (x - x_1^*)(x - x_2^*)$，而 $\omega_0(x) = (x - x_1)(x - x_2)$，$\omega_1(x) = (x - \tilde{x}_1)(x - \tilde{x}_2)$。 $\tag{3.5}$

在 (3.4) 中，分別取 $x = x_1^*$， $x = x_2^*$，得：

$$0 = \omega_0^2(x_1^*)[(a_2 - a_1x_1^*)Q(x_1^*) - qa_1] + a\omega_1(x_1^*) \text{,}$$
$$0 = \omega_0^2(x_2^*)[(a_2 - a_1x_2^*)Q(x_2^*) - qa_1] + a\omega_1(x_2^*) \text{。}$$

由此二式可解出：

$$x_1^* - \tilde{x}_1 = \left\{ \frac{(x_1^* - x_2)^2}{a(x_1^* - \tilde{x}_2)}[qa_1 - (a_2 - a_1x_1^*)Q(x_1^*)](x_1^* - x_1)^2 \right\} \text{,}$$

$$x_2^* - \tilde{x}_2 = \left\{ \frac{(x_2^* - x_1)^2}{2(x_2^* - \tilde{x}_1)}[qa_1 - (a_2 - a_1x_2^*)Q(x_2^*)](x_2^* - x_2)^2 \right\} \text{。}$$

由 (3.5) 可以看出，若 $\omega_0(x)$ 和 $\omega^*(x)$ 很接近時，即 $|x_1^* - x_1|$， $|x_2^* - x_2|$ 很小時，$|x^* - \tilde{x}_1|$， $|x_2^* - \tilde{x}_2|$ 也會很小。關於誤差形式 (3.5) 的更進一步的討論，有興趣的讀者可參看有關資料（《計算數學》，1979 年 1 卷 1 期，〈求多項式根的新劈因子法〉）。

　　由於劈二次因式的誤差估計式 (3.5) 比較繁，故通常把求得的根直接代入 $f(x)$ 來檢驗，而不一定用 (3.5) 來估計。

下面看兩個計算實例：

例 5　用 $\omega_0(x) = x^2 + x + 1$ 為初始因子，劈出多項式
$F(x) = x^4 + x^2 + x + 1$ 的二次因子。

解　先算出
$$\omega_0^2(x) = x^4 + 2x^3 + 3x^2 + 2x + 1,$$
寫出除法算式：

所以 $\omega_1(x) = x^2 + x + \dfrac{2}{3}$ ，用 $\omega_1(x)$ 代替 $\omega_0(x)$，再做一次：
算出
$$\omega_1^2(x) = x^4 + 2x^3 + \frac{7}{3}x^2 + \frac{4}{3}x + \frac{4}{9},$$

$$\left(0, \frac{46}{9}, \frac{50}{9}, \frac{88}{9}\right) \to \left(0, 1, \frac{25}{23}, \frac{44}{69}\right)$$

$$\therefore \qquad \omega_2(x) = x^2 + \frac{25}{23}x + \frac{44}{69} \, \circ$$

如再做一次，可得

$$\omega_3(x) = x_2 + \frac{24852759}{22699491}x + \frac{14588050}{22699491}$$

$$= x^2 + 1.09486x + 0.64266 \, '$$

而 $f(x)$ 的準確分解式為：

$$f(x) = (x^2 + 1.094848x + 0.642661)(x^2 - 1.094848x + 1.55603) \, '$$

可見，三次已達到相當精確的程度。

例 6　用 $\omega_0(x) = x^2 + 2x + 2$ 為初始因子，劈出 $F(x) = x^4 + 3x^3 + 9x^2 + 18x + 18$ 的二次因子。

解　$\omega_0^2(x) = x^4 + 4x^3 + 8x^2 + 8x + 4 \, \circ$

寫出除法算式如下：

```
                              1  −1
      1  4  8  8  4 │ 1  3  9 18 18
                    │ 1  4  8  8  4
                    └──────────────────
        ┌─5× (−1, 1, 10, 14,) ······R₁
   ┌相加        −1, −4, −8, −8, −4
   │      ┌──────────────────────
   │      └─(5, 18, 22, 4) ······R₂
   ↓
 (0, 23, 72, 74)
```

$$\therefore \quad \omega_1(x) = x^2 + \frac{72}{23}x + \frac{74}{23} = x^2 + 3.13x + 3.22 \, '$$

再做一次：

$$\omega_2(x) = x^2 + 3.007x + 3.0009 \, '$$

而 $f(x)$ 的一個準確因子是 $\omega^*(x) = x^2 + 3x + 3$，可見兩次已相當精確。

（四） 實用中的兩個問題

看了以上介紹的方法，容易提出這樣的問題：

(1) 怎樣取得初始近似根 x_0 或初始近似的二次因式 $\omega_0(x)$？

(2) 當初始近似根 x_0 或初始近似因式 $\omega_0(x)$ 的近似程度足夠好時，能不能保證按所述方法一次一次做下去可以得到任意精確程度的根或任意精確程度的二次因式？

先談一下第二個問題：可以證明，如果所求的根 x^* 不是 $f(x) = 0$ 的重根，或所求的二次因式不是 $f(x)$ 的重因式，那麼，只要 x_0 或 $\omega_0(x)$ 的近似程度足夠的好，一次一次做下去，一定可以得到任意精確程度的根或二次因式。至於要找到怎樣的 x_0 或 $\omega_0(x)$ 才算近似程度「足夠的好」，這要根據 $f(x)$ 的具體情況來判斷，這裏不再詳述了。有興趣的讀者可參看有關計算方法的其他書籍，如北大、清華合編的《計算方法》。

如果所求根 x^* 不是單根而是重根，或所求的準確二次因式是 $f(x)$ 的重因式，應用上述方法時則應當除去 $f(x)$ 的重根或重因式。除去的方法，是把 $f(x)$ 與 $f(x)$ 的「導數多項式」：

$$f'(x) = na_0x^{n-1} + (n-1)a_1x^{n-2} + \cdots + xa_{n-2}x + a_{n-1} \tag{4.1}$$

輾轉相除，求出 $f(x)$ 與 $f'(x)$ 的最大公因式 $q(x)$，則 $\dfrac{f(x)}{q(x)}$ 便是從 $f(x)$ 中去掉重根、重因子後所得的多項式。——即：若 x^* 是 $f(x)$ 的單根，則它也是 $\dfrac{f(x)}{q(x)}$ 的單根，若 x^* 是 $f(x)$ 的 $k (\geq 2)$ 重根，則它是 $\dfrac{f(x)}{q(x)}$ 的單

根且是 $q(x)$ 的 $k-1$ 重根。對 $\dfrac{f(x)}{q(x)}$ 用前述方法，就可以求得 $f(x)$ 的全體根而不用擔心重根的影響了。

以上這些事實的更詳細的解說和證明，讀者可以在其他一些書中找到（例如：北大、清華合編的《計算方法》，上冊，科學出版社）。這裏不再贅述。

下面再談一下，怎樣取得 x^* 的初始近似值 x_0 或 $\omega^*(x)$ 的初始近似因式 $\omega_0(x)$ 的問題。

如果 $f(x)$ 的係數都是實數，我們要求的 x^* 是 $f(x)$ 的實的單根，則我們可以用觀察和試探的方法確定 x^* 所在的區間，然後逐步縮小這個區間，到一定程度，用區間的中點作為 x^* 的近似值。觀察和試探的原則是基於下列兩條：

(1) 若 $a < b$，$f(a)$ 與 $f(b)$ 異號，則在 a 與 b 之間有 $f(x)=0$ 的一個實根。

(2) 若 $f(a)$ 與 $f(b)$ 異號，$a < c < b$，則若 c 不是 $f(x)=0$ 的根，就有 $f(a)$ 與 $f(c)$ 異號，或者 $f(c)$ 與 $f(b)$ 異號。

根據這兩條，我們可以先找出兩點 a、b，使 $f(a)$、$f(b)$ 異號，這使我們斷定 $f(x)=0$ 在 a、b 之間至少有一個根。取 c 為 $[a, b]$ 的中點，即 $c = \dfrac{a+b}{2}$，如果 $f(a)$ 與 $f(c)$ 異號，可知 a 與 c 之間有一個根。這樣反覆做下去，當然也可以找到一個根的近似值，而且要多近似有多近似。不過計算量很大。如果這樣先做幾次，然後再利用上面所述的餘式法，可以很快找到 x^* 的相當準確的近似值。

仍以方程 $x^3 - 2x - 5 = 0$ 為例。由觀察可知 $f(0) < 0$，$f(3) > 0$，故在

0 與 3 之間有根，而 $f\left(\dfrac{0+3}{2}\right) = f\left(\dfrac{3}{2}\right) < 0$，故在 $\dfrac{3}{2}$ 與 3 之間有根，再

取 $\dfrac{3}{2}$ 與 3 之間的中值 2.25 代入得 $f(2.25) \approx 1.9$，$|f(2.25)|$ 不算大，故

2.25 可以作為初始近似值 x_0 使用了。如再做下去，可得到：

$$\dfrac{2.25 + 1.5}{2} = 1.875，f(1.875) < 0，$$

$$\dfrac{1.875 + 2.25}{2} = 2.0625，$$

2.0625 已是根的相當好的近似值了。

但是，以上所講的方法，僅僅適用於實係數多項式的實根；而不能用以劈出 $f(x)$ 的二次因子。下面介紹的方法，則適用於實係數、複係數的多項式，可以求複根的近似值，並可以用來求劈二次因式的初始因子。

所要講的方法，基於下述定理：

定理　若複係數無重根 n 次多項式 $f(x)$ 的 n 個根 $\alpha_1，\alpha_2，\cdots，\alpha_n$ 滿足：

$$|\alpha_1| \le |\alpha_2| \le \cdots \le |\alpha_k| < |\alpha_{k+1}| \le \cdots \le |\alpha_n|， \tag{4.2}$$

則當自然數 l 充分大時，將 $f(x)$ 與 x^l 輾轉相除，必有某一餘式 $R_{p,l}(x)$ 次數為 k。設 $R_{p,l}(x)$ 的首項係數為 $a_{p,l}$，則：

$$\lim_{l \to +\infty} \dfrac{1}{a_{p,l}} R_{p,l}(x) = \prod_{i=1}^{k} (x - \alpha_i)。 \tag{4.3}$$

這個定理的證明從略。有興趣的讀者，可參看《數學的實踐與認識》，1980 年第 2 期的一篇文章〈多項式的一個性質及其在計算根時的應用〉。文中的「命題 1」即此定理。

基於這個定理，如果 $f(x)$ 有一個絕對值最大的根 x^*，我們可以這

樣來找 x^* 的初始近似值：取一個比較大的 l，用 $f(x)$ 除 x^l，設餘式

$$R_l(x) = b_{l,0}x^{n-1} + b_{l,1}x^{n-2} + \cdots + b_{l,n-1} \tag{4.4}$$

由定理可知

$$\frac{b_{l,1}}{b_{l,0}} \approx -(\alpha_1 + \alpha_2 + \ldots + \alpha_{n-1}) \,,$$

而 $f(x)$ 的係數與根之間的關係為

$$\frac{a_1}{a_0} = -(\alpha_1 + \alpha_2 + \ldots + \alpha_n) \,, \tag{4.5}$$

因此：

$$\frac{b_{l,1}}{b_{l,0}} - \frac{a_1}{a_0} \approx a_n \,, \tag{4.6}$$

可以取作絕對值最大的根 α_n 的初始近似。在應用此法時，只要注意觀察 $f(x)$ 除 x^l 的餘式的標準化形式 $\dfrac{1}{b_{l,0}}R_l(x)$ 當 l 變化時的情形，如果當 l 變化時它的諸係數趨於幾個常數，便可以初步斷言 $f(x) = 0$ 有一個模最大根，而且可按上述方法估計它的近似值。

如果 $\dfrac{1}{b_{l,0}}R_l(x)$ 的諸係數中，有的變化無常，隨 l 的增大並不趨於常數，可初步推斷 $f(x) = 0$ 沒有模最大的根。但如果 $f(x)$ 有一對模最大的共軛複根（或非共軛複根），則用 $R_l(x)$ 再除 $f(x)$ 所得之 $(n-2)$ 次餘式 $R_{l,1}(x)$ 當 l 足夠大時，其諸根趨於 $\alpha_1，\alpha_2，\cdots，\alpha_{n-2}$，這一點是上述定理的直接推論。此時若

$$R_{l,1} = b_{l,0}^{(1)}x^{n-2} + b_{l,1}^{(1)}x^{n-3} + \ldots + b_{l,n-2}^{(1)} \,, \tag{4.7}$$

則由定理可知當 l 較大時有

$$\begin{cases} \left(b_{l,0}^{(1)}\right)^{-1} b_{l,1}^{(1)} \approx -(\alpha_1 + \alpha_2 + \ldots + \alpha_{n-2}), \\ \left(b_{l,0}^{(1)}\right)^{-1} b_{l,n-2}^{(1)} \approx (-1)^{n-2} \alpha_1 \alpha_2 \ldots \alpha_{n-2} \text{。} \end{cases} \quad (4.8)$$

但又有　$-\dfrac{a_1}{a_0} = \alpha_1 + \ldots + \alpha_n$，$\dfrac{a_n}{a_0} = (-1)^n \alpha_1 \ldots \alpha_n$，

故得：

$$\begin{cases} p_0 = \dfrac{a_1}{a_0} - \dfrac{b_{l,1}^{(1)}}{b_{l,0}^{(1)}} \approx -(\alpha_{n-1} + \alpha_n), \\ q_0 = \dfrac{a_n}{a_0} \bigg/ \dfrac{b_{l,1}^{(1)}}{b_{l,0}^{(1)}} \approx \alpha_{n-1} \cdot \alpha_n, \end{cases} \quad (4.9)$$

從而可取 $\omega_0(x) = x^2 + p_0 x + q_0$ 作為 $f(x)$ 的一個近似因式，從它出發，再用第三節中的方法做下去。

由定理還可知道：把 $f(x)$ 與 x^l 輾轉相除到底，其一次餘式和二次餘式也是有用的。——如果 $f(x)$ 有模最小的根 β，當 l 充分大時，一次餘式的根必然趨近於 β；若 $f(x)$ 亦有一對模最小的根（當 $f(x)$ 是實係數多項式時，這通常是一對共軛複根），則二次餘式將是與此二根相對應的 $f(x)$ 的近似二次因式。因此，當 $f(x)$ 有模最大（小）的一個或兩個根時，利用 $f(x)$ 與 x^l 的輾轉相除的餘式，總可以求得這些根的近似值。

比較所得的這些輾轉相除的諸餘式，還可以估出別的根的近似值。例如，當

$$|\alpha_1| \leq \cdots \leq |\alpha_{s-1}| < |\alpha_s| < |\alpha_{s+1}| \leq \cdots \leq |\alpha_n| \quad (4.10)$$

時，由定理可知，當 l 足夠大時，其 s 次餘式的根是 α_1，α_2，$\cdots$，α_s 的近似值，而 $s-1$ 次餘式的根是 α_1，α_2，$\cdots$，α_{s-1} 的近似值，比較兩個餘式的係數，可以估出 α_s 的近似值。

類似地，當

$$|\alpha_1| \le \cdots \le |\alpha_{s-1}| < |\alpha_s| \le |\alpha_{s+1}| < |\alpha_{s+2}| \le \cdots \le |\alpha_n| \qquad (4.11)$$

時，比較輾轉相除所得的 s + 1 次餘式和 s − 1 次餘式的係數，可得 $\alpha_s +$ α_{s+1}、$\alpha_s . \alpha_{s+1}$ 的近似值。從而得到 $f(x)$ 的近似二次因式。

如果湊巧以上的情況都不發生——$f(x)$ 沒有模最大（小）的一兩個根，且 (4.10)、(4.11) 的情形也不出現，可以用變換：$y = x + A$，取

$$F(y) = f(y - A) = f(x)，$$

則 $F(y) = 0$ 的根 y^* 減 A 後可得 $f(x) = 0$ 的根。順次取 $A = \pm 1$、± 2、± 3、…或任意其他易於計算的值，經過有限次變換和作上述的除法，一定可以求出 $f(x)$ 的各個根來。

關於這樣方法的計算例子，可參看上面所引《數學的實踐與認識》上的文章。

（五）餘式法的幾何意義

如果 $f(x)$ 的係數都是實的，則 $y = f(x)$ 的曲線圖可以在直角坐標系 Oxy 中表示出來。用 $g(x)$ 除 $f(x)$，得餘式 $r(x)$：

$$f(x) = Q(x)g(x) + r(x)，\qquad (5.1)$$

那麼，$r(x)$ 的曲線圖和 $f(x)$ 的曲線圖之間，有甚麼關係呢？

設 $g(x)$ 是 k 次多項式，$k \le n$，則 $r(x)$ 一般說來是 $k - 1$ 次多項式。如果 $g(x)$ 的 k 個根都是實根：t_1，t_2，$\cdots$，t_k，把它們代入 (5.1)，可見：

$$f(t_i) = r(t_i)，(i = 1, 2, \cdots, k)$$

曲線 $y = r(x)$ 與 $y = f(x)$ 相交於 k 個點 $(t_i, f(t_i))$ $(i = 1, 2, \cdots, k)$。

因此，在第一節所述的一次餘式法中，$y = ax + b$ 其實是過兩點 $(x_0, f(x_0))$，$(x_1, f(x_1))$ 的一條直線，即曲線 $y = f(x)$ 的過此兩點的弦。

一次餘式法，也就是用直線 $y = ax + b$ 與 x 軸的交點橫坐標 x_1 來近似曲線 $y = f(x)$ 與 x 軸的交點橫坐標 x^*。而當 $x_0 = x_1$ 時，弦變成了切線。故一次餘式法可分為弦法與切線法兩種。

在第二節中所講的二次餘式法中，餘式

$$y = ax^2 + bx + c$$

的曲線是一條和 $y = f(x)$ 的曲線交於三點的拋物線，所以，二次餘式法也可以叫「拋物線」法。是目前電腦上常用的求根方法之一。

這些方法也可以進一步推廣到求超越方程的根，但那就不能再用除法算式來說明和表達了。

（原載《初等數學研究論文選》，上海教育出版社，1992.10）

穩紮穩打的對分求根法

從查找線路故障談起

在一個風雨交加的夜裏，從某水庫閘房到防洪指揮部的電話線突然斷了。10公里長的線路，究竟在哪裏發生了故障？怎樣才能迅速查出故障所在？

如果沿着線路一小段一小段地查是很困難的。因為電線不一定完全沿公路架設，而且每查一個點，就要爬一次電線桿子，10公里長，大約有200多根電線桿子呢！

幸而維修線路的工人師傅富有經驗，很快便找出了故障。

他首先在線路中點檢查，爬上電線桿用隨身帶的電話機向兩端通話，發現從中點到閘房暢通無阻，從中點到指揮部不靈了。現在要檢查的線路減少了一半，如圖1，A、B分別代表閘房與指揮部，C 是 AB 的中點。再到 BC 的中點查一下，這次發現 D 到指揮部 B 的電話通了，可見故障在 CD 段上，在 CD 中點 E 再查，發現 E 到閘房的電話通了，問題就出在 DE 段上，DE 段上差不多只有25根電線桿了。這樣查下去，再查上四次，便可以把故障發生的可能範圍縮小到一兩根電線桿的附近。前後一共才查找了七次，比順次檢查就要合算多了。

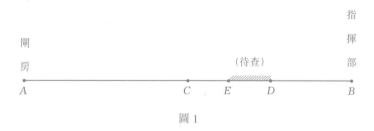

圖1

這種查找線路的方法，叫對分法。對分法不僅可用於查找線路故障（電線、水管、氣管的故障），還能在科學實驗中大顯身手。它還是方程求根的常用方法。

用對分法求方程的根

求一次或二次方程的根，有公式可循。三次或四次方程也能在數學手冊上查到求根公式，但已經很麻煩，很少有人用它。至於更高次的方程，就沒有求根公式了。在科學研究和工程技術中，還常常碰到所謂「超越方程」，這種方程更沒有求根公式。

沒有公式也難不倒數學家，他們想了種種辦法，直接求根的數值。各種各樣的方法有共同的思想，就是逐步逼近，精益求精。

羅丹是一位著名的雕刻藝術家，有人問他如何雕出栩栩如生的人像，他風趣地回答：「那還不容易！拿一塊石頭來，把多餘的部分砍掉就是了。」

但是，究竟哪一部分是多餘的呢？這不是一下子就能定下來的，先要砍去一些顯然是多餘的石頭，再在這個基礎上按照自己的藝術構思刻成大體的人模樣，再一次一次地修整、琢磨，最後才能成為一件精美絕倫的藝術品。

用逐步逼近法求根也是這樣，先找出根的大致範圍，再定出一個不太精確的近似值，一步一步把誤差消滅掉，一直精確到令人滿意。

逐步逼近法多種多樣，其中最簡單的方法，也是用途最廣的方法，就是對分法。看個具體例子：如圖 2，

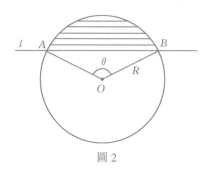

圖 2

直線 l 把半徑為 R 的圓分成兩塊，要想使較小的一塊是圓面積的 $\dfrac{1}{3}$，怎樣確定 l 的位置呢？

設 l 交圓周於 A、B，$\theta = \angle AOB$，則 θ 的大小確定 l 的位置。這時，扇形 $\overset{\frown}{OAB}$ 的面積是 $\dfrac{\theta}{2\pi} \cdot \pi R^2 = \dfrac{1}{2}\theta R^2$，而 ΔOAB 的面積是 $\dfrac{1}{2}R^2\sin\theta$，於是，要解決的問題是找出滿足下列條件的 θ：

$$\frac{1}{2}\theta R^2 - \frac{1}{2}R^2\sin\theta = \frac{1}{3}\pi R^2 \text{。} \tag{1}$$

化簡之後得到關於 θ 的方程：

$$f(\theta) = 2\pi + 3\sin\theta - 3\theta = 0 \text{。} \tag{2}$$

當 $\theta = 0$ 時，

$$f(0) = 2\pi + 3\sin 0 - 3 \times 0 = 2\pi > 0 \text{；} \tag{3}$$

而當 $\theta = \pi$ 時，

$$f(\pi) = 2\pi + 3\sin \pi - 3\pi = -\pi < 0 \text{。} \tag{4}$$

所以，當 θ 連續地從 0 變化到 π 時，$f(\theta)$ 就連續地從正數 2π 變到負數 $-\pi$。這樣，θ 取到 0 與 π 之間的某個值 θ^* 時，會使 $f(\theta^*) = 0$。θ^* 就是我們要找的根。

直觀地看，在直角坐標系中畫出函數 $y = f(\theta)$ 的曲線，如圖 3。這條曲線一端在橫軸上方，另一端在橫軸下方，所以它應與橫軸交於某點 p，p 的橫坐標就是 θ^*。既然 θ^* 在 0 與 π 之間，就取 $\theta_0 = \dfrac{1}{2}(0 + \pi) = \dfrac{\pi}{2}$ 作為準確根 θ^* 的近似值。計算一下 $f(\theta_0)$：（可用計算器）

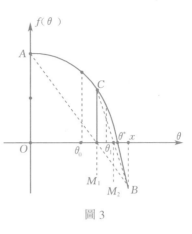

圖 3

$$f(\theta_0) = 2\pi + 3\sin\frac{\pi}{2} - \frac{3\pi}{2} = 4.57\ldots > 0 \, \circ \tag{5}$$

可見，θ^* 在 θ_0 與 π 之間，又取

$$\theta_1 = \frac{1}{2}(\theta_0 + \pi) = \frac{3}{4}\pi,$$

$$f(\theta_1) = 2\pi + 3\sin\frac{3\pi}{4} - \frac{9\pi}{4} = 1.33\ldots > 0 \, ; \tag{6}$$

可見 θ^* 在 θ_1 與 π 之間，取

$$\theta_2 = \frac{1}{2}(\theta_1 + \pi) = \frac{1}{2}\left(\frac{3}{4}\pi + \pi\right) = \frac{7}{8}\pi,$$

$$f(\theta_2) = 2\pi + 3\sin\frac{7\pi}{8} - \frac{21}{8}\pi = -0.8\ldots < 0 \, ; \tag{7}$$

於是 $f(\theta_1)$ 與 $f(\theta_2)$ 反號，θ^* 在 θ_1 與 θ_2 之間，取

$$\theta_3 = \frac{1}{2}(\theta_1 + \theta_2) = \frac{1}{2}\left(\frac{3}{4}\pi + \frac{7}{8}\pi\right) = \frac{13}{16}\pi,$$

$$f(\theta_3) = 2\pi + 3\sin\frac{13}{16}\pi - \frac{39}{16}\pi = 0.29\ldots > 0 \, ; \tag{8}$$

這表明 θ^* 在 θ_2 與 θ_3 之間，取

$$\theta_4 = \frac{1}{2}(\theta_2 + \theta_3) = \frac{1}{2}\left(\frac{7}{8}\pi + \frac{13}{16}\pi\right) = \frac{27}{32}\pi \ ,$$

$$f(\theta_4) = 2\pi + 3\sin\frac{27}{32}\pi - \frac{81}{32}\pi = -0.25\ldots < 0 \ 。 \tag{9}$$

於是又可以取 θ_3 與 θ_4 的平均值為 θ_5：

$$\theta_5 = \frac{1}{2}(\theta_3 + \theta_4) = \frac{1}{2}\left(\frac{13}{16}\pi + \frac{27}{32}\pi\right) = \frac{53}{64}\pi \ ,$$

$$f(\theta_5) = 2\pi + 3\sin\frac{53}{64}\pi - \frac{159}{64}\pi = 0.02 > 0 \ ; \tag{10}$$

接着：

$$\theta_6 = \frac{1}{2}(\theta_4 + \theta_5) = \frac{1}{2}\left(\frac{53}{64}\pi + \frac{27}{32}\pi\right) = \frac{107}{128}\pi \ ,$$

$$f(\theta_6) = 2\pi + 3\sin\frac{107}{128}\pi - \frac{321}{128}\pi = -0.11\ldots < 0 \ ; \tag{11}$$

$$\theta_7 = \frac{1}{2}(\theta_5 + \theta_6) = \frac{1}{2}\left(\frac{107}{128}\pi + \frac{53}{64}\pi\right) = \frac{213}{256}\pi \ ,$$

$$f(\theta_7) = 2\pi + 3\sin\frac{213}{256}\pi - \frac{639}{256}\pi = -0.047\ldots < 0 \ ; \tag{12}$$

於是，θ^* 在 θ_7 與 θ_5 之間。如果取 θ_5 與 θ_7 的平均值：

$$\theta_8 = \frac{1}{2}(\theta_5 + \theta_7) = \frac{1}{2}\left(\frac{53}{64}\pi + \frac{213}{256}\pi\right)$$

$$= \frac{425}{512}\pi \approx 0.83\pi \approx 2.608 \tag{13}$$

為 θ^* 的近似值，誤差不超過

$$\frac{1}{2}|\theta_7 - \theta_5| = \frac{1}{2}\left|\frac{213}{256}\pi - \frac{53}{64}\pi\right| = \frac{\pi}{512} < 0.007 \ , \tag{14}$$

已經相當準確了。如果你對它還不滿意，可以如法繼續對分下去。每分一次，誤差就少了一半。

對分法的特點是穩紮穩打。只要方程左端隨未知數的變化而連續變化，而且找到兩個值使左端變號，最後總能捉到一個根。不過，有時可能還有別的根，這就要用別的辦法來確定還有沒有別的根。

可惜，對分法要算較多的次數。也就是說「收斂」得還比較慢。能不能快一點呢？

略加改進，立見效果

觀察圖 3，曲線的左端離橫軸要遠些，右端近些。你會猜到：曲線和橫軸的交點很可能偏左一點。偏多少呢？就說不定了。

比較方便的辦法是像圖 3 那樣，連一條弦 AB，再求出 AB 與橫軸的交點 M。設 M 的橫坐標是 $\tilde{\theta}_0$，根據相似三角形對應邊成比例，可以求出：

$$\tilde{\theta}_0 = \frac{f(0)}{f(0) - f(\pi)} \cdot \pi = \frac{2\pi}{3\pi} \cdot \pi = \frac{2\pi}{3} \tag{15}$$

這比剛才的 $\theta_0 = \frac{\pi}{2}$ 果然要強些。

如圖 3，進一步求點 $C(\tilde{\theta}_0, f(\tilde{\theta}_0))$ 與 B 連成的弦與橫軸之交點 M_2，M_2 的橫坐標 $\tilde{\theta}_1$，為：

$$\begin{aligned} \tilde{\theta}_1 &= \tilde{\theta}_0 + \frac{f(\tilde{\theta}_0)}{f(\tilde{\theta}_0) - f(\pi)} = \frac{2\pi}{3} + \frac{2.6}{2.6 + \pi} \cdot \frac{\pi}{3} \\ &= 0.818\pi \end{aligned} \tag{16}$$

因為 $f(\tilde{\theta}) \approx 0.2 > 0$，所以 θ^* 在 $\tilde{\theta}_1$ 與 π 之間。再做一次，求出：

$$\tilde{\theta}_2 = \tilde{\theta}_1 + \frac{0.2}{0.2 + \pi}(\pi - 0.818\pi) = 0.829\pi。 \tag{17}$$

因為 $|f(\tilde{\theta}_2)| < 0.0053$，而 $|f(\theta_8)| > 0.012$，可見 $\tilde{\theta}_2$ 比 θ_3 要更好一點。但是，求 θ_8 要計算 8 次 $f(\theta)$，而求 $\tilde{\theta}_2$ 才算了 3 次。可見這點改進收到了立竿見影的效果！

這種改進的方法叫弦法。它比二分法收斂得快，但程式略微複雜一些。

請你上機試一試

如果有條件，你可以在電腦上試試對分法與弦法求根的效果如何。下面是用 BASIC 語言編的參考程序：

對分法求方程 $F(X) = 0$ 的根

```
10   INPUT "A = " ; A ， "B = " ; B ， "D = " ; D
15   N = 0
20   X = (A + B) / 2：LPRINT "N = " ; N ， "X = " ; X ，
30   Y = F(X)：LPRINT "Y = " ; Y
40   IF    Y = 0 THEN GOTO 80
40   IF    ABS (A − B) / 2 < D THEN GOTO 80
50   IF    Y < 0 THEN A = X
60   IF    Y > 0 THEN B = X
65   N = N + 1
70   GOTO 20
80   END
```

弦法求方程 $F(X) = 0$ 的根

```
10   INPUT "A = " ; A ， "B = " ; B ， "D = " ; D
```

15　N = 0

20　P = F（A）：Q = F（B）

30　X = B + Q * (A − B) / (Q − P)

40　Y = F(X)

50　LPRINT "N = "；N，"X = "；X，"Y = "；Y

60　IF　　ABS（Y）< D THEN GOTO 100

70　IF　　Y < 0　　THEN A = X

80　IF　　Y > 0　　THEN B = X

85　N = N + 1

90　GOTO 20

100 END

這裏 A、B 是你預先找好的求根範圍，要求 $F(A) < 0$ 而 $F(B) > 0$。如果所用的電腦不能定義函數，就把 $F(X)$、$F(A)$、$F(B)$ 換成具體表達式。能定義函數時，添上函式定義語句。在對分法求根中，程序結束時所求得的近似根 X 與真根之誤差小於 D。在弦法中，程序結束時方程右端絕對值小於 D。而 D 可按你的要求預先設定。當然，D 不能比軟件允許的精度更小。而 N 表示迭代的次數。

在對分法程序中，把 30 改為

30 Y = 2*PI + 3*SIN(X) − 3*X：LPRINT

　　　"Y = "：Y

再添上一句"5 ANGLE 1"，並取 $A = \pi$，$B = 0$，就是前面所算的問題。取 $D = 0.001$，算 11 次，結果是：

$$N = 11$$

$$X = 2.605466368$$

$$Y = -7.8492602E - 04$$

而在弦法中，把 20 和 40 改為：

20   P = 2*PI + 3*SIN（A）− 3*A：Q = 2*PI + 3*SIN（B）− 3*B

30   X = B + Q*(A − B) / (Q − P)

40   Y = 2*PI + 3*SIN(X) − 3*X

同樣加上 "5 ANGLE 1"，取 $A = \pi$，$B = 0$，$D = 0.00001$，才迭代 5 次，便得到：

$$N = 5$$

$$X = 2.605325476$$

$$Y = 1.10574E - 06$$

對應的 $F(X)$ 的絕對值，比對分法的結果小得多。把 $\bar{x} = 2.60533$ 代入，可知 $F(\bar{x}) < 0$，所以真根 θ^* 在 2.605325 與 2.60533 之間，用弦法 5 次求得的 2.605325，其誤差小於 0.000005。而用對分法 11 得到的 2.605426…，誤差大於

$$2.60546 − 2.60533 = 0.00013$$

表明弦法確實改進多了。

最後，請你試算一下：要把一個高為 4，上底面積為 9，下底面積為 16 的正四棱台用平行於底的平面剖開，使分得的兩塊體積相等，應當如何確定這張平面到下底的距離呢？（這是一個三次方程的問題！）

（原載《中學科技》，1988.5）

順藤摸瓜——數值模擬淺談

電腦裏的振動

　　天花板上掛一根螺旋彈簧，彈簧下端是一個質量為 10 克的小球。要是沒有這個小球，彈簧會短一點，只有 20 厘米長。加上小球，彈簧變成 25 厘米長了！（圖 1）如果用手向下拉這個小球，把彈簧再拉長 5 厘米，變成 30 厘米，再一鬆手，會發生甚麼情況呢？

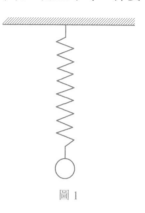

圖 1

　　當然，彈簧會忽長忽短，小球會一上一下地跳動。那麼，小球跳動的具體情形又是怎樣的呢？究竟多長時間跳一次？它的速度最大是多少？如果在鬆開手半秒鐘的時刻，小球在甚麼地方？

　　這些問題可以用幾種辦法解決：用高速攝影機拍下影片，再用常速放映，然後仔仔細細地觀察、測量，這是實驗的方法；列出微分方程，把方程解出來後，就知道小球運動的全部動態，這是理論方法。對於這個例子，理論方法是可以徹底把它弄清楚的，但更多的科學技術問題，由於太複雜了，理論上目前無法解決。用實驗的方法，不僅花錢太多，而且有些情況也看不清、測不準。怎麼辦呢？可以用電腦來幫忙，用數值計算將那些隨時間而變化的現象精確地再現出來，這叫作「電腦模擬」或「數值模擬」。

　　要模擬，需先把小球受力的情況弄清楚。我們用厘米、克、秒制單位來討論。10 克重的小球使彈簧伸長 5 厘米，可見彈簧每伸長 1 厘

米產生的彈力是 $2g$ 達因。用 $u(t)$ 表示彈簧在時刻 t 的伸長量，這時小球所受向上的拉力是 $2gu(t)$ 達因，向下的重力是 $10g$。如果把向下的方向當作正方向，小球在時刻 t 所受的總力就是 $F(t) = 10g - 2gu(t)$ 達因。根據牛頓的第二定律，$F = ma$，這時小球的加速度

$$a(t) = \frac{F(t)}{m} = g - \frac{gu(t)}{5} = g\left(1 - \frac{u(t)}{5}\right)。$$

以下討論的基本依據就是這個等式

$$a(t) = g\left(1 - \frac{u(t)}{5}\right) \tag{1}$$

假定現在是時間的開始 $t = 0$。鬆手的一瞬間，小球速度為 0，彈簧伸長量是 10 厘米。按 (1)，加速度是 $-g$。但這僅僅是瞬間的情形，刹那間情形就變了，彈簧縮短了，向上的加速度變小而向上的速度變大了。怎樣才能抓住這迅速變化的鏡頭呢？電影裏的慢鏡頭給我們以啟發，慢鏡頭是用高速拍攝的，1 秒鐘裏拍下幾百個畫面，就可以慢慢觀察了。

那麼，我們也來個高速拍攝吧！把 1 秒分成 100 份，看看在 0.01 秒裏會發生甚麼事。

第一個 0.01 秒裏，就算加速度保持一開始的勢頭 $-g$ 吧，反正時間短暫，變化不大。那麼，0.01 秒末小球上升的速度就是 $0.01g$（厘米 / 秒），又因初速為 0，平均速度就是 $0.005g$（厘米 / 秒）這就能估出在這 0.01 秒裏，小球上升的距離是 $0.01 \times 0.005g$（厘米）$= 0.049$（厘米），即上升半毫米差一點。於是在 0.01 秒末，彈簧伸長量減少到了 $(10 - 0.049) = 9.951$（厘米）。

第二個 0.01 秒開始時，加速度為

$$a = g\left(1 - \frac{9.951}{5}\right) = -0.9902g\,(厘米 / 秒^2)$$

相應地，第二個 0.01 秒末速度成為

$$V = -0.01g + [0.01 \times (-0.9902g)]$$
$$= -0.019902g \,(\text{厘米}/\text{秒})$$

因而又可以求出第二個 0.01 秒內的平均速度為

$$-\frac{1}{2}(0.01 + 0.019902)g = -0.014951 \quad (\text{厘米}/\text{秒})$$

這樣，不斷地窺伺變化趨勢，順藤摸瓜，便可以大致地弄清小球的運動狀況。

這樣一步一步地算太費事了，還是讓電腦來幹吧。設 A_n、U_n、V_n 分別表示第 n 個 0.01 秒末的加速度。彈簧伸長量和速度，則按上面的討論便能寫出遞推公式

$$\begin{cases} A_n = \left(1 - \dfrac{U_n}{5}\right)g \\ V_n = V_{n-1} + 0.01A_{n-1} \\ U_n = U_{n-1} + 0.01 \times \left(\dfrac{V_{n-1} + V_n}{2}\right) \\ V_0 = 0,\ U_0 = 10,\ A_0 = -g \end{cases} \quad (2)$$

有了公式 (2)，從 V_{n-1} 與 A_{n-1} 可求出 V_n，從 U_{n-1} 和 V_{n-1}、V_n 可求出 U_n，從 U_n 又求出 A_n。按這個公式編出電腦程序：

```
10    INPUT "U = "; U，"V = "; V，"D = "; D, "N = "; N
20    FOR I = 0 TO N
30    A = (1 - W / 5)*980
40    LPRINT I；"", ;U; ""; V
50    X = V + D*A
60    U = U + D*(V + X) / 2
70    V = X
```

80　NEXT I

90　END

這裏輸入的 U 和 V 表示開始時彈簧伸長的程度和小球速度；D 是「每拍一個鏡頭」的時間間隔，N 是「拍攝」的次數。我們取 $V=0$，$U=1$，為了更準確，每秒拍 1000 次，即取 $D=0.001$，每計算 50 次打印出時間、彈簧伸長度、小球速度，結果如下：

時間	彈簧伸長度	小球速度
0	10	0
0.05	8.822340718	−45.20528465
0.1	5.836835507	−69.32035185
0.15	2.442135885	−60.87244277
0.2	0.2366799781	−23.68442384
0.25	0.2660822374	24.85239386
0.3	2.527457961	61.91082935
0.35	5.9656333	69.96311978
0.4	8.965443595	45.07050092
0.45	10.11046022	−1.193096642
0.5	8.851749067	−47.12143963
0.55	5.770929161	−71.05973588
0.6	2.311518552	−61.61414636
0.65	0.1026140023	-23.07386675
0.7	0.1917567504	26.53400346
0.75	2.548207515	63.87594904
0.8	6.072142403	71.28667666

0.85	9.107919233	45.12534631
0.9	10.22190821	-2.439051518
0.95	8.879474293	-49.0871724
1	5.701449203	-72.82202745

一看便知，彈簧伸長度開始逐漸縮短，到了 0.2 與 0.5 秒之間彈簧伸長度幾乎為 0，然後又增加，到 0.45 秒時，又伸長到開始的 10，以後又縮短，小球差不多以每秒 2.2 次的頻率作振幅為 10 厘米的上下振動。

如果一邊計算一邊讓小球的位置顯示在屏幕上，便能直接看到「小球」在「電腦裏」振動了。

借書要等多久

小商店裏有兩位售貨員，如果平均每小時有 20 位顧客，而接待一位顧客要花去一位售貨員 5 分鐘的時間，那麼，售貨員忙不忙？顧客平均要等多少時間？

這在數學裏叫作排隊問題，研究這類問題能幫我們決定究竟設多少服務人員才合理。誰也不知道顧客甚麼時刻到來，也就是說，在某一分鐘裏顧客來不來是「隨機事件」，平均每小時來 20 位，那麼某一分鐘裏顧客到來的概率是 $\frac{20}{60} = \frac{1}{3}$。

電腦可以產生在 0 與 1 之間均勻分佈的隨機數 G，而 $G < \frac{1}{3}$ 的概率恰好也是 $\frac{1}{3}$。這就是讓電腦產生一個一個的隨機數 G，$G < \frac{1}{3}$ 表示來了

一位顧客，$G > \dfrac{1}{3}$ 表示這一分鐘裏沒有顧客。

商店的狀況可以用三個數刻劃：

A——一號售貨員情形。$A = 0$ 表示他閒着；$A = K$ 表示還要為某個顧客再服務 K 分鐘，顯然，$K = 0$、1、2、3、4、5。

B——二號售貨員情形。

C——等待服務的顧客數目。

我們一分鐘一分鐘地計算，為了方便，假設服務是在每一分鐘末尾開始的。剛上班，$A_0 = B_0 = C_0 = 0$，第一分鐘末尾情形如何呢，如果來了一位顧客，則 $A_1 = 5$，$B_1 = C_1 = 0$。如果不來顧客，仍然 $A_1 = B_1 = 0$。第二分鐘末尾，如果又來一位顧客，則 $A_2 = 4$，$B_2 = 5$，$C_2 = 0$。第三分鐘末尾，再來顧客時 $A_3 = 3$，$B_3 = 4$，$C_3 = 1$，開始有人等待了。

一般地，用 $\{A_n, B_n, C_n\}$ 表示第 n 分鐘末商店的狀況，則可以找到由 A_n、B_n、C_n 計算 A_{n+1}、B_{n+1}、C_{n+1} 的遞推公式。用 D_n 記 0 或 1；在第 $n+1$ 分鐘裏有客人來，則 $D_n = 1$，否則 $D_n = 0$，於是

$$
\left\{
\begin{aligned}
A_{n+1} &= (A_{n-1})\mathrm{Sgn}A_n + \\
&\quad 5\left[1 - \mathrm{Sgn}\big(A_n(A_{n-1})\big)\right]\mathrm{Sgn}(D_n + C_n) \\
B_{n+1} &= (B_{n-1})\mathrm{Sgn}B_n + 5\Big[\big(1 - \mathrm{Sgn}(B_n(B_n - 1))\big) \\
&\quad \mathrm{Sgn}\left(D_n + C_n - \mathrm{Sgn}\left(\frac{A_n + 1}{5}\right)\right)\Big] \\
C_{n+1} &= C_n + D_n - \mathrm{Sgn}\left[\frac{A_n + 1}{5}\right] - \mathrm{Sgn}\left[\frac{B_n + 1}{5}\right]
\end{aligned}
\right.
$$

這裏 $\mathrm{Sgn}x$ 當 $x > 0$ 時為 1，$x < 0$ 時為 -1，$x = 0$ 時為 0，而 $[x]$ 表示 x 的整數部分。

上面的遞推公式意思是：當顧客到來時，如果 1 號售貨員閒着，1 號開始服務，如果 2 號閒着而 1 號忙着則 2 號服務，兩位售貨員都忙，則顧客等待。

用 BASIC 語言編出程序，模擬計算 60 分鐘內服務的總時間，並統計出顧客總數 N，總的等待時間 W，1 號和 2 號的閒置時間 T_1 和 T_2。

程序是這樣的：輸入的 P、K、F 分別代表 1 分鐘內來 1 位顧客的概率、模擬時間（K 分鐘）及服務時間（F 分鐘），這個例子裏，$F = \dfrac{1}{3}$，$K = 60$，$F = 5$。（因為用了符號 SGN，我們只用 12 行就完成了這個程序。）

```
10    INPUT "P ="; P, "K ="; K, "F ="; F
15    D = 0 : N = 0 : W = 0 : T₁ = 0 : T₂ = 0 : A = 0 : B = 0 : C = 0
20    FOR I = 0 TOK
21    N = N + D : W = W + C : T₁ = T₁₊₁ − SGNA : T₂ = T₂₊₁ − SGNB
22    PRINT I; ""; D; ""; A; ""; B; ""; C
25    D = 1 − SGN(INT(RND / P))
30    A = (A − 1)*SGN A + F*(1 − SGN.A*(A − 1))*SGN(D + C)
40    B = (B − 1)*SGNB + F*(1 − SGN(B*(B − 1)))*SGN(D + C− SGN
      (INT(A / F))
50    C = C + D − SGN(INT(A / F)) − SGN(INT(B / F))
60    NEXT I
65    LPRINT"N ="; N, "W = "; W, "W / 60 ="; W / 60"T1 =";
      T1, "T2 ="; T2
70    END
```

有些書上這個問題的程序有 52 行之多。如要打印出整個過程，把 22 行的 PRINT 改成 LPRINT 就行了。

　　為便於弄清過程的意義，我們把打印出的 60 分鐘模擬動態列出，結果顧客平均等待時間僅 0.12 分鐘。

D	A	B	C	D	A	B	C	D	A	B	C
0	0	0	0	22	1	3	5	0	44	1	1	2	1
1	0	0	0	0	23	1	2	4	1	45	0	5	1	0
2	1	5	0	0	24	0	1	3	1	46	0	4	0	0
3	0	4	0	0	25	1	5	2	1	47	0	3	0	0
4	0	3	5	0	26	0	4	1	1	48	1	2	5	0
5	0	2	4	0	27	0	3	5	0	49	0	1	4	0
6	0	1	3	0	28	1	2	4	1	50	0	0	3	0
7	1	0	2	0	29	0	1	3	1	51	0	0	2	0
8	0	0	1	0	30	0	5	2	0	02	0	0	1	0
9	1	5	0	0	31	0	4	1	0	53	0	0	0	0
10	0	4	0	0	32	0	3	0	0	54	0	0	0	0
11	0	3	5	0	33	0	2	0	0	55	0	0	0	0
12	1	2	4	0	34	1	1	5	0	56	0	0	0	0
13	0	1	3	0	35	0	0	4	0	57	1	5	0	0
14	1	5	2	0	36	0	0	3	0	58	0	4	0	0
15	0	4	1	0	37	0	0	2	0	59	0	3	0	0
16	0	3	5	0	38	0	0	1	0	60	0	2	0	0
17	0	2	4	0	39	0	0	0	0	N = 17			
18	1	1	3	0	40	1	5	0	0	W = 7			
19	9	0	2	0	41	1	4	5	0	W /60			
20	0	5	1	0	42	0	3	4	0	= 0.1166666667			
21	0	4	0	0	43	0	2	3	0	T1 = 17			
									T2 = 21			

再模擬幾次，結果是：

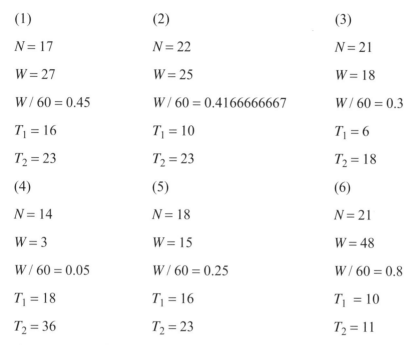

(1)	(2)	(3)
$N = 17$	$N = 22$	$N = 21$
$W = 27$	$W = 25$	$W = 18$
$W/60 = 0.45$	$W/60 = 0.4166666667$	$W/60 = 0.3$
$T_1 = 16$	$T_1 = 10$	$T_1 = 6$
$T_2 = 23$	$T_2 = 23$	$T_2 = 18$
(4)	(5)	(6)
$N = 14$	$N = 18$	$N = 21$
$W = 3$	$W = 15$	$W = 48$
$W/60 = 0.05$	$W/60 = 0.25$	$W/60 = 0.8$
$T_1 = 18$	$T_1 = 16$	$T_1 = 10$
$T_2 = 36$	$T_2 = 23$	$T_2 = 11$

顧客平均等待時間不到半分鐘，這説明兩位售貨員是足夠了。

由小見大，舉一反三

從上面兩例可見，數值模擬動態過程的基本方法是：第一步是確定描述事物狀態的一組數。在小球振動問題中。這組數是 U、V（A 可以由 U 算出）；在售貨員服務問題中，這組數是 A、B、C。

第二步是劃分時間間隔，找出描述事物狀態的那組數隨時間變化而變化的遞推公式。

第三步是編出程序，上機計算。

對於更複雜的問題，基本手段仍是這樣，不過狀態要用數以千、

萬計的數來描述就是了。

　　數值模擬在科學研究和工程技術中用途很廣。氣象預報、生態調查、市場預測、核試驗、飛機設計……都少不了它，隨着電腦技術的發展和計算方法的改進，被稱為「第三手段」的數值模擬（第一、第二手段是科學實驗和理論研究）將發揮越來越大的作用。

　　（注：本文中的計算是在 CASIO PB-700 袖珍機上進行的。）

　　　　　　　　　　　　　　　（原載《中學科技》，1988.9）

科學計算，屢建奇功

從一個小問題看三大手段

這裏有一個簡單的問題，如果要你裁一塊面積為 2 平方米的正方形鐵皮或紙板，你有幾種方法呢？

不妨設想一下：

方法之一，是動手來做。比如，找兩塊面積為 1 平方米的正方形紙板，對剪裁開，成四個三角形，四個三角形如圖 1 那樣一湊，就形成一個面積為 2 平方米的正方形，按這個正方形的大小去裁就是了。

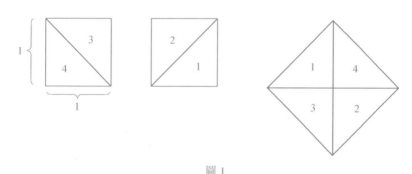

圖 1

你別瞧不起這種笨方法。這叫做實驗方法。科學實驗，是人類認識世界、改造世界的基本方法之一。很多新發明，例如電燈、電話，就是靠多次實驗才成功的。

在科學研究中系統地引進實驗方法，這一大功勞首推意大利的物理學家伽利略。

實驗方法雖不可缺少，但要花錢花力氣。如果多想想，想好了再幹，也許可以少實驗幾次，甚至不做實驗而一舉成功！現在不是要裁一塊面積為 2 平方米的正方形紙板嗎？好，設這個正方形的面積是 2

平方米，邊長是 x 米，列出方程：

$$x^2 = 2$$

解出 $x = \pm\sqrt{2}$，把負根捨去，得 $x = \sqrt{2}$。只要裁出一個邊長為 $\sqrt{2}$ 米的正方形就可以了。

　　這個辦法叫做理論研究方法。理論研究能夠舉一反三，由小見大，透過現象見本質，根據過去看將來。牛頓的三大定律、萬有引力定律等，奠定了力學和物理學的基礎，是在科學研究中系統運用理論手段的第一個里程碑。

　　可惜，世界上還有很多事情，由於因素太多，關係太複雜，理論上還理不出頭緒來。有的是列不出方程，有的是列出方程解不開，有的解出來了仍不能用。

　　甚麼叫解出來不能用呢？

　　剛才解出來 $x = \sqrt{2}$（米），這個 $\sqrt{2}$ 倒很精確。可是它到底是多大呢？如果只知道它是一個自乘之後得 2 的正數，那等於仍舊甚麼都不知道，而只是有了個 $\sqrt{2}$ 的定義。這裏就有個計算方法問題。研究計算方法，這個任務就落在「科學的皇后和女僕」——數學身上。

　　總之，只有科學實驗和理論研究這兩手是不夠用的。在科學研究和工程技術中大量地應用計算手段，是近幾十年的事。美國數學家馮·諾伊曼主持下設計製造了世界上第一台電子計算機，並用它解決原子彈設計中的大規模計算問題，預示着人類認識世界和改造世界的第三種手段——科學計算——作為一個重要角色而登上科技舞台。

計算方法，大有講究

用計算手段研究科學技術與工程設計中的問題，這是一門新興的大學科，它的總名叫做「科學與工程計算」，簡稱「科學計算」。它有一大串分支——計算數學、計算力學、計算物理學、計算化學、計算地震學……。幾乎每門學科都能用上計算，用上之後，往往就會產生新的邊緣學科。

就拿 $\sqrt{2}$ 的計算來說，這裏面就大有講究，最容易想到的方法是「試着來」。

因為 $1^2 < 2$，$2^2 > 2$，所以 $1 < \sqrt{2} < 2$，

再算 1.1、1.2、1.3、1.4……的平方，算了 5 次，發現 2 在 1.4^2 與 1.5^2 之間，所以 $1.4 < \sqrt{2} < 1.5$。

再算 1.41、1.42 的平方，這次運氣好，只算兩次，就知道 $1.41 < \sqrt{2} < 1.42$。

又算 5 次，知道 $1.414 < \sqrt{2} < 1.415$；

又算 3 次，知道 $1.4142 < \sqrt{2} < 1.4143$。

總共算了 $(3 + 5 + 2 + 5) = 15$ 次乘法，知道 $1.4142 < \sqrt{2} < 1.4143$。由此得 $\sqrt{2} \approx 1.41425$，誤差不超過 0.00005。

再看另一種方法：因為 $(\sqrt{2})^2 = 2$，故得

$$(\sqrt{2})^2 - 1 = 1 \text{，} (\sqrt{2} - 1)(\sqrt{2} + 1) = 1 \text{。} \tag{1}$$

因此
$$(\sqrt{2} - 1) = \frac{1}{1 + \sqrt{2}} \text{。} \tag{2}$$

兩端平方得
$$(3 - 2\sqrt{2}) = \frac{1}{3 + 2\sqrt{2}} \text{，} \tag{3}$$

兩端再平方得　$(17 - 12\sqrt{2}) = \dfrac{1}{17 + 12\sqrt{2}}$ ， $\qquad\qquad$ (4)

兩端又平方得　$(577 - 408\sqrt{2}) = \dfrac{1}{577 + 408\sqrt{2}}$ ， $\qquad\qquad$ (5)

兩端同用 408 除得

$$0 < \left(\frac{577}{408} - \sqrt{2}\right) = \frac{1}{408 \times (577 + 408\sqrt{2})} < \frac{1}{400 \times 100} 。 \qquad (6)$$

可見，用 $\dfrac{577}{408} = 1.414215686\cdots\cdots$ 作 為 $\sqrt{2}$ 的 近 似 值，誤 差 不 超 0.0000025，比剛才的誤差不超過 0.00005 的 1.41425 好多了。其中，每 做一次平方，要算 3 次乘法和 1 次加法，最後算出 $\dfrac{577}{408} \approx 1.414216$，還 要做一次除法，所以總共用了九次乘法、三次加法、一次除法，比前 一種方法要快一些。

能不能更快一點呢？

已知 $1 < \sqrt{2} < 2$，取 1 與 2 的平均值 1.5，用 1.5 去除 2：

$$\frac{2}{1.5} = 1.333 \cdots\cdots \qquad (7)$$

可見 $1.33 < \sqrt{2} < 1.5$，再取 1.33 與 1.5 的平均 $\dfrac{1}{2}(1.33 + 1.5) = 1.415$，又 用 1.415 去除 2。

$$\frac{2}{1.415} \approx 1.41343 \qquad (8)$$

再取 1.415 與 1.41343 的平均值

$$\frac{1}{2}(1.415 + 1.41343) = 1.414215 \qquad (9)$$

這裏一共用了兩次除法，三次取平均，便驚人地達到了誤差不超過 0.000002 的地步，因為 $\sqrt{2} \approx 1.414213562$，這裏寫出的都是有效數字。

最後這個方法有甚麼根據呢？

如果 a 是 $\sqrt{2}$ 的近似值，誤差為 h，即

$$a + h = \sqrt{2} \qquad (10)$$

於是 $a = \sqrt{2} - h$，$2 = \sqrt{2}(a+h)$，故：

$$
\begin{aligned}
&\frac{1}{2}\left(a + \frac{2}{a}\right) \\
&= \frac{1}{2}\left(\sqrt{2} - h + \sqrt{2}\left(1 + \frac{h}{a}\right)\right) \\
&= \frac{1}{2}\left(2\sqrt{2} - h + \frac{\sqrt{2}}{a}h\right) \\
&= \frac{1}{2}\left\{2\sqrt{2} - h + \frac{(a+h)h}{a}\right\} \\
&= \sqrt{2} + \frac{h^2}{2a} \qquad (11)
\end{aligned}
$$

由此可見，a 與 $\dfrac{2}{a}$ 的平均值與 $\sqrt{2}$ 的誤差為 $\dfrac{h^2}{2a}$。例如，1.5 與 $\sqrt{2}$ 的誤差絕對值不超過 0.1，取 1.5 與 $\dfrac{2}{1.5}$ 的平均，誤差便小於 $\dfrac{(0.1)^2}{3}$ 了。

由小見大，不同的方法，效果大不相同！問題簡單些，人還可以用手做，複雜的問題要做億萬次運算。面對數字的海洋，出現了電子計算計，使數學家的設想變成了現實。科學家多了這個第三手段，真是如虎添翼了。

科學計算的纍纍功勳

科學計算，已經給我們帶來巨大的好處。

我國人口的發展趨勢問題，科學計算作出了科學回答，為國家制訂人口政策提供了依據。國民經濟各部門關係錯綜複雜。如煉鋼要用鐵礦石，要用電；開採鐵礦要用機器，用鋼鐵，用電；發電設備又要用鐵，等等。如何預測國民經濟各部門的結構與比例的變化趨勢？如何控制調整使結構合理？科學家們經過調查研究，建立了「國家宏觀經濟最優控制模型」，這個模型包含了 3582 個方程，經過大規模的科學計算，對 1985 — 2000 年我國國民經濟發展趨勢作出了預測。水電站的混凝土大壩上的縫隙要灌漿，一般自放完水再灌漿，要停電半年到一年。科學計算為此就計算出灌漿不放水的技術要求與控制數據，在四川龔嘴水電站用這個方法，每年多發電上億度，折合人民幣約 800 萬元！1981 年，四川連降暴雨，特大洪水威脅長江中下游安全，當時提出了「荊江分洪」的應急方案。但分洪要淹農田遷居民，耗資上億；不分洪呢，說不定有更大洪災損失。根據氣象數據，科學計算幫人們果斷決策：可以不分洪！使 60 萬畝田免遭水淹，40 萬人避免搬遷，僅搬遷費就節省億元。用科學計算模擬核爆炸，在電腦上進行「核試驗」，百萬元經費能頂 1 億用！用科學計算手段設計飛機，用電腦部分地代替耗資巨大的風洞試驗，省時省錢，飛機性能也大大提高。科學計算用在大水壩的設計上，就可以不用耗資費時的模型試驗了。數值方法使設計更加合理，又快又好，往往能節省 30% 的混凝土。尋找地下的油氣資源，弄清蛋白質分子的結構，以及氣象預報、建築工程、化工、資源調查等等都離不開科學計算。

（原載《中學科技》，1988.3）

利用十進小數構造的處處連續
處處不可微的函數的例子 [①]

我們常見到的連續函數，除了在個別點之外，總是可微的。因此，在歷史上曾有相當長的一段時間，數學家們猜想：連續函數是不會處處不可微的。後來，維爾斯特拉斯（Weierstrass）利用函數項級數舉出一個處處連續但處處不可微的函數的例，使人們大開眼界，進一步認識到「連續」與「可微」這兩個概念之間的深刻差異。

一般的微積分教科書上，有時雖然也提到函數可以處處連續但處處不可微這一事實，由於維氏的例子的證明比較複雜，而且要用到函數項級數及其一致收斂性的概念，故常常不加以介紹。

但是，在學習微積分時，常常有同學提出「這種處處連續但處處不可微的函數究竟是甚麼樣子呢？」覺得難以想像。

本文提供一個用十進小數構造的處處連續但處處不可微函數的例。其證明中只用到極限概念、連續及可微的定義。這樣，可使對此有興趣的同學在學習無窮級數之前便了解這種例子。

我們知道，每一個實數 x 都可以用十進位無窮小數表示：

$$x = a_0 \cdot a_1 a_2 a_3 \cdots a_k \cdots$$

$$= a_0 + \lim_{n \to \infty} \sum_{k=1}^{n} \frac{a_k}{10^k}$$

這裏 $a_0 = [\, x \,]$，即 x 的整數部分，而 a_k 是不大於 9 的非負整數。

[①] 本文是根據作者 1955 年在北大數學力學系讀書時（與楊路合作）所作的一個例改寫而成的。

用 $\{x\}$ 表示 x 的小數部分，即 $\{x\} = x - [x]$，然後引入一個函數

$$f_0(x) = \left(1 - \left[\frac{a_1}{5}\right]\right)\{x\} + \left[\frac{a_1}{5}\right](1 - \{x\}) \tag{1}$$

這裏，$\left[\dfrac{a_1}{5}\right]$ 表明 $\dfrac{a_1}{5}$ 的整數部分，顯然有

$$f_0(x) = \begin{cases} \{x\} & \left(\{x\} \le \dfrac{1}{2}\right) \\ 1 - \{x\} & \left(\{x\} \ge \dfrac{1}{2}\right) \end{cases} \tag{2}$$

因此，$f_0(x)$ 的定義由 x 確定。這個説明是必要的，因為有時 x 的十進小數表示不是唯一的。

例如：

$$x = 0.4999\cdots = 0.5000\cdots$$

這兩種表示之下，儘管 a_1 不同，但都有 $f_0(x) = \dfrac{1}{2}$，即：不同的表示不影響 $f_0(x)$ 的定義。顯然，$f_0(x)$ 在 $(-\infty, +\infty)$ 上處處連續，以 1 為週期，$0 \le f_0(x) \le \dfrac{1}{2}$ 而且有下列性質：

$$\begin{cases} 1.\ 若\ \{x + y\} = 0，則\ f_0(x) = f_0(y) \\ 2.\ |f_0(x) - f_0(y)| \le |\{x\} - \{y\}| \end{cases} \tag{3}$$

這裏性質 2 是顯然的，性質 1 可這樣來證明：

若 x、y 都是整數，顯然有 $f_0(x) = f_0(y)$；若 x 不是整數，則由 $\{x + y\} = 0$ 可知 $\{x\} + \{y\} = 1$，若 $\{x\} \le \dfrac{1}{2}$，則 $\{y\} \ge \dfrac{1}{2}$，按定義：

$$f_0(y) = 1 - \{y\} = \{x\} = f_0(x)，$$

同理：若 $\{x\} \ge \dfrac{1}{2}$，有 $f_0(x) = 1 - \{x\} = \{y\} = f_0(y)$；性質 1 證畢。

然後定義：

$$f_n(x) = 10^{-n} f_0(10^n x) \text{，} (n = 0, 1, 2, \cdots) \tag{4}$$

由 $f_0(x)$ 的性質可知 $f_n(x)$ 在（$-\infty, +\infty$）上處處連續，以 10^{-n} 為週期，

$0 \le f_n(x) \le \dfrac{1}{2} \cdot 10^{-n}$，而且：

$$\begin{cases} 3. \text{ 若 } \{10^n (x+y)\} = 0 \text{，則 } f_n(x) = f_n(y) \text{，} \\ 4. \ |f_n(x) - f_n(y)| \le |\{x\} - \{y\}| \end{cases} \tag{5}$$

令

$$\begin{cases} S_n(x) = \displaystyle\sum_{k=0}^{n} f_{k(x)} \\ S(x) = \displaystyle\lim_{n \to +\infty} S_n(x) \end{cases} \tag{6}$$

我們將證明：$S(x)$ 是定義於（$-\infty, +\infty$）上的處處連續但處處不可微的函數。

證明分三步：

第一，$S(x)$ 對一切 $x \in (-\infty, +\infty)$ 都有定義，這是因為由定義知對任一 $x, S_n(x)$ 是單調增的數列：

$$S_{n+1}(x) - S_n(x) = f_{n+1}(x) \ge 0 \text{，}$$

另一方面，由 $f_k(x) \le \dfrac{1}{2} \times 10^{-k}$

$$S_n(x) \le \frac{1}{2} + \frac{1}{2 \times 10} + \frac{1}{2 \times 10^2} + \ldots + \frac{1}{2 \times 10^n} < 1$$

故數列 $S_1(x), S_2(x), \cdots, S_n(x), \cdots$ 是單調增有上界的，從而 $\displaystyle\lim_{n \to +\infty} S(x)$ 存在，即 $S(x)$ 對一切 x 有定義。

第二，$S(x)$ 在（$-\infty, +\infty$）上連續，為此，我們只要證明：對任給的

$\varepsilon > 0$，可以找到 $\delta > 0$，使當 $|x_1 - x_2| < \delta$ 時，必有 $|S(x_1) - S(x_2)| < \varepsilon$ 即可。

對任給的 $\varepsilon > 0$，總可以取自然數 $N > 0$ 足夠大，以致使 $10^{-N} < \dfrac{\varepsilon}{8}$，

再取 $\delta = \dfrac{\varepsilon}{2N} > 0$，當 $|x_1 - x_2| < \delta$ 時，我們有（不妨設 $N < n$）

$$\left|S(x_1) - S(x_2)\right| = \lim_{n \to +\infty} \left|S_n(x_1) - S_n(x_2)\right|$$

$$= \lim_{n \to +\infty} \left|\sum_{k=0}^{n} f_k(x_1) - \sum_{k=0}^{n} f_k(x_2)\right|$$

$$= \lim_{n \to +\infty} \left|\sum_{k=0}^{N-1} (f_k(x_1) - f_k(x_2)) + \sum_{k=N}^{n} (f_k(x_1) - f_k(x_2))\right|$$

$$\leq \lim_{n \to +\infty} \left(\sum_{k=0}^{N-1} \left|f_k(x_1) - f_k(x_2)\right| + \sum_{k=N}^{n} \left|f_k(x_1)\right| + \left|f_k(x_2)\right|\right)$$

$$\leq \lim_{n \to +\infty} \left(\sum_{k=0}^{N-1} \left|x_1 - x_2\right| + \sum_{k=N}^{n} (2 \times 10^{-k} + 2 \times 10^{-k})\right)$$

$$\leq \lim_{n \to +\infty} (N\delta + 10^{-N} \times 2) \leq \frac{\varepsilon}{2} + \frac{\varepsilon}{4} < \varepsilon$$

從而證明了 $S(x)$ 是處處連續的。

第三，也是最後的一步，我們來證明 $S(x)$ 是處處不可微的。

任取一點 $x^* = [x^*] \cdot a_1 a_2 \ldots a_k \ldots$

$$= [x^*] + \lim_{n \to +\infty} \sum_{k=1}^{n} \frac{a_k}{10^k}$$

作一個數列 $\{x_m\}$，使：

$$x_m = [x^*] \cdot a_1 a_2 \ldots a_m b_{m+1} b_{m+2} \ldots \tag{7}$$

$$= [x^*] + \sum_{k=1}^{m} \frac{a_k}{10^k} + \lim_{n \to +\infty} \sum_{k=m+1}^{n} \frac{b_k}{10^k}$$

（這裏 $b_k = 9 - a_k$）

則數列 $\{x_m\}$ 有如下性質：

(i) 當 $n \geq m$ 時，$f_n(x_m) = f_n(x^*)$。這是因為按定義 (7)，有 $\{10^n(x^* + x_m)\} = 0$ 之故。

(ii) 當 $n < m$ 時，$10^n(x_n - x^*) = \{10^n x_n\} - \{10^n x^*\}$，這是因為 $|x_m - x^*| \leq 10^{-m}$ 之故

(iii) 由 (ii) 易知當 $m \to +\infty$ 時 $x_m \to x^*$，如果 $S'(x^*)$ 存在，則應當有：

$$\lim_{m \to +\infty} \frac{S(x_m) - S(x^*)}{x_n - x^*} = S'(x^*)$$

但是：

$$S(x_m) - S(x^*) = \lim_{n \to +\infty} S_n(x_m) - \lim_{n \to +\infty} S_n(x^*) \tag{8}$$

$$= \lim_{n \to +\infty} (S_n(x_m) - S_n(x^*))$$

$$= \lim_{n \to +\infty} (\sum_{k=0}^{n} f_k(x_m) - f_k(x^*))$$

$$= \lim_{n \to +\infty} \left(\sum_{k=0}^{m-1} (f_k(x_m) - f_k(x^*)) + \sum_{k=m}^{n} (f_k(x_m) - f_k(x^*)) \right)$$

$$= \sum_{k=0}^{m-1} (f_k(x_m) - f_k(x^*))$$

這是因為當 $k \geq m$ 時，$f_k(x_m) = f_k(x^*)$ 之故，（性質 i）。

從 (8) 出發，再應用 $f_k(x)$ 及 $f_0(x)$ 之定義即可得：

$$S(x_m) - S(x^*) = \sum_{k=0}^{m-1} (f_k(x_m) - f_k(x^*)) \tag{9}$$

$$= \sum_{k=0}^{m-1} 10^{-k} (f_0(10^k x_m) - f_0(10^k x^*))$$

（但當 $k < m$ 時，$\{10^k x_m\} = 0$，$a_{k+1} a_{k+2} \cdots a_m b_{m+1} \cdots$

$\{10_k x^*\} = 0. a_{k+1} a_{k+2} \cdots$，故：）

$$= \sum_{k=0}^{m-1} 10^{-k})) \left((1 - \left[\frac{a_{k+1}}{5}\right]\{10^k x_m\} + \left[\frac{a_{k+1}}{5}\right](1 - \{10^k x_m\})) \right.$$

$$\left. - (1 - \left[\frac{a_{k+1}}{5}\right])\{10^k x^*\} - \left[\frac{a_{k+1}}{5}\right](1 - \{10^k x^*\}) \right)$$

$$= \sum_{k=0}^{m-1} 10^{-k} \left(1 - \left[\frac{a_{k+1}}{5}\right] \right) (\{10^k x_m\} - \{10^k x^*\}) - \left[\frac{a_{k+1}}{5}\right]$$

$$\left(\{10^k x_m\} - \{10^k x^*\} \right))$$

$$= \sum_{k=0}^{m-1} 10^{-k} \left(1 - 2\left[\frac{a_{k+1}}{5}\right] \right) (\{10^k x_m\} - \{10^k x^*\})$$

$$= (x_m - x^*) \sum_{k=0}^{m-1} \left(1 - 2\left[\frac{a_{k+1}}{5}\right] \right)$$

這最後一步是由於數列 $\{x_m\}$ 的性質 ii，有

$$\{10^k x_m\} - \{10^k x^*\} = 10^k (x_m - x^*) \qquad (k < m)$$

之故。由（9）立得：

$$\frac{S(x_m) - s(x^*)}{x_m - x^*} = \sum_{k=0}^{m-1} \left(1 - 2\left[\frac{a_{k+1}}{5}\right] \right) ,$$

但 $\left| \left(1 - 2\left[\frac{a_{k+1}}{5}\right] \right) \right| = 1$ ，故上式當 $m \to +\infty$ 時不可能有任何有限的極限，即 $S'(x^*)$ 不存在。

至此，我們的斷言全部得到了證明。

（原載四川師大《數學教學》，1981.2）

函數的連續性和黎曼可積性的關係

大家知道，連續函數一定是有黎曼積分的，也就是説：若 $f(x)$ 是閉區間 $[a, b]$ 上的連續函數，則對於 $[a, b]$ 的任意分法

$$T : a = x_0 < x_1 < \cdots < x_n = b，$$

和任取的 $\xi_i \in [x_{i-1}, x_i]$ $(i = 1, 2, \cdots, n)$，如果記：

$$I(T) = \sum_{i=1}^{n} f(\xi_i)(x_i - x_{i-1})，$$

則下列極限

$$\lim_{\Delta(T) \to 0} I(T) = \int_a^b f(x)dx$$

存在而且與分法 T 點的取法 ξ_i 無關。這裏，

$$\Delta(T) = \max_{1 \le i \le n} |x_i - x_{i-1}|。$$

但是，反過來，在 $[a, b]$ 上可積的函數卻不一定在 $[a, b]$ 上處處連續。一般的微積分教程上都指出：在 $[a, b]$ 上只有有限個間斷點的有界函數也是可積的，另外，單調函數也是可積的。而單調函數可能有無窮多個間斷點，甚至間斷點處處稠密。

那麼，可積性和連續性之間，究竟有甚麼樣的內在聯繫呢？

直觀看來，可積函數雖然可能有不連續點，但不連續點總不能「太多」。但是，「不能太多」的含意又是甚麼呢？

這個問題，通常是在實變函數論中，在引入勒貝格測度之後，才得到圓滿的解答。但是，也可以在初等微積分中，用比較通俗的辦法給以解釋和論證。由於這個問題是不少學習初等微積分的同學和老師感興趣的問題，而在一般書刊上卻很少談到，故作者不揣冒昧，介紹下面的初等論證，以供參考。

（一）「0 長度集」的概念

區間 $[a, b]$ 的長度是 $b - a$。如果直線上的點集是由一串區間 Δ_1, Δ_2, $\cdots$, $\Delta_n \cdots$ 構成，我們自然覺得，這個點集的「長度」不會超過這一串區間的長度的總和。如果這個點集被這一串區間所覆蓋，看來，此點集的「長度」更不應當超過區間長度的總和了。

更進一步，如果能找到長度總和任意小的一串區間把點集 M 覆蓋，我們自然認為，點集 M 的總長是 0 了！這就是：

定義 1　M 是直線上的點集。如果對任給的 $\varepsilon > 0$，總能找到一串區間 Δ_1, Δ_2, $\cdots$, $\Delta_n \cdots$ 把 M 覆蓋，而且對任意的 n, $|\Delta_1| + |\Delta_2| + \cdots + |\Delta_n| < \varepsilon$，我們就說 M 是「0 長度集」，或說，M 具有 0 長度。

顯然，有限個點組成之集具有 0 長度，有限個 0 長度集之並仍為 0 長度集。有趣的是，可列個 0 長度集之並仍為 0 長度集。事實上，如果 M_1, M_2, $\cdots$, $M_k \cdots \cdots$ 都是 0 長度集，令

$$M = \bigcup_{k=1}^{\infty} M_k \text{,}$$

對任給的 $\varepsilon > 0$，對 M_k 可找到一串區間 $\{\Delta_n^{(k)}\}$，使 M_k 被 $\bigcup_{k=1}^{\infty} \Delta_n^{(k)}$ 覆蓋，而且：對任意的 n 有 $\left|\Delta_1^{(k)}\right| + \left|\Delta_2^{(k)}\right| + \cdots + \left|\Delta_n^{(k)}\right| < \dfrac{\varepsilon}{2^k}$，這樣，所有的 $\Delta_n^{(k)}(k = 1, 2, \cdots; n = 1, 2, \cdots)$ 便覆蓋了 M，而其中任取有限個，其總長顯然小於 ε。由於有理點可以排成一行：

$$r_1, r_2, \cdots, r_n \cdots$$

我們可以用長度為 $\dfrac{\varepsilon}{2^n}$ 的區間 Δ_n 蓋住 r_n，這樣，Δ_n 的長度之和便不超過 ε，可見，全體有理點之集不過是 0 長度集而已。

有理點看來密密麻麻，到處都是，其實卻並不多——「總長為 0」
——；這一點，確實叫人感到奇怪，但這卻是邏輯的結論！

（二）函數在一點的振幅

如果 $f(x)$ 在區間 Δ 上有界，那麼它一定有上界和下界。所有的上界中最小的叫做 f 在 Δ 上的上確界，類似地，最大的下界叫做 f 在 Δ 上的下確界。上、下確界分別記之以 $\sup_{\Delta} f$ 和 $\inf_{\Delta} f$，然後有定義：

定義 2　f 在 Δ 上的上、下確界之差，叫做 f 在 Δ 上的振幅，記作 $\omega_f(\Delta)$：

$$\omega_f(\Delta) = \sup_{\Delta} f - \inf_{\Delta} f。$$

顯然，對有界函數 f，$\omega_f(\Delta)$ 是非負實數。若 f 在 Δ 上無界，我們說 $\omega_f(\Delta) = +\infty$。

如果 $\Delta_1 \subseteq \Delta_2$，那麼當然有 $\omega_f(\Delta_1) \leq \omega_2(\Delta_2)$。
也就是説，當區間縮小時，f 在此區間上的振幅不會增加。當區間縮小而趨於一點時，我們便可以導出函數在一點的振幅的概念：

定義 3　設 f 在 x_0 的鄰域或半鄰域有定義。記 $\Delta_\delta = (x_0 - \delta, x_0 + \delta)$ 則當 $\delta(> 0)$ 減小時 $\omega_f(\Delta_\delta)$ 不增，記

$$\omega_f(x_0) = \lim_{\delta \to 0^+} \omega_f(\Delta_\delta)，$$

並稱 $\omega_f(x_0)$ 為 f 在 x_0 處的振幅。

下面的兩個引理讀者不難作為練習來證明它：

引理 1　$f(x)$ 在 x_0 連續的充分必要條件是 $\omega_f(x_0) = 0$。（間斷的充分必要條件是 $\omega_f(x_0) > 0$）

引理 2　若 $\lim\limits_{n\to+\infty} x_n = x_0$，而且對一切 n 有 $\omega_f(x_n) \geq \alpha$，則必有 $\omega_f(x_0) \geq \alpha$。[1]

在證明引理 2 時，只需注意到：對開區間 Δ 若 $x_n \in \Delta$，則必有 $\omega_f(\Delta) \geq \omega_f(x_n)$，然後令 $\Delta \to 0$ 取極限即可。

「振幅」的概念是很容易想到的，很自然的概念。f 在 x_0 處振幅的大小，可以看成是 f 在 x_0 處間斷性的數量描述。$\omega_f(x_0)$ 越大，f 在 x_0 不連續得越厲害。$\omega_f(x_0)$ 很小，f 便近於連續了。

（三）熟知的黎曼可積充要條件

下面所敍述的 f 在 $[a, b]$ 上可積的充要條件是熟知的，在任何一本較詳細的微積分教程中都可以找到它的證明。為了讀者的方便，我們還是把結果列舉出來。

對於 $[a, b]$ 上的一個分法：

$$T : a = x_0 < x_1 < \cdots < x_n = b, x_i - x_{i-1} = \Delta_i，$$

記 f 在 Δ_i 上的上確界為 M_i，下確界為 m_i，令

$$I_\perp(T) = \sum_{i=1}^{n} M_i \Delta_i，I_下(T) = \sum_{i=1}^{n} m_i \Delta_i，$$

分別叫做 f 在 $[a, b]$ 上對應於分法 T 的「上和」和「下和」。顯然，對任意的 $\xi_i \in \Delta_i$，有：

$$I_下(T) \leq \sum_{i=1}^{n} f(\xi_i)\ \Delta_i = I(T) \leq I_\perp(T)。$$

因此，下述結果是容易料到的：

---

[1]　這就是説，滿足 $\omega_f(x) \geq \alpha$ 的點 x 之集是閉集。

定理 1　f 在 $[a, b]$ 上可積的充要條件是，對任意的分法 T，有：

$$\lim_{\Delta(T)\to 0} I_{\perp}(T) = \lim_{\Delta(T)\to 0} I_{\top}(T)$$

這個定理還可以再簡化、加強一下：由於 $(M_i - m_i)$ 正好是 f 在 Δ_i 上的振幅，而若記

$$\omega_i = \omega_f(\Delta_i) = M_i - m_i,$$

便有：

$$I_{\perp}(T) - I_{\top}(T) = \sum_{i=1}^{n} \omega_i \Delta_i = \omega(T)$$

因而從定理 1 出發便可演化出

定理 2　若 f 在 $[a, b]$ 可積，則對任意分法 T，有

$$\lim_{\Delta(T)\to 0} \sum_{i=1}^{n} \omega_i \Delta_i = 0 \; ;$$

反之，如果有一串分法 $T_1, T_2, \cdots, T_k$，……，使

$$\omega(T_k) = \sum_{i=1}^{n} \omega_i \Delta_i \to 0 \, (k \to +\infty)$$
$$(T_k)$$

則 f 在 $[a, b]$ 可積。

　　請讀者注意：定理 2 的兩方面是很不同的。前一半（條件的必要性）結論很強，而後一半，（條件的充分性）前提又很弱。因此，它比定理 1 用起來方便得多。

（四）關於「大振幅點」的有限覆蓋性

我們還需要一個引理，便可以開始對主要結果的論證了。

引理 3　$f(x)$ 定義於 $[a, b]$，$\alpha > 0$ 為任一正數，所有振幅大於等於 α 的點 X 之集記作 M。

$$M_\alpha = \{x \mid x \in [a, b] \text{，} \omega f(x) > \alpha\} \text{。}$$

如果有一些開區間 $\{\Delta_\lambda\}$ 覆蓋了 M_α，則一定可以從 $\{\Delta_\lambda\}$ 中選出有限個 $\{\Delta_k : k = 1, 2, \cdots, m\}$，使 $\{\Delta_k\}$ 覆蓋 M_α。

證明　和通常教科書上對閉區間的有限覆蓋定理的證明類似，用反證法：若 M_α 沒有有限覆蓋，我們把 $[a, b]$ 平分為兩半，則 M_α 和其中某一半的交也沒有有限覆蓋，把這一半叫做 $\tilde{\Delta}_1$，Δ_1 再分成兩半，其中至少有一半與 M_α 的交沒有有限覆蓋，叫做 $\tilde{\Delta}_2$。這樣下去可得到一串閉區間 $\tilde{\Delta}_1 \supset \tilde{\Delta}_2 \supset \cdots \tilde{\Delta}_n \supset \tilde{\Delta}_{n+1} \supset \cdots$，$|\tilde{\Delta}_n| \to 0$，而且對一切 n，$\tilde{\Delta}_n \bigcap M$，沒有有限覆蓋。根據區間套定理，有一點 x^* 屬於一切 $\tilde{\Delta}_n$，由於 $\tilde{\Delta}_n \bigcap M_\alpha$ 一定非空（因為它沒有有限覆蓋），故 x^* 是 M_α 中某點列的極限點。由引理 2，$\omega f(x^*) \geq \alpha$，從而有 $x^* \in M_\alpha$。由假設，從 $\{\Delta_\lambda\}$ 中可以選出某個 Δ^* 覆蓋 x^*，由 $|\tilde{\Delta}_n| \to 0$，可知當 n 充分大時 $\tilde{\Delta}_n \subset \Delta^*$，此與 $\tilde{\Delta}_n \bigcap M_\alpha$ 沒有有限覆蓋矛盾。引理證畢。

一般而言，有限覆蓋定理對有界閉集是成立的。上述證明中，無非用到了「M_α 為閉集」這個性質而已。

（五）主要結論——函數可積的充要條件是 它的間斷點之集具有 0 長度

現在，我們可以回答一開始所提出的問題了。問題的答案就是：

定理 3　設 $f(x)$ 是 $[a, b]$ 上的有界函數，則 $f(x)$ 黎曼可積的充分必要條件是：$f(x)$ 在 $[a, b]$ 上的間斷點之集具有 0 長度。

這個定理說明：可積函數的不連續點確實是「不多」的。這個定理和定理 1、定理 2 的明顯區別在於定理 1、2 提出的條件，是用一個不易把握的極限過程的狀態來說明的，而定理 3，卻把可積性和 $f(x)$ 的具體性質密切聯繫起來。

定理 3 的證明　先證明條件的必要性，設 $f(x)$ 的間斷點之集不具有 0 長度，我們指出：一定有正整數 m，使得一切振幅大於等於 $\dfrac{1}{m}$ 的點之集

$$M_{\frac{1}{m}} = \left\{ x \mid \omega(x) \geq \frac{1}{m} \right\}$$

不是 0 長度集。事實上，由於一切 $M_{\frac{1}{m}}$ 之並

$$M = \bigcup_{m=1}^{\infty} M_{\frac{1}{m}}$$

恰是 $f(x)$ 的間斷點之集。故若一切 $M_{\frac{1}{m}}$ 有 0 長度，則 $f(x)$ 的間斷點集亦有 0 長度。

現在設 $M_{\frac{1}{m}}$ 不是 0 長度集，由定義，一定存在正數 δ，使得，任何一組覆蓋了 $M_{\frac{1}{m}}$ 的區間，其長度之和不小於 δ。這樣，對於 $[a, b]$ 的

任一分法 T，

$$T : a = x_0 < x_1 < \cdots < x_n = b, \Delta_i = x_i = x_{i-1} ,$$

那些內部包含了 $M_{\frac{1}{m}}$ 的點的小區間 $\Delta_{i1}, \Delta_{i2}, \cdots, \Delta_{ik}$，其總長將不小於 $\dfrac{\delta}{2}$ （這一點請讀者自證），而在這些小區間上，f 的振幅 $\omega_{i1}, \omega_{i2}, \cdots, \omega_{ik}$ 將不小於 $\dfrac{1}{m}$，因而有：

$$\omega(T) = \sum_{i=1}^{n} \omega_i \Delta_i \geq \sum_{\alpha=1}^{k} \omega_{i_\alpha} \Delta_{i_\alpha} \geq \frac{1}{m} \sum_{\alpha=1}^{k} \Delta_{i_\alpha} \geq \frac{\delta}{2m}$$

從而不可能有 $\lim\limits_{\Delta(T) \to \infty} \omega(T) = 0$。由定理 2，這證明了：若 $f(x)$ 的間斷點集不是 0 長度集，則 f 不可積。

下面來證條件的充分性。亦即：設 $f(x)$ 的間斷點集具有 0 長度，現證 f 可積。由定理 2，我們只需證明：對任給的 $\varepsilon > 0$，能夠找到一個分法 T_ε，使 $\omega(T_\varepsilon) < \varepsilon$ 就可以了。

設 $\varepsilon > 0$ 已給定。設 f 在 $[a, b]$ 上的振幅為 A，我們令：

$$\varepsilon_1 = \frac{\varepsilon}{4(b - a)} > 0, \ \delta = \frac{\varepsilon}{4A} > 0 ,$$

由假設可知，振幅不小於 ε_1 的點集：

$$M_{\varepsilon_1} = \{ x \mid \omega_f(x) \geq \varepsilon_1 \}$$

是 0 長度集，故可以找到一串區間 $\{\Delta_1\}$ 覆蓋 M_{ε_1}，而任意有限個 Δ_1 長度之和小於 δ。由引理 3，可以從這些區間中取出有限個 $\Delta_1^*, \Delta_2^*, \cdots, \Delta_k^*$，$\{\Delta i, i = 1, 2, \cdots, k\}$ 覆蓋了 M_{ε_1}。設這些區間的端點為 $y_1, y_2, \cdots, y_{2k}$，不妨設 $y_1 \leq y_2 \leq \cdots \leq y_{2k}$。

從 $[a, b]$ 中去掉開區間 $\Delta_1^*, \Delta_2^*, \cdots, \Delta_k^*$，得到一些閉區間，每個這

種閉區間具有形式 $[y_{t_i}, y_{t_{i+1}}]$ 由於 $[y_{t_i}, y_{t_{i+1}}]$ 中的點都是振幅小於 ε_1 的，故對每個 $x \in [y_{t_i}, y_{t_{i+1}}]$，可以找到一個以 x 為中心的小閉區間 Δ_x，使

$$\omega_f(\Delta_x) < \omega_f(x) + \varepsilon_1 < 2\varepsilon_1 \ \circ$$

按照有限覆蓋定理，我們能夠從這些 Δ_x 中選出有限個：$\Delta_{x_1}, \Delta_{x2}, \ldots, \Delta_{x_m}$ 它們覆蓋了從 $[a, b]$ 中去掉 $\Delta_1^*, \Delta_2^*, \cdots, \Delta_k^*$ 後所剩下的部分。這些區間的端點記之為 $Z_1 \le Z_2 \le \cdots \le Z_{2m}$。把 $y_1, y_2, \cdots, y_{2k}$；$z_1, z_2, \cdots, z_{2m}$ 放在一起，得到一個分法 T_ε。我們來證明：

$$\omega(T_\varepsilon) = \sum_{i=1}^{n} \omega_i \Delta_i$$

小於 ε。事實上，對應於 T_ε 的小區間 Δ_i 可分成兩類：

第一類：Δ_i 包含於某個 Δ_j^*，這類的 Δ_i，其長度之和不超過 δ。

第二類：Δ_i 不包含於任一個 Δ_j^*，則此 Δ_i 必包含於某個 Δ_{x_j}，於是對應於此 Δ_i 的振幅 ω_i 小於 2_{ε_1}。

因此可把 $\omega(T_\varepsilon)$ 分成兩部分估計：

$$\omega(T_\varepsilon) = \sum_{i=1}^{n} \omega_i \Delta_i = \sum_{\text{I類}} \omega_i \Delta_i + \sum_{\text{II類}} \omega_i \Delta_i$$
$$\le A \sum_{\text{I}} \Delta_i + 2\varepsilon_1 \sum_{\text{II}} \Delta_i$$
$$\le A \cdot \delta + 2\varepsilon_1(b-a) = A \cdot \frac{\varepsilon}{4A} + 2 \cdot \frac{\varepsilon}{4(b-a)} \cdot (b-a)$$
$$= \frac{\varepsilon}{4} + \frac{\varepsilon}{2} < \varepsilon \ \circ$$

這就完成了定理的證明。

從這個定理，馬上可以推知：若 $[a, b]$ 上的有界函數 $f(x)$ 的間斷點有限或可列，則 f 可積。順便推知單調函數可積。又如，下列被叫做黎曼函數的函數：

$$f(x) \begin{cases} 0 & (x \in [0,1] \text{，} x \text{ 是無理數}) \\ \dfrac{1}{n} & \left(x \in [0,1] \text{，} x = \dfrac{m}{n} \text{，} \dfrac{m}{n} \text{ 既約} \right) \end{cases}$$

在一切有理點間斷而在無理點連續。由於有理點是可列的，故 $f(x)$ 在 [0, 1] 上可積。

（附言：定理 3 的初等證明，在 20 世紀 50 年代國外曾有人在中級刊物發表。作者在北大的學友張恭慶幾乎同時，於 1955 年獨立地給出一個證明。當時他是大學二年級學生。但這些資料均暫難查到。據作者所知，國內書刊並未刊登或收錄過此初等證明。文中介紹之證明，係作者 1981 年在科大講授微積分時，為教學目的，回憶整理而寫出的。與前面提到的兩個證法大同小異。）

（原載四川師大《數學教學》，1982.1）

第五篇
數林一葉

消點法淺談

　　幾何題千變萬化，全無定法，這似乎已成為 2,000 年來人們的共識。20 世紀 50 年代，塔斯基證明一切初等幾何及初等代數命題均可判定，即有一統一方法加以解決。這使人們吃了一驚。但塔斯基方法極繁，即使在高速電腦上也難於用它證明稍難的幾何定理。到了 20 世紀 70 年代，吳文俊院士提出的新方法，使幾何定理證明的機械化由夢想變為現實。應用吳法編寫的電腦程序，可以在 PC 機上用幾秒鐘的時間證明頗不簡單的幾何定理，如西姆松定理、帕斯卡定理、蝴蝶定理。繼吳法之後，在國外出現了 GB 法，國內又提出了數值並行法。這些方法本質上均屬於代數方法，都能成功地在微機上實現非平凡幾何定理的證明。

　　但是，用這些代數方法證明幾何命題時，電腦只是簡單地告訴你「命題為真」，或「命題不真」。如果你要問個為甚麼，所得到的回答是一大堆令人眼花繚亂的計算過程。你很難用筆來檢驗它是否正確，更談不到從機器給出的證明中得到多少啟發。這當然不能令人滿意。

　　能不能讓機器產生出簡短而易於理解的證明呢？這對數學家、計算機科學家，特別是對人工智慧的專家來說，是一個挑戰性的課題。

　　西方科學家對這個問題的研究，已有三十多年的歷史，但至今尚未找到有效的途徑。1992 年 5 月，筆者應邀訪美，對這一問題着手研究。我們[1] 在面積方法的基礎上，提出消點算法，使這一難題得到突破。基於我們的方法所編寫的程序，已在微機上證明了 600 多條較難的平面幾何與立體幾何的定理。所產生的證明，大多數是簡捷而易於理解的，

---

[1]　美國維奇托州立大學周咸青、北京中科院系統所高小山和筆者。

有時甚至比數學家給出的證法還要簡短漂亮。

更重要的是，這種方法也可以不用電腦而由人用筆在紙上執行。它本質上幾乎是「萬能」的幾何證題法。

本文將用幾個例題，淺近地介紹這種方法的基本思想。先看個最簡單的例子：

例 1　求證：平行四邊形對角線相互平分。

做幾何題必先畫圖，畫圖的過程，就體現了題目中的假設條件。這個例題的圖如圖 1，它可以這樣畫出來：

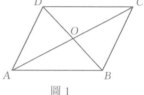

圖 1

(1)　任取不共線三點 A、B、C；

(2)　取點 D 使 $DA \parallel BC$，$DC \parallel AB$；

(3)　取 AC、BD 的交點 O。

這樣一來，圖中五個點的關係就很清楚：先得有 A、B、C，然後才有 D。有了 A、B、C、D，才能有 O。這種點之間的制約關係，對解題至關重要。

要證明的結論是 $AO = OC$，即 $\dfrac{AO}{CO} = 1$。我們的思路是：要證明的等式左端有幾個幾何點 A、C、O 出現，右端卻只有數字 1。如果想辦法把字母 A、C、O 統統消掉。不就水落石出了嗎？在這種指導思想下，我們首先着手從 $\dfrac{AO}{CO}$ 中消去最晚出現的點 O。

用甚麼辦法消去一個點，這要看此點的來歷，和它出現在甚麼樣的幾何量之中。點 O 是由 AC、BD 相交而產生的，用共邊定理便得：

$$\frac{AO}{CO} = \frac{\Delta ABD}{\Delta CBD},$$

這成功地消去了點 O。

下一步，輪到消去點 D。根據點 D 的來歷：$DA \,/\!/\, BC$，故 $\triangle CBD = \triangle ABC$；$DC \,/\!/\, AB$，故 $\triangle ABD = \triangle ABC$。於是，一個簡捷的證明產生了：

$$\frac{AO}{CO} = \frac{\triangle ABD}{\triangle CBD} \quad \text{（共邊定理）}$$

$$= \frac{\triangle ABC}{\triangle ABC} \quad (\because DA \,/\!/\, BC, \ DC \,/\!/\, AB)$$

$$= 1 \, \text{。}$$

例 2　設 $\triangle ABC$ 的兩中線 AM、BN 交於 G，求證：$AG = 2GM$。

仍要先弄清作圖過程：

(1)　任取不共線三點 A、B、C；

(2)　取 AC 中點 N；

(3)　取 BC 中點 M；

(4)　取 AM、BN 交點 G。

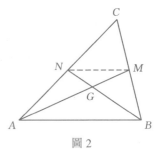

圖 2

要證明 $AG = 2GM$，即 $\dfrac{AG}{GM} = 2$，我們應當順次消去待證結論左端的點 G、M 和 N。其過程為：

$$\frac{AG}{GM} = \frac{\triangle ABN}{\triangle BMN} \qquad\qquad \text{（用共邊定理消去點 } G\text{）}$$

$$= \frac{\triangle ABN}{\frac{1}{2}\triangle BCN} \qquad\qquad \text{（由 } M \text{ 是 } BC \text{ 中點消去點 } M\text{）}$$

$$= 2 \cdot \frac{\frac{1}{2}\triangle ABC}{\frac{1}{2}\triangle ABC} \qquad\qquad \text{（由 } N \text{ 是 } AC \text{ 中點消去點 } N\text{）}$$

$$= 2 \, \text{。}$$

例 3　已知 $\triangle ABC$ 的高 BD、CE 交於 H，

求證：$\dfrac{AC}{AB} = \dfrac{\cos\angle BAH}{\cos\angle CAH}$。

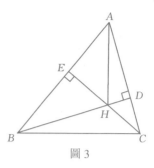

圖 3

此題結論可寫成

$AC\cos\angle CAH = AB\cos\angle BAH$，

即 AB、AC 在直線 AH 上的投影相等，即 AH $\perp BC$。這和證明三角形三高交於一點是等價的。

作圖順序是：(1)A、B、C；(2)D、E；(3)H。具體作法從略。要證明

$$\frac{AC\cos\angle CAH}{AB\cos\angle BAH} = 1。$$

於是，關鍵是從上式左端消去 H。顯然有

$$\cos\angle CAH = \frac{AD}{AH}，\quad \cos\angle BAH = \frac{AE}{AH}，$$

可得

$$\frac{AC\cos\angle CAH}{AB\cos\angle BAH} = \frac{AC \cdot AD \cdot AH}{AB \cdot AE \cdot AH} = \frac{AC \cdot AD}{AB \cdot AE}。$$

為了再消去 D、E，用等式 $AD = AB\cos\angle BAC$ 及 $AE = AC\cos\angle BAC$ 代入，就證明了所要結論。

例 3 表明，消點不一定用面積方法。但面積法確是最常用的消點工具。

下面一例是著名的帕斯卡定理，這裏寫出的證法是電腦產生的。

例 4　設 A、B、C、D、E、F 六點共圓。

AB 與 DF 交於 P，BC 與 EF 交於 Q，AE 與 DC

交於 S。（圖 4）

圖 4

求證：P、Q、S 在一直線上。

此題作圖過程是清楚的：

(1)　在一圓上任取 A、B、C、D、E、F 六點；

(2)　取三個交點 P、Q、S；

(3)　設 PQ 與 CD 交於另一點 R；要證 P、Q、S 共線，只要證 R 與

S 重合，即證明

$$\frac{CS}{DS} = \frac{CR}{DR}，\text{或即}\frac{CS}{DS} \cdot \frac{DR}{CR} = 1 \text{即可。}$$

消點過程如下：

$$\frac{CS}{DS} \cdot \frac{DR}{CR} = \frac{CS}{DS} \cdot \frac{\Delta DPQ}{\Delta CPQ} \qquad \text{（用共邊定理消去 } R\text{）}$$

$$= \frac{\Delta ACE}{\Delta ADE} \cdot \frac{\Delta DPQ}{\Delta CPQ} \qquad \text{（用共邊定理消去 } S\text{）}$$

$$= \frac{\Delta ACE}{\Delta ADE} \cdot \frac{\Delta DEP \cdot \Delta BCF \cdot S_{BFCE}}{\Delta CEF \cdot \Delta BCP \cdot S_{BFCE}} \qquad \text{（}S_{BFCE}\text{ 表示四邊形}$$

$$BFCE \text{ 之面積）}$$

$$\left(\text{消點 } Q；利了用等式：\frac{\Delta DPQ}{\Delta DPE} = \frac{FQ}{FE} = \frac{\Delta BCF}{S_{BFCE}}，，\frac{\Delta CPQ}{\Delta BCP} = \frac{CQ}{BC} \right.$$

$$\left. = \frac{\Delta CEF}{S_{BFCE}}。\right)$$

$$\left(\text{消點 } P，由 \frac{\Delta DEP}{\Delta DFE} = \frac{DP}{DF} = \frac{\Delta ABD}{S_{ADBF}}，\frac{\Delta BCP}{\Delta ABC} = \frac{BP}{AB} = \frac{\Delta BDF}{S_{ADBF}}。\right)$$

$$= \frac{AC \cdot AE \cdot CE}{AD \cdot AE \cdot DE} \cdot \frac{BC \cdot BF \cdot CF}{CE \cdot CF \cdot EF} \cdot \frac{DE \cdot DF \cdot EF}{BD \cdot BF \cdot DF} \cdot \frac{AB \cdot AD \cdot BD}{AB \cdot AC \cdot BC}$$

$$= 1。$$

這裏用到了圓內接三角形面積公式

$$\Delta ABC = \frac{AB \cdot AC \cdot BC}{2d},$$

其中 d 是 ΔABC 外接圓直徑。

我們再看看西姆松定理的機器證明：

例 5　在 ΔABC 的外接圓上任取一點 D，自 D 向 BC、CA、AB 引垂線，垂足為 E、F、G。

求證：E、F、G 三點共線。

我們可設直線 EF 與 AB 交於 H，然後只要證明 H 與 G 重合，即證明等式

$$\frac{AG}{BG} = \frac{AH}{BH}。$$

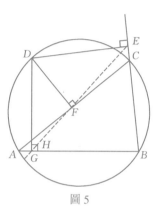

圖 5

作圖過程是清楚的：

(1)　任取共圓四點 A、B、C、D；

(2)　作垂足 E、F、G；

(3)　取 EF 與 AB 交點 H。

消點順序是先消 H，再消三垂足：

$$\frac{AG}{BG} \cdot \frac{BH}{AH} = \frac{AG}{BG} \cdot \frac{\Delta BEF}{\Delta AEF} \qquad \text{（用共邊定理消點 } H\text{）}$$

$$= \frac{AD\cos\angle DAB}{BD\cos\angle DBA} \cdot \frac{\Delta BEF}{\Delta AEF} \qquad \text{（用餘弦性質消點）}$$

$$= \frac{AD \cdot \cos\angle DAB}{BD \cdot \cos\angle DBA} \cdot \frac{\Delta BEA \cdot CD\cos\angle ACD}{\Delta AEC \cdot AD \cdot \cos\angle DAC}$$

$$\left(\text{消點 } F\text{，用等式 } \frac{\Delta BEF}{\Delta BEA} = \frac{CF}{AC} = \frac{CD\cos\angle ACD}{AC}, \right.$$

$$\left. \frac{\Delta AEF}{\Delta AEC} = \frac{AF}{AC} = \frac{AD\cos\angle DAC}{AC}。 \right)$$

$$= \frac{CD\cos\angle DAB \cdot \triangle BEA}{BD\cos\angle DAC \cdot \triangle AEC} \qquad (\text{化簡,由 } \angle DBA = \angle ACD)$$

$$= \frac{CD \cdot \cos\angle DAB}{BD \cdot \cos\angle DAC} \cdot \frac{BD\cos\angle DBC}{CD\cos\angle DAB}$$

(消點 E,用等式 $\dfrac{\triangle BEA}{\triangle ABC} = \dfrac{BE}{BC} = \dfrac{BD\cos\angle DBC}{BC}$,

$$\frac{\triangle AEC}{\triangle ABC} = \frac{CE}{BC} = \frac{CD\cos\angle DCE}{BC} = \frac{CD\cos\angle DAB}{BC}$$

$= 1$ (因 $\angle DBC = \angle DAC$)。

應當說明,在我們的推導中,嚴格説來應當用有向線段比和帶號面積。在我們的程序中,確實是如此。但對於具體的圖,用通常的面積和線段比也能説明問題時,添上正負號反而使一部分讀者看起來困難,因而就從簡了。

下面的例題,是 1990 年浙江省中考試題。用消點法可以機械地解出。

例 6   如圖 6,E 是正方形 $ABCD$ 對角線 AC 上一點。$AF \perp BE$,交 BD 於 G,F 是垂足。

求證:$\triangle EAB \cong \triangle GDA$。

在 $\triangle EAB$ 和 $\triangle GDA$ 中,顯然已知 $DA = AB$,並且 $\angle EAB = \angle GDA = 45°$,故只要證明 $DG = AE$,即 $\dfrac{OG}{OE} = 1$。

作圖過程為:

(1) 作正方形 $ABCD$,對角線交於點 O;

(2) 在 AC 上任取一點 E;

(3) 自 A 向 BE 引垂線,垂足為 F;

(4) 取 AF 與 BD 交點 G。

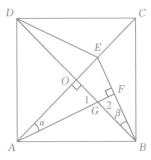

圖 6

消點過程很簡單，如圖，注意到 $\alpha = \beta$ 便得：

$$\frac{OG}{OE} = \frac{AO\tan\alpha}{OE} = \frac{AO\tan\angle FAE}{OE} \text{（消去 } G\text{）}$$

$$= \frac{AO\tan\angle EBO}{OE} \text{（消去 } F\text{）}$$

$$= \frac{AO}{OE} \cdot \frac{OE}{OB} = \frac{AO}{BO} = 1 \text{。}$$

　　用了消點法，有時能解出十分困難的問題。1993 年我國參加國際數學奧林匹克選手選拔賽中，出了一道相當難的平面幾何題。入選的 6 名選手中只有 3 名做出了此題。如果知道消點法，不但這 6 名解題能手不可能在這個題上失分，許多具有一般功力的中學生也可能在規定的 90 分鐘內解決它（選拔賽仿國際數學奧林匹克，每次 3 題，共 4 個半小時）。這就是下面的例題：

　　例 7　如圖 7，設 $\triangle ABC$ 的內心為 I，BC 邊中點為 M，Q 在 IM 的延長線上並且 $IM = MQ$。AI 的延長線與 $\triangle ABC$ 的外接圓交於 D，DQ 與 $\triangle ABC$ 的外接圓交於 N。

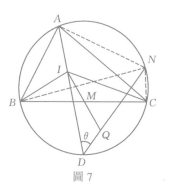

圖 7

　　求證：$AN + CN = BN$。

　　作圖過程：

(1)　任取不共線三點 A、B、C；

(2)　取 $\triangle ABC$ 內心 I；

(3)　取 BC 中點 M；

(4)　延長 IM 至 Q，使 $MQ = IM$；

(5)　延長 AI，與 $\triangle ABC$ 外接圓交於 D；

(6)　直線 DQ 與 $\triangle ABC$ 外接圓交於 N。

消點順序是：N、Q、M、D、I……。

由於 *AN*、*CN*、*BN* 都是 $\triangle ABC$ 外接圓的弦，故如記 $\triangle ABC$ 外接圓直徑為 *d*，則有

$AN = d\sin\angle D$，$BN = d\sin\angle BDN$，

$CN = d\sin\angle CBN$。

記 $\angle D = \theta$，$\angle BAC = A$，$\angle ABC = B$，$\angle ACB = C$。則有

$$\angle BDN = \angle BDA + \angle D = C + \theta，$$

$$\angle CBN = B - \angle ABN = B - \theta。$$

於是，要證的等式化為

$$d\sin\theta + d\sin(B - \theta) = d\sin(C + \theta)。$$

利用和角公式展開，約去 *d* 得

$$\sin\theta + \sin B \cdot \cos\theta - \cos B \cdot \sin\theta$$

$$= \sin C \cdot \cos\theta + \cos C \cdot \sin\theta。$$

整理之，即知要證的結論等價於：

$$\frac{\sin\theta}{\cos\theta} = \frac{\sin C - \sin B}{1 - \cos B - \cos C} \quad ，\quad （這時點 N 已消去） \tag{1}$$

多數選手能做到這一步，但再向前就無從下手了。如果他知道消點法，便會毫不猶豫地繼續去消 *Q* 和 *M*。

由於 $\triangle IDQ = \dfrac{1}{2} ID \cdot QD\sin\theta$，故

$$\sin\theta = \frac{2\triangle IDQ}{ID \cdot QD}，$$

於是得

$$\frac{\sin\theta}{\cos\theta} = \frac{2\triangle IDQ}{ID \cdot QD\cos\theta}，\tag{2}$$

而當前任務是消去 *Q*。由 *M* 是 *IQ* 中點得

$$\Delta IDQ = 2\Delta IDM,$$

及

$$QD\cos\theta = ID - IQ\cos\angle QID$$

$$= ID - 2IM\cos\angle MID;$$

代入 (2) 得

$$\frac{\sin\theta}{\cos\theta} = \frac{4\Delta IDM}{(ID - 2IM\cos\angle\text{MID}) \cdot ID}, \quad (Q \text{ 點已消去}) \tag{3}$$

由於 M 是 BC 中點，有

$$\Delta IDM = \frac{1}{2}(\Delta IDC - \Delta IDB)$$

（因為 $\Delta IDB + \Delta IDM = \Delta IDC - \Delta IDM$）

並且

$$IM\cos\angle MID = \frac{1}{2}(IB\cos\angle BID + IC\cos\angle CID)$$

（只要分別自 B、C、M 向 ID 作投影，便可看出。）

$$= \frac{1}{2}\left(IB\cos\frac{A+B}{2} + IC\cos\frac{A+C}{2}\right)$$

$$= \frac{1}{2}\left(IB\sin\frac{C}{2} + IC\sin\theta\frac{B}{2}\right)。$$

代入 (3) 得

$$\frac{\sin\theta}{\cos\theta} = \frac{2(\Delta IDC - \Delta IDB)}{(ID - IB\sin\frac{C}{2} - IC\sin\frac{B}{2}) \cdot ID} \quad (\text{消去 } M) \tag{4}$$

現在，問題已大大簡化了。只要用面積公式與正弦定理，便可得：

$$\Delta IDC = \frac{1}{2}ID \cdot DC\sin\angle IDC$$

$$= \frac{1}{2}ID \cdot DC\sin B,$$

$$\triangle IDB = \frac{1}{2}ID \cdot BD\sin\angle IDB$$

$$= \frac{1}{2}ID \cdot DB\sin C \text{，}$$

$$\frac{IB}{ID} = \frac{\sin\angle ADB}{\sin\angle IBD} = \frac{\sin C}{\sin\dfrac{A+B}{2}}$$

$$= \frac{\sin C}{\sin\dfrac{C}{2}} = 2\sin\frac{C}{2} \text{ ，}$$

$$\frac{IC}{ID} = \frac{\sin\angle ADC}{\sin\dfrac{A+C}{2}} = \frac{\sin B}{\cos\dfrac{B}{2}} = 2\sin\frac{B}{2} \text{ ，}$$

$$\frac{BD}{ID} = \frac{\sin\angle BID}{\sin\angle IBD}$$

$$= \frac{\sin\dfrac{A+B}{2}}{\sin\dfrac{A+B}{2}} = 1 \text{ 。}$$

代入 (4) 後得：

$$\frac{\sin\theta}{\cos\theta} = \frac{ID \cdot DC\sin B - ID \cdot DB\sin C}{ID \cdot ID\left(1 - \dfrac{IB}{ID}\sin\dfrac{C}{2} - \dfrac{IC}{IB}\sin\dfrac{B}{2}\right)}$$

$$= \frac{\dfrac{DC}{ID}\sin B - \dfrac{DB}{ID}\sin C}{1 - 2\sin^2\dfrac{C}{2} - 2\sin^2\dfrac{B}{2}}$$

$$= \frac{\sin B - \sin C}{-1 + \cos C + \cos B}$$

$$= \frac{\sin C - \sin B}{1 - \cos B - \cos C} \text{ 。}$$

這就是所要證的。這裏最後一步用了半角公式：

$$\sin^2\frac{C}{2} = \frac{1}{2}(1 - \cos C)。$$

整個證明過程，心中有數，步步為營，繁而不亂。這是消點法的特點。

例 8（1994 年國際數學奧林匹克備用題）　直線 *AB* 過半圓圓心 *O*，分別過 *A*、*B* 作 ⊙*O* 的切線，切 ⊙*O* 於 *D*、*C*。*AC* 與 *BD* 交於 *E*。自 *E* 作 *AB* 之垂線，垂足為 *F*。（圖 8）

求證　*EF* 平分 ∠*CFD*。

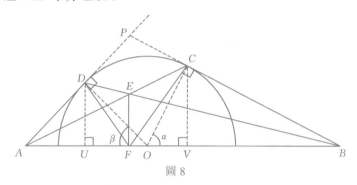

圖 8

如圖，要證 ∠*DFE* = ∠*CFE*，即證明 ∠*DFA* = ∠*CFB*。自 *D*、*C* 向 *AB* 引垂足 *U*、*V*，則要證的結論即為

$$\frac{DU}{UF} = \frac{CV}{VF}，\text{即} \frac{DU}{CV} \cdot \frac{VF}{UF} = 1 。$$

作圖過程為：

(1)　在 ⊙*O* 上任取兩點 *D*、*C*；

(2)　過 *O* 作直線，與 ⊙*O* 在 *D*、*C* 處的切線交於 *A*、*B*；

(3)　取 *AC* 與 *BD* 交點 *E*；

(4)　分別自 *D*、*E*、*C* 向 *AB* 作垂線，得垂足 *U*、*F*、*V*。

要證的是

$$\frac{DU}{CV} \cdot \frac{VF}{UF} = 1 \text{ 。}$$

設 $\odot O$ 的半徑為 r，圓上兩點 C、D 的位置分別用 $\angle COB = \alpha$，$\angle DOA = \beta$ 來描寫，則

$$DU = r\sin\beta \text{ , } DV = r\sin\alpha \text{ 。}$$

$$\frac{VF}{AV} = \frac{CE}{AC} = \frac{\Delta BCD}{S_{ABCD}} \text{ , }$$

$$\frac{UF}{BU} = \frac{DE}{DB} = \frac{\Delta ACD}{S_{ABCD}} \text{ , }$$

於是得到：

$$\frac{DU}{CV} \cdot \frac{VF}{UF} = \frac{\sin\beta}{\sin\alpha} \cdot \frac{\Delta BCD \cdot AV}{\Delta ACD \cdot BU} \text{ 。} \qquad \text{(消去 } E \text{、} F \text{) (5)}$$

為了消去 U、V，可用等式

$$AV = AO + OV = \frac{r}{\cos\beta} + r\cos\alpha = \frac{r\left(1 + \cos\alpha\cos\beta\right)}{\cos\beta} \text{ , }$$

$$BU = BO + OU = \frac{r}{\cos\alpha} + r\cos\beta = \frac{r\left(1 + \cos\alpha\cos\beta\right)}{\cos\alpha} \text{ , }$$

代入 (5) 式得

$$\frac{DU}{DV} \cdot \frac{VF}{UF} = \frac{\sin\beta}{\sin\alpha} \cdot \frac{\cos\alpha}{\cos\beta} \cdot \frac{\Delta BCD}{\Delta ACD} \text{ 。} \qquad \text{(消去 } U \text{、} V \text{) (6)}$$

下面問題變得簡單了，設 AD、BC 交於 P，則

$$\frac{\Delta BCD}{\Delta BPD} = \frac{BC}{BP} , \quad \frac{\Delta ACD}{\Delta ACP} = \frac{AD}{AP} ,$$

$$\therefore \quad \frac{\Delta BCD}{\Delta ACD} = \frac{BC \cdot AP \cdot \Delta BPD}{AD \cdot BP \cdot \Delta ACP}$$

$$= \frac{BC \cdot AP \cdot BP \cdot PD}{AD \cdot BP \cdot AP \cdot PC}$$

$$= \frac{BC \cdot PD}{AD \cdot PC} \qquad （注意：PD = PC）$$

$$= \frac{r\tan\alpha}{r\tan\beta}$$

$$= \frac{\tan\alpha}{\tan\beta} 。$$

代入 (6) 式即得

$$\frac{DU}{DV} \cdot \frac{VF}{UF} = \frac{\sin\beta}{\sin\alpha} \cdot \frac{\cos\alpha}{\cos\beta} \cdot \frac{\tan\alpha}{\tan\beta} = 1 。$$

　　一般說來，只要題目中的條件可以用規尺作圖表出，並且結論可以表示成常用幾何量的多項式等式（常用幾何量包括面積、線段及角的三角函數），總可以用消點法一步一步地寫出解答。

　　讀者一定關心這樣的問題：電腦怎麼知道在哪種情形下選擇哪種公式來消點呢？這個問題的通俗解答可參看筆者所著《平面幾何新路——解題研究》一書（九章出版社，1997）。更詳細的論述則另有專著。[2]

　　簡單而直觀的理解是：當要消去某點 P 時，一看 P 是怎麼產生的，即 P 與其他點的關係。二看 P 處在哪種幾何量之中。由於作圖法只有有限種（設為 n 種），幾何量也只有有限種（設為 m 種），故消點方

---

[2]　周咸清、高小山、張景中：*Machine Proofs in Geometry*，新加坡：世界科學出版社。

式至多不外 $m \times n$ 種。這就是幾何證題可以機械化的基本依據。

我們不妨把幾何與算術對比一下。本來，算術中的四則應用題解法五花八門，靈活多變。有了代數方法之後，方程一列，萬事大吉。初等幾何雖有幾千年的歷史，但在解題方法的研究方面，在 1992 年之前，大體上相當於算術中四則應用題的層次。消點法的出現，使初等幾何解題方法的研究進入更高的層次——代數方法的層次。從此，幾何證題有了以不變應萬變的模式。

但是，消點法並沒有結束幾何解題方法的研究，相反，它給這一研究開闢了新的領域。目前，消點公式中便於機械化使用的主要是有關面積的一些命題。如何把行之有效的傳統方法，如反證法、合同法、添加輔助線法等納入機械化的框架，尚待探討。幾何作圖題，幾何不等式等類問題的有效的機械化方法的研究，也都尚未得到令人滿意的成果。這一領域的研究，與數學教育的改革關係密切，與電腦輔助教學更有不解之緣，前景廣闊，方興未艾。

另一方面，在中學幾何課程中有沒有可能教給學生消點法呢？這是值得一試的。消點法把證明與作圖聯繫起來，把幾何推理與代數演算聯繫起來，使幾何解題的邏輯性更強了。這個方向的教學實驗如能成功，「幾何好學題難做」的問題就徹底解決了。

（原載《數學教師》，1995.1）

舉例子能證明幾何定理嗎？

驗證了一個三角形的內角之和為 180°，就斷言所有三角形的內角之和都為 180°，從數學的邏輯來看，這是不是有點荒唐！但恰恰是數學來回答說：不，這是完全可以的。請不要忘記：從有限能推斷無限，正是數學的魅力所在。而例證法的發明，使演繹和歸納這兩種邏輯方法，在更高的層次上達到了辯證統一。

兩千多年來，已形成了這樣的傳統看法：要肯定一個數學命題成立，只有給出演繹的證明，舉幾個例子是不夠的。

老師讓學生們在紙上畫一些三角形，再用量角器量一量這些三角形的各個角，分別把同一個三角形的三個角的度數加起來。於是，同學們發現：三角形的內角和總是 180°。

這是人們認識事物規律的一種方法——歸納推理的方法，從大量事例中尋找一般規律。

但是，老師反過來又提出了這樣的問題：三角形有無窮多種不同的樣子，你們才測量了幾個、幾十個，怎麼就知道所有的三角形內角和都是 180° 呢？就是測量一千個、一萬個，也不能斷定所有的三角形都有同樣的內角和呀！再說，測量總是有誤差的。你怎麼知道三個角的度數之和不是 179.9999°，也不是 180.00001°，而是不多不少 180° 呢？

於是，大家心服口服，開始認識到演繹推理的重要性，知道了要肯定一條幾何命題是定理，必須給出證明，而舉幾個例子，是算不得證明的。

但是，近幾年來，我國的一些數學工作者提出了與這種傳統看法大相徑庭的見解。他們的研究結果表明：要肯定或否定一條初等幾何

命題（包括歐氏幾何，以及各種非歐幾何的命題），只要檢驗若干個數值實例就可以了。至於要檢驗多少個例子才夠，則可以根據命題的「複雜」程度具體估算出來。檢驗時要計算，計算有誤差怎麼辦？研究表明，只要誤差不超過某個界限就行。這界限，也可以根據命題的「複雜」程度來確定。

用舉例的方法證明定理，叫例證法。例證法不僅是理論上的探討，而且確實能用來在電腦上或通過手算證明相當難的幾何定理。人們還用它發現了有趣的新定理。

但是，這種違反傳統的方法可靠嗎？它的根據是甚麼？

要理解它的粗略道理，並不需要十分高深的數學知識。高中代數知識就差不多了。不過，要掌握每一個細節，卻要下點工夫。

一、代數恆等式例證法

幾年之前，當文 [1, 2] 提出用舉例的方法足以證明幾何定理時，國內外不少人曾大為驚奇。文 [1, 2] 較長，一般讀者看起來頗為吃力，更覺得例證法有點神秘，莫測高深。

其實，它的基本思想很平凡。從中學代數裏，不難找出例證法的最簡單的例子。

要證明恆等式

$$(x+1)(x-1) = x^2 - 1，\tag{1}$$

通常是把左端展開，合併同類項，比較兩端同類項係數，便知分曉。

其實，也可以用數值檢驗。取 $x = 0$，兩端都是 -1；取 $x = 1$，兩端都是 0；取 $x = 2$，兩端都是 3。這便證明了式 (1) 是恆等式。

為甚麼呢？可用反證法證明我們的判斷。若式 (1) 不是恆等式，它便是不高於二次的一元代數方程，這種方程至多有兩個根。現在已有 $x = 0, 1, 2$ 三個根了，就表明它不是一次或二次方程。這個矛盾證明了式 (1) 是恆等式。

一般説來，n 次代數方程不可能有 $n + 1$ 個根。如果 $f(x)$ 和 $g(x)$ 都是不超過 n 次的多項式，而且有 x 的 $n + 1$ 個不同的值 $a_0, a_1, \cdots, a_n$，使 $f(a_k) = g(a_k)$ $(k = 0, 1, \cdots, n)$，則等式 $f(x) = g(x)$ 是恆等式。

這就是説，要問一個單變元的代數等式是不是恆等式，只要用有限個變元的值代入檢驗，也就是舉有限個例子，即可作出判斷。例子要多少？這要看代數式的次數。如果次數不超過 n，則 $n + 1$ 個例子便夠了。

多變元的代數恆等式能不能用舉例的方法來檢驗呢？回答是肯定的，因為我們有下面的

定理 1　設 $f(x_1, x_2, \cdots, x_m)$ 是 $x_1, x_2, \cdots, x_m$ 的多項式，它關於 x_k 的次數不大於 n_k。對應於 $k = 1, 2, \cdots, m$，取數組 $a_{k, l}$ $(l = 0, 1, 2, \cdots, n_k)$，使得 $l_1 \neq l_2$ 時 $a_{k, l_1} \neq a_{k, l_2}$。如果對任一組 $\{l_1, l_2, \cdots, l_m, 0 \leq l_k \leq n_k\}$，都有
$$f(a_{1, l_1}, a_{2, l_2}, \cdots, a_{m, l_m}) = 0 ，$$
則 $f(x_1, x_2, \cdots, x_m)$ 是恆為零的多項式。

對變元的個數 m 用數學歸納法，很容易證明定理 1。有興趣的讀者可參看文 [3]。這裏對定理 1 所提供的檢驗方法再略加解釋。

首先要估計 $f(x_1, x_2, \cdots, x_m)$ 關於各個變元 $x_1, x_2, \cdots, x_m$ 的次數的上界。我們遇到的多項式 $f(x_1, x_2, \cdots, x_m)$ 通常是沒經過整理的。如果整理好了，一眼便看得出是不是恆等於零，還要檢驗甚麼？既然沒整理好，它關於各個變元是多少次也不是一望而知的，所以要估計。

第二步是確定用哪些數值代入檢驗。這時，已估計好了 x_k 的次數不超過 n_k，那就讓 x_k 這個變元取 $n_k + 1$ 個不同值，這 $n_k + 1$ 個不同的值 $a_{k,0}, a_{k,1}, a_{k,2}, \cdots, a_{k,nk}$ 組成有限集 A_k，$k = 1, 2, \cdots, m$。從 $A_1, A_2, \cdots, A_m$ 中各取一個：從 A_1 中取 x_1 的一個值，從 A_2 中取 x_2 的一個值，……，從 A_m 中取 x_m 的一個值，這樣便湊出一組 $(x_1, x_2, \cdots, x_m)$ 的值。因 A_k 中有 $n_k + 1$ 個數，所以一共可湊出 $(n_1 + 1)(n_2 + 1)\cdots\cdots(n_k + 1)$ 個陣列來。這些陣列構成的集合，叫做規模為 $(n_1 + 1)(n_2 + 1)\cdots\cdots(n_k + 1)$ 的一個「格陣」。

最後，將格陣中的每組值都代入 $f(x_1, x_2, \cdots, x_m)$ 加以檢驗。若有一組代進去使 $f \neq 0$，那麼當然不會有 f 恆為零。若每一組值都使 $f = 0$，便證明了 f 恆等於零。

比如，要檢驗等式 $(x + y)(x - y) - x^2 - y^2 = 0$ 是不是恆等式，首先看出它關於變元 x、y 的次數都不超過 2，故要在 $(2 + 1) \times (2 + 1) = 3 \times 3$ 的格陣上檢驗。讓 x 在 $\{0, 1, 2\}$ 中取值，y 也在 $\{0, 1, 2\}$ 中取值，得到格陣中的 9 組值：$(0, 0)$，$(0, 1)$，$(0, 2)$，$(1, 0)$，$(1, 1)$，$(1, 2)$，$(2, 0)$，$(2, 1)$，$(2, 2)$。分別代入檢驗即可。

總之，用舉例的方法確實可以檢驗代數恆等式。

不過，文 [1, 2] 中提出的方法更有令人驚奇之處：不必舉很多例子，一個例子已夠了。這又是為甚麼呢？

其實也不難理解。還是以式 (1) 為例。只要用 $x = 10$ 代入檢驗就足以肯定它是恆等式！初想似不合理，但仔細分析起來，卻不奇怪。

還是用反證法。在式 (1) 中，左端展開最多有 4 項，每項係數絕對值均不大於 1。整理併項之後，係數為絕對值不大於 5 的整數。若式 (1) 不是恆等式，整理後得方程

$$ax^2 + bx + c = 0 ,$$

這裏 a、b、c 不全為零，均是整數且絕對值不大於 5。若 $x = 10$ 時左端為零，則 $a \times 100 + b \times 10 + c = 0$。分兩種情形：若 $a = 0$，上式就成為 $10b + c = 0$，當 $b = 0$ 時有 $c = 0$，當 $b \neq 0$ 時得 $|10b| = |c|$，於是 $10 \leq 5$，矛盾；若 $a \neq 0$，則有 $|100a| = |10b + c| \leq 55$，即 $100 \leq 55$，也矛盾。故
$$a = b = c = 0 。$$

這樣，用一個例子也可以檢驗式 (1) 是不是恆等式了。這個辦法可以推廣到多元高次多項式恆等式的檢驗。其基本思想出發點是，多項式的次數和係數的大小受到一定限制時，它的根的絕對值不可能太大。也就是

引理 1　設 $f(x)$ 是不超過 n 次的多項式，它的非零係數的絕對值不大於 L，不小於 $s > 0$，若 $x = \hat{x}$ 使
$$|\hat{x}| = p \geq \frac{L}{s} + 1 ,$$
則
$$s \leq |f(\hat{x})| \leq sp^{n+1} 。$$

證明　設 $f(x) = c_0 x^k + c_1 x^{k-1} + \cdots + c_k ,$
這裏 $0 \leq k \leq n$，$c_0 \neq 0$。當 $k = 0$ 時，引理結論顯然成立。對於 $1 \leq k \leq n$，有

$$
\begin{aligned}
|f(\hat{x})| &\geq \left| c_0 \hat{x}^k \right| - \left| c_1 \hat{x}^{k-1} + \cdots + c_k \right| \\
&\geq sp^k - L(p^{k-1} + p^{k-2} + \cdots + 1) \\
&\geq s + s(p^k - 1) - L \cdot \frac{p^k - 1}{p - 1} \\
&\geq s + s(p^k - 1)\left(1 - \frac{L}{s} \cdot \frac{1}{p - 1}\right) \geq s 。
\end{aligned}
$$

其中最後一步是因為由引理條件可知

$$p - 1 \geq \frac{L}{s} \text{，即 } 1 \geq \frac{L}{s} \cdot \frac{1}{p - 1} \text{。}$$

另一方面，顯然有

$$|f(\hat{x})| \leq L \cdot \frac{p^{n+1} - 1}{p - 1} \leq sp^{n+1} \text{。}$$

從這個引理出發，對變元的個數用數學歸納法，可得關於多元多項式的

定理 2　設 $f(x_1, x_2, \cdots, x_m)$ 是 $x_1, x_2, \cdots, x_m$ 的多項式，它關於 x_k 的次數不大於 n_k，$1 \leq k \leq m$。又設它的標準展式中非零係數的絕對值不大於 L，不小於 $s > 0$。如果變元的一組值 $\hat{x}_1, \hat{x}_2, \cdots, \hat{x}_m$ 滿足

$$\begin{cases} |\hat{x}_1| = p_1 \geq \dfrac{L}{s} + 1 \text{，} \\ |\hat{x}_k| = p_k \geq p_{k-1}^{n_{k-1}+1} + 1 \text{，} \end{cases} \tag{2}$$

則有

$$\left| f(\hat{x}_1, \hat{x}_2, \dots, \hat{x}_m) \right| \geq s > 0 \text{。}$$

證明　對 m 作數學歸納。$m = 1$ 的情況，引理 1 已給出了證明。設命題對 $m - 1$ 真，要證它對 m 亦真。記 $g(x_2, x_3, \cdots, x_m) = f(\hat{x}_1, x_2, \cdots, x_m)$，則 g 是 $x_2, x_3, \cdots, x_m$ 這 $m - 1$ 個變元的多項式。而 g 的係數有形式：

$$c(\hat{x}_1) = c_0 \, \hat{x}_1^{\,n} + \dots + c_n \, (0 \leq n \leq n_1) \text{。}$$

這些多項式 $c(x)$ 是不全為零的多項式，係數 c_i 絕對值不大於 L，非零者不小於 s。由引理 1 可知，當 $c(x)$ 不恆為零時有

$$s \leq c(\hat{x}_1) \leq sp_1^{n_1+1} = L_1 \text{。}$$

由條件 (2) 可知

$$|\hat{x}_2| \le p_2 \le p_1^{n_1+1} + 1 = \frac{L_1}{s} + 1 \text{。}$$

由歸納前提可知

$$\left| g(\hat{x}_2, \hat{x}_3, \ldots, \hat{x}_m) \right| = \left| f(\hat{x}_1, \hat{x}_2, \ldots, \hat{x}_m) \right| \ge s \text{。}$$

這條定理見於文 [3]，但那裏條件 $\left(|\hat{x}_1| \ge \dfrac{L}{S} + 2 \right)$ 要比這裏的條件 (2) 稍強。

根據定理 2，可以用一組數值代入來檢驗一個多元多項式是否恆為零，這組數值應當滿足條件 (2)，如果要檢驗的多項式不恆為零，代入後算出來的數值一定大於一個確定的正數 s。

用一個例子檢驗，說起來確實乾脆俐落，做起來卻不那麼容易。因為這個例子不是信手拈來的幾個數，而要滿足條件 (2)。當變元數稍多時，將涉及很大的數值的計算。正因為如此，文 [1, 2] 中提出的方法（實質上是基於定理 2，不過文 [1, 2] 中證明過繁）難以在電腦上實現；而文 [3, 4] 中提出的基於定理 1 的方法，即所謂數值並行法，卻能夠在記憶體很小的袖珍計算機上成功地證明有相當難度的幾何定理。

不久前，我國一位自學成長的數學愛好者侯曉榮，提出了用一個例子證明幾何定理的另一種方法[①]，它基於下列的

定理 3　設 $f(x_1, x_2, \cdots, x_m)$ 是 $x_1, x_2, \cdots, x_m$ 的整係數多項式，它關於 x_k 的次數不超過 n_k。又設 $p_1, p_2, \cdots, p_m$ 是 m 個互不相同的素數，則當取

$$\hat{x}_k = \sqrt[n_k+1]{p_k} \tag{3}$$

時，只要 f 不恆為零，總有

[①]　在天津計算機數學會議上的報告（1990）。

$$f(\hat{x}_1, \hat{x}_2, \cdots, \hat{x}_m) \neq 0 \, \circ$$

按照條件 (3) 來取變元的值，比按照條件 (2) 來取計算量小得多。因而定理 3 也提供了可以實現的幾何定理例證法。本文以下要介紹的，是基於定理 1 而提出的例證法，即數值並行法 [3, 4]。

二、幾何定理例證法

例證法可以證明代數恆等式，自然容易想到：如果能把幾何命題化成代數恆等式的檢驗問題，便也能用舉例的方法證明了。

我們先看幾個例題，再對一般的理論進行探討。

例 1　試證：任意三角形內角和為 180°。

首先把幾何問題化為代數問題。設三角形 ABC 的三頂點坐標為 $A = (0, 0)$，$B = (1, 0)$，$C = (u_1 \cdot u_2)$。這就是把 A 取成直角坐標系原點，直線 AB 取作 X 軸，邊 AB 作為長度單位。

證明三內角和為 180°，可以通過角度計算，也可以把三個角拼在一起看它們是否湊成一個平角。後一個方法是基本方法。因為角度計算公式的推導（如餘弦定律的推導）往往已用過「內角和為 180°」這個事實。我們用後一個方法，把三個角搬到一起。

搬的方法如圖 1。取 BC 之中點 M，延長 AM 至 D 使 $DM = AM$，則 $\angle DCB = \angle CBA$；又取 AC 中點 N，延長 BN 至 E 使 $NE = NB$，則 $\angle ECA = \angle CAB$。於是要證明的命題即

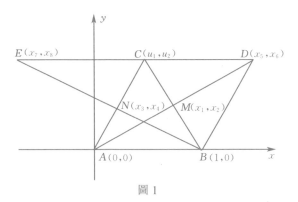

圖 1

$$\angle ECA + \angle ACB + \angle DCB = 180°,$$

也就是 D、C、E 三點共線。

設 $M = (x_1, x_2)$，$N = (x_3, x_4)$，$D = (x_5, x_6)$，$E = (x_7, x_8)$，則命題的假設條件為

$$H : \begin{cases} f_1 = x_1 - \dfrac{u_1 + 1}{2} = 0, \\[2mm] f_2 = x_2 - \dfrac{1}{2}u_2 = 0, \end{cases} \left.\right\} (M \text{是} BC \text{中點}) \\[3mm] \begin{cases} f_3 = x_3 - \dfrac{1}{2}u_1 = 0, \\[2mm] f_4 = x_4 - \dfrac{1}{2}u_2 = 0, \end{cases} \left.\right\} (N \text{是} AC \text{中點}) \\[3mm] \begin{cases} f_5 = x_5 - 2x_1 = 0, \\[1mm] f_6 = x_6 - 2x_2 = 0, \end{cases} \left.\right\} (M \text{是} AD \text{中點}) \\[3mm] \begin{cases} f_7 = x_7 - 2x_3 + 1 = 0, \\[1mm] f_8 = x_8 - 2x_4 = 0. \end{cases} \left.\right\} (N \text{是} BE \text{中點})$$

而要證明的結論是 D、C、E 共直線，即

$$C : g = (x_5 - u_1)(x_8 - u_2) - (x_7 - u_1)(x_6 - u_2) = 0 \text{。}$$

問題一共涉及 10 個變元。其中 u_1、u_2 可任意取值，叫作自由變元。一旦 u_1、u_2 定了，$x_1 \sim x_8$ 都可以由條件 H 定下來，所以 $x_1 \sim x_8$ 叫做約

411

束變元。利用條件 H 解出 $x_1 \sim x_8$ 代入 C，可以得到關於 u_1、u_2 的多項式 $G(u_1, u_2)$。要證明在條件 H 之下有結論 C，也就是證明 $G(u_1, u_2)$ 恆等於零。不具體計算，也可以看出 G 關於 u_1、u_2 的次數都不超過 1，於是只要在變元 u_1、u_2 的一個 2×2 的格陣上檢驗 G 是否為零即可。這個格陣可取 $(0, 0)$，$(0, 1)$，$(1, 0)$，$(1, 1)$，立刻可以算出 G 在這幾組數值下為零。事實上，對 $(u_1, u_2) = (0, 0)$、$(1, 0)$ 根本不用算，因為這時 A、B、C 三點共線，結論顯然，而在 $(u_1, u_2) = (1, 1)$ 與 $(u_1, u_2) = (0, 1)$ 這兩種情形下得到的三角形 ABC 是全等的。因而只要對 $(u_1, u_2) = (0, 1)$ 作檢驗就夠了。把 $u_1 = 0$，$u_2 = 1$ 代入 H，得 $x_8 = 1$，$x_6 = 1$，$x_7 = -1$，$x_5 = 1$，代入 C 得 $g = 0$，這就完成了命題的證明。

這表明，只要檢驗 4 個三角形（實質上是 1 個），便足以證明三角形內角和定理！

例 1 太簡單了。再看一個稍複雜一點的例子。

例 2（托勒密定理） 如圖 2，A、B、C、D 四點共圓，則有

$$AC \cdot BD = AB \cdot CD + BC \cdot AD。 \qquad (4)$$

即圓內接四邊形的對角線之積，等於兩雙對邊乘積之和。

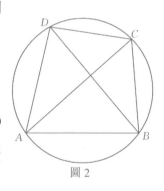

圖 2

如果不知道四點在圓上的順序，則式 (4) 應寫成

$$AB \cdot CD \pm AD \cdot BC \pm AC \cdot BD = 0。$$

此式的意義是可適當選取正負號使之成立。

設 A、B、C、D 坐標為 $(x_i, y_i)(i = 1, 2, 3, 4)$，它們所共在的圓的圓心取作原點，半徑為長度單位，則四點共圓條件可表為

$$H: \begin{cases} f_1 = x_1^2 + y_1^2 - 1 = 0 , \\ f_2 = x_2^2 + y_2^2 - 1 = 0 , \\ f_3 = x_3^2 + y_3^2 - 1 = 0 , \\ f_4 = x_4^2 + y_4^2 - 1 = 0 。 \end{cases}$$

結論可寫成

$$
\begin{aligned}
C : & \left\{ \left[(x_1 - x_2)^2 + (y_1 - y_2)^2 \right] \cdot \left[(x_3 - x_4)^2 + (y_3 - y_4)^2 \right] \right\}^{\frac{1}{2}} \\
& \pm \left\{ \left[(x_1 - x_4)^2 + (y_1 - y_4)^2 \right] \cdot \left[(x_2 - x_3)^2 + (y_2 - y_3)^2 \right] \right\}^{\frac{1}{2}} \\
& \pm \left\{ \left[(x_1 - x_3)^2 + (y_1 - y_3)^2 \right] \cdot \left[(x_2 - x_4)^2 + (y_2 - y_4)^2 \right] \right\}^{\frac{1}{2}} \\
& = 0 。
\end{aligned}
$$

利用 H，可把 C 簡化為

$$
\begin{aligned}
C' : & \sqrt{(1 - x_1 x_2 - y_1 y_2)(1 - x_3 x_4 - y_3 y_4)} \\
& \pm \sqrt{(1 - x_1 x_4 - y_1 y_4)(1 - x_2 x_3 - y_2 y_3)} \\
& \pm \sqrt{(1 - x_1 x_3 - y_1 y_3)(1 - x_2 x_4 - y_2 y_4)} \\
& = 0 。
\end{aligned}
$$

把 C' 去根號，得到多項式形式

$$C'': G(x_1, x_2, x_3, x_4, y_1, y_2, y_3, y_4) = 0 。$$

這裏，G 關於 x_i、y_i 的次數均不超過 2。

為了使 C'' 的變元都成為自由變元，我們用自圓心至點 (x_i, y_i) 的向徑與 X 軸正向的夾角 θ_i 來描述 (x_i, y_i) 注意到 $x_i = \cos\theta_i$，$y_i = \sin\theta_i$，利用三角變換的萬能公式，取 $\tan\dfrac{\theta_i}{2} = t_i$，便得

$$\begin{cases} x_i = \dfrac{1 - t_i^2}{1 + t_i^2}\,, \\[3mm] y_i = \dfrac{2t_i}{1 + t_i^2}\,\text{。} \end{cases} \qquad (i = 1, 2, 3, 4)$$

這時 t_1、t_2、t_3、t_4 成為自由變元。將上式代入 C''，去分母，得到只含 t_1、t_2、t_3、t_4 的代數方程：

$$\varPhi(t_1, t_2, t_3, t_4) = 0\text{。}$$

易估計出 $\varPhi$ 關於 t_1 的次數不大於 4。要檢驗我們所關心的命題的真假，應當在 $5 \times 5 \times 5 \times 5$ 規模的格陣上檢驗是否 $\varPhi = 0$。也就是說，可以在圓上任取 5 點，從 5 點中取所有可能的 A、B、C、D 來檢驗托勒密定理。若 A、B、C、D 中有兩點重合，結論顯然。故只要考慮從 5 點中去掉一點後，命題對剩下 4 點是否為真。如果這 5 點是正五邊形的 5 個頂點，則去掉哪個點都是一樣的，因而實質上只要檢驗一個例子。

如圖 3，要檢驗的是等式

$$AC \cdot BD = a \cdot AD + a^2$$

是否成立。設 $AC = ka$，則要檢驗的等式化為 $k^2 = k + 1$。而 $k = \dfrac{1 + \sqrt{5}}{2}$，因而便完成了定理的證明。

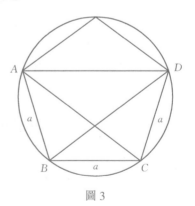

圖 3

以上兩題，只要用很少例子即可證明所要的結論。但大多數幾何命題用例證法證明，要用較多的例子檢驗。下面是一個有趣的新定理。

例 3　設單位球面上的一個球面三角形面積為 π，則該三角形任兩邊中點的球面距離為 $\dfrac{\pi}{2}$。即三邊中點成為球面正三角形。

設這個球面三角形的 3 個角是 A、B、C，而對應 3 邊為 a、b、c，又設 a、b 兩邊中點距離為 m，由球面餘弦定律，得

$$\cos m = \cos C \sin \frac{a}{2} \sin \frac{b}{2} + \cos \frac{a}{2} \cos \frac{b}{2} \text{。}$$

定理的結論 $m = \dfrac{\pi}{2}$ 等價於

$$\cos C \sin \frac{a}{2} \sin \frac{b}{2} + \cos \frac{a}{2} \cos \frac{b}{2} = 0 \text{。} \tag{4}$$

將式 (4) 移項、平方，以消去半角，得

$$\cos^2 C(1 - \cos a)(1 - \cos b) = (1 + \cos a)(1 + \cos b) \text{。} \tag{5}$$

又因 $\cos a$ 和 $\cos b$ 滿足餘弦律

$$\begin{cases} \cos A = \cos a \sin B \sin C - \cos B \cos C \text{，} \\ \cos B = \cos b \sin A \sin C - \cos A \cos C \text{，} \end{cases} \tag{6}$$

而且由假設條件三角形面積為 π 得 $A + B + C = 2\pi$，故有 $\cos C = \cos(A + B)$ 及 $\sin C = -\sin(A + B)$。代入式 (6) 消去 C，並記 $s_1 = \cos a$，$s_2 = \cos b$。若從式 (6) 中解出 s_1、s_2 並代入式 (5)，應用 $\cos C = \cos(A + B)$，經過去分母、整理，式 (5) 化為

$$G(\cos A, \cos B, \sin A, \sin B) = 0 \tag{7}$$

的形式。這裏 $G(x_1, x_2, x_3, x_4)$ 是多項式，且 G 關於 x_i 的次數均不超過 5。注意，我們並沒有真的從式 (6) 中解出 $s_1 = \cos a$ 和 $s_2 = \cos b$ 並代入式 (5)，也沒有進行整理，僅僅是想像若作整理將得到多大次數的多項式。利用萬能變換

$$\cos A = \frac{1-t^2}{1+t^2}, \sin A = \frac{2t}{1+t^2},$$

$$\cos B = \frac{1-s^2}{1+s^2}, \sin B = \frac{2s}{1+s^2},$$

把式 (7) 化為關於 s、t 的代數方程：

$$\Phi(s, t) = 0 \text{。}$$

這裏 Φ 是 s、t 的多項式，而且 Φ 關於 s、t 的次數均不超過 10。於是，只要在 11×11 的格陣上檢驗是否有 $\Phi = 0$ 即可。由於 $\Phi(s, t)$ 關於變元 s、t 對稱，實際上只要驗算 66 個數值實例。用 BASIC 語言編程，程序僅有 10 行，在 PB 700 袖珍機上（內存 4KB）運行 150 秒，即檢驗完畢。這是用例證法證明的新定理之一。

有的幾何命題，要用大量的例子來檢驗。例如

命題　四面體的 4 個高 h_1、h_2、h_3、h_4 和它的 3 個寬度 w_1、w_2、w_3 之間有關係：

$$\frac{1}{h_1^2} + \frac{1}{h_2^2} + \frac{1}{h_3^2} + \frac{1}{h_4^2} = \frac{1}{w_1^2} + \frac{1}{w_2^2} + \frac{1}{w_3^2} \text{。}$$

這要用 14 萬個例子來檢驗，在 AST 286 微機上運行了好幾個小時。這裏，四面體的寬度是指它的一對不相交的棱之間的距離。

由以上幾個例子看出幾何定理的例證法的步驟。

第一步　利用取坐標或三角函數，把問題表成代數形式：在一組代數等式條件下，問另一代數等式是否成立。

第二步　設想利用假設條件消去結論等式中的約束變元，使結論轉化為只含自由變元的代數方程。估計此代數方程關於各變元的次數以確定格陣規模（並不真的寫出這個方程）。

第三步　根據格陣規模取自由變元的若干組數值，檢驗命題對於

這些具體數值是否成立。如果都成立，則表明第二步中的代數方程為恆等式，從而命題為真（這裏用了定理 1）。

這裏產生了一個問題：第二步中，消去約束變元而得到一個只含自由變元的代數方程是否總能辦到呢？下面指出，在吳 -Ritt 整序原理[5] 的基礎上，這總是可以辦到的。

三、消去約束變元的理論基礎②

一個初等幾何命題，如果結論不是不等式，總可以通過解析幾何或三角的方法，化成代數形式。也就是，在一組假設條件

$$H^* : f_i(x_1, x_2, \cdots, x_m) = 0 \qquad (i = 1, 2, \cdots, n)$$

之下，要求確定

$$C^* : G(x_1, x_2, \cdots, x_m) = 0$$

是否成立。

根據吳 -Ritt 整序原理[5, 6]，H^* 中的方程可以轉換成「三角形」，即「升列」：

$$H : f_i(u_1, \cdots, u_d, x_1, \cdots, x_i) = 0 \qquad (i = 1, 2, \cdots, s) \quad \text{。}$$

在 H 中，$u_1, \cdots, u_d$ 是原來某些 x_j 的換名，而 $x_1, \cdots, x_i$ 是原來某些 x_j 的重新編號。這些 u_i 叫自由變元，x_i 是約束變元。相應地，C^* 也改寫為

$$C : G(u_1, \cdots, u_d, x_1, \cdots, x_s) = 0 \quad \text{。}$$

對多數幾何命題，整序是容易的。

---

② 可參看《非線性代數方程組與定理機器證明》，楊路、張景中、侯曉榮著，上海科技教育出版社，1996 年。

例如，在文 [7] 中指出，對「構造性」的幾何命題，不用吳 -Ritt 整序原理也可以進行整序。整序使問題大為簡化，但從 H 出發仍不能消去 C 中的約束變元，需要更多一些的預備。我們最近用結式作為工具為消去約束變元提供了理論基礎。

給了兩個多項式

$$\begin{cases} f = a_n v^n + \ldots + a_0, \\ g = b_k v^k + \ldots + b_0, \end{cases} (a_0, \neq 0) \, ,$$

行列式

$$\text{Res}\,(g,\,f,\,v) = \begin{vmatrix} a_n & & 0 & b_k & & 0 \\ \vdots & a_n & & \vdots & b_k & \\ a_0 & \vdots & \ddots & b_0 & \vdots & \ddots \\ & a_0 & a_n & & b_0 & b_k \\ & & \ddots & \vdots & & \ddots & \vdots \\ & & a_0 & & & b_0 \\ 0 & & & 0 & & \end{vmatrix}$$

叫做 g 關於 f 對變元 v 的結式。這是代數學裏早已熟悉了的概念。我們進一步定義了關於升列的結式。

對於 C 中的 G 和 H 中 $f_1, f_2, \cdots, f_s$，遞推的定義

$$\begin{cases} R_{s-1} = \text{Res}\,(G, f_s, x_s) \, , \\ R_{s-2} = \text{Res}\,(R_{s-1}, f_{s-1}, x_{x-1}) \, , \\ \quad\vdots \\ R_0 = \text{Res}\,(R_1, f_1, x_1)。 \end{cases}$$

最後得到的 R_0 叫做 G 關於升列 $\{f_1, f_2, \cdots, f_s\}$ 的結式，它是自由變元 $u_1, u_2 \cdots, u_d$ 的多項式，並記 R_0 為 $\text{Res}(G, f_1, f_2, \cdots, f_s)$。

為了找到 $\text{Res}(G, f_1, f_2, \cdots, f_s)$ 的另一形式，我們來考慮方程組 H 的

解。給定一組自由變元的值 $(\tilde{u}_1, \tilde{u}_2, ..., \tilde{u}_d)$，由 H 的第一個方程可以

解出 x_1。設 H 中第 i 個方程關於 x_i 的次數是 m_i，則解出的 x_1 共有 m_1 個：

$x_1^{(1)}$，$x_1^{(2)}$，$x_1^{(m_1)}$。

把任一組 $(\tilde{u}_1, \tilde{u}_2, ..., \tilde{u}_d, x_1^{(i)})$ 代入 H 的第二個方程

$$f_2(u_1, \cdots, u_d, x_1, x_2) = 0，$$

可以解出 x_2 的 m_2 個值，隨 $i = 1, 2, \cdots, m_1$ 的改變，共有 x_2 的 $m_1 m_2$ 個

值：

$$x_2 = x_2^{(i_1, i_2)}(i_1 = 1, 2, ..., m_1; \ i_2 = 1, 2, ..., m_2)。$$

這樣依次解下去，對固定的 $\tilde{u} = (\tilde{u}_1, \tilde{u}_2, ..., \tilde{u}_d)$，一般可得到 H 的 $m =$

$m_1 m_2 \cdots\cdots m_s$ 組解：

$$(\tilde{u}, x^{(i_1, i_2 ..., i_s)}) = (\tilde{u}_1, ..., \tilde{u}_d, x_1^{(i_1)}, x_2^{(i_1, i_2)}, ..., x_s^{(i_1, i_2 ..., i_s)})。$$

在以上說明的基礎上，我們得到了公式：

$$\mathrm{Res}(G, f_1, f_2, ..., f_s)\,(\tilde{u}) = P(\tilde{u}) \prod_{\substack{l \le i_j \le m_j \\ j = 1, ..., s}} G(\tilde{u}, x^{(i_1, i_2, ..., i_s)})。 \tag{8}$$

這個公式左端是 $\tilde{u} = (\tilde{u}_1, \tilde{u}_2, ..., \tilde{u}_d)$ 的多項式。右端的 $P(\tilde{u})$ 也是

$\tilde{u}$ 的多項式。如果是恆為零的多項式，可以證明，右端連乘號之後的

$m_1 m_2 \cdots\cdots m_s$ 個因式中，將有一部分恆為零，即命題結論對 H 的部分解

成立。這當然還不能令人滿意。

我們還進一步考慮了 $G + \lambda$ 關於 $\{f_1, f_2, ..., f_s\}$ 的結式。這裏 λ 是不

同於 $x_1, ..., x_s$，$u_1, ...$，u_d 中任一個的獨立變元。由式 (8) 得到

$$\mathrm{Res}(G + \lambda, f_1, f_2, ..., f_s)\,(\tilde{u}, \lambda)$$
$$= P\,(\tilde{u}) \prod_{\substack{l \le i_j \le m_j \\ j = 1, ..., s}} (G(\tilde{u}, x^{(i_1, i_2, ..., i_s)}) + \lambda)。 \tag{9}$$

從式 (9) 出發，我們證明了一個重要的基本事實：在假設 H（和某些非退化條件）之下，C 成立的充要條件是

$$\text{Res}(G + \lambda, f_1, \ldots, f_s)\ (u, \lambda) = P(u)\lambda^{m_1 m_2 \cdots m_s}\ 。$$

這個充要條件為例證法提供了根據。

用反證法。若在前提 H 之下 C 不成立，則有

$$\text{Res}(G + \lambda, f_1, f_2, \ldots, f_s)\ (u, \lambda) = Q(u, \lambda)\lambda^k\ 。$$

這裏 $0 \le k < m_1 m_2 \cdots m_s$，而且 $Q(u, 0)$ 不恆為零。從式 (9) 兩端約去 λ^k 然後令 $\lambda = 0$，可得

$$Q(\tilde{u}, 0) = P(\tilde{u}) \prod{}^{*} G(\tilde{u}, x^{(i_1, i_2, \ldots, i_s)})\ 。 \tag{10}$$

上式中連乘號 $\prod^*$ 後的因式僅是那些不恆為零的 $G(\tilde{u}, x^{(i_1, i_2, \ldots, i_s)})$，它們共有 $m_1 m_2 \cdots m_s - k$ 個。由結式定義可估計出 $Q(u, 0)$ 關於 $u_1, u_2, \cdots,$ u_d 的次數，然後在相應的格陣上取那些 $\tilde{u}$ 值，對應地解出 $x^{(i_1, i_2, \ldots, i_s)}$，代入 G 中檢驗。如果每組解均使 $G = 0$，即知 $Q(\tilde{u}, 0)$ 恆為零，矛盾，從而在條件 H 之下 C 成立。

還剩下一個問題，即一開始提到的「測量」誤差問題：對格陣中的一組 $\tilde{u}$，通常只能解出 $x^{(i_1, i_2, \ldots, i_s)}$ 的近似值，因而代入 G 後得到的也是近似值。如果 C 的值很小，但電腦輸出的值不是零，那麼，如何判斷 G 是否為零呢？會不會「差之毫釐，謬之千里」呢？

在文 [2] 中，用了相當大篇幅來解決這個問題。我們可利用式 (10) 簡單地處理它。如果 G 和各個 f_i 都是整係數多項式（通常的幾何命題都是如此），而且 $\tilde{u}$ 也取整值，則式 (10) 左端是整數。如果它非零，其絕對值就不小於 1。因此，只要經檢驗得出

$$\left| P(\tilde{u}) \prod{}^{*} G(\tilde{u}, x^{(i_1, i_2, \ldots, i_s)}) \right| < 1，$$

便證明了 $Q(\tilde{u}, 0) = 0$。在上式中，$P(\tilde{u})$ 的上界是可以根據結式定義遞推地估計的。造就解決了誤差問題。

實際應用時，還有具體算法的優化設計問題，這裏就不再細說了。

四、演繹與歸納的對立與統一

歸納方法，即從大量事實出發總結出一般規律的方法，是人類認識世界的一個基本方法。

歸納法廣泛用於自然科學的研究，特別是物理學的研究。物理學的基本定律來自實驗與觀察，從有限次實驗與觀察中作出關於無窮多對象的判斷。結果常常是對的。這在哲學上被認為是一個難以解釋的問題。例證法的出現，有可能為歸納方法的合理性提供邏輯的根據。

在西方哲學史上，是歸納法好還是演繹法好，曾有過長期的激烈爭論。而初等幾何，是演繹推理佔統治地位的最古老的王國，也正是歷史上演繹與歸納分道揚鑣的三岔口。有了例證法，歸納法也可以在這個古老王國的政權中佔一席之地了。但例證法的合理性，則是用演繹法證明的。在這一點上，是演繹支持了歸納。

其實，歸納本來就支持過演繹。幾何學的公理，幾何推理的基本法則，本身無法演繹地證明，它們是人類經驗的總結，基本上是歸納的結果。

由於幾何學的影響，古希臘哲學家多推崇演繹。亞里士多德所寫的論述「三段論」推理方法的名著《工具論》曾長期被奉為經典。到17 世紀，培根等經驗論哲學家則大力提倡歸納推理，認為歸納才是切實可靠的獲取知識的方法。而唯理論哲學家笛卡兒、萊布尼茲等則認

為只有演繹法才能得到必然的、普遍的真理，例子再多也沒有用。其實，歸納與演繹是相互支持，相互補充的，它們不是水火不相容的。例證法為此提供了有啟發性的根據，在兩者之間建立了一條通道。

目前，例證法的使用範圍，僅限於可以用代數方程描述的問題。筆者相信，隨着研究的深入，它的有效範圍將擴大到超越方程，甚至某些微分方程，只不過要算的例子更多，計算量更大而已。人們對演繹與歸納的關係，也會有更深刻的認識。

（原載《自然雜誌》，14 卷 1 期，1991）

參考文獻

[1]　洪加威：《中國科學》A 輯，3（1986），234。

[2]　洪加威：《中國科學》A 輯，3（1986），225。

[3]　張景中、楊路：《數學的實踐與認識》，1（1989），34。

[4]　Zhang J., Yang L., Deng M., *Theoretical Computer Science*, 74(1990), 253.

[5]　吳文俊：《中國科學》，6（1977），507。

[6]　吳文俊：《幾何定理機器證明的基本原理（初等幾何部分）》，科學出版社，1984 年。

[7]　鄧米克：《科學通報》，24（1988），1851。

一個古老的夢實現了！
——幾何定理機器證明的吳法淺談

一、古老的追求

數學問題大體上可分為兩類：計算題與證明題，或者叫做求解與求證。

求解：解應用題，解方程，幾何作圖，求最大公約數和最小公倍數……

求證：初等幾何證明題，證明代數恆等式，證明不等式……

中國古代數學研究的中心問題是求解。其方法是把問題分門別類，找出一類一類的解題模式。《九章算術》，就是把問題分成九大類，分別給出解題辦法。這辦法是有固定章法可循的。只要有一般智力和必要的少許基本知識，都能學會。學會一個方法，便能解一類問題，問題來了，只要能對號入座，便可手到擒來，不要甚麼天才與靈感。

用一個固定的程式解決一類問題，這是機械化數學的基本思想。追求數學的機械化方法，是中國古代數學的特點，也可說是中國古代數學的優秀傳統之一。

以希臘的幾何學為代表的古代西方數學，所研究的中心不是分類解題，而是在建造公理體系的基礎上一個一個地證明各式各樣的幾何命題。幾何題的證法，各具巧思，爭奇鬥豔，無定法可循；猶如雕刻家的手工操作，有賴於技巧和靈感。

有一條平面幾何定理，叫做「斯坦納－雷米歐司定理」：若三角形有兩條內分角線相等，則它是等腰三角形（圖 1）。

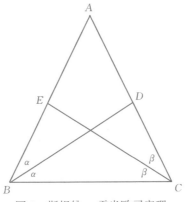

圖 1　斯坦納—雷米歐司定理

　　把前提與結論換一下，它就是一條每個中學生都會證明的題目（等腰三角形兩底角之分角線相等）。但一翻轉，就難了。百多年前雷米歐司提出這個問題時，數學家們一時束手無策。幾年之後，斯坦納才給出一個證明。至今，它已有上百種證法。幾年前，兩位美國教授還發表了一個簡單得只有幾句的新證法。但是，在沒找到證明之前，很難說問題是難是易，甚至無法判斷命題是否成立。

　　計算與證明，同是數學腦力勞動，但兩者頗不相同。計算往往是刻板而枯燥的，但容易掌握；證明常常是靈活而巧妙的，可難於入手。原因在於：計算機械化了，證明還沒有機械化。

　　能不能想個辦法，把許多證明題變成有章可循的計算工作呢？這樣一來，人人都能證幾何難題了。只要他按部就班地學會方法步驟，不厭煩枯燥的寫寫算算，就能像解一次代數方程、開平方、求最大公約數那樣推證那些曾使數學家們束手無策的幾何難題了。

　　這種願望由來已久。但直到 17 世紀，法國的數學家（也是哲學家）笛卡兒（1596—1650 年）才為它的實現找到一線光明。

　　笛卡兒曾有過一個宏偉的設想：「一切問題化為數學問題。一切

數學問題化為代數問題。一切代數問題化為代數方程求解問題。」

他把問題想得過於簡單了。如果他的設想真能實現，那就不僅是數學的機械化，而且是全部科學的機械化了。因為，代數方程求解是可以機械化的。

但笛卡兒不僅是空想。他所創立的解析幾何，確實能使初等幾何問題代數化。當時的數學定理，絕大多數是初等幾何定理。用坐標法把幾何問題化為代數問題，雖然還沒有實現幾何定理的機械化證明，但總算把無章可循的幾何證明題納入了有一定規範形式的代數框架，這為後來的幾何定理機器證明打下了基礎。

比笛卡兒晚一些的德國數學家（也是哲學家）萊布尼茲（1646—1716 年）曾有過「推理機器」的設想。他為此研究過邏輯，設計並造出了能做乘法的計算機。他的努力促進了布爾代數、數理邏輯以及計算機科學的研究。

更晚一些，德國數學家希爾伯特（1862—1943 年）曾更明確地提出了公理系統中的判定問題：有了一個公理系統，就可以在這個系統基礎上提出各式各樣的命題，有沒有一種機械的方法，所謂算法，對每個命題加以檢驗，判明它是否成立呢？經檢驗判明其成立的命題，也就是被證明了的定理。檢驗也就是證明。

數理邏輯的研究表明，希爾伯特的要求太高了。即使在初等數論的範圍內，對所有命題進行判定的機械化方法也是不存在的！

但我們不妨退一步，去尋找可用機械方法判定的較小的命題類。也巧，恰在希爾伯特的名著《幾何基礎》[1] 一書中，就提供了一條可以對一類幾何命題進行判定的定理。

這條定理的意思是說：如果一個幾何命題只涉及「關聯性質」，那就可以用確定的步驟判定它是不是成立。

所謂「關聯性質」，指的是「某點在某直線上」、「某直線過某點」、「某直線在某平面上」這類不涉及線段長短、角度大小以及垂直、共圓的幾何性質。例如，有名的帕布斯定理就只涉及「關聯性質」：設點 A_1、A_2、A_3 在一條直線上，點 B_1、B_2、B_3 在一條直線上，C_1 是 A_2B_3 與 A_3B_2 的交點，C_2 是 A_3B_1、A_1B_3 的交點，C_3 是 A_1B_2 與 A_2B_1 的交點，則 C_1、C_2、C_3 在一條直線上（圖 2）。

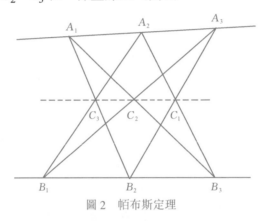

圖 2　帕布斯定理

希爾伯特也許並沒有意識到自己提出了一條關於機械化證明的定理。希爾伯特之後，別人也不大注意這條定理的機械化意義。他的那本名著是以公理化的典範著稱於世的。我國數學家吳文俊教授第一個指出：「該書更重要之處，在於提供了一條從公理化出發，通過代數化以到達機械化的道路。」[2]

公理化的思想與方法比機械化的追求與探索受到更多的重視，並不奇怪。幾千年來，數學家用的不過是一張紙和一支筆。只有一些最具有遠見卓識的數學家才認真地夢想着數學證明的機械化。電子計算

機的出現，為這個古老的夢的實現提供了物質條件。但這一方向的實際進展，還有待數學家創造新的方法。

二、驚人的突破

證明的機械化，如果沒有可以進行數學演算的機器，只能是紙上談兵。

單個地證明命題，可以針對特殊性，尋找捷徑。許多幾何題的巧妙解法，體現了特殊命題特殊處理的思想。

用一個機械的方法處理成批的數學問題，就失去了利用命題特殊性的可能。碰到一個具體問題時，用這種方法往往顯得繁瑣與笨拙，不像特殊方法那麼巧妙。就像竭澤而漁，它不像釣魚那麼巧妙而有趣。好處卻是有章可循，總能成功。

因此，機械化方法如果沒有高速運算的機器作工具，往往反而費時費力。機器的特點，無非是快，是不知疲倦地幹，是不拒絕單調無味的工作。實際上，電腦能幹的事，人用紙筆也能幹，只是慢罷了。

電腦的問世，使證明機械化的研究活躍起來。波蘭數學家塔斯基（Tarski）在 1950 年證明了一個引人注目的定理 [3]：一切初等幾何和初等代數範圍的命題，都可以用機械方法判定。1956 年以來，美國科學家開始嘗試用電腦來證明一些數學定理。1959 年，數理邏輯學家王浩教授設計了一個程序，用電腦證明了羅素、懷德海的巨著《數學原理》中的幾百條定理，僅用了 9 分鐘。1976 年，美國的兩位年輕的數學家阿佩爾和哈肯，在高速電腦上用 1200 小時的計算時間，證明了「四色定理」，使數學家百多年來未能解決的這個難題得到了肯定的回答 [4]。

這些進展轟動一時，使數學家和數理邏輯學家們歡欣鼓舞，認為機器證明的美夢很快將成為眼前的現實了。

但是，《數學原理》中的幾百條定理，畢竟是平凡的陳述。用電腦單打一地證明「四色定理」，也只能算是電腦輔助證明。在數學發展的漫長歷史中，曾積累了數以千計的初等幾何定理。無數數學家，為提出和證明這些定理真是嘔盡心血。這裏面有許多巧奪天工、趣味雋永的傑作。能不能用電腦把這些定理成批地證明出來？能不能在這些定理之外用機器證出漂亮的新結果？大家都在拭目以待。

自塔斯基的引人注目的定理發表以來，已經過去 26 年了。初等幾何定理的機器證明，仍然沒有令人稍覺滿意的進展。用塔斯基的方法，連中學生課本裏的許多定理也證不出來。因為他的辦法太繁，難以實現。在許多探索和實驗失敗之後，人們又從樂觀變為悲歎。有些專家認為：光靠機器，再過 100 年也未必能證明出多少有意義的新定理來！

中國數學家的工作，在這個領域揭開了新的一頁。著名數學家吳文俊教授，從 1976 年冬開始進入這一領域。當時他既沒有接觸塔斯基的工作，也沒有想到希爾伯特的著作裏包含的那條機械化定理 [2]。他在中國古代數學的機械化與代數化的優秀思想啟發之下，獨闢蹊徑，提出自己的機械化方法。1977 年，吳文俊提出的定理機器證明新方法正式發表 [5]。使用吳氏方法（以下簡稱吳法），可以在微機上迅速地，證明很不簡單的幾何定理，如西姆松定理、費爾巴哈定理、莫勒定理等等；還能發現新的不平凡的幾何定理。吳法像磁石一樣，吸引了世界上從事這一領域研究的專家學者。

十多年來，吳法在世界上不脛而走。美國、德國、奧地利等各國同行紛紛學習吳法，介紹吳法，研究吳法。在吳文俊教授工作影響之

下，數以百計的學術論文如雨後春筍般地湧現。1989年，國外出版了一本英文專著[6]，詳細地闡述了吳法，並列舉了該書作者用自己基於吳法編制的程序（所謂「證明器」）在電腦上證明的512條定理。這些定理大多是不平凡的，所有的機器時間一般每條定理才幾秒鐘。其中還有新定理。

吳法的出現，使具有數千年歷史的手工式的初等幾何研究真正地結束了。今後，當人們在初等幾何範圍內提出新命題而不知其真偽時，只要上機一試，便知分曉。而人的工作則主要是猜測、發現，並從機器證明的定理中挑選那些最漂亮的加以進行分析，以及尋找簡化的證明。

那麼，吳法又是如何在機器上實現定理的證明呢？

三、樸素的思想

科學上許多偉大的發現與創造，基本思想往往樸實無華，甚至看來是平凡的。但能首先想到可以從這樸素而平凡之點出發解決難題，卻不容易。這需要有真知灼見，想得深，看得遠，對問題吃得透。

舉世矚目的吳法，基本出發點也是十分樸素的思想：把幾何命題化成代數形式加以處理，化成甚麼形式？如何處理？我們用一個熟知的例子來說明。

西姆松定理　在 ΔABC 的外接圓上任取一點 P，自 P 向 BC、CA、AB 引垂線，垂足順次為及 R、S、T，則 R、S、T 三點在一直線上（圖3）。

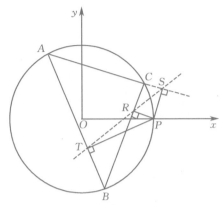

圖 3　西姆松定理

　　吳法的第一步是把幾何問題代數化。

　　這條命題涉及 A、B、C、P、R、S、T 共 7 個點。命題的假設部分有
這麼幾條：

　　(1)　A、B、C、P 在同一個圓上；

　　(2)　R、S、T 分別在直線 BC、CA、AB 上；

　　(3)　PR⊥BC，PS⊥CA，PT⊥AB。

結論是一條，R、S、T 共直線。

　　為了簡便，可以取 ΔABC 外接圓中心 O 為笛卡兒坐標原點，取圓
半徑為單位長，設 A、B、C、R、S、T、P 的坐標順次分別為 (x_1, y_1) ，
(x_2, y_2) ，(x_3, y_3) ，(x_4, y_4) ，(x_5, y_5) ，(x_6, y_6) ，(x_7, y_7) 。
還可以設 P 在 x 軸的正半軸上，因而 $(x_7, y_7) = (1, 0)$。於是，命題的假
設部分可以改寫成下列代數等式的形式。

　　假設 (1) 可寫成

$$f_1 = x_1^2 + y_1^2 - 1 = 0 ，\qquad\qquad (A 在圓 O 上)$$

$$f_2 = x_2^2 + y_2^2 - 1 = 0，\qquad\qquad (B 在圓 O 上)$$

$$f_3 = x_3^2 + y_3^2 - 1 = 0 ；\qquad\qquad (C 在圓 O 上)$$

假設 (2) 可寫成

$$f_4 = (x_3 - x_2)(y_4 - y_2) - (y_3 - y_2)(x_4 - x_2) = 0，\qquad (R 在 BC 上)$$

$$f_5 = (x_3 - x_1)(y_5 - y_1) - (y_3 - y_1)(x_5 - x_1) = 0，\qquad (S 在 AC 上)$$

$$f_6 = (x_1 - x_2)(y_6 - y_2) - (y_1 - y_2)(x_6 - x_2) = 0；\qquad (T 在 AB 上)$$

而假設 (3) 則為

$$f_7 = (1 - x_4)(x_2 - x_3) + (-y_4)(y_2 - y_3) = 0，\qquad (PR \perp BC)$$

$$f_8 = (1 - x_5)(x_3 - x_1) + (-y_5)(y_3 - y_1) = 0，\qquad (PS \perp CA)$$

$$f_9 = (1 - x_6)(x_1 - x_2) + (-y_6)(y_1 - y_2) = 0；\qquad (PT \perp AB)$$

要證明的結論，則可以表示為

$$g = (x_4 - x_5)(y_5 - y_6) - (x_5 - x_6)(y_4 - y_5) = 0。\qquad (R、S、T 共直線)$$

至此，我們已完成了用吳法機械地證明幾何定理的第一步：把幾何問題化為代數形式。這裏是用解析幾何方法化的。當然，也可以用其他方法，如三角方法。這代數形式，就是在假定一組多項式為 0 的條件下，求證另一個多項式為 0。具體到本例，就是：

設　$f_1 = f_2 = f_3 = \cdots = f_9 = 0$，

求證　$g = 0$。

吳法的第二步，叫做整序。所謂整序，就是把假設條件化成一種規範形式——吳升列。

在假設條件裏，含有許多變元。這些變元之間足有相互聯繫的。以本例而論，A、B、C 三點在圓上的位置定了，其他點的位置也就定了。而 A、B、C 三點的位置，又可以由 3 個縱坐標 y_1、y_2、y_3 確定。這一來，(x_1, y_1)，(x_2, y_2)，$\cdots$，(x_6, y_6) 中的 12 個變元當中，只有 3 個是自由的，另外 9 個則是受約束的。能選定自由變元，對整序有好處。

取定 y_1、y_2、y_3 為自由變元之後，為了明確，給它們換個名字，記

$u_1 = y_1, u_2 = y_2, u_3 = y_3$。這樣，一看見 u，便知道是自由變元。

約束變元是被約束條件約束起來，跟着自由變元變化的。約束條件就是假設條件。整序就是把約束變元排個順序，使得：

第一個約束變元直接跟着自由變元走；

第 $k+1$ 個約束變元直接跟着自由變元和前 k 個約束變元走。

也就是說，把假設條件改寫成這樣的一組等式：

$$f_1^* = f_2^* = \ldots = f_s^* = 0，$$

其中 f_1^* 中只出現自由變元和第一個約束變元，f_k^* 中只出現自由變元和前 k 個約束變元。

目前這個例子，改寫是容易的。f_1^* 就是 f_1，f_2^*、f_3^* 就是 f_2、f_3：

$$f_1^* = x_1^2 + (u_1^2 - 1) = 0，$$
$$f_2^* = x_2^2 + (u_2^2 - 1) = 0，$$
$$f_3^* = x_3^2 + (u_3^2 - 1) = 0。$$

但在 $f_4 \sim f_9$ 這些方程中，每個方程裏都引進了兩個約束變元，這就應當設法消去一個。

從 f_4 與 f_7 中消去 y_4，得到

$$f_4^* = ((x_2 - x_3)^2 + (u_2 - u_3)^2) x_4 - [(x_2 - x_3)^2 + (u_2 - u_3)(u_2 x_3 - u_3 x_2)]$$
$$= 0。$$

而 f_5^* 可以由 f_7 改寫而得：

$$f_5^* = -(u_2 - u_3) y_4 + (1 - x_4)(x_2 - x_3) = 0。$$

類似地，由 f_5 和 f_8 改寫得到

$$f_6^* = ((x_3 - x_1)^2 + (u_3 - u_1)^2) x_5 - [(x_3 - x_1)^2 + (u_3 - u_1)(u_3 x_1 - u_1 x_3)]$$
$$= 0，$$

$$f_7^* = -(u_3 - u_1)\, y_5 + (1 - x_5)(x_3 - x_1) = 0 \text{ 。}$$

由 f_6 和 f_9 得到

$$f_8^* = ((x_1 - x_2)^2 + (u_1 - u_2)^2)\, x_6 - [(x_1 - x_2)^2 + (u_1 - u_2)(u_1 x_2 - u_2 x_1)]$$
$$= 0 \text{ ,}$$

$$f_9^* = -(u_1 - u_2)\, y_6 + (1 - x_6)(x_1 - x_2) = 0 \text{ 。}$$

現在，變量 x_1、x_2、x_3、x_4、y_4、x_5、y_5、x_6、y_6 在多項式 $f_1^* \sim f_9^*$ 中依次出現。方程多一個，約束變量也多一個。這叫做「三角形式」的多項式方程組。注意到 f_4^* 中 x_4 的係數裏有 x_2 和 x_3 的平方項，可以利用方程 $f_2^* = 0$ 和 $f_3^* = 0$ 化簡，變成

$$\tilde{f}_4^* = 2(1 - x_2 x_3 - u_2 u_3)\, x_4 - [(x_2 - x_3)^2 + (u_2 - u_3)(u_2 x_3 - u_3 x_2)]$$
$$= 0 \text{ 。}$$

類似地，f_6^* 和 f_8^* 也可化為

$$\tilde{f}_6^* = 2(1 - x_3 x_1 - u_3 u_1)\, x_5 - [(x_3 - x_1)^2 + (u_3 - u_1)(u_3 x_1 - u_1 x_3)]$$
$$= 0 \text{ ,}$$

$$\tilde{f}_8^* = 2(1 - x_1 x_2 - u_1 u_2)\, x_6 - [(x_1 - x_2)^2 + (u_l - u_2)(u_1 x_2 - u_2 x_1)]$$
$$= 0 \text{ 。}$$

經過這樣化簡之後的三角形式的多項式組，叫做「吳升列」。

吳法的第二個步驟，至此完成。得到了一組吳升列：

$$f_1^*, \ f_2^*, \ f_3^*, \ \tilde{f}_4^*, \ f_5^*, \ \tilde{f}_6^*, \ f_7^*, \ \tilde{f}_8^*, \ f_9^* \text{ 。}$$

吳法的第三步，叫做偽除法求餘。

偽除法求餘從 f_9^* 與 g 開始。把 g 和 f_9^* 都看成最後一個約束變元 y_6 的多項式，用 f_9^* 除 g。得到的餘式，經過去分母之後叫做 g 關於 f_9^* 對變元 y_6 的偽除法除餘，記作 R_8。

為了作偽除法，把 g 寫成 y_6 的多項式：

$$g^* = g = (x_4 - x_5) y_6 + (x_4 y_5 - x_5 y_4 + x_6 y_4 - x_6 y_5) = 0 \text{。}$$

這樣，用 f_9^* 除 g^*，將剩餘去分母後得到

$$R_8 = (x_4 - x_5)(1 - x_6)(x_1 - x_2) + (x_4 y_5 - x_5 y_4 + x_6 y_4 - x_6 y_5)(u_1 - u_2) \text{。}$$

這樣的偽除求餘，正好相當於從方程 $f_9^* = 0$ 中解出

$$y_6 = \frac{(1 - x_6)(x_1 - x_2)}{u_1 - u_2}$$

後代入 g^*。如果在 f_9^* 中 y_6 的次數高於 1 次，比如說有 y_6 的最高次項 y_6^n，則可以利用方程 $f_9^* = 0$ 把 y_6^n 表為一些 y_6 的較低次項之和，反覆代入 g^*，把 g^* 中 y_6 的最高次數降低到低於 n。

因此，做這種偽除法時，要假定 $u_1 - u_2 \ne 0$，這叫做非退化條件（關於非退化條件的意義，後面將進行單獨的討論）。

把 R_8 看成 x_6 的多項式，即寫成

$$\begin{aligned}
R_8 &= [(u_1 - u_2)(y_4 - y_5) - (x_1 - x_2)(x_4 - y_5)] x_6 \\
&\quad + (x_4 - x_5)(x_1 - x_2) + (u_1 - u_2)(x_4 y_5 - x_5 y_4) \text{。}
\end{aligned}$$

把 $\tilde{f}_8^*$ 也看成 x_6 的多項式，用 $\tilde{f}_8^*$ 除 R_8，得到剩餘去分母，記作 R_7。則

$$\begin{aligned}
R_7 &= [(u_1 - u_2)(y_4 - y_5) - (x_1 - x_2)(x_4 - x_5)] \\
&\quad \cdot [(x_1 - x_2)^2 + (u_1 - u_2)(u_1 x_2 - u_2 x_1)] \\
&\quad + 2(1 - x_1 x_2 - u_1 u_2)[(x_4 - x_5)(x_1 - x_2) \\
&\quad + (u_1 - u_2)(x_4 y_5 - x_5 y_4)] \text{。}
\end{aligned}$$

再把 R_7 和 f_7^* 都看成 y_5 的多項式，用 f_7^* 除 R_7 求取偽除法剩餘，得 R_6。

繼續做下去：求 R_6 關於 $\tilde{f}_6^*$ 對 x_5 的偽除法剩餘，記作 R_5。

求 R_5 關於 f_5^* 對 y_4 的偽除法剩餘，記作 R_4。

求 R_4 關於 $\tilde{f}_4^*$ 對 x_4 的偽除法剩餘，記作 R_3。

求 R_3 關於 f_3^* 對 x_3 的偽除法剩餘，記作 R_2。

求 R_2 關於 f_2^* 對 x_2 的偽除法剩餘，記作 R_1。

求 R_1 關於 f_1^* 對 x_1 的偽除法剩餘，記作 R_0。

最後的 R_0 如果是零多項式，就表明，在非退化條件

$$(u_1 - u_2)(u_2 - u_3)(u_3 - u_1)(1 - x_1 x_2 - u_1 u_2)$$

$$(1 - x_3 x_1 - u_3 u_1)(1 - x_2 x_3 - u_2 u_3) \neq 0$$

之下，所要檢驗的命題成立。這是吳法中的一條定理所保證了的。

偽除法求剩餘，用手算來做是可怕的。它有時涉及上千項的多項式的整理。如果你有足夠的細心和耐心，這個例子可以用手算完成，但可能花你好幾個小時。

過程雖繁，但畢竟是機械的計算，交給電腦幹正好。

要是算到最後，R_0 不是零多項式呢？吳法證明：若升列 $\{f_1^*, f_2^*, f_3^*, \tilde{f}_4^*, f_5^*, \tilde{f}_6^*, f_7^*, \tilde{f}_8^*, f_9^*\}$ 是所謂「不可約」的，$R_0 \neq 0$ 便表明命題不成立。對「可約」的升列，總可以通過因式分解化為幾個「不可約」升列，從而把問題完全解決了。

整個過程的基本思想是樸素的：盡可能地消去約束變元，或降低約束變元的次數，使問題水落石出。

那麼，非退化條件又是甚麼意思呢？

從形式上看，非退化條件就是要求在整序後得到的升列中，每個多項式裏新出現的約束變元最高次項的係數不等於零。在本例情形，多項式 f_1^*、f_2^*、f_3^* 不產生非退化條件。多項式 $\tilde{f}_4^*$ 裏新出現的約束變元是 x_4，它的最高次項是 1 次，係數是 $2(1 - x_2 x_3 - u_2 u_3)$，於是產生非退化條件 $(1 - x_2 x_3 - u_2 u_3) \neq 0$。這個條件的幾何意義是：「$B$ 與 C 兩點不重合」。這當然是對的，如果 B 與 C 重合，ABC 就不成為三角形了。

提出要對「非退化條件」進行研究，是吳文俊教授對幾何證明理論的又一貢獻，是定理機器證明研究的副產品。

長期以來，大家認為歐幾里得幾何中論證推理過程是嚴密的。即使有問題，也出在公理體系上。希爾伯特重整了歐氏公理體系之後，總不會再有甚麼漏洞了吧？

但吳文俊教授指出：傳統的初等幾何證明方法——所謂綜合法，不但不嚴密，而且也不可能嚴密。問題就出在「退化」情形。

歐氏幾何中的概念，通常是排除了「退化」情形的。比如說三角形吧，就要求三頂點不共線。三頂點共直線，三角形成了線段，就是退化了。有些幾何定理，對退化情形也成立。但也有些幾何定理，圖形一退化便不成立了。例如「在 $\triangle ABC$ 中，若 $\angle B = \angle C$，則 $AB = AC$」這條定理，當 $\angle B = \angle C = 0$ 時就不成立（圖 4 (a)），而當 $\angle B = \angle C = 90°$ 時又成立了（圖 4 (b)）。可見，對退化情形要單獨進行討論。

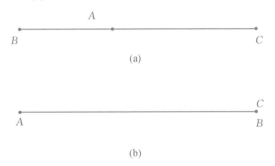

(a)

(b)

圖 4　初等幾何定理的退化情形

那麼，在幾何命題的假設中，排除了退化情形，是不是就萬事大吉，完全嚴密了呢？問題沒這麼簡單。因為用綜合法證幾何題，往往要作輔助線、輔助圓，對輔助圖形運用一些已知的定理。在輔助圖形中有可能遇到退化的情形。怎樣作輔助線，事先是不知道的，因而無法預先說明會出現哪些退化情形而使證明失效。證明中推理環節越多，

出現退化情形而破壞證明的嚴密性的可能性越大。

在定理機器證明的吳法中，這個問題得到了圓滿的解決。在機器證明過程中，能夠自然地一一列出退化情形的代數表示，指出保證命題成立的非退化條件（至於退化情形命題是否成立，則要單獨討論。這種討論通常是容易的）。

吳法不但實現了初等幾何定理證明的機械化，而且達到了推理的真正嚴密。

關於吳法的詳盡闡述，有興趣的讀者請參閱吳文俊教授的專著[7]。

四、光明的前景

應用吳法，不但在電腦上重新檢驗了許多已知的幾何定理，而且發現了一些極其繁難的新定理。用傳統方法證明這些繁難的新定理，簡直是難以想像的。

應用吳法，還把一些有趣的傳統結果分析得更清楚、更深入。

例如，前面提到的斯坦納－雷米歐司定理，如果把條件「內分角線相等」改為「外分角線相等」，結論還對不對呢？以前對這個問題是弄不清楚的。應用吳法，可以在電腦上證明：一般說來，外分角線相等也能推出該三角形是等腰三角形，但在一些特殊情形下這結論不成立。電腦詳細地列舉出了使結論不成立的特殊情形的代數表達式。

再舉個例。在平面幾何中，有一條遲至 19 世紀才被發現的美妙定理——莫勒定理：在任意三角形中，三組相鄰的內角三等分線交於一個正三角形的頂點（圖 5）。這一定理曾引起幾何學家的普遍興趣。它的證明是相當難的。

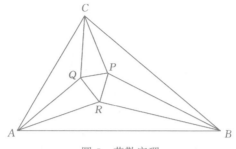

圖 5　莫勒定理

　　如果不僅考慮內角的三等分線，同時也考慮外角的三等分線，則用類似的方法可以構造出 27 個三角形。這些三角形中有哪些是正三角形呢？用吳法在電腦上作分析，證明了這樣的有趣事實：這 27 個三角形中，有 18 個一定是正三角形，另外 9 個一般不是正三角形。

　　應用吳法，還能證明不少幾何不等式。

　　吳法的用處，不僅在於證明初等幾何定理。還在於可以用它來解代數方程組，證明微分幾何中的一些定理，研究微分方程的性質，推導幾何與代數公式。對吳法的進一步研究，有方興未艾之勢。

　　吳法的出現，開闢了數學機械化的一個新的研究領域，這裏有一系列有意義的問題等待人們去解決。例如：

　　幾何不等式的證明機械化，遠未徹底解決；

　　非退化條件的處理方式，尚有爭論；

　　可約系統的更有效算法，仍在繼續探求；

　　如何把研究範圍從多項式推廣到初等函數？

　　怎樣設計並行程序，用吳法處理更繁難的問題？

　　問題是數學的心臟，是動力。國內外對這些問題的研究正蓬勃開展，顯示出這一年輕學科的光明前景。

（原載《自然雜誌》，13 卷 10 期，1990）

參考文獻

[1] Hibert D. 著（江澤涵等譯）：《幾何基礎》，科學出版社，1958 年。

[2] 吳文俊：《百科知識》，3（1980），41。

[3] Tarski A. 著（陸鐘萬譯）：《初等數學和幾何的判定方法》，科學出版社，1959 年。

[4] 斯蒂恩 L.A. 主編（馬繼芳譯）：《今日數學》，上海科學技術出版社，1982 年，174。

[5] 吳文俊：《中國科學》，6（1977），507。

[6] Shang-ching Chou, *Mechanical Geometry Proving*, D. Reidel Publishing Company, 1988.

[7] 吳文俊：《幾何定理機器證明的基本原理（初等幾何部分）》，科學出版社，1984 年。

規尺作圖問題的餘波

在初等幾何裏，作圖只許用圓規和無刻度的直尺，這已是中學生的常識。這個習慣的約定始於古希臘。由於「三大難題」（三等分任意角、二倍立方、化圓為方）的廣泛傳播，有關規尺作圖的許多問題和知識贏得了成千上萬數學愛好者的青睞。經過兩千多年的探索，特別是高斯、伽羅瓦等數學奇才的出色工作，終於弄清了規尺作圖的可能界限，證明了所謂「三大難題」其實是三個「不可能用規尺完成的作圖題」。這中間的曲折過程以及有關的巧妙論證，已成為眾多數學科普讀物所津津樂道的話題。如果有人現在還要把寶貴的光陰虛擲於「用規尺三等分任意角」的「研究」，那只能說明他缺乏數學常識而且不肯虛心學習而已。

但是，這古老的規尺作圖問題尚有餘波未平。變換一下條件，又產生出新的有趣的問題。從下面介紹的某些內容中，數學愛好者說不定還能找到一試身手的用武之地呢！

一、柏拉圖的圓規太鬆

關於圓規和直尺的用法，公元前三世紀的古希臘數學家歐幾里得在他的巨著《幾何原本》中作了嚴格的說明。他提出兩條基本的作圖法則：

1. 過不同的兩點可作一直線。

2. 以任意一點 O 為圓心，以任意兩點 A、B 間的距離為半徑，可作一圓。

這兩條法則，實際上只能用理想的圓規和直尺才能實現。比方說，直尺要足夠長，圓規的跨度要能放得很大又要能收得很小。事實上這都是辦不到的。能否用受到某些條件限制的圓規、直尺來實現這兩條法則，這裏面自然有文章可做。

其實，就拿法則 2 來說，歐幾里得的先輩就並不是這樣規定的。在古希臘哲學家柏拉圖的有關著述中，圓規的用法是：

2*. 已知 A、B 兩點，則以 A 為圓心，以 A 到 B 的距離為半徑，可作一圓。

細心的讀者不難發現法則 2* 與法則 2 的區別。按照法則 2，我們可以用圓規在另外兩點所在的地方量它們的距離，再拿回來畫圓；按照法則 2*，這可不行，當你用圓規的針尖和筆尖量好兩點之間距離之後，不許把圓規拿走，只能就地畫圓。

怎麼來理解這種規定呢？大概是柏拉圖認為他的圓規太鬆，擔心圓規的雙腳離開紙面之後不能使量好的距離保持不變吧。確實，就地把圓畫出來，筆尖自 B 點起，轉一圈又回到 B 點，這也是對圓規開度保持不變的一個檢驗呢！

歐幾里得把法則 2* 改成法則 2，是不是意味着他拋棄了柏拉圖的鬆圓規，換了可靠的圓規呢？

並非如此。經過仔細研究不難看到：凡是用法則 2 可以完成的工作，用法則 2* 也可以完成。你能幹的，我也能幹；圓規雖鬆，效用不減。

那麼，已知平面上的 A、B、O 三點，如何運用法則 2*，畫一個以 O 為圓心、以 AB 為半徑的圓呢？

作法很簡單（圖 1）：

(1) 分別以 A、O 為圓心，以 AO 為半徑作圓，取兩圓交點之一為 C。

(2) 分別以 *B*、*C* 為圓心，以 *BC* 為半徑作圓，取兩圓交點之一為 *D*，使 *BCD* 的旋轉方向與 *ACO* 的旋轉方向一致（在圖 1 中均取逆時針方向）。

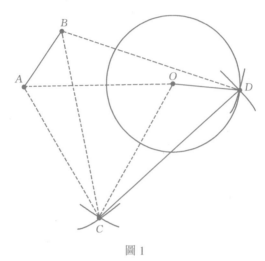

圖 1

(3) 以 *O* 為圓心，以 *OD* 為半徑作圓，此圓即為所求。

道理也很明顯：ΔACO 和 ΔBCD 都是等邊三角形，$AC = CO$，$BC = CD$，$\angle ACB = \angle ACO - \angle BCO = \angle BCD - \angle BCO = \angle OCD$，故 $\Delta ACB \cong \Delta OCD$，因而 $OD = AB$。這就把 *AB* 搬過來了。

這樣一來，「鬆圓規」可以代替好圓規。歐幾里得把法則 2* 改成法則 2，規則變得簡單了，但規尺作圓的能力界限並沒有變化。

二、對作圖工具的種種限制

後來，數學愛好者們各具匠心，研究了規尺作圖規則的許多變化，例如下述幾種。

（1）短直尺與小圓規

前面已經提到，按歐幾里得《幾何原本》中的法則，作圖用的直尺可以無限長，圓規的半徑可以任意大，這實際上是辦不到的。那麼，用普通的短直尺與小圓規，能不能完成法則 1 與 2 所規定的工作呢？

答案是肯定的。長直尺和大圓規能幹的，短直尺和小圓規也能幹。

也許讀者要問：大半徑的圓弧和小半徑的圓弧形狀不一樣，小圓規怎能畫得出大半徑的圓弧來？

這需要說明。當然，小圓規畫不出大半徑的圓弧來。但是，幾何圖上的基本元素是點。所謂「大圓規和長直尺能幹的，小圓規和短直尺也能幹」，指的是作出某些所要的點來。比如：給了相距很遠的兩點 A、B，用大圓規可以分別以 A、B 為圓心，以 AB 為半徑畫圓交於 C、D 兩點，用小圓規雖不能畫出這兩條弧，但只要能找出 C、D 這兩個點，就承認它完成了大圓規的這項工作。

以下所說的作圓，都是這個意思，指的是找出某些符合一定條件的點。

（2）只用一件工具──圓規

規尺作圖要用兩件工具──圓規和直尺。如果只用其中之一行不行呢？

有人已經證明：只要有一把圓規，就能完成規尺作圖的一切任務。

規尺作圖題成千上萬，怎能一一證明都可以只用一把圓規來做呢？實際上，只要證明用圓規能完成下列兩項基本任務就夠了：

1. 已知 A、B 兩點和圓 O，求直線 AB 和圓 O 的交點。

2. 已知 A、B、C、D 四點，AB 不與 CD 平行，求直線 AB、CD 的交點。

經過不多的幾步，然而是巧妙的幾步，確能只用圓規完成這兩項工作。

但是，如果只用直尺，而不用圓規，就有很多圖不能作了，這一點也是已被證明了的。

(3) 短直尺與定圓規

進一步的研究發現，只要有一把固定半徑的圓規和一把短直尺也就夠了。

這種半徑固定的圓規，美國幾何學家佩多（D. Pedoe）把它形象地叫做「生了銹的圓規」。只用一把生了銹的圓規能幹些甚麼？本文後面將用更多的篇幅來討論這個問題。

(4) 最簡單的工具

又有人發現，只要平面上有一個預先畫好的圓以及它的圓心，再有一把長直尺，便能作出一切可用規尺完成的圖來。這大概可算是最簡單的初等幾何作圖工具了吧。

關於以上幾個結論的證明，不少書刊都有介紹。有興趣的讀者可參看較近的文章，例如 [1]。

三、定圓規作圖的幾則趣題

柏拉圖的圓規太鬆，這並不妨礙我們用它作圖。但反過來可不一樣。佩多教授的圓規由於生銹而太緊，只能畫固定半徑的圓，用起來可遠不是那麼得心應手。你將發現，即使用它做一件很簡單的事，也頗費周折。

為了說起來簡便，不妨設這個銹圓規只能畫半徑為 1 的圓。關於它，有這樣一則有趣的智力測驗：你能用這個半徑固定（半徑為 1）的圓規畫一個半徑為 1/2 的半圓嗎？

這問題過於離奇，看來是不可能的。

實際上卻做得到。但圓規的用法要變通一下：把桌子緊靠牆壁，第一張紙攤在桌子上，第二張紙釘在牆上。圓規的針腳扎在第一張紙上 O 點處。如果 O 點到牆的距離 $d < 1$，你在第一張紙上畫圓，必然要碰壁。碰了壁還硬要畫，圓規的筆尖就會上牆。這時你將發現，在第二張紙上畫出了一個半圓，它的半徑是 $\sqrt{1-d^2}$，比 1 要小（圖 2）。

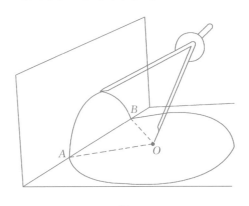

圖 2

如果在第一張紙上先定出三個點 O、A、B，使 ΔOAB 是正三角形，邊長 $AB = 1$，再讓 AB 和桌子靠牆的邊線重合，這時畫出的半圓，半徑恰好是 1/2。

這類「空間作圖」，花樣還有很多。你甚至可以用圓規畫出直線段來！這並不奇怪：在普通的圓柱形茶缸底部放一個不大不小的圓卡片，再在茶缸內壁貼一張紙，把圓規的針腳扎在圓卡片的中心，在內壁的紙上畫圓，畫好後把紙揭下來看看，所畫的圓變成了直線！

但是，歐幾里得是不許這麼幹的。傳統的幾何作圖，不包括這種「空間作圖」。我們還是規規矩矩，回到平面上來吧。

先看一個簡單的例子。

定圓規作圖問題之一　給了 A、B 兩點，試確定一串點 $A_0, A_1, \cdots, A_{n+1}$，使它們滿足

(i)　$A_0 = A, A_{n+1} = B$；

(ii)　$A_0A_1 = A_1A_2 = \cdots = A_nA_{n+1} = 1$。

不妨想像我們的圓規是這樣一位芭蕾舞演員：她每跳一舞步，兩腳尖的距離不多不少總是 1 米。能不能幫她設計一套舞步，使她從 A 點出發準確地到達 B 點呢？

如果你從 A 開始，憑目力判斷一步一步地向 B 走去，成功的機會將是極少的。

有一個竅門：只要你確定了 $A_0, A_1, \cdots, A_{n-1}$，使 $A_iA_{i+1} = 1$ ($i = 0, 1, \cdots, n-2$)，並且 A_{n-1} 到 B 的距離不超過 2，就好辦了。分別以 A_{n-1}、B 為圓心作圓，因為定圓規的半徑是 1，兩圓至少有一個公共點（交點或切點），把這個公共點取作 A_n 就是了（圖 3）。

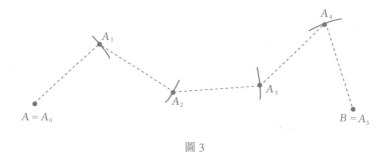

圖 3

但是，憑目力去確定 A_{n-1}，畢竟不符合作圖規則。這不難解決：從 A 出發畫出由邊長為 1 的正三角形頂點組成的「蛛網點陣」（圖 4）。

在蛛網點陣裏，總會找到一個離 B 很近的點作為 A_{n-1} 的。像這樣的蛛網點陣，或許每個有圓規的孩子都曾在遊戲之中畫過呢。

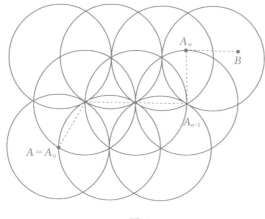

圖 4

別看這個作圖題簡單，它卻是定圓規作圖的一個基本手段。此外，它本身也有深究的餘地。比如，怎樣使插入的點 $A_1, A_2, \cdots, A_n$ 的個數最少？這便是一個難題。

定圓規作圖問題之二　已知 A、B、C 三點，求作第四點 D，使 $ABCD$ 是平行四邊形。

這個問題似難實易。可以由簡到繁分三種情況解決。

第一種情況：若 $AB = BC = 1$，好辦，分別以 A、C 為圓心作圓交於 D，即得。

第二種情況：若 $AB = 1$，$BC \neq 1$，則可以在 B、C 之間插入 n 個點 $B_1, B_2, \cdots, B_n$，使 $B_iB_{i+1} = 1$ ($i = 0, 1, \cdots, n$; $B_0 = B$; $B_{n+1} = C$)，然後對 n 進行數學歸納。

$n = 0$，即 $BC = 1$，剛才已做過了。

若已作出平行四邊形 ABB_nA^*，再作一個平行四邊形 A^*B_nCD，則 $ABCD$ 是所求的平行四邊形（圖 5）。

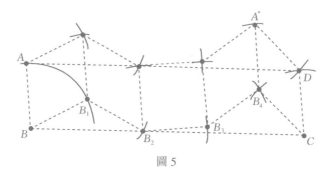

圖 5

第三種情況：若 $AB \neq 1$，$BC \neq 1$，則在 B、A 間插入 A_1, A_2, $\cdots$, A_m, $A_{m+1} = A$，在 B、C 間插入 B_1, B_2, $\cdots$, B_n, $B_{n+1} = C$，使 $A_iA_{i+1} = 1$，$B_jB_{j+1} = 1$ ($i = 0, 1, \cdots, m; j = 0, 1, \cdots, n; B = A_0 = B_0$)，然後對 m 進行數學歸納。

$m = 0$，即 $AB = 1$，第二種情況中已完成了。

設我們已作出平行四邊形 A_mBCC_m，再作平行四邊形 AA_mC_mD，便得到平行四邊形 $ABCD$ 了（圖 6）。

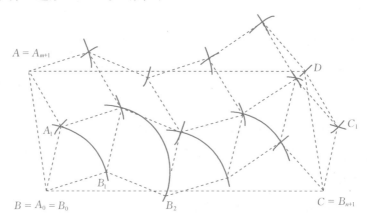

圖 6

不要小看這種作平行四邊形的方法。有了這一手，我們就可以把平面上的一個圖形，平移到同平面上任意指定的地方。

或許由於太簡單，這兩則作圖題一直不被人們注意，但它們卻在解決佩多教授的「生鏽圓規」作圖問題中立了汗馬功勞。

四、佩多教授的「生鏽圓規」作圖問題

幾年之前，美國幾何學家，年逾七旬的佩多教授在加拿大的一份雜誌《數學問題》（*Crux Mathematicorum*）上，提出了下述的定圓規作圖問題。佩多自己把它叫作「生鏽圓規」作圖問題。

定圓規作圖問題之三　已知 A、B 兩點，求另一點 C，使 $\triangle ABC$ 是正三角形。

注意，A、B 之間沒有直線相連，否則就十分容易了。

如果 $AB \le 2$，很快就有人做出了答案。

$AB = 2$ 時，誰也會做。不妨設 $AB < 2$，這時，作 5 個圓便能把 C 點找出來（圖 7）：

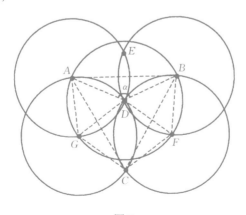

圖 7

(1)　分別以 *A*、*B* 為圓心作圓，兩圓交於 *E*、*D* 兩點。

(2)　以 *D* 為圓心作圓，交圓 *A*、圓 *B* 於四點。取不在已作出的圓內且位於 *AB* 所在直線同一側的兩點為 *F*、*G*。

(3)　分別以 *F*、*G* 為圓心作圓，兩圓交於 *C*、*D*，則 Δ*ABC* 即為所求。

證明是容易的：在圓周角定理，

$$\angle DCB = \frac{1}{2}\angle DFB = 30° ，\quad \angle DCA = \frac{1}{2}\angle DGA = 30° \quad 故 \quad \angle ACB = 60° 。$$

由對稱性易知 *AC* = *BC*，故 Δ*ABC* 為正三角形。

這個五圓構圖，首先是佩多的一個學生畫出來的，佩多替他找到了證明。對於這個圖，佩多大為驚歎：幾何學已有兩千多年的歷史，而這麼一個簡單的作圖卻一直不為人們所知！

還有一種作法要畫六個圓（圖 8）：

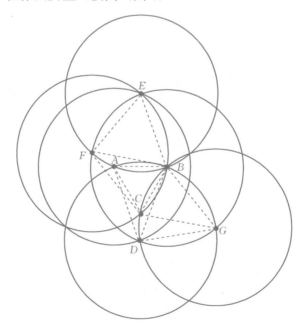

圖 8

(1) 分別以 *A*、*B* 為圓心作兩圓交於 *D*、*E*。

(2) 分別以 *D*、*E* 為圓心作圓，圓 *B*、圓 *D* 交於 *G*，圓 *B*、圓 *E* 交於 *F*。*G*、*F* 兩點的選擇使 *BDG* 和 *BEF* 旋轉方向一致。如圖 8，都取逆時針方向。

(3) 分別以 *F*、*G* 為圓心作圓，取圓 *F* 與圓 *G* 交點 *C*，只要使 *BAC* 順時針旋轉，此點即為所求。

證明時只要注意到：菱形 *ADBE* 繞 *B* 逆時針旋轉了 60° 變成 *CGBF*，而對角線 *AB* 轉 60° 之後變成 *CB*。

當 *AB* > 2 時，圓 *A* 與圓 *B* 不再相交，這作圖題是否可能完成呢？經過兩年多時間，這一徵解問題未獲解決。正當人們開始猜想這是不可能的時候，佩多教授從中國訪美學者常庚哲的信中獲悉：中國有三位數學工作者，給出了這一問題的兩種正面解答 [2, 3]。佩多非常高興地將其中一個方法寫成短文介紹給《數學問題》的讀者們 [4]。他認為這件事是令他極為滿意的數學經驗之一 [5]。

下面的解法是綜合了 [2, 3] 中兩個方法的思想而得到的，較為簡單而易於理解。

設 B^* 是 *B* 點附近的一個點，B^*B < 2。如果能做出正三角形 AB^*C^*，則正三角形 *ABC* 自然容易做出。理由如下（圖 9）：

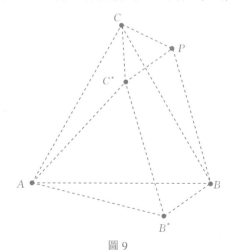

圖 9

451

按上一節的方法，作平行四邊形 C^*B^*BP，則 $C^*P /\!/ B^*B$。因為 $C^*P = B^*B < 2$，故可作正三角形 C^*PC，使 C^*PC 的旋轉方向與 AB^*C^* 一致。於是 $\angle AC^*C = 240° - \angle PC^*B^* = 60° + \angle C^*B^*B = \angle AB^*B$，$AB^* = AC^*$，$B^*B = C^*C$，因此 $\Delta AB^*B \cong \Delta AC^*C$，可見 $AB = AC$，並且 $\angle CAB = \angle C^*AB^* - \angle BAB^* + \angle CAC^* = \angle C^*AB^* = 60°$，問題便告解決。

現在要問：怎樣才能找到這個「近似解」正三角形 AB^*C^* 呢？

這又要請蛛網點陣幫忙。很明顯，以 A 為中心作蛛網點陣，一定可以在點陣中找到與 B 比較接近且滿足 $BB^* < 2$ 的點 B^*。下面指出，就在同一個點陣中，可以輕而易舉地找出 C^*，使 ΔAB^*C^* 為正三角形。而且，這樣的 C^* 有兩個。

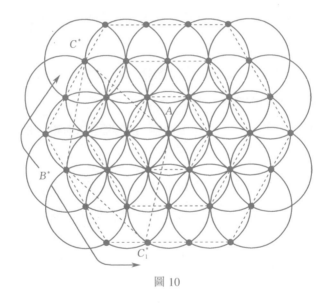

圖 10

事實上，蛛網點陣中的點，除 A 自己之外，都分佈在一些以 A 為中心的、邊長為正整數的正六邊形的邊上（圖 10）。設 B^* 是邊長為 k 的那個正六邊形上的點（圖 10 中畫出 $k = 3$ 的情形），自 B^* 沿這個正六邊形周界向兩個方向各走 k 個單位距離，便得到所要的點 C^* 和 C_1^*，

顯然，ΔAB^*C^* 和 $\Delta AB^*C_1^*$ 都是正三角形。

至此，佩多教授的「生銹圓規」作圖的問題便完全解決了。

綜上所述，我們可以看到，定圓規至少可以完成以下兩類作圖：

（一）把平面上的有限點構成的圖形平移到指定的位置，即平移結果使這些點中某個點和預給的一個點重合；

（二）把有限點集繞某一固定點旋轉 $60°$ 後得到的點集作出來。

此外，還能不能幹點別的甚麼呢？

五、尚未解決的難題

佩多教授還提出了這樣的問題：

給了 A、B 兩點，只用一個定圓規，能不能找出線段 AB 的中點？

這個問題似易實難。我們猜想：如果定圓規的半徑與 AB 的長度之比是超越數，這個作圖題是不可能完成的。較簡單的說法是：當圓規只能作單位圓時，如果 $AB = \alpha$ 為超越數，則不可能用它找出 AB 的中點。

所謂 α 為超越數，就是說 α 不是任何一個整係數代數方程的根。不是超越數的數叫代數數。有理數、有理數的方根如 $\sqrt{2}$、$\sqrt{7}$ 都是代數數，而 π、e 都是超越數。可以證明，超越數比代數數多得多，而且幾乎所有的實數都是超越數。

另一方面，存在無窮多個不大於 2 的代數數 $\alpha_1, \alpha_2, \cdots, \alpha_n \cdots$ 使當 $AB = \alpha_n$ 時，可以用半徑為 1 的定圓規作出 AB 的中點來。從下面的討論中我們就可以看到這一點。

應當把問題的提法弄清楚一點。比如說：在作圖中偶然碰上了 AB 的中點，當然不算是找到了中點。怎樣才算用半徑為 1 的定圓規找到

了 AB 的中點呢？

定義 1　設 M 為平面上的點集，以 M 中的點為圓心的單位圓之間的交點和切點的集合記為

$M' = \{z \mid$ 有 x、$y \in M$，$x \neq y$，使 $\|x-z\| = \|y-z\| = 1\}$，其中 $\|x-z\|$ 為點 x 與 z 之間的距離。並把 $M \cup M'$ 記作 $F(M)$，$F(M)$ 叫做 M 的派生點集。記 $F(F(M)) = F^2(M)$，$F^{n+1}(M) = F(F^n(M))$，記 $F^\infty(M) = \bigcup_{n=1}^{\infty} F^n(M)$。若 M 為有限集，則 $F^\infty(M)$ 叫做以 M 為基的狹義可作集。此時若 $x \in F^\infty(M)$，則稱 x 是以 M 為基狹義可作的。

顯然，若 x 是以 M 為基狹義可作的，則我們必有一定的方法，從有限點集 M 出發，用定圓規把 x 找出來。

但反過來是不對的。例如 $M = \{A，B\}$，$AB > 2$ 時，顯然 $F^\infty(M) = M$，因而正三角形 ABC 的頂點 C 不是以 M 為基狹義可作的。然而我們卻有辦法用定圓規把 C 找出來。

因而再引入廣義可作的概念。

定義 2　設 $A = \{A_1, A_2, \cdots, A_k\}$，$X = \{X_1, X_2, \cdots, X_l\}$ 是平面上的兩個有限點集，$M = A \cup X$。如果 $P \in F^\infty(M)$，且有 $\varepsilon > 0$，使對 X 的任一個 ε 擾動 $Y = \{Y_1, Y_2, \cdots, Y_l\}$（即 $\|Y_i - X_i\| < \varepsilon$，$i = 1, 2, \cdots, l$）有 $P \in F^\infty(A \cup Y)$，則稱 P 是以 A 為基廣義可作的。

關於廣義可作與狹義可作之間的關係，有

定理　若有 $A_i, A_j \in A$，使 $A_i A_j < 2$，$A_i A_j \neq 0$、1，且 P 以 A 為基廣義可作，則 P 以 A 為基狹義可作。

這個定理證明並不難，主要利用此時 $F^\infty(A)$ 在平面上的稠密性。由此可得

推論　若 P 是以 A 為基廣義可作的，則存在單點集 X，使 P 是以

$A \bigcup X$ 為基狹義可作的。

由上述定理，若 $AB < 2$，且 $AB \neq 0$、1，則能否用定圓規找出 AB 的中點這一問題，可化為下面較為確定的問題：以 A、B 為圓心作單位圓，以它們的交點為圓心再作圓，再以新產生的交點為圓心作圓，如此不斷作下去，就得到一個僅與 A, B 有關的可數點集 $M_{A, B}$。問題在於，AB 的中點 O 是否屬於 $M_{A, B}$？

下面對這個問題作一初步探討。可以看到，它竟與某些丟番圖方程有關。

以直線 AB 為 X 軸，AB 中點為原點 O，建立笛卡兒坐標系。設 $AB = \lambda < 2$，$\lambda \neq 0, 1$。我們知道，正三角形 ABC 的頂點 C 是可以用定圓規找出來的。以 $\triangle ABC$ 為基礎向四周繼續重複地作邊長為 λ 的正三角形的頂點，形成一個包含 A、B 在內的蛛網點陣（圖 11）。不難算出，點陣中點的坐標的一般形式為 $(\dfrac{k\lambda}{2}, \dfrac{m\sqrt{3}\lambda}{2})$ ，其中 k, m 為整數，$k + m$ 為奇數。將所有這樣的點組成的集合記為 M_1。以下記 $M_{n+1} = F(M_n)$, $n = 1, 2 \cdots\cdots$ 就得到一系列越來越大的點集，如果存在某個 n_0 使原點 $O \in M_{n_0}$，則我們一定可以用半徑為 1 的定圓規找到 O，即 AB 的中點。如前所述，無論按狹義或廣義的理解，AB 的中點都是可作的，否則就是不可作的。

但是，具體分析點集 M_n 的構成，是一項極為繁重的工作。我們試從 $n = 1$，2，3 做起，看看會有甚麼結論。

由於 $k + m$ 為奇數，顯然 $O \notin M_1$。

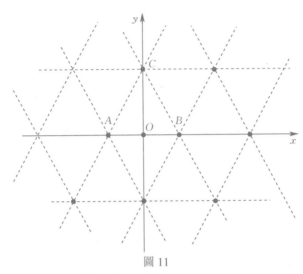

圖 11

想要 $O \in M_2$，充要條件是有 $P \in M_1$，使 $PO = 1$，即有整數 k、m 使

$$\frac{k^2\lambda^2}{4} + \frac{3m^2\lambda^2}{4} = 1，k + m \text{ 為奇數。} \tag{*}$$

也就是必須有

$$\lambda^2 = \frac{4}{k^2 + 3m^2}，k + m \text{ 為奇數。}$$

這告訴我們，當 λ 取某些特殊值時，容易用半徑為 1 的定圓規找出 $AB(AB = \lambda)$ 的中點。例如 λ 等於 $\frac{2}{\sqrt{3}}$、$\frac{2}{\sqrt{7}}$、$\frac{2}{\sqrt{13}}$，等等。總之，當 λ 取定之後，若丟番圖方程 (*) 有解，則 $O \in M_2$，即可用定圓規找出 AB 之中點。

顯然，若 λ 為超越數，$O \in M_2$ 是不可能的。

接下去問，$O \in M_3$ 又要甚麼條件呢？那就需要有 $P \in M_2$，使 $PO = 1$。

不妨設 $P \notin M_1$，則 P 是以 M_1 中某兩點為圓心的單位圓的交點。設 Q_1、$Q_2 \in M_1$，使 $PQ_1 = PQ_2 = PO = 1$，即 $\Delta Q_1 Q_2 O$ 的外接圓半徑為 1，因而有等式：

$$4\Delta Q_1 Q_2 O = Q_1 O \cdot Q_2 O \cdot Q_1 Q_2 ,$$

這裏 $\Delta Q_1 Q_2 O$ 表示這個三角形的面積。將此式兩端平方後利用解析幾何裏的公式，並設 Q_1、Q_2 的坐標分別為 $\left(\dfrac{k_1 \lambda}{2}, \dfrac{m_1 \sqrt{3} \lambda}{2} \right)$ 和 $\left(\dfrac{k_2 \lambda}{2}, \dfrac{m_2 \sqrt{3} \lambda}{2} \right)$，代入後整理得：

$$48 (k_1 m_2 - k_2 m_1)^2$$
$$= \lambda^2 (k_1^2 + 3m_1^2)(k_2^2 + 3m_2^2) \cdot [(k_1 - k_2)^2 + 3(m_1 - m_2)^2] 。$$

這樣，又得到一個含參數 λ 的丟番圖方程。不難計算出對於 λ 的又一串值，有 $O \in M_3$。很顯然，若 λ 為超越數，這個丟番圖方程也不可能有解。

這樣看來，當 λ 為超越數時，O 不屬於 M_3。

一般而言，若 $O \in M_n$，則可以導出一些變元數不超過 2^{n-1} 的丟番圖方程。如果這些方程中出現參數 λ，則當 λ 為超越數時它們不可能有解。由此可見，當 λ 為超越數時，要使點集 M_n 中包含 O，這些方程中至少應當有一個方程，其中不出現 λ，並且它是有解的。

已經證明，丟番圖方程有沒有解的問題是不可判定的，即沒有一個統一的算法可以解決這問題。而我們這裏還涉及更複雜的問題：導出一系列變數愈來愈多的含參數 λ 的丟番圖方程，而且要弄清楚這些方程中是否有這樣的方程，經整理後其中不出現 λ。

很難想像由某個 n 對應的 $O \in M_n$ 所導出的方程竟會不含 λ，因此我們猜測：當 λ 為超越數時，對任意的 n，都有 $O \notin M_n$。

目前，還看不到解決這個問題的途徑。但或許在某一天，一位業餘數學家會找到出人意料的巧妙方法給出這個難題的解答。

（原載《自然雜誌》7 卷 12 期，1984）

參考文獻

[1] 李克正：《初等數學論叢》第 1 輯，上海教育出版社（1980），9。

[2] 肖韌吾：《數學通訊》，2（1983），26。

[3] 張景中、楊路：《初等數學論叢》第 6 輯，上海教育出版社（1983），37。

[4] Pedoe D., *Crux Mathematicorum*, 8, 3(1982), 79.

[5] Pedoe D., *Queen's Quarterly*, 90, 2(1983), 449.

「生銹圓規」作圖問題的意外進展

知名數學家提出的難題被不知名的年輕人所解決,這樣的事例在歷史上並不罕見。大家比較熟悉的人物:帕斯卡、高斯、阿貝爾、伽羅瓦等,都曾在年輕時就為數學大廈的建築作出了令人難忘的貢獻。我國當代的許多數學家,也有不少在年輕時就完成了引人注目的研究工作。

數學的發展越來越快,世界上可以稱為數學家的人日益增多。數學家們在孜孜不倦地工作,使數學成果越來越多,文獻資料浩如煙海。幾年前有人估計,美國《數學評論》(*Mathematical Review*) 上每年摘引的新定理有 20 萬條之多。數學宮殿,現在好比是「侯門深似海」。想研究數學,想發現一些別人尚未發現的定理,比起幾百年前,甚至幾十年前,都要艱難得多。沒有受過高等教育的青年,想在數學領域一顯身手,機會比前人確實是要少了。

機會雖少,但並非全然沒有。在有些所需預備知識不多的數學分支 (這些分支有古老的,也有年青的) 中,確有一些問題,可能被一些思想活躍並能刻苦鑽研的年輕人攻克;儘管他們沒有經過「正規」的高深數學課程的訓練。下面我們介紹的,正是這樣一個事例。

一、佩多的中點問題

筆者在本刊 7 卷 12 期的文 [1] 中介紹了美國幾何學家佩多 (D. Pedoe) 教授所提出的「生銹圓規」作圖問題。所謂「生銹圓規」,就是兩腳開度固定了的圓規。以下設它的固定開度為 1,並稱它為單位定

規。顯然，用它只能畫半徑為 1 的圓周。

佩多教授提出的問題並不多，一共兩個，看上去也很簡單。也許他想如果連這兩個問題都找不到解答，那麼再多提也沒意義，反而沖淡人們對這兩個問題的興趣。這兩個問題是：

1. 已知 A、B 兩點，只用單位定規，如何找到另一點 C，使 $\triangle ABC$ 為正三角形？

2. 已知 A、B 兩點，只用單位定規，如何找到線段 AB 的中點[①]？

兩個問題中的前一個，已被我國數學工作者於 1983 年解決[1-4]。對此，佩多教授非常高興[5]。前不久，他在私人通信中說，很希望聽到第二個問題的解答，無論是肯定還是否定。

筆者在文 [1] 中談到了這個尚未解決的問題，並在文章的末尾這樣說：「或許在某一天，一位業餘數學家會找到出人意料的巧妙方法給出這個難題的解答。」但沒有想到，僅僅一年之後，這一天真的到來了。

解答了這一難題的，是山西省的一位自學青年，名叫侯曉榮。他不但證明了只用單位定規能找出線段 AB 的中點，從而肯定地回答了佩多教授的第二個問題，而且獲得了遠為豐富的成果。他的證明用的是代數方法，如果把他的代數推演過程「翻譯」成作圖步驟，其複雜性將使多數讀者難以忍受。為使更多的數學愛好者領略箇中趣味，楊路同志與筆者找到了一個簡明的方法。在本文中我們將把它呈獻給讀者。

[①] 應當強調一下：平面上只給出 A、B 兩點，沒有給出線段 AB，如果有線段 AB，問題會變得容易得多。

二、我們已經會用生鏽圓規做些甚麼

到文 [1] 發表時，人們已經會用單位定規做一些事了。這是繼續前進的基礎。現在把已經會做的幾件事開列出來，作為引理，這對下一步討論會帶來方便。

引理 1 （單位定規作圖法之一）　已知 A、B 兩點，可以作出[②] 一串點 $A_0, A_1, \cdots, A_{n+1}$，使它們滿足：

(i)　$A_0 = A, A_{n+1} = B$；

(ii)　$A_0A_1 = A_1A_2 = \cdots = A_nA_{n+1} = 1$。

引理 1 也可簡單地表達為：對任意兩點 A、B，可以用步長為 1 的點列把它們聯繫起來。以後，我們還需要用步長為 d 的點列來聯繫兩個點 A、B。這個步長 d 能夠取哪些數值，當然是我們感興趣的問題。下面逐步來研究它。要知道，由於圓規張不開，對於離得較遠的點，就有鞭長莫及之苦。怎麼辦呢？用等步長的點列聯繫起來，這是一個基本手段。

引理 2 （單位定規作圖法之二）　已知 A、B、C 三點，可以作出第四點 D，使 $ABCD$ 是平行四邊形（$ABCD$ 可以是退化的平行四邊形）。

引理 3 （單位定規作圖法之三）　已知 A、B 兩點，可以作出第三點 C，使 $\triangle ABC$ 是正三角形。

引理 3 是對佩多第一個問題的回答。有了引理 3，我們可以從任兩個已給的點 A、B 出發，作出以正三角形為基本構形的蛛網點陣來。因而得到

[②]　在本文中，凡是「可以作出」、「可作」等，如無特別說明，均指用單位定規可作。

推論 1　已知 A、B 兩點，對任給的整數 $k>1$，可以作出直線 AB 上的點 C_1，使 B 在 A、C_1 之間，並且 $AC_1 = kAB$（圖 1）。

推論 2　已知 A，B 兩點，對任給的整數 $k \geq 0$，可以作出位於 AB 的垂直平分線上的點 C_2，使 C_2 到直線 AB 的距離是 $\left(k + \dfrac{1}{2}\right) \cdot \sqrt{3}AB$。換句話說：可以作出點 C_2，使 ΔABC_2 是等腰三角形，而且 $AC_2 = BC_2 = \sqrt{3k^2 + 3k + 1} \cdot AB$（圖 1）。

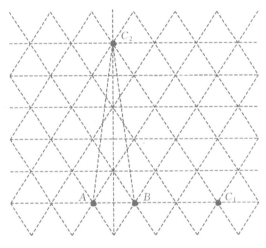

圖 1　推論 1 ($k=3$) 和推論 2 ($k=2$，$AC_2 = BC_2 = \sqrt{19} AB$) 的證明示意圖

推論 3　已知 A、B 兩點，且 $AB = a < \dfrac{1}{n}$，則可以作出點 D，使 $DA \perp AB$，且 $DA = \sqrt{1 - n^2 a^2}$（圖 2）。

推論 4　已知 A，B 兩點，且 $AB = a \leq \dfrac{2}{2n+1}$，則可以作出點 C，使 $AC = BC = \sqrt{1 - n(n+1)a^2}$（圖 3）。

推論 1 是顯然的。推論 2～4 的證明，只要分別看看圖 1～3，用勾股定理便可得到。

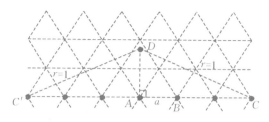

圖 2　推論 3（$n=3$）的證明示意圖

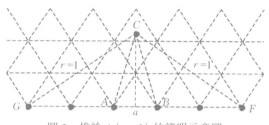

圖 3　推論 4（$n=2$）的證明示意圖

三、佩多中點問題的解答

《朱子治家格言》裏有一句話：「得意不宜再往。」意思是：佔便宜的事，一次就可以了，「再往」，說不定反而吃虧。但在數學裏，恰恰相反。成功了的方法，大家老想一用再用，「得意」之後，總想「再往」。讓我們回憶一下解決佩多第一個問題的步驟：首先設法作出不太大的正三角形——用的是「五圓構圖法」（圖 4），然後才解決一般情況下的問題。讓我們試一試，對第二個問題能否如法炮製？

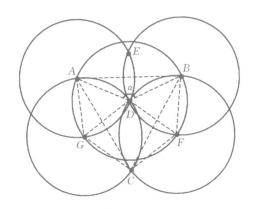

圖 4　五圓構圖法

假設 *A*、*B* 之間的距離不太大，怎樣找出線段 *AB* 的中點呢？我們可以這樣設想：如果以 *AB* 為底作一個 Δ*ABC*，而且可以作出 *AC*、*BC* 的中點 *M*、*N*，再作出點 *P*，使 *MCNP* 是平行四邊形，那麼 *P* 就是線段 *AB* 的小點了（圖 5）。

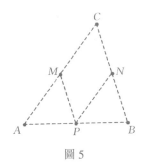

圖 5

這個設想看起來似乎行不通：要找出 *AB* 的中點，卻要先找出 *AC*、*BC* 的中點。但這裏有一個區別：*AB* 的長度是任意給定的，而 *C* 點的位置，從而 *AC*、*BC* 的長度，卻可以由我們選擇。因此我們希望找到一個適當的長度 *d*，當任意兩點的距離為 *d* 時，可以作出連接這兩點的線段的中點；另外，對於距離不太遠的 *A*、*B* 兩點，可以作出點 *C*，使 *AC*、*BC* 的長度均為 *d*（這就隱含了 *AB* < 2*d*，即 *A*、*B* 間的距離的確

不能太大）。

　　尋找這樣的長度 d，頗不容易。在侯曉榮的一般代數討論啟發之下，筆者找到了三個符合要求的 d：$\dfrac{1}{\sqrt{17}}$、$\dfrac{1}{\sqrt{19}}$、$\dfrac{1}{\sqrt{51}}$，其中最後找到的 $\dfrac{1}{\sqrt{19}}$，所對應的作圖步驟最簡單，就在找到 $\dfrac{1}{\sqrt{19}}$ 的同一天，侯曉榮也找到了這樣的一個 d：$\dfrac{1}{\sqrt{271}}$，相應的作圖方法也不太複雜。可惜 $\dfrac{1}{\sqrt{271}}$ 與單位定規的兩腳開度 1 相比太小了，實際作圖是比較困難的。

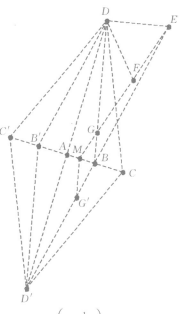

圖 6　AB $\left(=\dfrac{1}{\sqrt{19}}\right)$ 中點 M 的作法

　　圖 6 告訴我們怎樣用單位定規作出由兩個相距為 $\dfrac{1}{\sqrt{19}}$ 的點 A、B 所連成的線段的中點。具體步驟是：

(1)　由推論 1 作出點 C、B'、C'，使 $B'C' = B'A = AB = BC = \dfrac{1}{\sqrt{19}}$。

(2)　分別以 C、C' 為圓心作單位圓交於 D 和 D'，則 DD' 垂直平分 CC'，且 $DA = D'A = \sqrt{\dfrac{15}{19}}$。於是 $BD = \dfrac{4}{\sqrt{19}}$。

(3)　由推論 3，取 $BD = a$，$n = 1$，可作出點 E，使 $ED \perp DB$，且 $ED = \sqrt{1 - a^2} = \sqrt{\dfrac{3}{19}}$。

465

(4) 作出點 F，使 ΔDEF 為正三角形。由推論 1，可作點 G 使 $GF = FE$，且 G、F、E、共線。顯然 G 在 BD 上，並且 $DG = \sqrt{3}DE = \sqrt{3} \cdot \sqrt{\dfrac{3}{19}} = \dfrac{3}{\sqrt{19}}$，因而 $GB = BD - DG = \dfrac{1}{\sqrt{19}}$。

(5) 同樣在 BD' 上作出點 G'，使 $BG' = BG = \dfrac{1}{\sqrt{19}}$。再作點 M，使 $GBG'M$ 是平行四邊形，則 M 在 AB 上。

因為

$$\Delta B'DB \sim \Delta MGB，$$

故

$$\frac{MB}{B'B} = \frac{GB}{DB} = \frac{\dfrac{1}{\sqrt{19}}}{\dfrac{4}{\sqrt{19}}} = \frac{1}{4}，$$

$$MB = \frac{1}{4}B'B = \frac{1}{2}AB。$$

這樣，我們就作出了 $AB(= \dfrac{1}{\sqrt{19}})$ 的中點 M。

現在我們要對距離小於 $\dfrac{2}{\sqrt{19}}$ 的兩點 A、B，設法作出點 C，使 AC、BC 的長度為 $\dfrac{1}{\sqrt{19}}$。為此，我們要用到下面這個十分有用的「半徑變化定理」。

引理 4（半徑變化定理）（單位定規作圖法之四）　已知 A、B、C^* 是等腰三角形的三個頂點，$AC^* = BC^* \le 2$，則可作出點 C，使 ΔABC 為等腰三角形（當 $BC^* = 2$ 時，ΔABC 退化為線段），且

$$AC = BC = \frac{AB}{BC^*}。$$

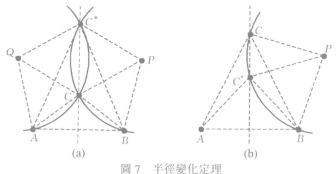

圖 7　半徑變化定理

(a) 情形 1　　(b) 情形 2（Q 點沒有畫出）

　　證明　如圖 7，分別以 B、C^* 為圓心作圓，取對 A 來說在 BC^* 另一側的交點為 P；分別以 A、C^* 為圓心作圓；取對 B 來說在 AC^* 另一側的交點為 Q；再分別以 P、Q 為圓心作圓，交於 C^*、C 兩點。由對稱性，可知直線 C^*C 垂直平分 AB。

　　（情形 1）　若 C 在 $\triangle ABC^*$ 內（圖 7(a)），由

$$\angle ACB = 2(\angle CC^*B + \angle CBC^*) = \angle CPB + \angle CPC^* = \angle C^*PB，$$

得　　　　　　　　　　　　　　　　$\triangle ACB \sim \triangle C^*PB。$

　　（情形 2）　若 C 在 $\triangle ABC^*$ 外（圖 7(b)，圖中 Q 點沒畫出），由

$$\angle ACB = 2\angle C^*CB = \angle C^*PB，$$

也得　　　　　　　　　　　　　　　$\triangle ACB \sim \triangle C^*PB。$

　　於是總有

$$\frac{AC}{AB} = \frac{PC^*}{BC^*} = \frac{1}{BC^*}，$$

亦即

$$AC = BC = \frac{AB}{BC^*}。$$

引理 4 相當於給了我們這樣一把生銹圓規：它兩腳的固定開度 $\dfrac{AB}{BC^*}$

是，即可以分別以 A、B 為圓心，以 $\dfrac{AB}{BC^*}$ 為半徑作圓交於 C。

設 $AB < \dfrac{2}{\sqrt{19}}$，把圖 7 中的 $\triangle ABC^*$ 取成與圖 1 中的 $\triangle ABC_2$ 相似，

即 $BC^* = \sqrt{19}AB < 2$，由半徑變化定理，圖 7 中所得到的點 C 滿足：

$$AC = BC = \frac{AB}{BC^*} = \frac{1}{\sqrt{19}} \text{。}$$

這就圓滿地解決了所提出的問題：任給兩點 A、B，只要 $AB < \dfrac{2}{\sqrt{19}}$，

就能作出以 AB 為底，腰長為 $\dfrac{1}{\sqrt{19}}$ 的等腰三角形的頂點 C 來。圖 8 表現

了整個作圖過程。

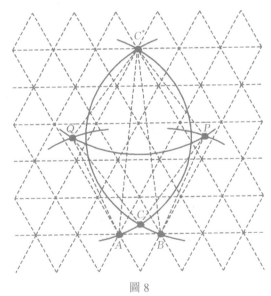

圖 8

以 $AB(\angle \dfrac{2}{\sqrt{19}})$ 為底，腰長為 $\dfrac{1}{\sqrt{19}}$ 的等腰三角形的頂點 C 的作法。

現在我們用圖 6 所示的方法作出 AC、BC 的中點，再用圖 5 給出的設想，就可以作出 $AB < \dfrac{2}{\sqrt{19}}$ 的中點了。

　　最後一個尚待完成的步驟就容易多了。設已給了 A、B 兩點，它們可能相距甚遠。我們用老辦法：作一個「蛛網點陣」來控制 B 點（圖 9）。先在 A 點的近旁取一點 D 使 $AD \le \dfrac{1}{\sqrt{19}}$；接着作出點 E，使 $\triangle ADE$ 是正三角形；然後像鋪瓷磚一樣一塊接一塊地用全等於 $\triangle ADE$ 的正三角形向 A 點的周圍擴張，構成一個「蛛網點陣」。這些正三角形的頂點可以看成某個斜角坐標系下的所謂「格點」（坐標為整數的點）。四個格點形成一個小菱形。B 點總要落在某個小菱形內或它的周界上。小菱形的四個頂點中，總有一個頂點 P，它的坐標是一對偶數 $(2m, 2k)$，這樣，點 $R(m, k)$ 就是 AP 的中點。顯然 $BP < \dfrac{2}{\sqrt{19}}$，於是可作出點 T 使 $BT = PT = \dfrac{1}{\sqrt{19}}$。然後分別作出 BT、PT 的中點，進而作出 BP 的中點 Q。最後作出點 M 使 $QPRM$ 為平行四邊形，則 M 點就是 AB 的中點。這就得到

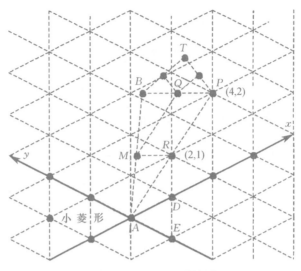

圖 9　佩多中點問題的解答

定理 1（單位定規作圖法之五）　　已知 A、B 兩點，可以作出線段 AB 的中點 M。

這是我們期待已久的、更是佩多教授期待已久的結論。

四、同變定理

請注意一下上一節作圖過程中的圖 8，它是甚麼？不是別的，正是佩多所驚歎的「五圖構圖」（圖 4）的變種！在「五圓構圖」中，兩個邊長為 1 的全等三角形「誘導」出了第三個正三角形；在圖 8 中，兩個腰長為 1 的全等等腰三角形 ΔAQC^*、ΔBPC^*「誘導」出了一個與它們相似的等腰三角形 ΔACB。把正三角形換成相似的等腰三角形，使我們得到了有效的新手段。這一點給我們以啟發。在 [1] 的圖 9 中，也有三個正三角形。這裏作為圖 10 畫出來了：從 ΔAB^*C^* 和 ΔC^*PC 這兩個正三角形出發，作出點 B，使 B^*C^*PB 是平行四邊形，就得到了正三角形

ABC。

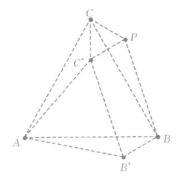

圖 10　由正三角形「誘導」出正三角形

把前兩個正三角形換成彼此相似的三角形，是否也能通過平行四邊形作圖得到第三個相似三角形呢？

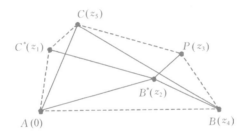

圖 11　由相似三角形「誘導」出相似三角形

果然如此！如圖 11：已知 $\triangle AB^*C^* \sim \triangle B^*BP$，且 A—B^*—C^* 沿 $\triangle AB^*C^*$ 周界繞行的方向與 B^*—B—P 沿 $\triangle B^*BP$ 周界繞行的方向相同（這裏都是逆時針方向），則以點 C^*、B^*、P 為基礎作平行四邊形 C^*B^*PC，必有 $\triangle ABC \sim \triangle AB^*C^*$。

先證明 $\triangle AC^*C \sim \triangle CPB \sim \triangle AB^*B$。在 $\triangle AC^*C$ 和 $\triangle AB^*B$ 中，已有

$$\frac{AC^*}{C^*C} = \frac{AC^*}{B^*P} = \frac{AB^*}{B^*B} \quad \text{。}\quad (因 \triangle AB^*C^* \sim \triangle B^*BP)$$

只要再證明 $\angle AC^*C = \angle AB^*B$。

因為
$$\angle AB^*C + \angle BB^*P = \angle AB^*C^* + \angle B^*AC^*$$
$$= 180° - \angle AC^*B^*,$$

而
$$\angle C^*B^*P = 180° - \angle CC^*B^*,$$

故
$$\angle AB^*B = 360° - \angle AB^*C^* - \angle BB^*P - \angle C^*B^*P$$
$$= 360° - (180° - \angle AC^*B^*) - (180° - \angle CC^*B^*)$$
$$= \angle AC^*B^* + \angle CC^*B^* = \angle AC^*C。$$

所以
$$\triangle AC^*C \sim \triangle AB^*B。$$

同理可證
$$\triangle CPB \sim \triangle AB^*B。$$

從而得

$$\frac{AC^*}{AC} = \frac{AB^*}{AB} \ , \ \frac{B^*C^*}{BC} = \frac{PC}{BC} = \frac{AB^*}{AB} \ ,$$

這就證明了 $\triangle ABC \sim \triangle AB^*C^*$。

　　注意這個結論當 $\triangle AB^*C^*$ 退化時仍成立。例如：當 C^*、P 分別是 AB^* 和 B^*B 的中點時，C 是 AB 的中點，即圖 5 所示。

　　上面的證明依賴於圖，如果你熟悉平面向量的複數表示法，就可以有一個十分簡單而且不依賴於圖的證法。

　　設 A 是複平面上的原點。分別用 z_1、z_2、z_3、z 順次表示 C^*、B^*、P、B，於是 $\triangle AB^*C^* \sim \triangle B^*BP$，且它們頂點的繞行方向一致這一幾何事實可以簡單地用複數式表示為

$$\frac{z_1}{z_2} = \frac{z_3 - z_2}{z_4 - z_2} = z^*。$$

設 C 為 z_5，則 C^*B^*PC 是平行四邊形這一幾何事實可以表示為

$$z_5 - z_1 = z_3 - z_2。$$

於是

$$\frac{z_5}{z_4} = \frac{z_5 - z_1 + z_1}{z_4 - z_2 + z_2} = \frac{z_3 - z_2 + z_1}{z_4 - z_2 + z_2}$$

$$= \frac{z^*(z_4 - z_2) + z^* z_2}{z_4 - z_2 + z_2} = z^*,$$

因此

$$\frac{z_5}{z_4} = \frac{z_1}{z_2} \, \text{。}$$

其幾何意義就是 $\Delta ABC \sim \Delta AB^* C^*$，它們的頂點有相同的繞行方向。以上推理在 $\Delta AB^* C^*$ 退化成為線段時仍成立，這時 z^* 為實數。因而有

引理 5（單位定規作圖法之六） 已知 A、B、B^*、C^*、P，使 $\Delta AB^* C^* \sim \Delta B^* BP$ 且 $A - B^* - C^*$ 與 $B^* - B - P$ 在各自周界上有相同的繞行方向，則可作點 C，使 $\Delta ABC \sim \Delta AB^* C^*$，且並 A—B—C 與 A—B^*—C^* 在各自周界上有相同的繞行方向。當 $\Delta AB^* C^*$ 退化時，上述結論仍成立。

由引理 5，運用數學歸納法，容易證明

推論 5（同變定理） 已知點列 $A_0, A_1, A_2, \cdots, A_{n+1}$ 和 $P_0, P_1, \cdots, P_n$, $A_0 = A$, $A_{n+1} = B$，使得諸 $\Delta A_i P_i A_{i+1}$ 彼此相似且 $A_i - P_i - A_{i+1}$ ($i = 0, 1, 2, \cdots, n$) 在各自周界上有相同的繞行方向，則可作點 C，使 $\Delta ACB \sim \Delta A_0 P_0 A_1$，而且 A—C—B 與 A_0—P_0—A_1 在各自周界上有相同的繞行方向（圖 12）。

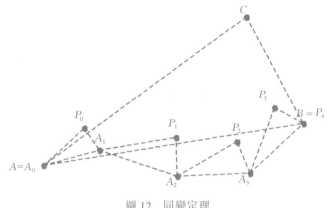

圖 12　同變定理

　　把推論 5 叫做「同變定理」，意思是大三角形與這些小三角形一同變化。由引理 1，任兩點之間可以用步長為 1 的點列聯繫起來，而用單位定規作邊長為 1 的正三角形是最容易的了，因此由同變定理立刻就推出佩多教授第一個問題的肯定解答。

五、正方形與 n 等分點作圖

　　用單位定規作圖，無非是確定點的位置。已知 A、B 兩點去確定第三點 C，也就是求作 C 點使 $\triangle ABC$ 相似於某個給定的三角形。有了同變定理，自然會想到：如果

　　i)　　當 $AB = d$ 時，可作 $\triangle ABC \sim PQR$；

　　ii)　　對任給的兩點 A、B，可用步長為 d 的點列把它們聯繫起來；則對任給的 A、B 兩點，總能作 $\triangle ABC \sim \triangle PQR$。

　　那麼，可以用步長為多大的點列把任意兩點聯繫起來呢？

　　讓我們來看圖 9。事實上，在圖 9 中總可以取 $AD = \dfrac{1}{\sqrt{19}}$。方法是：

先取一點 C 使 $AC < \dfrac{2}{\sqrt{19}}$，再用圖 8 所示的方法作出點 D 使 $AD = CD =$

$\dfrac{1}{\sqrt{19}}$。這樣，圖 9 的蛛網點陣中任何相鄰兩點都相距 $\dfrac{1}{\sqrt{19}}$。注意到

$BT = PT = \dfrac{1}{\sqrt{19}}$，於是可以用步長為 $\dfrac{1}{\sqrt{19}}$ 的點列聯繫 A、B。

但這個 $\sqrt{19}$ 是哪兒來的？它是由推論 2 中的 $\sqrt{3k^2 + 3k + 1}$ 取 $k = 2$ 得來

的。對圖 1 中的 $\triangle ABC_2$ 用一下半徑變化定理，便可以在 $AB < \dfrac{1}{\sqrt{3k^2 + 3k + 1}}$

的前提之下作出點 C，使 $AC = BC = \dfrac{1}{\sqrt{3k^2 + 3k + 1}}$，再由圖 9，便可

得知

推論 6　對任給的非負整數 k，任意兩點都可以用步長為 $\dfrac{1}{\sqrt{3k^2 + 3k + 1}}$

的點列聯繫起來。

另外，有一個平凡的

推論 7　已知 A、B 兩點，$AB = a = \dfrac{1}{\sqrt{m}}$，$m \geq 3$，則可作一點 C，

使 $AC = BC = \dfrac{1}{\sqrt{m-2}}$。

證明　先由推論 1，可作直線 AB 上的兩點 P、Q，使 $PA = AB = BQ$

$= a$，$PQ = 3a < 2$。再由推論 4，可作出點 C^*，使 $AC^* = BC^* =$

$\sqrt{1 - n\,(n+1)\,a^2}$。取 $n = 1$。得 $AC^* = BC^* = \sqrt{1 - 2a^2} = \sqrt{\dfrac{m-2}{m}}$。

再由半徑變化定理，可作出點 C，使

$$AC = BC = \frac{AB}{BC^*} = \frac{1}{\sqrt{m-2}}。$$

注意到推論 6 中的 $3k^2 + 3k + 1$ 可以是足夠大的奇數，於是反覆用推論 7 便得

推論 8　對任給的非負整數 m，任意兩點都可用步長為 $\dfrac{1}{\sqrt{2m+1}}$ 的點列聯繫起來。

推論 8 立刻使我們得到一個意外收穫：

定理 2（單位定規作圖法之七）　對任給的正整數 m 和 A、B 兩點，可以作出點 C，使 $\angle CAB = 90°$ 且 $CA = \sqrt{m}AB$。

證明　令　$k = 2 + \dfrac{1 + (-1)^m}{2}$，則 $m + k^2 - 1$ 總是偶數。取 $N = \dfrac{1}{2}(m + k^2 - 1)$，則

$$m = 2N + 1 - k^2 \text{。}$$

應用推論 8，把 A、B 兩點用步長為 $\dfrac{1}{\sqrt{2N+1}}$ 的點列聯繫起來。設此點列為 $P_0, P_1, \cdots, P_{l+1}$。對於 P_j, P_{j+1} $(j = 0, 1, \cdots, l)$，由推論 3 可作出 D_j，使得 $D_j P_j \perp D_j P_{j+1}$，且 $D_j P_j = \sqrt{1 - n^2 a^2}$，這裏取 $n = k$ 而 a 即為 $P_j P_{j+1} = \dfrac{1}{\sqrt{2N+1}}$。於是 $D_j P_j = \sqrt{\dfrac{m}{2N+1}}$。再由同變定理即知可作點 C，使 $\triangle ABC \sim \triangle P_j P_{j+1} D_j$，因而 $\angle CAB = 90°$，且

$$\frac{CA}{AB} = \frac{D_j P_j}{P_j P_{j+1}} = \frac{\sqrt{\dfrac{m}{2N+1}}}{\sqrt{\dfrac{1}{2N+1}}} = \sqrt{m}$$

取 $m = 1$，立刻得到一個引人注目的

推論 9　已知 A、B 兩點，可作 C、D 兩點，使 $ABCD$ 是正方形。

繼續前進，就可以得到超過佩多教授要求的 n 等分點作圖了！

定理 3（單位定規作圖法之八） 已知 A、B 兩點，對任給的正整數 $k > 1$，都可以作出 AB 上的一點 C，使 $AB = \sqrt{k}\,CB$（當 $k = 4$ 時，C 即為 AB 中點）。

證明 我們列出作圖步驟。

(1) 用步長為 $a = \dfrac{1}{\sqrt{2N+1}}$ 的點列 $P_0, P_1, \cdots, P_{n+1}$ 把 A、B 聯繫起來。這裏 $P_0 = A$，$P_{n+1} = B$，而 N 是任意取定的正整數。

(2) 任取正整數 $m < 2N$，對「聯繫點列」當中的相繼兩點 P_i、P_{i+1} 應用定理 2 作出一點 C_i，使 $\angle C_i P_i P_{i+1} = 90°$，且 $C_i P_i = \sqrt{m}\,P_i P_{i+1} = \sqrt{m}\,a$，於是 $C_i P_{i+1} = \sqrt{\overline{C_i P_i^2} + \overline{P_i P_{i+1}^2}} = \sqrt{m+1}\,a$。

(3) 作 C_i 關於直線 $P_i P_{i+1}$ 的對稱點 C_i^*，這可以簡單地用推論 1 來完成。

(4) 以 $C_i P_{i+1}$ 為一邊向兩側作正方形 $C_i P_{i+1} QX$ 和 $C_i P_{i+1} \widetilde{Q} \widetilde{X}$。

(5) 分別以 Q、$\widetilde{Q}$ 為圓心作圓，交於兩點。其中一點 W 在線段 $C_i P_{i+1}$ 上，易求出

$$WP_{i+1} = \sqrt{1 - \overline{C_i P_{i+1}^2}} = \sqrt{1 - (m+1)a^2}。$$

（因 $m < 2N$，故 $(m+1)\,a^2 = \dfrac{m+1}{2N+1} < 1$。）

(6) 以 $C_i^* P_{i+1}$ 為一邊向兩側作正方形，重複 (4) 與 (5) 的手續，得到關於 $P_i P_{i+1}$ 與 W 對稱的 W^*，即

$$W^* P_{i+1} = WP_{i+1},\quad \angle W^* P_{i+1} P_i = \angle WP_{i+1} P_i。$$

(7) 應用引理 2，作平行四邊形 $WP_{i+1} W^* M$（事實上是菱形），顯然 M 落在 $P_i P_{i+1}$ 上。

設 WW^* 交 MP_{i+1} 於 O，則有

$$\frac{MP_{i+1}}{P_iP_{i+1}} = \frac{2OP_{i+1}}{P_iP_{i+1}} = \frac{2WP_{i+1}}{C_iP_{i+1}} = \frac{2\sqrt{1 - (m+1)\,a^2}}{\sqrt{(m+1)\,a^2}}$$

$$= 2\sqrt{\frac{2N-m}{m+1}} = \sqrt{\frac{4\,(2N-m)}{m+1}}\,.$$

為了使 $P_iP_{i+1} = \sqrt{k}MP_{i+1}$，只要取 $m = 4k-1$，$N = 2k$ 即可。(2)～(7) 的作圖過程見圖 13。

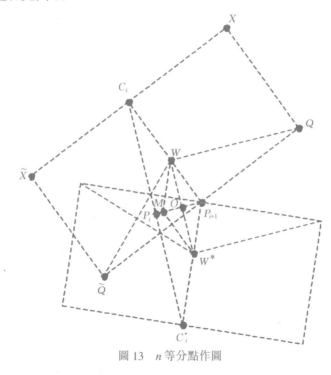

圖 13　n 等分點作圖

最後，用一下同變定理，便可以作出所要的點 C 來。

我們完成的比佩多教授所希望的要多：AB 的 n 等分點都可以作出來（只要取 $k = n^2$ 即可）。把定理 1 與定理 2 結合起來，實際上得到了這樣的結論：如果以 A 為原點，以直線 AB 為 X 軸，建立笛卡兒坐標系，並設 $AB = \lambda$，則當 x、y 都是整係數二次方程的實根的時候，點 $(\lambda x,$

λy) 一定能用單位定規作出來！

六、複數表示與代數語言

用複數表示平面上的點，可以用簡潔的代數語言來敘述「生銹圓規」的作圖理論。

設已知兩點 A、B，A 用複數 $z_A = 0$ 表示，B 用另一個複數 z_B 表示，則當 $z_B - z_A = z_B \neq 0$ 時，平面上任一點 C 所對應的複數 z_C 總可以表示成

$$z_C = z^* z_B$$

的形式。

設有某個固定的複數 z^*，對任何複數 z_B，都能用單位定規作出點 $z_C = z^* z_B$，就說 z^* 是一全可作的複數。全體全可作複數所成之集合記作 L。

佩多的第一個問題等價於：$e^{\frac{i\pi}{3}} = \frac{1}{2} + \frac{\sqrt{3}}{2} i$ 是否屬於 L？第二個問題等價於：$\frac{1}{2}$ 是否屬於 L？

我們再引入另一個集合 S：若對任意兩點 A、B，都有步長為 d 的點列把它們聯繫起來，則稱 $d \in S$。

把全可作的概念略加推廣，可得相對可作的概念：設 z^* 是某個複數，$\mathcal{U}$ 是複數集合的一個非空子集，若對一切 $z_B \in \mathcal{U}$，都能用單位定規作出 $z_c = z^* z_B$，則稱 z^* 為相對於 $\mathcal{U}$ 可作。所有相對於 $\mathcal{U}$ 可作的複數所成之集合記作 $L(\mathcal{U})$。

下面的命題，大部分是顯然的。

命題 1　若 $\mathcal{U}_1 = \{z_1 z \mid z \in \mathcal{U}\}$，且 $z_1 \in L(\mathcal{U})$，$z_2 \in L(\mathcal{U}_1)$，　則 $z_1 z_2 \in L(\mathcal{U})$。

這個命題易由 $L(\mathcal{U})$ 的定義得到。當 $\mathcal{U}$ 是全體複數時可推出：若 $L \supset \{z_1, z_2\}$，則 $z_1 z_2 \in L$。

命題 2　若 $z_1 \in L(\mathcal{U})$，$z_2 \in L(\mathcal{U})$，則 $z_1 + z_2 \in L(\mathcal{U})$。這是引理 2 的代數表示。

命題 3　若 $z \in L(\mathcal{U})$，則其共軛複數 $\bar{z} \in L(\mathcal{U})$。

命題 4　若 $0 < d = |z_B| \in S$，則由 $z \in L(z_B)$ 可推知 $z \in L$。這就是同變定理。這裏 $L(z_B)$ 是 $L(\{z_B\})$ 的略寫，以下同此。

命題 5　由 $1 \in S$ 及 $e^{\frac{i\pi}{3}} \in L(1)$ 得 $e^{\frac{i\pi}{3}} \in L$。再用命題 2 與命題 3 可得：對一切整數 m、k 有

$$\left(m + \frac{1}{2}\right) + i\left(k + \frac{1}{2}\right)\sqrt{3} \in L, \; m \in L, \; ik\sqrt{3} \in L。$$

命題 6　若 $0 < \lambda \in L$，$0 < \lambda d < 1$，則 $i\sqrt{\dfrac{1}{d^2} - \lambda^2} \in L\,(d)$。特別當 $d \in S$ 時，由命題 4 得 $i\sqrt{\dfrac{1}{d^2} - \lambda^2} \in L$。

證明很簡單：由 $\lambda \in L$ 知 λd 和 $-\lambda d$ 都可作。分別以 λd、$-\lambda d$ 為圓心作圓，交點正是 $\pm i\sqrt{1 - \lambda^2 d^2}$。於是 $\dfrac{i}{d}\sqrt{1 - \lambda^2 d^2} = i\sqrt{\dfrac{1}{d^2} - \lambda^2} \in L\,(d)$。

命題 7　若 $0 \le \lambda \in L$，$0 < \left(\lambda + \dfrac{1}{2}\right)d < 1$，則

$$\frac{1}{2} \pm i\sqrt{\frac{1}{d^2} - \left(\lambda + \frac{1}{2}\right)^2} \in L\,(d)。$$

特別當 $d \in S$ 時，由命題 4 得

$$\frac{1}{2} \pm i \sqrt{\frac{1}{d^2} - \left(\lambda + \frac{1}{2}\right)^2} \in L \circ$$

證明與命題 6 的證明類似：只要分別以 $(\lambda + 1)d$ 和 $-\lambda d$ 為圓心作圓，則交點 $\dfrac{d}{2} \pm i \sqrt{1 - \left(\lambda + \dfrac{1}{2}\right)^2 d^2}$ 為即得，用 d 除之後即得。

命題 8　若 $z = \dfrac{1}{2} + i\lambda \in L$，則 $\dfrac{1}{|z|} \in S \circ$

注意 $1 \in S \circ$ 用半徑變化定理即得。

命題 9　若 $d \in S, z = \dfrac{1}{2} + i\lambda \in L(d)$，則 $|zd| \in S \circ$

命題 10　由命題 5 與命題 8，取

$$z = \frac{1}{2} + i\left(k + \frac{1}{2}\right)\sqrt{3} \,,$$

即得　　　　　　　$$\frac{1}{\sqrt{3k^2 + 3k + 1}} \in S \circ$$

這就是推論 6。

命題 11　若 $d \in S$，$d < \dfrac{2}{3}$，則 $\dfrac{1}{\sqrt{\left(\dfrac{1}{d^2}\right) - 2}} \in S \circ$

證明　在命題 7 中取 $\lambda = 1$，則 $0 < \left(\lambda + \dfrac{1}{2}\right)d < 1$，於是得

$\dfrac{1}{2} \pm i \sqrt{\dfrac{1}{d^2} - \left(\lambda + \dfrac{1}{2}\right)^2} \in L \circ$ 由命題 8 得

$$\left| \frac{1}{2} \pm i\sqrt{\frac{1}{d^2} - \left(\lambda + \frac{1}{2}\right)^2} \right|^{-1} = \frac{1}{\sqrt{\dfrac{1}{d^2} - 2}} \in S \text{。}$$

命題 12　對任意非負整數 m，有 $\dfrac{1}{\sqrt{2m+1}} \in S$。

這就是推論 8。證明可從 $d = \dfrac{1}{\sqrt{3k^2 + 3k + 1}}$ 出發，多次用命題 11 而得。

命題 13　對一切正整數 n、k，有 $(i)^k \sqrt{n} \in L$。

證明　在命題 6 中取 $d = \dfrac{1}{\sqrt{2m+1}}$，$\lambda = l \in L$，這裏 m、l 是自然數 且 $l < \sqrt{2m+1}$，於是得

$$i\sqrt{\frac{1}{d^2} - \lambda^2} = i\sqrt{2m+1 - l^2} \in L \quad \text{。}$$

為使 $n = 2m + 1 - l^2$，當 n 為奇數時取 $l = 2$，當 n 為偶數時取 $l = 1$。又 取 $m = 2$，$l = 2$，得 $i \in L$，從而 $(i)^k \sqrt{n} \in L$。取是 $k = 1$，即為定理 2。

命題 14　$\dfrac{1}{2} \in L$。

這個命題的證明實際上是把前面的找 AB 中點的過程用代數語言 複述一遍。由命題 13，$\sqrt{15} \in L$，$1 \in L$，$i \in L$，故 $1 + i\sqrt{15} \in L$，取 $d = \dfrac{|1 + i\sqrt{15}|}{\sqrt{19}} = \dfrac{4}{\sqrt{19}}$，$\lambda = 1$，由命題 6 可得

$$i\sqrt{\frac{1}{d^2} - \lambda^2} = i\frac{\sqrt{3}}{4} \in L\,(d) = L\left(\frac{1 + i\sqrt{15}}{\sqrt{19}}\right) \text{。}$$

由命題 1 得 $i\dfrac{\sqrt{3}}{4}(1 + i\sqrt{15}) \in L\left(\dfrac{1}{\sqrt{19}}\right)$。但 $\left(\dfrac{1}{\sqrt{19}}\right) \in S$，由命題 4 得

$$i\frac{\sqrt{3}}{4}(1+i\sqrt{15}) = -\frac{\sqrt{45}}{4} + i\frac{\sqrt{3}}{4} \in L \, \text{。}$$

再由命題 2 及命題 3 得 $i\frac{\sqrt{3}}{2} \in L$，由 $i\sqrt{3} \in L$ 得 $\frac{3}{2} \in L$，又由 $1 \in L$ 得

$$\frac{3}{2} - 1 = \frac{1}{2} \in L \, \text{。}$$

命題 15　若 $d \in S$，$0 < d < 2$，則 $\frac{1}{d^2} \in L$。

證明　在命題 7 中取 $\lambda = 0 \in L$，得

$$z_1 = \frac{1}{2} + i\sqrt{\frac{1}{d^2} - \frac{1}{4}} \in L \, \text{。}$$

於是 $\bar{z}_1 \in L$，故 $z_1\bar{z}_2 = |z_1|^2 = \frac{1}{d^2} \in L$。

命題 16　若 $\lambda \geq \frac{1}{2}$，又 $\lambda \in L$，則 $\frac{1}{2} + i\sqrt{\lambda^2 - \frac{1}{4}} \in L$。

證明　取整數 $m > \lambda$，令

$$z_1 = \frac{1}{2}\left(1 + i\sqrt{4m^2+1}\right), \ z_2 = \frac{1}{2} + im,$$

由命題 8 及 $z_1 \in L$ 得 $\dfrac{1}{|z_1|} = \dfrac{1}{\sqrt{m^2+\frac{1}{2}}} = d_1 \in S$。又由 $z_2 \in L$ 得

$$\frac{1}{|z_2|} = \frac{1}{\sqrt{m^2+\frac{1}{4}}} = d_2 \in S \, \text{。}$$

再由命題 6，得

$$i\sqrt{\frac{1}{d_1^2 - \lambda^2}} = i\sqrt{m^2 + \frac{1}{2} - \lambda^2} = i\lambda_1 \in L,$$

於是 $\lambda_1 \in L$。又由命題 6 得

$$i\sqrt{\frac{1}{d_2^2 - \lambda_1^2}} = i\sqrt{m^2 + \frac{1}{4} - \left(m^2 + \frac{1}{2} - \lambda^2\right)}$$

$$= i\sqrt{\lambda^2 - \frac{1}{4}} \in L \text{。}$$

由 $\frac{1}{2} \in L$ 得 $\frac{1}{2} + i\sqrt{\lambda^2 - \frac{1}{4}} \in L$。

命題 17 若 $2 > \lambda \geq \frac{1}{2}$，$\lambda \in L$，則 $\frac{1}{\lambda} \in S \bigcap L$。

由命題 16 知，$z = \frac{1}{2} + i\sqrt{\lambda^2 - \frac{1}{4}} \in L$，由命題 8 即得 $\frac{1}{|z|} = \frac{1}{\lambda} \in S$。

又由命題 9，取 $d = 1$ 得 $|z| = \lambda \in S$。由命題 15，取 $d = \lambda$，得 $\frac{1}{\lambda^2} \in L$。

又由 $\lambda \in L$ 可得 $\lambda \cdot \frac{1}{\lambda^2} = \frac{1}{\lambda} \in L$。

命題 18 若實數 $0 \neq \lambda \in L$，則 $\frac{1}{\lambda} \in L$。

證明 因 $-1 \in L$，故只要對 $\lambda > 0$ 的情形來證。由於 $2 \in L$，$\frac{1}{2} \in L$，故 $2^k \lambda \in L$，這裏 k 是任意整數。適當取 k 使 $2 > 2^k \lambda \geq \frac{1}{2}$，則由命題 17 得 $\frac{1}{2^k \lambda} \in L$，於是 $\frac{1}{\lambda} = 2^k \cdot \frac{1}{2^k \lambda} \in L$。

命題 19 若 $0 < \lambda \in L$，則 $\sqrt{\lambda} \in L$。

證明 不妨設 $\lambda < 1$ 且 $\lambda \neq \frac{1}{2}$，因為當 $\lambda = \frac{1}{2}$ 時由命題 13 知 $\sqrt{2} \in L$，又由命題 18 知 $\frac{1}{\sqrt{2}} \in L$；而當 $\lambda > 1$ 時，由命題 18 可用 $\lambda^* = \frac{1}{\lambda} < 1$ 來代替 λ。

這時 $\lambda + \dfrac{1}{2}$、$\lambda - \dfrac{1}{2} \in L$，用命題 17，由 $\dfrac{1}{2} < \lambda + \dfrac{1}{2} < 2$ 可知

$$d = \frac{1}{\lambda + \dfrac{1}{2}} \in S \text{。用命題 6，由 } 0 < d \left| \lambda - \frac{1}{2} \right| < 1 \text{ 可得}$$

$$i\sqrt{\frac{1}{d^2} - \left(\lambda - \frac{1}{2}\right)^2} = i\sqrt{\left(\lambda + \frac{1}{2}\right)^2 - \left(\lambda - \frac{1}{2}\right)^2} = i\sqrt{2\lambda} \in L \text{。}$$

於是由 $i \in L$、$\dfrac{1}{\sqrt{2}} \in L$、$-1 \in L$ 即得 $\sqrt{\lambda} \in L$。

命題 20　若 $z \in L$，$z \neq 0$，則 $\dfrac{1}{z} \in L$。

證明　由 $z \in L$，得 $z\bar{z} = |z|^2 \in L$。由命題 18 得 $|z|^{-2} \in L$。又由 $\bar{z} \in L$ 得 $\dfrac{1}{z} = \bar{z}\,|z|^{-2} \in L$。

命題 21　若 $z \in L$，則 $\sqrt{z} \in L$。

證明　設 $z = \lambda e^{i\theta} = \lambda(\cos\theta + i\sin\theta)$，這裏 $\lambda > 0$，則

$$\sqrt{z} = \sqrt{\lambda}\left(\cos\frac{\theta}{2} + i\sin\frac{\theta}{2}\right) \text{。}$$

由 $z \in L$ 可得 $|z|2 \in L$，因而 $|z| \in L$，即 $\lambda \in L$。從而 $\sqrt{\lambda} \in L$。又由 $\dfrac{1}{\lambda} \in L$ 得 $\cos\theta + i\sin\theta \in L$。於是 $\cos\theta \in L$，$\sin\theta \in L$，從而

$$\cos\frac{\theta}{2} = \sqrt{\frac{1 + \cos\theta}{2}} \in L \text{，} \sin\frac{\theta}{2} = \sqrt{\frac{1 - \cos}{2}} \in L \text{，於是}$$

$$\sqrt{z} = \sqrt{\lambda}\left(\cos\frac{\theta}{2} + i\sin\frac{\theta}{2}\right) \in L \text{。}$$

這一節裏所介紹的，基本上是侯曉榮的方法。

最後的兩個命題告訴我們：從整數出發，經過有限次的四則運算和開平方運算而得到的一切複數 z，都是全可作的！事實上，從兩點出

發來作圖，通常圓規直尺的本領也不過如此罷了！

以上說的是從已知兩點出發作圖。如果從已知三點出發呢？也許生銹圓規就比不上普通圓規了吧。例如：若已知△ ABC 的三個頂點，用普通的規尺不難找出點 C'，使 C' 和 C 關於 AB 對稱，用生銹圓規，目前還不能完成這個「簡單」的作圖。它到底是真正不能，還是沒有找到正確的方法？這仍然是一個謎。

（原載《自然雜誌》，9 卷 4 期，1986）

參考文獻

[1] 張景中：《自然雜誌》，7（1984），927。

[2] 肖韌吾：《數學通訊》，2（1983），26。

[3] 張景中、楊路：《初等數學論叢》第 6 輯，上海教育出版社（1983），37。

[4] Pedoe D., *Crux Mathematicorum*, 8, 3(1982), 79.

[5] Pedoe D., *Queen's Quarterly*, 90, 2(1983), 449.

從平凡的事實到驚人的定理

數學家對一元連續函數的研究，少說也有兩三百年了。涉足這個領域的數學大師，可說是接踵而來。他們獲得的纍纍碩果，許多已成為大學一二年級的課程內容，有的甚至要下放到高中了。誰能想到，在這塊被前輩巨匠們反覆耕耘過的田園裏，竟還有未被開墾的處女地，竟還能生長出人們從未見過的奇葩異草。近幾年引起廣泛興趣的沙可夫斯基定理，就可算是這樣一朵奇葩。這個定理揭示出一條美妙而又出人意料的數學規律，而它的證明基礎，又那麼平凡，那麼初等，甚至沒學過微積分的中學生，也有可能弄懂。當然，要下一點工夫。

一、平凡的事實

不需要有任何專門的數學知識，僅憑常識就能確認下述事實：

同一天裏從北京開往上海的列車和從上海開往北京的列車，必然在中途某處相遇；

百米賽路中，一開始落了後的選手想得冠軍，就必須從一個一個對手的身邊越過。

這些都是盡人皆知的平凡事實。但有時變個花樣，就不那麼顯然了。有這樣一道智力測驗題：

老王於早晨六點出發爬山，晚上六點到了山頂。第二天，他於早晨六點開始從山頂由原路向下走，最後回到了原出發地。請問：在上下山的途中有沒有這麼一個地點，當老王上下山經過這個地點時，他的手錶顯示出同樣的時刻？

回答是肯定的。你不妨想像這不是一個老王在兩天裏的活動，而是兩個老王在同一天裏的活動。老王甲從早晨六點開始向上爬，老王乙同時向下走，如果兩人的手錶都對準了時間，在途中兩人相遇時，兩塊錶當然顯示出同一時刻。

　　若用數學語言來表達這些平凡的事實，便可歸結為一個重要的定理。

　　連續函數的介值定理　設 $f(x)$ 是定義在 $[a, b]$ 上的連續函數。如果 $f(a)$ 和 $f(b)$ 反號（即 $f(a) \cdot f(b) < 0$），則必有 $x_0 \in (a, b)$，使 $f(x_0) = 0$。

　　從幾何上看，$y = f(x)$ 的圖像是一條連續曲線。它一端在 X 軸之下，另一端在 X 軸之上。顯然，它和 X 軸至少有一個交點（圖 1）。

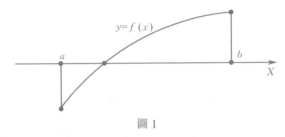

圖 1

　　這個介值定理是一個基本的定理。近年來研究生入學考試的數學分析試卷上，常常出現這個定理的變形或應用。儘管它如此簡單、平凡，人們還是很重視它。

　　在介值定理中，對函數 $f(x)$ 只有一個要求——連續。條件寬，用起來就靈活。中國科技大學少年班的一次數學分析測驗中，有這樣一道題：

　　命題 1　設 $f(x)$ 是 $[a, b]$ 上的連續函數，$f(x)$ 的值域包含了 $[a, b]$，求證：方程

$$f(x) = x \qquad (x \in [a, b]) \tag{1}$$

至少有一個根。

　　有好幾位少年大學生在這道題上丟了分，然而它的解法異常簡單：因 $f(x)$ 的值域包含了 $[a, b]$，故 $[a, b]$ 中必有 x_1, x_2，使 $f(x_1) \leq a \leq x_1$，$f(x_2) \geq b \geq x_2$。令 $g(x) = f(x) - x$，則 $g(x)$ 在 $[a, b]$ 上連續，且 $g(x_1) \leq 0$，$g(x_2) \geq 0$。由介值定理，可知在 x_1 與 x_2 之間（含 x_1 和 x_2）必有 x_0 使 $g(x_0) = 0$，亦即 x_0 是方程 (1) 的根。

　　在命題 1 中，把「$f(x)$ 的值域包含了 $[a, b]$」改成「$f(x)$ 的值域被包含於 $[a, b]$」，結論照樣成立。

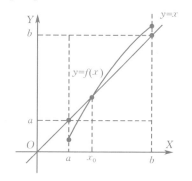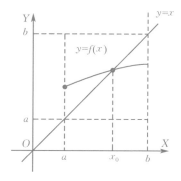

圖 2

　　命題 1 的幾何意義如圖 2 所示。其中左圖表明「$f(x)$ 的值域包含了 $[a, b]$」，右圖表明「$f(x)$ 的值域被包含於 $[a, b]$」。$y = f(x)$ 的曲線與直線 $y = x$ 的交點的 X 坐標，正是方程 (1) 的根。

　　簡單的東西組合在一起，會變得複雜起來。讓我們從命題 1 出發，向前走幾步看看。

　　滿足方程 (1) 的點 x_0 叫做 f 的不動點。不動點的推廣，是所謂週期點。

　　我們知道，函數可以複合。把 $f(x)$ 中的 x 換成 $g(x)$，便得到複合函數 $f(g(x))$。如果 $f(x)$ 的值域不超出它的定義域，它就可以自己與自己複合——

迭代。記 $f^0(x) = x$，$f^1(x) = f(x)$，$f^2(x) = f(f(x))$，$f^n(x) = f(f^{x-1}(x))$。$f^n(x)$ 叫做 f 的 n 次迭代。如果 x_0 滿足

$$\begin{cases} f^n(x_0) = x_0, \\ f^k(x_0) \neq x_0, \ k = 1, 2, \ldots, n-1, \end{cases} \tag{2}$$

便說 x_0 是 f 的一個 n- 週期點。n 叫做 x_0 在 f 下的週期。不動點就是 1- 週期點。

　　若 x_0 是 f 的 n- 週期點，則 $x_0, f(x_0), f^2(x_0), \cdots, f^{n-1}(x_0)$ 互不相同。這 n 個點所組成的集合，叫作 f 的一個週期軌。

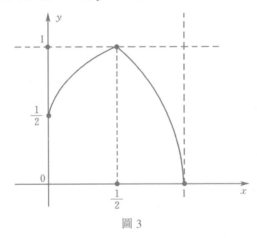

圖 3

　　一個函數 $f(x)$ 是否有不動點，看看 $f(x)$ 的圖像，便可一目了然。但是否有 n- 週期點，即使 n 不超過 10，也難以直接看出來。圖 3 是一個相當簡單的函數 $\varphi(x)$ 的圖像。它的特點是：$\varphi(0) = \dfrac{1}{2}$，$\varphi(\varphi(0) = \varphi\left(\dfrac{1}{2}\right) = 1$，$\varphi(\varphi(\varphi(0))) = \varphi(1) = 0$，也就是說它有 3 – 週期點。它是否有 7- 週期點？是否有 9- 週期點？能一下子看出來嗎？我們在下一節要給出證明：這樣的函數對一切正整數 n 都有 n- 週期點！這是不是多少有點令人驚奇呢？

幾何直觀能給我們以極好的啟迪，可它不能帶我們走得很遠。要想更深入地探索數學世界的奧秘，沒有代數和分析的幫助是很困難的。讓我們繼續前進。

命題 2 設 $f(x)$ 是定義於 $[a, b]$ 上的連續函數。$\Delta_0, \Delta_1, \cdots, \Delta_{n-1}$ 是 $[a, b]$ 的一些閉子區間。若

$$\begin{cases} f(\Delta_k) \supset \Delta_{k+1}, k = 0, 1, 2, \ldots, n-2, \\ f(\Delta_{n-1}) \supset \Delta_0, \end{cases} \tag{3}$$

則方程

$$f^n(x) = x \tag{4}$$

至少有一個根 $x = x_0 \in \Delta_0$，而且滿足

$$f^k(x_0) \in \Delta_k, \quad k = 0, 1, 2, \cdots, n-1 \,。 \tag{5}$$

(5) 式表示：x_0 在 f 的不斷作用下，順次訪問 $\Delta_1, \Delta_2, \cdots, \Delta_{n-1}$ 後，再回到原處。

這裏，$f(\Delta_k) \supset \Delta_{k+1}$ 的意思是：$f(x)$ 在 Δ_k 上取值的範圍包含了 Δ_{k+1}。這通常叫做 $f(\Delta_k)$ 覆蓋了 Δ_{k+1}。為了簡便，用記號

$$\Delta_i \xrightarrow{f} \Delta_j \ \text{或} \ \Delta_j \xleftarrow{f} \Delta_i$$

表示 $f(\Delta_i) \supset \Delta_j$。特別地，$\Delta \xrightarrow{f} \Delta$ 也記作

$$\Delta \overset{f}{\circlearrowleft} \ \text{或} \ \overset{f}{\circlearrowright} \Delta \,。$$

在不致混淆時，箭頭上的 "f" 可以省略。

命題 2 中方程 (4) 有根這一點證起來也並不費事：由條件 (3) 可知 $f^n(\Delta_0)$ 覆蓋了 Δ_0，再用命題 1，便可斷定有 $x_0 \in \Delta_0$，使 $f^n(\Delta_0) = x_0$，則方程 (4) 有根 x_0。

為了證明 (5) 式成立，我們還需要一個輔助的命題。

命題 3　設 $f(x)$ 在閉區間 Δ_1 上連續，$f(\Delta_1)$ 覆蓋了閉區間 Δ_2，則一定有 Δ_1 的閉子區間 Δ^*，使得 $f(\Delta^*) = \Delta_2$。

這是數學分析中的一道不太難的習題，證明請讀者自己完成。

現在來證明 (5) 式。根據命題 2 的條件 (3) 和命題 3，有 Δ_{n-1} 的閉子區間 Δ_{n-1}^*，使 $f(\Delta_{n-1}^*) = \Delta_0$。然後因 $\Delta_{n-2} \xrightarrow{f} \Delta_{n-1} \supset \Delta_{n-1}^*$，故又有 Δ_{n-2} 的閉子區間 Δ_{n-2}^*，使 $f(\Delta_{n-2}^*) = \Delta_{n-1}^*$。依此類推，可知有閉區間 $\Delta_k^* \subset \Delta_k (k = 0, 1, 2, \cdots, n-2)$，使

$$\begin{cases} f(\Delta_k^*) = \Delta_{k+1}^* \subset \Delta_{k+1}, \ k = 0, 1, \cdots, n-2, \\ f(\Delta_{n-1}^*) = \Delta_0 \supset \Delta_0^*。 \end{cases} \tag{6}$$

由 (6) 可見 $f^k(\Delta_0^*) \supset \Delta_0^*$，故方程 (4) 有根 $x_0 \in \Delta_0^*$，又由 (6) 可見 $f^k(x_0) \in \Delta_k^* \subset \Delta_k$。

命題 2 本身看來也不算甚麼驚人的結果。然而，要證明沙可夫斯基定理，所需要的全部微積分知識也不過如此！

二、週期 3 與混沌 [①] 現象

1975 年，《美國數學月刊》(*The American Mathematical Monthly*) 上刊登的短文〈週期 3 蘊涵着混沌〉[1] 引起了不少人的興趣。因為其中有一條頗為別致的定理：

定理 1　設 $f(x)$ 是 $[a, b]$ 上的連續自映射（即 $f(x)$ 是 $[a, b]$ 上的連續函數，且它的值域不超出 $[a, b]$），若 f 有 3- 週期點，則對一切正整數 n, f 有 n- 週期點。

[①]　「混沌」原文是 chaos，也有譯作「混亂」的。

證明　設 $x_0 < x_1 < x_2$ 是 f 的一個 3- 週期軌，則 $f(x_1) = x_0$ 或 $f(x_1) = x_2$。不失一般性，設 $f(x_1) = x_0$，則必有 $f(x_0) = x_2$，$f(x_2) = x_1$。記 $\widetilde{\Delta}_0 = [x_0, x_1]$, $\widetilde{\Delta}_1 = [x_1, x_2]$，由介值定理，有

$$\circlearrowleft \widetilde{\Delta}_0 \rightleftharpoons \widetilde{\Delta}_1 。 \tag{7}$$

在命題 2 中取

$$\begin{cases} \Delta_0 = \Delta_1 = \Delta_2 = \cdots = \Delta_{n-2} = \widetilde{\Delta}_0, \\ \Delta_{n-1} = \widetilde{\Delta}_1, \end{cases} \tag{8}$$

則條件 (3) 被滿足。因而有 $x_0^* \in \Delta_0$，滿足 $f^n(x_0^*) = x_0^*$，且

$$\begin{cases} f^k(x_0^*) \in \widetilde{\Delta}_0, \quad k = 0, 1, 2, \cdots, n-2, \\ f^{n-1}(x_0^*) \in \widetilde{\Delta}_1 。 \end{cases} \tag{9}$$

容易看出：$x_0^*, f(x_0^*), \cdots, f^{n-1}(x_0^*)$ 是各不相同的，這說明 x_0^* 是 f 的 n- 週期點。

事實上，如果 $x_0^*, f(x_0^*), f^2(x_0^*), \cdots, f^{n-1}(x_0^*)$ 中有兩個相同，則 x_0^* 的週期小於 n，即 $f^{n-1}(x_0^*)$ 是 $x_0^*, f(x_0^*), \cdots, f^{n-2}(x_0^*)$ 中之一。因而有

$$f^{n-1}(x_0^*) \in \widetilde{\Delta}_0 。 \tag{10}$$

結合 (9) 式，可斷定 $f^{n-1}(x_0^*) \in \widetilde{\Delta}_0 \bigcap \widetilde{\Delta}_1 = \{x_1\}$。於是

$$x_0^* = f^n(x_0^*) = f(f^{n-1}(x_0^*)) = f(x_1) = x_2 \notin \widetilde{\Delta}_0 。$$

這與 $x_0^* \in \Delta_0$ 矛盾。

有了這條定理，馬上可知圖 3 所示的函數對一切正整數 n 有 n- 週期點。直觀上這是難以相信的。看起來很簡單的函數，在不斷迭代的過程中，竟會產生如此複雜的現象。

這篇文章還引入了「混沌」概念。這個概念也引起了人們的興趣。

定義　閉區間 I 上的連續自映射 $f(x)$，如果滿足下列條件，便說它

有混沌現象：

(i)　f 的週期點的週期無上界。

(ii)　存在 I 的不可數子集 S，滿足

　　　1. 對任意 x、$y \in S$，當 $x \neq y$ 時有

$$\lim_{n \to +\infty} \sup |f^n(x) - f^n(y)| = 0 ;$$

　　　2. 對任意 x、$y \in S$，有

$$\lim_{n \to +\infty} \inf |f^n(x) - f^n(y)| = 0 ;$$

　　　3. 對任意 $x \in S$ 和 f 的任一週期點 y，有

$$\lim_{n \to +\infty} \sup |f^n(x) - f^n(y)| > 0 。$$

文 [1] 證明了，若連續函數 f 有 3- 週期點，則它一定有混沌現象。

從定義可以看出：S 中的點在 f 的不斷作用之下，呈現出一片混亂的運動狀態。每個點的變化都不具有週期性，不同的點忽分忽合，在完全確定的 f 的作用之下，出現了類似於隨機過程的狀態。混沌現象的定義可以推廣到高維映射，而且在物理、化學、生物學等許多領域中所遇到的不少差分、微分方程的研究中，都有混沌現象出現，因而引起各個學科的工作者們的關注。對混沌現象的研究已成為目前一個活躍的方向 [2]。

文 [1] 發表不久，人們就發現，原來令人驚奇的定理 1 並不是新發現！早在 1964 年，一位名不見經傳的前蘇聯數學家沙可夫斯基（A. N. Sarkovskii）就發表過一個更為令人驚奇，也更為漂亮的定理 [3]。而定理 1 不過是沙可夫斯基定理的一個特款而已。1977 年，斯特凡（P. Stefan） [4] 整理並簡化了沙可夫斯基定理的證明，介紹給西方數學家，引起了更為廣泛的注意。

三、沙可夫斯基序與沙可夫斯基定理

自然數的自然順序是由小到大的：1, 2, 3, 4, 5……。

沙可夫斯基把自然數重新排了個順序。這種新順序我們不妨叫作 S 序。如果按照 S 序，m 在 n 之前，便記作 $m \triangleleft n$。

在這種 S 序之下，頭一個自然數不是 1 而是 3，3 之後是 5，然後是 7, 9, 11, 13……先這樣地把所有大於 1 的奇數由小到大地排出來；然後由小到大地排出所有奇數的 2 倍；再由小到大地排出所有奇數的 4 倍、8 倍、16 倍……。最後就只剩下 2 的方冪了。現在變個花樣，由大到小地排，壓尾的幾個數是 16, 8, 4, 2, 1。

總之，若按 S 序把所有自然數排出來，就是：

$3 \triangleleft 5 \triangleleft 7 \cdots \triangleleft 2n+1 \triangleleft 2n+3 \triangleleft \cdots$

$\triangleleft 2\cdot3 \triangleleft 2\cdot5 \triangleleft 2\cdot7 \triangleleft \cdots \triangleleft 2(2n+1) \triangleleft 2(2n+3) \triangleleft \cdots$

$\triangleleft 2^2\cdot3 \triangleleft 2^2\cdot5 \triangleleft 2^2\cdot7 \triangleleft \cdots \triangleleft 2^2(2n+1) \triangleleft 2^2(2n+3) \triangleleft \cdots$

$\triangleleft 2^m\cdot3 \triangleleft 2^m\cdot5 \triangleleft 2^m\cdot7 \triangleleft \cdots \triangleleft 2^m(2n+1) \triangleleft \cdots$

$\triangleleft 2^l \triangleleft 2^{l-1} \triangleleft \cdots \triangleleft 16 \triangleleft 8 \triangleleft 4 \triangleleft 2 \triangleleft 1$。

人們自然要問：排這樣的古怪順序幹甚麼呢？請看

定理 2（沙可夫斯基定理）　設 $f(x)$ 是線段 I 上的連續自映射，若 f 有 m- 週期點，則當 $m \triangleleft n$ 時 f 必行 n- 週期點。

在這裏線段 I 可以是開區間、閉區間或半開半閉的區間，可以是有窮的或無窮的區間。

沙可夫斯基定理揭示出關於連續函數的週期點的令人難以置信的美麗的規律性。有了這個定理，我們馬上知道，若 f 有 7- 週期點，則它必有除週期為 3、5 之外的一切週期點（也可能有 3、5- 週期點），

若 f 有 100- 週期點，則它必有週期為 108、116、124 的週期點。最簡單的特款是：在這個定理中取 $m = 3$，可知若 f 有 3- 週期點，則對一切正整數 n，f 也必有 n- 週期點。這就是定理 1。

要熟悉一個數學定理，先了解它的一些簡單的特殊情形是有好處的。定理 1 是沙可夫斯基定理的一個特殊情形。現在我們來證明這個定理的另一個特殊情形。

命題 4　設 $f(x)$ 是線段 I 上的連續自映射，若 f 有 2^n- 週期點，則對 $0 \le m < n$，f 有 2^m- 週期點。

證明　只要證明：若 f 有 2^n- 週期點則它必有 2^{n-1} 週期點，就可以了。當然設 $n \ge 1$。

當 $n = 1$ 時，f 有 2- 週期點。設 $x_1 < x_2$ 是 f 的一個 2- 週期軌，則 $f(x_1) = x_2$，$f(x_2) = x_1$，故 $[x_1, x_2]$ ↺。由命題 1 知 f 在 $[x_1, x_2]$ 上有不動點。

當 $n = 2$ 時，f 有 4- 週期點。設 $x_1 < x_2 < x_3 < x_4$ 是 f 的一個 4- 週期軌，則 $f(x_2)$、$f(x_3)$ 中至少有一個是 x_1 或 x_4。否則，x_2、x_3 就是 f 的 2- 週期點了。不失一般性，設 $f(x_2)$、$f(x_3)$ 中有一個為 x_1，分兩種情形：

(i)　$f(x_2) = x_1$，此時有兩種可能：

若 $f(x_1) = x_3$，則 $f(x_3) = x_4$，就有
$$[x_1, x_2] \rightleftharpoons [x_2, x_3]；\tag{11}$$
若 $f(x_1) = x_4$，則 $f(x_4) = x_3$，$f(x_3) = x_2$，仍有 (11)。

(ii)　$f(x_3) = x_1$，也有兩種可能：

若 $f(x_1) = x_2$，則 $f(x_2) = x_4$，$f(x_4) = x_3$，有
$$[x_1, x_2] \rightleftharpoons [x_3, x_4]；\tag{12}$$
若 $f(x_1) = x_4$，則 $f(x_4) = x_2$，$f(x_2) = x_3$，仍有 (12)。

再用命題 2，由 (11)、(12) 都可推出 f 有 2- 週期點。

至於 $n>2$ 的情形就好辦了。設 f 有 2^n- 週期點。考慮 $g(x)=f^{2n-2}(x)$，則 f 的 2^n- 週期點是 g 的 4- 週期點。根據剛才所證，由 g 有 4- 週期點知 g 有 2- 週期點，而 g 的 2- 週期點一定是 f 的 2^{n-1} 週期點。

關於 f 有奇週期點的情形，下面由文 [4] 首先明確敍述的命題會給我們很大幫助。這個命題本身也是十分有趣的。

命題 5　設 $f(x)$ 是線段 I 上的連續自映射；它有 $2n+1$- 週期軌 $\{x_k=f^k(x_0)$，$k=0, 1, \cdots, 2n\}$；而對於 $1 \le m < n$，沒有 $2m+1$- 週期軌。若令 x_0 是諸 x_k 由小到大排列時正中間的一個（即由小到大的第 $n+1$ 個），則下列兩情形必居其一：

(i)　$x_{2n} < x_{2n-2} < \cdots < x_2 < x_0 < x_1 < x_3 < \cdots < x_{2n-1}$；　　　　(13)

(ii)　$x_{2n-1} < \cdots < x_3 < x_1 < x_0 < x_2 < x_4 < \cdots < x_{2n}$。　　　　(14)

（圖 4 畫出了 $n=3$ 時諸 $x_k(k=0, 1, \cdots, 6)$ 在 f 的作用之下變動的情形。）

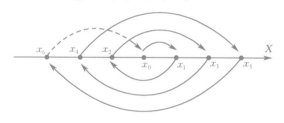

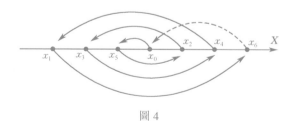

圖 4

證明　不妨設 $n > 1$。重記諸 x_k 由小到大為 $\{z_1, z_2, \cdots, z_{2n+1}\} = O_f$。記

$$U_{kl} = \{z_i \mid k \le i \le l\}。$$

如果

$$max\{f(z) \mid z \in U_{kl}\} = z_j，$$
$$min\{f(z) \mid z \in U_{kl}\} = z_i，$$

則記

$$f^*(U_{kl}) = U_{ij}。$$

如果 $f^*(U_{kl}) \supset U_{st}$，則記

$$U_{kl} \Rightarrow U_{st}。$$

此外，記 $\Delta_k = U_{k, k+1}, k = 1, 2, \cdots, 2n$。我們有

輔助命題　存在小於 $2n + 1$ 的正整數 m、l 及一串 $U_i = U_{k_i l_i}$ $(i = 1, 2, \cdots, s, s = 2n)$，其中 $U_1 = \Delta_m, U_s = \Delta_l, U_{i+1}$ 中恰有一個點不屬於 U_i，且

$$\Delta_m \Rightarrow U_1 \Rightarrow U_2 \Rightarrow \cdots \Rightarrow U_s \Rightarrow \Delta_m， \tag{15}$$

$$U_1 \subset U_2 \subset \cdots \subset U_{k-1} \not\supset U_s。 \tag{16}$$

輔助命題的證明　因在 f 作用下 z_1 向右跑而 z_{2n+1} 向左跑，故必有 $m \le 2n$ 使 $f(z_m) > z_m$ 而 $f(z_{m+1}) < z_{m+1}$。取 $U_1 = \Delta_m$，$U_{i+1} = f^*(U_i)$，顯然有 $U_i \subset U_{i+1}$。而且當 $U_i \ne O_f$ 時 $U_i \not\supset U_{i+1}$。現在設 $i = 1, 2, \cdots, s-1$，但 s 待定。顯然，除 s 未定外，(15)、(16) 式成立。

因 $U_{1, m}$ 和 $U_{m+1, 2n+1}$ 中的點不一樣多，故有 $l \ne m$ 使 $f(z_l)$ 和 $f(z_{l+1})$ 在 Δ_m 之兩側，即 $\Delta_l \Rightarrow \Delta_m$。令 $U_s = \Delta_l$。

怎樣確定 s 呢？在 $U_1, U_2, \cdots$ 這一串一個包含一個的集合裏使 $U_i \Rightarrow \Delta_l$ 的最小標號 i 即取作 $s-1$，s 也就定了。這樣的 s 顯然存在。

設含 U_i 的最小閉區間為 V_i，由 (15) 易知

$$\circlearrowleft V_1 \to V_2 \to \cdots \to V_s \to V_1。 \tag{17}$$

我們由此來證 $s = 2n$。因 $U_i \supsetneq U_i + 1$，故 $s \leq 2n$。如果 $s < 2n$，用命題 2 及 (17)，重複定理 1 的證明方法，可知 f 有 $2n - 1$- 週期軌。（注意：V_s 和其他 V_i 無公共內點！）這與題設不符，故 $s = 2n$，可見 $U_{i+1} \setminus U_i$ 恰為單點集。

為了完成命題 5 的證明，只需指出：對所有 $i = 1, 2, \cdots, 2n - 1$，f 總把 U_i 的一個端點 A 映為另一端點 B，並使 A 在 B 和 $f(B)$ 之間。若 $i = 1$，這顯然。記 $U_i \setminus U_{i-1} = \{A_i\}$。如果上述加着重號的論斷在某個 $i = k < 2n$ 時不成立，則將出現圖 5 所示之情形（或與圖 5 左右相反）。因而

$$\circlearrowleft [A_{k-2}, A_k] \rightleftharpoons [A_{k-1}, A_{k-3}] 。$$

但這蘊涵 f 有 3- 週期點，與假設不符。

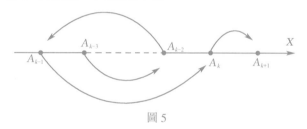

圖 5

我們這裏提供的證明，比 [4] 中要簡單些。

現在我們可以完成沙可夫斯基定理的證明了。把命題 5 中的 $[x_0, x_1]$ 記作 I_1，$I_2 = [x_0, x_2]$，$I_3 = [x_1, x_3]$，$I_4 = [x_2, x_4]$，$\cdots$，$I_{2n-1} = [x_{2n-3}, x_{2n-1}]$，$I_{2n} = [x_{2n-2}, x_{2n}]$。由命題 5，得到覆蓋圖：

由這覆蓋圖及命題 2，注意到諸 I_k 之間兩兩無公共內點，可得

推論 1　設 $f(x)$ 是線段 I 上的連續自映射，且對某個 $n \geq 1$，f 有

$2n + 1$- 週期軌，則對任意正整數 $k > 2n + 1$，f 有 k- 週期軌。

證明 不妨設對於 $1 \le m < n$，f 沒有 $2m + 1$- 週期軌，就可以用命題 5 了。對 $k > 2n + 1$，由上述覆蓋圖，得

$$\underbrace{I_1 \to I_1 \to \dots \to I_1}_{k-(2n-1)\text{個}} \to I_2 \to I_3 \dots \to I_{2n} \to I_1 。$$

再用命題 2 即可。

推論 2 設 $f(x)$ 是線段 I 上的連續自映射，且對某個 $n \ge 1$，f 有 $2n + 1$- 週期軌，則對任意正整數 k，f 有 $2k$- 週期軌。

證明 只要證明 $2k \le 2n$ 的情形就夠了。由上述覆蓋圖，對 $k = 1, 2,$ $\dots, n$，有

$$I_{2k-1} \to I_{2k} \to I_{2k+1} \to \dots \to I_{2n} \to I_{2k-1} 。$$

再用命題 2，即知 f 有 $2k$- 週期軌。

綜合定理 1、命題 4 及以上兩個推論，沙可夫斯基定理的結論中，只剩下一種情形尚未獲證。即 $m = 2^k p$，其中 $k \ge 1$，p 為大於 1 的奇數。

此時設 $m \triangleleft n$，則 $n = 2^t q$，這裏 q 是奇數。當 $q = 1$ 時，t 為任意非負整數。當 $1 < q \le p$ 時，t 為大於 k 的任意整數。當 $q > p$ 時，t 為不小於 k 的任意整數。不妨設對 $l \triangleleft m$，f 無 l- 週期點。

令 $\varphi(x) = f^{2^k}(x)$，則 φ 有 p- 週期軌。因而對一切非負整數 t，φ 有 2^t- 週期軌。這蘊含 f 有一切 2^t- 週期軌。於是，$n = 2^t q$，$q = 1$ 的情形獲證。

現在設 $n = 2^t q$，q 是大於 1 的奇數並 $m \triangleleft n$，於是必有 $t \ge k$。令 $t = k + s$，則 $p \triangleleft 2^s q$，由推論 1 及推論 2，$\varphi(x)$ 有 $2^s q$- 週期點 x_0：

$$\varphi^{2^s q}(x_0) = f^{2^{k+s} q}(x_0) = x_0 。$$

於是 x_0 是 f 的週期點。設 x_0 的週期為 l，由假設可知 $m \triangleleft l$（因為 $l \triangleleft m$ 時，f 無 l- 週期點）。l 顯然不能是 2 的方冪，因為那將推出 $q = 1$。於

是 $l = 2^k l^*$，且 $l \leq 2^{k+s}q$，即 $l^* \leq 2^s q$。這裏 l^* 是正整數，但又有

$$\varphi^{l^*}(x_0) = f^{2^k l^*}(x_0) = x_0。$$

故有 $l^* \geq 2^s q$，於是 $l^* = 2^s q$，即 $l = 2^{k+s}q = 2^t q = n$, 這證明了 f 有 n- 週期點。

至此，沙可夫斯基定理全部證畢。

整個證明雖然很複雜，但並不高深。微分、積分、線性代數……這些起碼的高等數學都沒用上，而僅僅作具體的組合排序的討論。由於這個定理本身包含了豐富的內容，想要使它的證明很簡單看來是不容易的。

四、結束語

沙可夫斯基定理並沒有結束關於函數的週期軌的研究，而是開闢了頗有前途的一個研究方向。與沙可夫斯基定理有關的新的研究成果不斷發表，大有方興未艾之勢。其中有的是給出這個定理的大同小異的別證和推廣，有的則進一步研究函數族中隨參數變化而引起的週期軌變化的沙可夫斯基序，以及週期軌的序結構。預料近幾年將有更多的成果發表。

最後，讓我們試想一下，為甚麼如此有趣的結果，古典分析大師們沒有發現呢？原因在於，那時數學家的注意力集中於函數的局部性質的研究。可微性、可積性等本質上是由函數的局部性質所確定的。這些局部性質所反映的關係是量變與量變之間的聯繫。他們也關心一些整體性質，如一致連續、介值定理，但這些整體性質與局部性質之間的關係，是通過簡單的加與併而實現的。

當代分析學的一個顯著特點，是對函數進行整體的研究。迭代、週期軌，這些概念本質上是整體的、全域的概念。$f(x)$ 可以在 $[a, b]$ 上迭代，但在 $[a, b]$ 的子區間上就可能無法迭代。研究函數（映射）整體性質的數學分支，叫做大範圍分析。它包括微分動力體系、整體微分幾何、微分方程定性理論、微分拓撲等許多學科。近年來有了極其豐碩的成果，形成了現代數學的主要方向之一。

當然，事物的整體性質與局部性質密切相關。人們往往是先認識局部，後來才認識到關於整體的更深刻的性質。局部的量的變化如何能夠引起整體的結構變化，即質變，是當代分析學所特別關心的問題。正是由於採取了從全局出發、從結構出發來提出問題的觀點，才發現了像沙可夫斯基定理這類美麗而深刻的規律。

（原載《自然雜誌》，8 卷 7 期，1985）

參考文獻

[1] Li T.Y., Yorke J.A., *The American Mathematical Monthly*, 82(1975), 985.

[2] 郝柏林：《物理學進展》，3，3（1983），329。

[3] Sarkovskii A.N., *Ukrainian Mathematical Journal*, 16(1964), 61.

[4] Stefan P., *Communications in Mathematical Physics*, 54(1977), 237.

命運・決定性・時間的數學

定命與算命

人，誰不關心自己的命運？如果破費幾文就真的能預卜禍福，以便「趨吉避凶」，那當然划得來，也許正因為如此，算命先生至今仍有生意可做。一些發達國家中的算命先生——高雅的稱號叫作「占星家」——據說更是顧客盈門，有的還用上了現代化的電腦。至於問卜者，當然多是一些不能掌握自己命運而又抱有某種希望的人：失業者、考生、求偶的男女，等等。

但是，今天多數人已不相信算命先生了，因為經驗和科學的邏輯告訴人們，並沒有所謂注定的命運，因此更沒有甚麼「鐵口神仙」能知道你的命運。

有一個明顯的道理：如果一個人有定命，這定命中的吉凶禍福又可以預知，那麼，他就可以採取趨吉避凶的措施來改善自己的命運了。於是定命又是可以改善的，那也就是定命並不是定而不移的，那也就無所謂定命了，更不可能預知定命了。對於不存在的東西，預知甚麼？

這些詰問，或許可以難住一些信徒，但對於一個徹底的定命論者，或者一個決心維護定命論的詭辯家來說，說服他可沒有這麼容易，他可以振振有詞地回答：

「一切都是時間的函數，當你生命中的某一時刻到來時，在那一時刻，你的處境，你的心情，你的吉凶禍福，都將以唯一可能的方式實現，這就是你的定命。就連你某一天去找某位算命先生，那位先生向你說些甚麼，也是你命中注定。你聽了那位先生的話，為改善自己

心目中的「定命」而作的努力，這努力所產生的效果，也屬於定命的一部分。這一切，都是由宇宙萬物的運動變化的必然規律所確定了的，是巨大的無所不包的因果關係鏈索中的一個或幾個環節。作為凡夫俗子的算命先生，也許不能精確地預知這一切，但人的命運是注定的，則是毫無疑義的科學論斷。」

該怎麼駁倒他呢？

定命論者的這種方法，已不僅涉及人的命運，而且包羅了自然、社會、宇宙中的一切。所以下邊我們不妨把這種觀點的持有者改稱為「決定論」者，「定命」兩字通常帶有迷信的色彩，而「決定論」，則是學術範圍內的事。針鋒相對的觀點自可心平氣和地爭論一番。

決定論者的基本觀點來源於因果論：昨日種種，是今日種種的原因，明日種種，是今日種種的結果。宇宙間任一事件之所以出現，之所以按這種方式出現而不按另一方式出現，必有它的根據。否則，為甚麼會這樣而不是那樣？

徹底運用這一邏輯，其結論簡直使人難於想像，如果宇宙間的一切是有嚴格的因果關係可循，那麼，現今的一切，早在太陽系尚未誕生之時便已決定了。不但人類歷史上的一切大事，例如第二次世界大戰，希特勒的暴發與滅亡……是早在宇宙誕生的大爆炸時已經注定，就連前天老王患感冒吃了兩片阿斯匹林，隔壁李家的小黑貓身上有一千兩百根白毛，公園裏一位小伙子給他的戀人一個吻，也都是在多少億億年之前已經注定了。豈有此理！？

然而，「豈有此理」四個字，並非論據，這些令人難以置信的推論，也難不倒徹底的決定論者，只要不導出邏輯上的矛盾和理論與事實的矛盾，「難以置信」並不說明甚麼。地球是圓的，開始不是也令人「難

以置信」嗎？小伙子給戀人一個吻，自有他當時心理上、生理上及客觀條件的依據，而每個依據也應當另有依據，難道這因果關係的鏈條會在某一環節處中斷嗎？當然不會。那麼，上溯到多少億億年之前又有甚麼奇怪？

宇宙萬物的變化發展，究竟是不是完全由決定性的因果關係所主宰，看來目前是難於定論的。有些過程，很明顯地是由嚴格的因果關係所支配。例如，天體的運行。人類很早就掌握了四季變化，月亮盈虧的規律。精確地預報日蝕和月蝕，甚至彗星的出現，也有幾千年的歷史。但是，如果把目光轉向微觀世界，那裏，隨機現象卻大量呈現，因果關係的鏈條所起的作用變得模糊不清了。我們無法掌握個別氣體分子運動的原因，甚至不能斷言電子有確定的運動軌跡（測不準關係）。

這使一些物理學家產生了這樣的看法：客觀世界本質上遵從的是隨機過程的統計規律，只是在宏觀上才表現出決定性的因果關係。因此，當我們沿着因果鏈索追得過於苛刻時，鏈索的末端將愈益渺茫，直至陷入偶然性的迷霧之中，也有另一些科學泰斗不作如是觀。例如，愛因斯坦就説過，他不相信上帝是在和人們擲骰子！

數學家和物理學家似乎有點不同。物理學家有點像哲學家，喜歡對客觀世界的本質作出假設、猜測和斷言，數學家不肯拍板，他們總是小心翼翼，説出這一類的話：「如果事情是這樣的，那麼將會如何如何，如果是那樣的，又會如何如何。」

有趣的是，近年來的研究發現：從決定性的因果關係的數學模型出發，卻能闖入由統計規律支配的隨機世界！雖然所取得的數學成果只能説是初步的，但已足夠使人們眼界大開。

動力系統──時間的數學

事情不妨從彭加勒（Poincaré）對「多體問題」的研究談起（當然，也可以追溯得更遠一些）。

如果宇宙中只有太陽和地球，按照牛頓的萬有引力定律和力學三大定律，容易推算出在各種初始條件下太陽和地球的相互運動的規律。要是再加上一個月亮，就成了有名的三體問題，解答就十分之困難，至今仍未圓滿解決。考慮更多個天體在牛頓力學模型下所形成的動力學系統的性質，當然更為複雜和困難。

多體問題儘管複雜，對它作出的抽象的數學描述卻可以有簡練而明確的形式。

以三體問題為例。把三個天體──不妨叫做太陽、地球和月亮──看成三個運動中的質點。如果宇宙中只有這三兄弟，而且它們嚴格遵照牛頓力學行動的話，它們在任一時刻 t 的「狀態」，將完全決定其後來的「命運」！這裏，所謂狀態，指的是三者的位置和速度。取定了笛卡兒坐標系之後，一個狀態可以用六個三維向量來表示，也就是說，用一個 18 維的實向量表示。由於狀態與時間有關，這個三體系統某個時刻 t 的狀態可記作 $X(t)$，時間以秒為單位。

我們現在來看一秒後的狀態，依上面的規定，應為 $X(t + 1)$，重要的是，這一狀態應當是被 $X(t)$ 所唯一決定的，這也就是說，$X(t + 1)$ 應當是 $X(t)$ 的函數：

$$X(t + 1) = F(X(t))。 \tag{1}$$

F 這個記號寫起來輕鬆，要把它真的求出來，卻要費盡千辛萬苦。好在我們現在並不真的研究三體問題，我們關心的是以它為例，說明如何

用數學的語言來描述一個由決定性的因果關係主宰的系統。

在 (1) 中取 $t = 0$，記 $X_0 = X(0), X_1 = X(1), \cdots, X_n = X(n)$。於是

$X_1 = F(X_0)$，

$X_2 = F(X_1) = F(F(X_0)), \cdots, X_n = \underbrace{F\ (F\ (...(F\ (X_0)\ )\ ...)\ )}_{n重}, \cdots$

如果記 $\underbrace{F\ (F\ (...(F\ (X_0)\ )\ ...)\ )}_{n重} = F^n(X_0)$，並約定 $F^0(X_0) = X_0$，

那麼上述一系列式子就可以概括成

$$X_n = F^n(X_0)。 \tag{2}$$

F^n 叫做 F 的 n 次迭代，n 叫做迭代指數。如果有了計算 F 的程序，在電腦上計算迭代是最便當不過了。早在百年前，數學家已開始對迭代進行系統的研究。但取得豐富而有趣的成果，卻是近二十多年的事，這實在不得不感謝電腦的幫助。

狀態序列

$$X_0, X_1, X_2, \cdots, X_n, \cdots \tag{3}$$

向我們提供出系統未來的面貌的一串鏡頭，它們可以由 (2) 式用一個映射 F 的迭代而得出。F 定了，X_0 定了，這一串鏡頭也就定了下來，如同一列準點的火車在軌道上前進一樣。是的，序列 (3) 也就叫做「在 F 作用下，過 X_0 的正向軌道」，或「F 的過 X_0 的正向軌道。」

從 (1) 開始到 (3)，這些討論哪裏用到了甚麼太陽、地球以及牛頓力學呢？哪裏用到了甚麼「X 是一個 18 維的向量」呢？只要我們考慮的是一個由決定性的因果關係支配的系統，而且系統的瞬時狀態（它是系統未來命運的全部根據！）用 X 表示，且下一觀察時刻系統的狀態是 $F(x)$，那就夠了。

可見，描述這種決定性系統的數學工具形式上十分簡單——不過

是一個映射 F 的自迭代而已。

但是，數學家沒有把這種系統叫做決定性系統，通常也不叫做迭代系統。而是採用了一個莫測高深的名稱：半動力系統。或者更嚴密一點，叫做「時間離散的半動力系統」。花幾行筆墨就可以把這個名稱說明白了。所謂「動力系統」，就是因為當初數學大師彭加勒研究的多體問題是質點組的動力學問題。這門學問由此發揚光大起來了，這個名稱也就傳下來了。

至於這個「半」字，則是因為 (2) 和 (3) 只開列出未來的一串鏡頭，而沒有回溯系統的歷史。如果映射 F 可逆，用 F^{-1} 記 F 的逆映射，F^{-n} 記 F^n 的逆映射，則

$$X_{-n} = F^{-n}(X_0) \tag{4}$$

就是 $t = 0$ 之前 n 秒時系統的狀態。序列

$$\cdots X_{-n}, \cdots, X_{-2}, X_{-1}, X_0, X_1, X_2, \cdots, X_n, \cdots \tag{5}$$

就描繪了系統的歷史和未來。既然可以回溯，「半」字的帽子也就可以摘掉。

至於「時間離散」這個定語，聰明的讀者一定早已猜到：不過是因為我們僅僅攝取了一串鏡頭而已，如果讓時間連續變化，考慮狀態 $X_t(-\infty < t < +\infty)$ 的不間斷的歷史，那就是時間連續的動力系統了。這時，一個 F 可解決不了描述 X_t 的歷史與未來的問題，應當是

$$X_t = F^t(X_0)$$

$$[t \in (-\infty, +\infty)], \tag{6}$$

這裏，$F^t(X_0)$ 是個「二元」映射，X_0 的變化範圍是系統的一切可能狀態之集。

因為 (6) 中的 t 和 (2) 中的 n 都表示時間，我們的討論與時間結了不解之緣，所以，動力系統也被叫做「時間的數學」。

嚐鼎一臠——兩個實例

別看「時間的數學」這個名稱多麼平易，這個年青的分支已產生了多得使人望而生畏的文獻。和現代數學的多數分支一樣，其中運用了深奧的工具，引入了複雜的概念，獲得許多只有少數內行才能理解其真實意義的定理。萬幸的是，在它的一個十分活躍的領域——一維動力系統——中，有許多極其有趣的發現卻是「凡夫俗子」也能略加品嚐的！

一個映射 F，只要值域不超出定義域，總能迭代。前面已說過，F 的 n 次迭代記做 F^n，這種記法雖然簡潔，但真的迭代一下可了不得。比方說，如果 F 是二次函數，F^2 便是 $2^2 = 4$ 次，F^3 是 $2^3 = 8$ 次，F^{10} 是 $2^{10} = 1024$ 次！要把 F^{10} 規規矩矩地寫出來，除非 F 特別簡單（例如 $F(x) = x^2$），往往就要用一頁以上的篇幅。至於 F^{20}，簡直是可以印成厚厚的一本大書，它的分量決不下於一部牛津詞典。

是不是就沒有簡單的情形了呢？也有，對一些形式特別簡單的 $F(x)$，$F^n(x)$ 是易求的。例如

$$F(x) = x + a，則 F^n(x) = x + na；$$
$$F(x) = \lambda x，則 F^n(x) = \lambda^n x；$$
$$F(x) = \frac{x}{x+1}，則 F^n(x) = \frac{x}{nx+1}；$$
$$F(x) = x^k，則 F^n(x) = x^{k^n}； \tag{7}$$

懂得高中數學的讀者都可以把這些結論作為習題。

此外，我們還可以使用一種名叫共軛的等價關係，把函數歸併成類。只要知道了一個函數的分析表達式，同類的函數的分析表達式就知道了。但即使用了這種技巧，能夠寫出其 n 次迭代表達式的映射，依然是鳳毛麟角。

那麼，對動力系統的研究，是不是就山窮水盡了呢？不是。儘管寫不出 F^n 的分析表達式，只要知道了 F，仍然可以用各種手段研究一個軌道

$$x_{n+1} = F(x_n) \ (n = 0, 1, 2, \ldots) \tag{8}$$

的「動力學性質」，即 $x_0, x_1, \cdots, x_n, \cdots$ 的變化所體現出的系統的「命運」。

對於一維動力系統，有一個淺近易懂而又直觀的幾何方法，可以用來研究迭代軌道。這個方法通稱為「蛛網法」。請看圖 1，在笛卡兒坐標系中畫出了一個函數 $f(x)$ 的圖像 $\Sigma: y = f(x)$，而直線 $l: y = x$。任取 X 軸上的一點 x_0，自 x_0 向 Σ 引平行於 Y 軸的直線交 Σ 於 P_0，則 P_0 的縱坐標為 $x_1 = f(x_0)$。這樣就得到了 x_1。現在要把 x_1 從 y 軸映到 X 軸上，l 直線正好能起這個作用。過 P_0 作 X 軸的平行線交 l 於 Q_0，則 Q_0 的橫坐標恰為 x_1。過 Q_0 作 Y 軸的平行線交 Σ 於 P_1，則 P_1 的縱坐標 $x_2 = f(x_1)$。

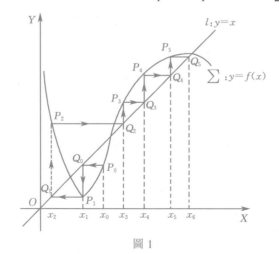

圖 1

一般規律是：$P_k = (x_k, x_{k+1})$，而 $x_{k+1} = f(x_k)$，過 P_k 作 X 軸的平行線交 l 於 Q_k，過 Q_k 作 Y 軸的平行線交 $\sum$ 於 P_{k+1}。如此繼續，便可以清楚地看出 $x_0, x_1, x_2, \cdots$ 的蹤跡。注意，我們這裏已經繞過了求 f^n 分析表達式這個難題。

　　這種蛛網圖，確實對一些實際問題能提供出有價值的諮詢，且看兩個例子：

　　(1)　魚塘的主人當然關心塘裏有多少魚。如果魚一年就能成熟，並且在生兒育女之後，年終就會被捕撈成為盤中美味或自然死亡，牠們的兒女則在下一年成熟，那麼問題就可以用一個簡單的數學模型刻畫。在外界條件一定時，今年的魚羣數量將決定明年的魚羣數量。也就是說：明年的魚羣量是今年魚羣量的函數。經過一番調查研究，這個函數 $y = f(x)$ 的圖像大體上如圖 2。這裏，x、y 分別表示今年和明年的魚羣量。

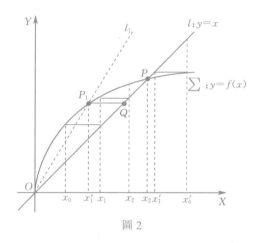

圖 2

　　在這個圖上，可以看到曲線 $\sum$ 與直線 l 有一個交點 P，P 的縱橫坐標都是 x^*，而 x^* 滿足方程

$$f(x^*) = x^* \tag{9}$$

這裏 x^* 叫做 f 的不動點，這意味着 x^* 是魚羣數量的平衡點，如果今年數量為 x^*，那麼，明年和後年，年復一年，永遠如此，只要外界條件和魚的種性不發生變化！

如果初始魚羣數量 $0 < x_0 < x^*$，圖 2 中的蛛網線表明，你的魚產量會年復一年地增長，趨向於平衡點 x^*。如果初始數量 $x_0' > x^*$，那就對不起了，魚的產量會一年年減少，但還是趨向 x^*。在這個意義上，x^* 叫做 f 的穩定不動點，對單調上升的曲線來説，穩定不動點的特徵是：在不動點左面，曲線在直線 $y = x$ 之上，右面，則在直線 $y = x$ 之下。

你一定發現 $x = 0$ 也是 f 的一個不動點。這是甚麼意思呢？這是説：如果今年塘裏一條魚也沒有，你就不要夢想明年會有魚！（除非你放養魚苗，或者洪水把別處的魚送來！但這已超出我們的函數 $f(x)$ 的管轄了），但 $x = 0$ 這個不動點卻和 $x = x^*$ 大不一樣。只要初始值 x 略大於 0，魚羣數量便會漸漸離開平衡點 $x = 0$ 而趨向 $x = x^*$。所以 $x = 0$ 叫做 f 的不穩定不動點。在這裏達到的平衡狀態是不穩定的。這又給你帶來一個好消息：塘裏一旦有幾條魚，魚羣就會形成，壯大，直至達到水面所能負擔的程度。可是，要有耐心！説不定要十年，二十年呢！

在圖 2 中還有一條虛的斜線 l_1，這叫作捕撈參考線。如果你不等到年底，在平時經常捕魚，那當然會影響魚羣的平衡點。l_1 與 Σ 的交點 P_1 的橫坐標 x_1^*，就是在一定捕撈工作量之下的平衡點。捕得越多，l_1 就越陡，平衡點 x_1^* 就越靠左。如果竭澤而漁，則 $x_1^* = 0$，魚羣就崩潰了。

順便提一句：如果喪失了繁殖力的魚都自然死亡，那麼，圖 2 中的橫線 P_1Q 的長度就表示出你的漁獲量。顯然，捕撈過多或過少都是不利的。

用同樣的原則，類似的方法，可以研究人口的增長問題。一個人的壽命是難以預測的，但全世界人口的增長情況，卻有很強的規律性，適用於這種「動力系統」的數學模型。這裏暫且不去談了。

(2) 有經驗的果農知道，很多種果樹有「大小年」之分。如果今年掛果過多，就會耗損樹的元氣，明年就會出現「小年」，給果園主人以懲罰。小年，果樹的結果很少，於是養精蓄銳，下一年又是碩果纍纍，又一個大年蒞臨了。

在一定的自然條件和管理條件之下，我們可以設想果樹明年的產量 y 是今年產量 x 的函數：$y = g(x)$。而 $g(x)$ 的圖像卻和魚塘曲線大不一樣了。圖 3 和圖 4 描繪出這一類型的系統的特徵。

圖 3 的蛛網線表明，這種果樹大小年的現象會漸趨消失，一開始，x_0 相當大，隨即是小年 x_1，又是大年 x_2，小年 x_3，但大小年的差別會越來越小，最後穩定於不動點 x^* 附近。而圖 4 則大不一樣，即使 x_0 和 x_1 相差不大，隨後一年年下去，大小年的區別越來越明顯，最後，分別趨於 a, b 兩點，$g(a) = b$，$g(b) = a$，a、b 都叫做 g 的 2 週期點。具有這種曲線的果樹，大小年的現象將是嚴重的，當然，可以採用一定的措施來改變這條曲線，或不斷對 x 加以控制，如疏果、合理施肥。

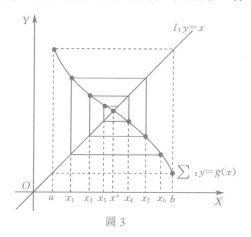

圖 3

圖 3 中，不動點 $x = x^*$ 穩定，圖 4 中不動點 $x = x^*$ 不穩定，這是兩類特徵不同的果樹。這兩張圖所表現出的系統狀態 x 隨時間 $n = 0$, 1, 2……作上下振動，這叫「非線性振盪」。非線性振盪不僅在果園裏有，而且主要不是在果園裏出現，它在電磁學、彈性力學、流體力學、化學中到處出現，對它的研究已進行了百年之久，但這仍是一個方興未艾的年青領域。

圖 3、圖 4 與圖 1 有一點本質區別：在圖 3、圖 4 中除了不動點 x^* 之外，還有 2 週期點 a、b，一般而論，如果映射 F 的定義域中的元素 x 滿足

$$F^n(x) = x\ (但對\ 1 \leq k < n, F^k(x) \neq x)\ ,\tag{10}$$

便說 x 是 F 的 n 週期點。這時，

$$\{x, f(x), f^2(x), \cdots, f^{n-1}(x)\}\tag{11}$$

叫做 F 的 n 週期軌。

自然界的週期現象大家已司空見慣了。晝夜交替，暑去寒來，生物的繁殖，水波的起伏，比比皆是。週期軌，是在極端簡化了的數學模型中，對自然界週期現象的一種反映，但即使在一元實函數的迭

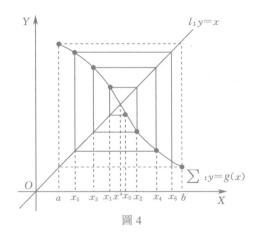

圖 4

代中，有關週期軌的有趣而奇妙的規律已令人驚歎！圖 5 是一個很簡單的函數的曲線，從圖上看出 $f(0) = \dfrac{1}{2}$，$f\left(\dfrac{1}{2}\right) = 1$，$f(1) = 0$，所以 $\left\{0, \dfrac{1}{2}, 1\right\}$ 構成 f 的 3 週期軌，此外，它有沒有 4 週期軌？7 週期軌？100 週期軌？似乎難於回答。但是不然，人們已經嚴格證明：對於區間上的連續函數 φ 而言，

若 φ 有 3 週期軌，則對一切正整數 n，φ 有 n 週期軌。

不僅如此，已經可以肯定：對於任意大於 1 的奇數 p，

若 φ 有 p 週期軌，則有 $p+2$ 週期軌；

若 φ 有 $2^k p$ 週期軌，則有 $2^k(p+2)$ 週期軌 $(k \geq 0)$；

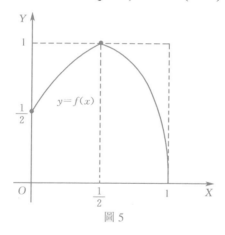

圖 5

若 φ 有 $2^k p$ 週期軌，則有 $2^{k+1} p$ 週期軌 $(k \geq 0)$；

若 φ 有 $2^k(k \geq 1)$ 週期軌，則有 2^{k-1} 週期軌；

若對某一非負整數 k，φ 有 $2^k p$ 週期軌，則對一切非負整數 n，φ 有 2^n 週期軌。

這些有趣的事實的總和，叫做沙可夫斯基定理。關於這個定理的

進一步的研究，不僅成為一些數學家的熱門課題，而且引起了不少物理學家、化學家、生物學家的興趣。

決定性與隨機性的對立統一

圖 2、圖 3 和圖 4 那樣的單調函數，迭代軌道的性質十分簡單而明顯，如果人的命運可以用這種曲線的蛛網圖來表示，算命也就太容易了。但事情不會這麼便宜的，稍微複雜一點的函數迭代軌道就會表現出不可思議的混亂性狀！

按照某種簡化了的數學模型，一類無世代交疊的昆蟲的第 n 代蟲口數 x_n，滿足差分方程

$$x_{n+1} = x_n(a - bx_n) \text{。} \tag{12}$$

對 (12) 作適當的變量代換，可化為

$$x_{n+1} = 1 - \mu x_n^2 \text{。} \quad (0 < \mu < 2, x_n \in [-1, 1]) \tag{13}$$

對它的研究，可歸結為二次函數

$$f_\mu(x) = 1 - \mu x^2 \quad (0 < \mu < 2, x \in [-1, 1]) \tag{14}$$

的迭代的研究。

二次函數的圖像，是大家都熟悉的拋物線。但是迭代起來可真不得了。當 $0 < \mu < 1$ 時，$\{x_n\}$ 的變化規律很簡單：當 $n \to +\infty$ 時，趨於確定極限。這類昆蟲，每年的數量變化不大，$\mu \geq 1$ 時，會出現週期性的變化。一旦 $\mu > 1.5$ 之後，x_n 隨 n 而變化的規律驚人的複雜，對大多數初始值 x_0，x_n 像擲硬幣出正反而那樣隨機起伏，看不出是一個確定的簡單的函數的迭代了！有人用電腦做過實驗：把區間 $[-1, +1]$ 分成等長的 100 段，取初始值 x_0，計算 $x_1, x_2, \cdots, x_n, \cdots$ 觀察 x_k 落在這 100 段中哪些

段次數多，哪些段次數少，結果是驚人的：對大多數 x_0，當 n 很大時，x_k 落在各個小段裏的機會幾乎均等！

嚴格的因果關係所支配的決定性系統，竟表現出典型的隨機過程的特徵。這裏統計物理的某些研究輝映成趣：在這裏，在統計規律支配的隨機假設前提下，導出了宏觀上決定性的因果關係！前者，是時間上的微觀認定性導出了宏觀上的隨機性；後者，是空間上的微觀隨機性導出了宏觀上的決定性！

人們早已為光的波粒二重性而驚奇。現在，「時間的數學」用嚴格的論證向我們揭示：決定性與隨機性不僅是對立的，而且是統一的。這方面的研究蓬勃開展起來不過是近十幾年的事。數學家、理論物理學家，以及其他好幾個學科中的專家們對它懷着巨大的期望與興趣。甚至有人預言，這個領域的進展也許會對多年來困擾流體力學家的湍流本質問題作出回答。

再回到人的命運上。把所有的人和他們的環境條件統統考慮進來，也許就形成了一個無比複雜的決定性系統。即使是這樣的決定性系統，每一個環節都是確定的，最終仍呈現出隨機的圖景。命運，特別是特定的個人命運，是難以預卜的，能夠比較可靠地進行預測的，是統計規律起作用的社會變遷！

也許，這正是生活能夠豐富多彩、激動人心的原因吧。如果你真的能準確預知自己的未來，生活對於你，豈不成了一部寫好腳本的電視系列片，那該是多麼枯燥乏味！

（原載《科學》雜誌，37 卷 2 期，1985）